EXPLORATION AND DISCOVERY

探索与发现

奇妙的月球

·生动的文字·缜密的思维·精彩的图片·

曾才友◎改编

全新 青少年科普读物

上海科学普及出版社

图书在版编目（CIP）数据

奇妙的月球 / 曾才友改编．——上海 ：上海科学普及出版社，2018 （2022.06 重印）
（探索与发现）
ISBN 978-7-5427-7114-8

Ⅰ．①奇… Ⅱ．①曾… Ⅲ．①月球－青少年读物 Ⅳ．① P184-49

中国版本图书馆 CIP 数据核字（2017）第 283785 号

责任编辑 吴隆庆

奇妙的月球
曾才友 改编
上海科学普及出版社出版发行
（上海中山北路 832 号 邮政编码 200070）
http://www.pspsh.com

各地新华书店经销 北京兰星球彩色印刷有限公司印刷
开本 787mm×1092mm 1/16 印张 13 字数 180 千字
2018 年 8 月第 1 版 2022 年 6 月第 3 次印刷

ISBN 978-7-5427-7114-8 定价 39.80 元

前　言

“床前明月光，疑是地上霜，举头望明月，低头思故乡。”李白的这首《静夜思》，一直为历代人所吟诵。很早很早以前，人们在夜间把眼睛转向天空，用既好奇又敬畏的心情注视着宇宙空间里我们的近邻——月亮。过去，它常常被看作是个神秘的物体或力量源泉，被视为神，是天气以至好运气或者坏运气的预兆。

除了科学幻想小说中虚构的那些情节之外，实际上，直到20世纪中叶，人们还不认为月球是个可以进行现场探测的天体。可是，空间时代的到来改变了这一切，凭借迅猛发展的现代技术，人们已经实现了自己的美好理想——把人送到月球上去。

今天我们已经知道，月球是我们的近邻，是地球唯一的天然卫星。对地球人而言，它是空中仅次于太阳第二亮的天体，也是至今为止人类研究最多、了解最详细，并且唯一人类登上过的地球外天体。

随着科技的进步，人类对月球研究的不断加深，一个个有关月球的疑问也逐步被解开，然而，随之又有更多的疑惑出现：月球是怎么来的？对我们有怎样的影响？它跟地球外文明真的有联系么？以往对月球的探索有哪些不为人知的内幕……本书将带领大家走近一个神秘的月球。

地球资源正在以前所未有的速度被消耗，加之环境的不断恶化，人类的生存和未来已经成为一个不得不面对的紧迫问题。那么，月球能否成为我们新的能源基地？人类在未来能否移居月球？人类为此正在做怎样的努力？进入 21 世纪，人类对月球的探索和研究进入了一个新的高潮，很多国家，如中国、日本、印度及欧洲一些国家纷纷制定并实行了自己的探月计划，美国对重返月球更是雄心勃勃。月球已成为许多国家空间竞赛的下一个目标。月球已不再遥远，而是与我们密切相关，触手可及。

希望这本书能帮助大家认识月球，了解月球与地球、与我们人类的关系，了解人类对月球的探索历史和未来的利用设想。

由于人类对月球的探索不断前进，加之编者的水平和知识有限，书中不妥之处在所难免，敬请读者指正。

目 录
Contents

认识月球

月球是什么

月球也称太阴，俗称月亮，是地球唯一的天然卫星。月球是最明显的天然卫星的例子。在太阳系里，除水星和金星外，其他行星都有天然卫星。

很早很早以前，人们在夜间把眼睛转向天空，用既好奇又敬畏的心情注视着宇宙空间里我们的近邻——月亮。过去，它常常被看作是个神秘的

美丽的月亮

物体或力量源泉，被视为神，是天气以至好运气或者坏运气的预兆。今天，用我们地球人的眼光看起来，它多半只是个带着诗情画意的美景，是夜空中的一盏明灯。

除了科学幻想小说中虚构的那些情节之外，实际上，直到20世纪中叶，人们还不认为月球是个可以进行现场探测的天体。可是，空间时代的到来改变了这一切，凭借迅猛发展的宇航技术，人们已经实现了自己的美好理想——把人送到月球上去。

皓月当空，月华如水，常令人思绪万千，遐想无限。我国自古流传着“嫦娥奔月”“吴刚伐桂”等美丽神话。古希腊人把月球看作美丽的狩猎女神阿尔忒弥斯，并且把女神狩猎时从不离身的银弓作为月球的天文符号，记为“月牙形”。

月球本身不发光，也没有大气，太阳光照在月球表面，有的地方反光本领大，有的地方反光本领小，所以咱们就看到月面上有明有暗。“月里嫦娥”“玉兔捣药”和“吴刚伐桂”都是由暗部的形状想象出来的。

当今大型天文望远镜能分辨出月面上约50米（相当于14层高楼）的目标。然而望远镜里的月球和神话中的月宫毕竟大相径庭，那是一个死寂的荒凉世界，并非广寒仙境。

月球的形状是一个浑圆的圆球，平均直径是3476千米，大约是地球直径的1/4。与美国领土相比，它可以从纽约一直跨到西部犹他州的盐湖城。月球的面积是3800万平方千米，差不多是地球面积的1/14，比亚洲的面积略大一些。月球的体积是220亿立方千米，地球的体积几乎比它大49倍。月球的质量大约等于地球质量的1/81，也就是7350亿亿吨。月

荒凉的月球

球的平均密度是每立方厘米3.34克，仅仅相当于地球密度的3/5。月球表面的重力加速度是$1.62m/s^2$，为地球表面的重力加速度的1/6，即月球上的引力只有地球的1/6，也就是说，6千克重的东西到了月球上只有1千克重了，这意味着一个重75千克的人，到了月亮上就只有12.5千克的重量了。用一个简单的数学问题来打比方，如果你在地球上能跳1米高，到了月球上，你就能跳6米高；在地球上你能举起50千克重的东西，在月球上你就能举起300千克。因此，人在月面上走，身体显得很轻松。踏上了月面的宇航员们在举起或者搬动那些从地球带来的仪器设备等的时候，不会遇到太大的困难。

月球是离我们最近的一个天体，1957年科学家测量得知：月球距地球为384402千米。后来随着社会的进步，科学技术的发展，如“激光”技术问世，再加之“阿波罗”号宇宙飞船的登月成功，地球上的宇航员在月面上安装了激光反射器，用激光技术测得更加准确的月地距离，其误差仅仅相差8千米左右，而且月球运行的轨道是椭圆形的，因而月球距地球的距离是随时间的变化而变化的。根据科学测定，在近地点时，距离地球为363300千米，在远地点时，距离地球为405500千米。月球中心与地球中心的平均距离只有38.44万千米，相当于地球半径的60倍，或相当于9次多环球旅行的行程。

月球的样子

月球多少岁了，它是怎样的结构

月球的年龄大约有46亿年。从月震波的传播，人们了解到月球也有壳、幔、核等分层结构。最外层的月壳厚60千米~65千米。月壳下面到1000

千米深度是月幔，占了月球大部分体积。月幔下面是月核。月核的温度约1000℃，很可能是熔融的，据推测大概是由Fe－Ni－S和榴辉岩物质构成的。同地球一样，月球的表面也覆盖着一层薄薄的土层，科学家称为月壤。通过对月壤的取样分析和研究发现：月壤是由角砾、沙、尘土构成。同时月面上的大部分地区还分布有一层厚度不一的月尘和岩屑。

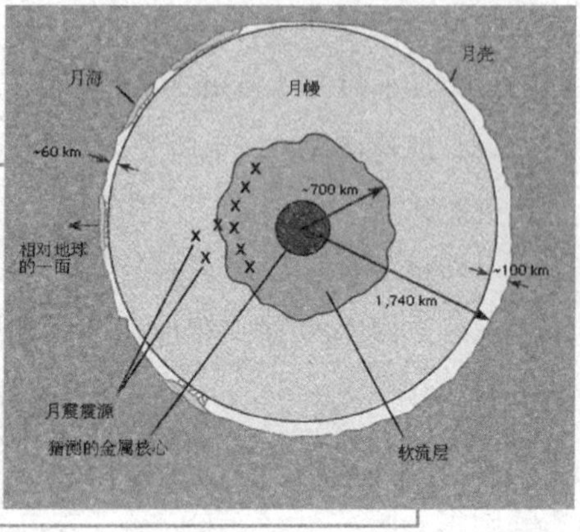

月球的内部结构

月球是什么颜色，自己会发光吗

月亮看起来的颜色与它反射的太阳光穿透地球大气的情况有关。冬天时，月亮在天空中的位置比较高，它的光几乎直射地面，看起来它是白色

月球的颜色

或银色的。夏天时，月亮在离地平线不太高的天空部位穿越而过，它的光芒要穿过比较厚的大气层，才能到达地面，看起来它就是黄色或者橙色的。

乘坐“阿波罗”11号飞船的奥尔德林，是踏上月面的第二位宇航员。根据他近距离的实地观察，他认为月球的颜色是“略呈灰暗的可可豆色”，或者是“带很少一点的灰色”。

月球本身并不发光，只反射太阳光。月球亮度随日、月间角距离和地、月间距离的改变而变化，平均亮度为太阳亮度的1/465000，亮度变化幅度从1/630000至1/375000；满月时亮度平均为 -12.7等（见）。它给大地的照度平均为0.22勒克斯，相当于100瓦电灯在距离21米处的照度。月面不是一个良好的反光体，它的平均反照率只有7%，其余93%均被月球吸收。月海的反照率更低，约为6%。月面高地和环形山的反照率为17%，看上去山地比月海明亮。月球的亮度随月相而变化，满月时的亮度比上下弦要大十多倍。

月球上也有白天和黑夜吗

地球每24小时绕轴自转一周，因此，平均说起来，地球上的白天和黑夜各12小时。月球绕地球公转的周期为27.3地球日，在此期间，它也刚好绕轴自转一周。这么说来，1个月球日约相当于14个地球日，1个月球夜的长短也是这样。

显而易见的是，总是有半个月球老是被太阳照亮着，这跟地球的情况是一样的，所以，半个月球是白天时，另外半个月球是黑夜。

由于月球上没有大气，再加上月面物质的热容量和导热率又很低，因而月球表面昼夜的温差很大。月球上的白天时，月面完全暴露在强烈的太阳光下，表面温度可以达到127℃以上，比地球上水的沸点还高。月球的夜晚，温度可降低到零下183℃。这些数值只表示月球表面的温度。用射电观测可以测定月面土壤中的温度，这种测量表明，月面土壤中较深处的温度很少变化，这正是由于月面物质导热率低造成的。

由于月球上没有大气，热量既不会被吸收，也不会向四周传递开去，

月球被照亮的一半

因此，即使是在阳光照耀下的一大块岩石，其背着太阳的阴影部分的温度，如同在黑夜里一样。换句话说，如果你在月球上选择那么一个地方，使你的右脚在太阳光的照耀下，而你的左脚在阴影里，那么，你的右脚就会被烤到127℃，而左脚则被冻到－183℃。不必为宇航员们担心，他们穿着的宇航服有28层厚，可以防护外界的极热和极冷对身体的影响。

为什么月球总是一面朝着地球

月球的自转周期与它绕地球的公转周期一致。这样，地球赤道部分的自转速度每小时约1600多千米，而月球赤道部分每小时只转17千米还不到。地球与月球的自转速度尽管相差很大，可是，两者之间却“调整”到恰到好处，使得月球老以同一个半球向着地球。这半个月球被称为“地球面”，或者叫“正面”。我们永远看不见的那半个月球，被称为“背面”。

如果月球绕地球转的轨道是正圆形的，那么，我们看到的月面部分刚好是整个月面的50%，不多也不少。但事实并非如此，月球公转轨道稍微有点椭圆的样子，这使得它在轨道上前进时看起来似乎有点摇摆。

月球的正面

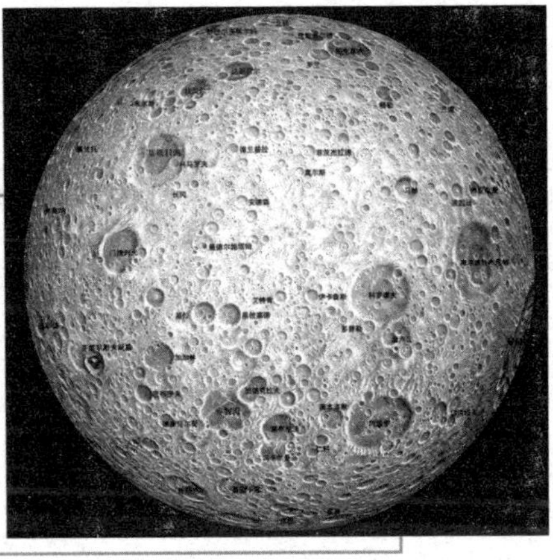

月球的背面

当月球的自转轴有点倾向地球的时候，我们就可以多看到一些它北极以外的区域；当自转轴偏离我们时，南极以外平常看不到的月面部分，就可以多看到一些。同样的道理，我们有时可以多看到一些月球正面的东外侧或西外侧区域。总体来说，不管是在什么情况下，我们曾经或多或少看到过的月球表面大体上是整个月面的60%，也就是比所谓的正面多了约10%。

在地球上之所以能看到月球的半面，是因为月球的自转周期和公转周期严格相等。这到底是巧合还是有着内在的联系呢？

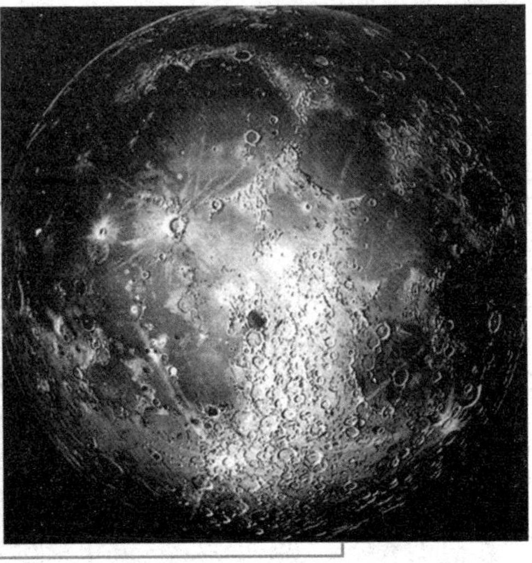

朝向地球的月面

让我们来看看太阳系其他行星的卫星的状况，我们可以发现绝大多数的卫星的自转周期和公转周期严格相等，看来这似乎是存在某种内在联系的。

月球在地球引力的长期作用下，月球的质心已经不在它的几何中心，而是在靠近地球的一边。“阿波罗”15 号飞船的指令舱装有激光测高仪，它测出月球的质量中心朝向地球一边约 2 千米。

这样的话，月球相对于地球的引力势能就最小，在月球绕地球公转的过程中，月球的质心永远朝向地球的一边，就好像地球的引力把月球锁住了一样。太阳系的其他卫星也存在这样的情况，所以卫星的自转周期和公转周期相等不是什么巧合，而是有着内在的因素。

月球上有空气和水吗

如果我们接受这样的学说，即认为月球和地球是在同一个时期，由同一些物质形成的，我们就应该承认，它们的演化模式很可能也是相同的。照这么说来，月球在演化的早期阶段曾经有过大气，也曾有过某种形式的水。

那么，为什么地球上仍存在着空气和水，而月球上却没有呢？多数科学家认为，问题的答案应该到地球与月球的引力差异中去找。

地球的引力强大到足以把空气和水留住在地球上，而月球却不能，因为它的引力不够强。因此，经过千百万年的演变之后，它的空气和水分都跑到宇宙空间去了。

可是，月球上还剩下一点点空气的痕迹，它们以气体分子的形式残留在月球表面的那些裂缝里。最乐观的估计，认为月球大气最多只有地球大气的百万分之一，这大致相当于地球高空 100 多千米处的大气密度。实际上，我们完全可以把月球看作一个极端炎热又极端寒冷，既无空气又无水分的天体。

月球表面

所以，去月球探险的那些宇航

员们都必须穿上特制的宇航服来抵御外界的极热和极冷，以及完全没有气压的环境和其他形形色色的危险；一套可随身携带的设备则提供呼吸所必需的氧气。

月球上存在生命吗

据现代科学证实，月球上没有空气，没有任何形态的水，而且在月球上声音是无法传播的，更谈不上有风、雪、雨、云等天气的变化。月球表面的昼夜温度差异极大，在白天，有阳光直射的地方，温度可以高达127℃；而到了夜晚，有的地方温度甚至可降到零下183℃，当然也就没有生命现象的存在。可是，这方面也并不是没有分歧意见的。从月球上取得的采样岩层给科学家鉴定已经发现有甲烷、乙烷、乙稀、乙炔、碳氢化合物以及各种氨基酸和核酸等有机化合物。

在某些环形山中间，曾发现过颜色变化。一些科学家认为，这是由于在月球白天的高温下，那里生长着某种类型植物的缘故。如果这种植物存在的话，就可以作这样的推测：在极度寒冷的月球之夜，它们处于冰冻的状态，而当太阳重新照耀它们时，它们重新又获得生命。这种周期性的生命复苏现象，可以与地球上的树木相比拟。树木的生命不也是在冬季似乎停止了，而到了春季就生长叶子和开花吗！

有位天文学家还说自己看见了月球上似乎有什么东西在移动的迹象，至少有一座环形山是如此。他认为这是以月球植物为食物的成群昆虫。

最早被送去月球进行考察的宇航员们都被指派这样的任务：寻找最原始的直到已隐蔽在表层以下的各种形式的生命。

月球有磁场吗

早期的月球专家表示，月球的磁场很弱或根本没有磁场，而月岩的样品显示它们被很强的磁场磁化了。这对NASA的科学家们又是一次冲击，因为他们以前总是假设月岩是没有磁性的。这些科学家无法解释这些强磁场的来源。

在对美国阿波罗号宇航员从月球上带回的岩石的研究中，科学家们发现，月球周围的磁场强度不及地球磁场强度的1/1000，月球几乎不存在磁场。但是，研究表明，月球曾经有过磁场，后来消失了。

月球磁场从其诞生之后的5亿~10亿年开始，直至36亿~39亿年期间，是有磁场的。但是，当它出现了6亿~9亿年之后，磁场却突然消失了。地球的磁场起源于地球内部的地核。科学家认为，地核分为内核和外核，内核是固态的，外核是液态的。它的粘滞系数很小，能够迅速流动，产生感应电流，从而产生磁场。也就是说，所有的行星其磁场都是通过感应电流作用才产生的。

对月球表面岩石的分析结果显示，月球不存在可以产生感应电流作用的内核。相反，所有的证据表明，月球的表面是一个已经熔化的外壳，是由流动的熔岩流体形成的“海”，后来因冷却变成了现在这副模样。最初，几乎所有的天文学者都以为人类在月球上找到了海，其实月球上发暗的部分，正是熔岩流体冷却形成的。那么，磁场到底是从哪里产生的呢？美国加利福尼亚大学地球行星系的思德克曼教授率领的物理学专家组针对这一专题进行了三维模拟试验。经试验，他们终于得出了结论。据该小组介绍：体轻且流动的岩石，形成了熔岩的“海洋”，它们在从下面漂向月球表面的时候，在其表面之下残留了大量的类似钍和铀一样的重放射性元素。这些元素在崩溃时放出大量的热，这些热量就像电热毯一样，加热了月球的内核。被加热的物质与月球的表面形成对流，从而产生了感应电流作用。此时，也就产生了月球磁场。但是，当放射性元素崩溃超越一定时点时，对流现象中止，于是感应电流作用也随之消失。正是由于这样的变化，才最终导致月球磁场的消失。

月面风光是怎么样的

月球表面的主要地形构造是山脉、环形山和海。它们都早已被赋予了各种各样的名称。

月球近景

由伽利略等科学家早期观测并予以证实的月海，一般都用拉丁名字来称呼，譬如：风暴洋（Oceanus Procellarum），雨海（Mare Imbrium），湿海（MareHumorum），云海（Mare Nubium），汽海（Mare Vaporum），静海（Mare rranquillitatis），丰富海（MareFoecunditatis），梦湖（LacusSomniorum）等。

在多数情况下，月面主要山脉都以地球上山脉的名字来命名，譬如：阿尔卑斯山脉、亚平宁山脉、高加索山脉、汝拉山脉、喀尔巴阡山脉、比利牛斯山脉等；也有以杰出天文学家和科学家的名字来命名的，譬如：莱布尼茨山脉和多菲尔山脉。

月球表面的环形山

环形山则一般以古代或者现代的著名科学家和哲学家等的名字来称呼，譬如：柏拉图、哥白尼、欧几里得、阿基米得、法拉第、卡文迪许、罗斯、皮克林、牛顿等。

苏联根据第一批月背照片建立月背图的时候，为一些最明显的月面构造取了名字，譬如：莫斯科海、苏维埃山脉以及齐奥尔科夫斯基、罗蒙诺索夫、祖冲之环形山等。

以中国天文学家名字来命名的环形山有4座：祖冲之、石申、张衡和郭守敬。这些环形山都在月球背面。此外，有一座取名为万户环形山。“万户”是中国明代的一种官职，据说有一位曾担任过这种官职的人，最早试图用火箭推力把自己送上天去，结果他不幸在试验过程中牺牲了。

月球山脉很可能是在月球历史的早期形成的。那时月球正处在从液态变为固态的阶段，而它的内部刚处于熔融状态。由于逐渐冷却，月球表面产生褶皱和裂缝，像个干透了的李子。地球表面的山脉当初也是这样形成的。

前面说过，莱布尼茨山脉的最高峰在9000米以上，这比地球上的最高峰——珠穆朗玛峰还要高些。有待进一步证实的计算结果表明，月球表面可能存在着一些比莱布尼茨还高些的山峰。

站在月球上会看到什么呢

千百年来，人们只是在地球上赏月。当宇航员踏上了这个神秘星球的表面时，一切都是那么新奇有趣。由于没有大气，声音在月面上无法传播，到处是一片寂静。这里根本没有嫦娥起舞的身影，更没有广寒宫可居住。这里不是什么天堂，而是满目荒凉、没有任何生命存在的地方。

月球上没有大气，没有水，也就没有地球上的风化、氧化和水的腐蚀过程。月面岩石犹如一部天书，记载着几十亿年来月球的演化和变迁。月球上现在的火山活动、陨石撞击、太阳风和宇宙射线的直接辐射等，都可以从月岩和月壤中找到踪迹。

站在月球上，首先会感到月面天地狭小，没有地球上天、地之间那么

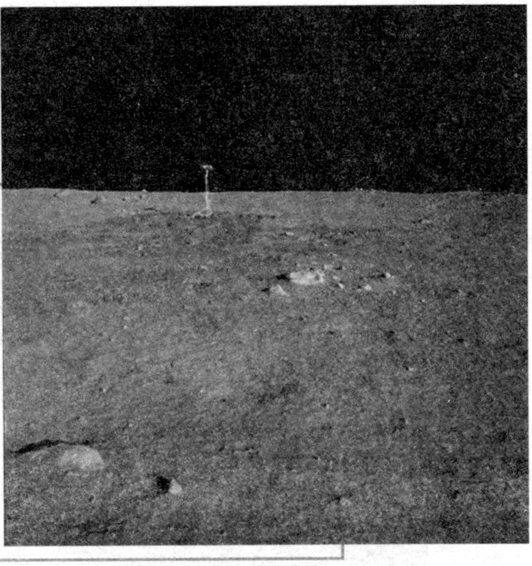
从月球上看到的景色

深远开阔，这是因为月球的体积比地球小得多。站在月球上，一般人看到的月平视距只有2.5千米，而在地球上看到的地平视距离是5千米。

在明亮的阳光照射下，月球到处是裸露的岩石和环形山的侧影。从月面结构中，我们可以见到起伏的山峦、崎岖的高地、广阔的平原、深长的沟壑、险峻的山脊和断崖。整个月面覆盖着一层碎石粒和浮土，到处千疮百孔。

月面天空中巨大的蔚蓝色的星球，光色皎洁，美丽而又亲切，它就是人类的摇篮——地球。在这里见到地球时，应是抬头望地球，倍感思故乡。地球上被太阳照亮的白天部分和黑夜部分显得十分明显。在月球上看到的地球也有类似地球上看到的月球一样的位相变化。在阳光照射下，地球上淡蓝色的大气层里缭绕着片片白云，深蓝色的是海洋，褐色的是陆地，覆盖着白色冰雪的是极地。在月球上见到的地球圆面，要比在地球上见到的满月大14倍。再加上地球大气反射阳光的本领很强，因此，在月球上见到的地球要比在地球上见到的满月明亮80多倍。可以想象，在地光之下看书是不成问题的。还有一种奇特的现象，那就是在月球上看到地球的地方，只要观测者不动，会觉得地球总在天空中，没有升起和落下的现象，基本上不动。为什么会有这种现象？前面已经讲过了，这是因为月球总以同一面对着地球的缘故。

在月球上看到的星星和太阳也是基本不动吗？不。月球有自转，但是自转很慢，星空沿着和月球自转方向相反的方向缓慢移动。星星和太阳都是有升有落的。月球上的一昼夜相当于地球上的29.5天。

因为月球上没有光，天空永远是一片漆黑，太阳和星星可以同时出现；

月球上看到的地球

星光一点也不闪动；阳光要比地球上强烈得多。这里还没有云雾，没有晚霞和曙光；没有风、雨、雷、闪电，永远是晴天，因此在这里天气预报是没有意义的。在月球上看到的星座和在地球上看到的星座没有什么变化。但是在地球上看到的北极星在月球上却失去了意义。另外，在月球上不能用指南针辨别方向，因为月球的磁场非常微弱。那么，宇航员靠什么辨别方向呢？从目前看，宇航员是根据日晷仪被太阳投出的影子推算方向的。

因为月球上的重力加速度比较小，因此脱离月球的“逃逸速度”也比较小，据测量是地球的1/5，其值的大小是2.4千米/秒，使得在月球上的宇航员离开月球比较方便，所以登月成功着陆的宇航员在月球上，其前进好像袋鼠一样向前跳跃着前进。正因为其“逃逸速度”比较小，给月球带来了可怕的不良效应：月球上根本没法吸引其周围的大气，也就不可能有雨、雪、冰、霜、雾等的产生和变化，使月球成为奇特的荒漠世界。

月球的成分及资源

地球上的金属资源正在逐步减少，我们不能等待千年之后有朝一日全部资源都消耗殆尽的时候，再来想办法。一些政府和工业部门已经把眼光转向月球，希望将来有一天能开采月球矿藏，为地球提供所需要的原材料。

“阿波罗”宇宙飞船的宇航员们，曾从月球带回来了月球岩石和土壤标本，科学家们很早就把它们与早些时候由“勘测者号”等探测器获得的资料进行对比研究，发现地球玄武岩中包含着的那些宝贵成分，在月球上也都有。在地球实验室里被作过分析研究的那些月球岩石，多数是玄武岩，它们与地球玄武岩的不同之处在于所含的钛和铁等成分较多，而氧、水分和易挥发物质较少。

45 亿年前，月球表面仍然是液体岩浆海洋。科学家认为组成月球的矿物克里普矿物（KREEP）展现了岩浆海洋留下的化学线索。KREEP 实际上是科学家称为“不兼容元素”的合成物——那些无法进入晶体结构的物质被留下，并浮到岩浆的表面。对研究人员来说，KREEP 是个方便的线索，说明了月壳的火山运动历史，并可推测彗星或其他天体撞击的频率和时间。

月壳由多种主要元素组成，包括：铀、钍、钾、氧、硅、镁、铁、钛、钙、铝 及氢。当受到宇宙射线轰击时，每种元素会发射特定的伽玛辐射。有些元素，例如：铀、钍和钾，本身已具放射性，因此能自行发射伽玛射线。但无论成因为何，每种元素发出的伽玛射线均不相同，每种均有独特的谱线特征，而且可用光谱仪测量。直至现在，人类仍未对月球元素的丰度做出面性的测量。现时太空船的测量只限于月面一部分。

月球有丰富的矿藏，据介绍，月球上稀有金属的储藏量比地球还多。月球上的岩石主要有三种类型，第一种是富含铁、钛的月海玄武岩；第二种是斜长岩，富含钾、稀土和磷等，主要分布在月球高地；第三种主要是由 0.1 ~1 毫米的岩屑颗粒组成的角砾岩。月球岩石中含有地球中全部元素和 60 种左右的矿物，其中 6 种矿物是地球没有的。

月球的矿产资源极为丰富，地球上最常见的 17 种元素，在月球上比比皆是。以铁为例，仅月面表层 5 厘米厚的沙土就含有上亿吨铁，而整个月球表面平均有 10 米厚的沙土。月球表层的铁不仅异常丰富，而且便于开采和冶炼。据悉，月球上的铁主要是氧化铁，只要把氧和铁分开就行。此外，科学家已研究出利用月球土壤和岩石制造水泥和玻璃的办法。在月球表层，铝的含量也十分丰富。

月球土壤中还含有丰富的氦3，利用氘和氦3进行的氦聚变可作为核电站的能源。这种聚变不产生中子，安全无污染，是容易控制的核聚变，不仅可用于地面核电站，而且特别适合宇宙航行。据悉，月球土壤中氦3的含量估计为715000吨。从月球土壤中每提取1吨氦3，可得到6300吨氢、70吨氮和1600吨碳。从目前的分析看，由于月球的氦3蕴藏量大，对于未来能源比较紧缺的地球来说，无疑是雪中送炭。许多航天大国已将获取氦3作为开发月球的重要目标之一。

月球表面分布着22个主要的月海，除东海、莫斯科海和智海位于月球的背面（背向地球的一面）外，其他19个月海都分布在月球的正面（面向地球的一面）。在这些月海中存在着大量的月海玄武岩，22个海中所填充的玄武岩体积约1010立方千米，而月海玄武岩中蕴藏着丰富的钛、铁等资源。假设月海玄武岩中钛铁矿含量为8%，或者说二氧化钛含量为4.2%，则月海玄武岩中钛铁矿的总资源量为$1.3\times10^{15}\sim1.9\times10^{15}$吨，尽管这种估算带着很大的推测性与不确定性，但可以肯定的是月海玄武岩中丰富的钛铁矿是未来月球可供开发利用的最重要的矿产资源之一。

克里普岩是月球高地三大岩石类型之一，因富含钾、稀土元素和磷而得名。克里普岩在月球上分布很广泛。富含钍和铀元素的风爆洋区的克里普岩被后期月海玄武岩覆盖，克里普岩混合并形成高钍和铀物质，其厚度估计有10千~20千米。风暴洋区克里普岩中的稀土元素总资源量约为225亿~450亿吨。克里普岩中所蕴藏的丰富的钍、铀也是未来人类开发利用月球资源的重要矿产资源。此外，月球还蕴藏有丰富的铬、镍、钠、镁、硅、铜等金属矿产资源。

月球的起源

天文学家对月球的位置、运动规律和物理性质作了详细的研究，随着科学技术的突飞猛进，又利用人造地球卫星、无线电技术、激光技术和计算机技术对月球作了进一步的测量和考察，取得了大量更加新的、更丰富的资料。

尽管如此，对“月球起源”这个十分古老的问题，今天的天文学家仍然是众说纷纭和语焉不详。

月球是怎样形成的？撇开人类早期那些不着边际的神话，如果将18世纪以来的月球起源假说归纳起来，可以分为三类，即同源说、分裂说和俘获说。有些科学家认为，月球是46亿年前，与地球一样是由宇宙的气体和尘埃形成的。另一些人则认为，月球是地球的孩子，从地球分裂出去的。然而，“阿波罗”号飞船几次带回的数据显示，月球和地球的组成成分大不相同。不少科学家认为，月球在很多年以前，偶然被吸入地心引力范围，因而才意外地纳入地球的轨道，但也有人引用天体力学来反对这种说法。

同源说

同源说是最早出现的一种月球起源假说，它主张月球和地球具有相同的起源。18世纪法国天文学家布丰是这类起源说的最早代表。布丰认为：太阳系的所有天体起源于一次彗星对太阳的猛烈碰撞所撞下来的太阳碎块。稍后，德国的康德和法国的拉普拉斯提出了著名的太阳系起源的“星云

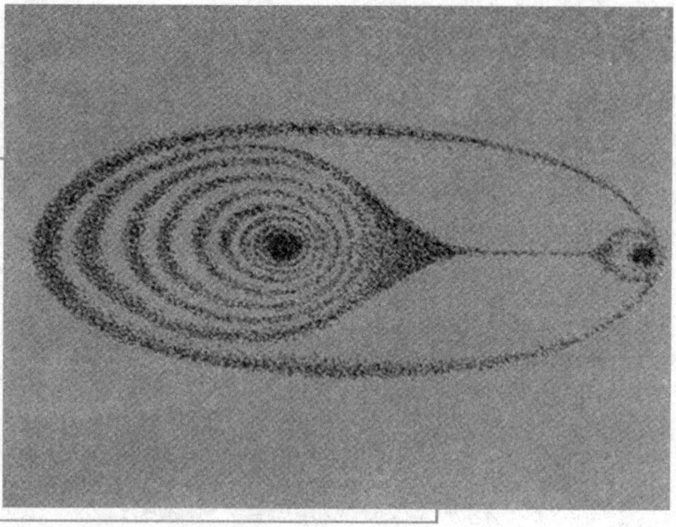

地月同源说

说”，认为月球和地球都是同一团弥漫物质形成的。这团弥漫物质的大部分形成地球，小部分形成月球，或者地球形成后剩余的物质形成了月球。按照这种理论，地球的年龄和月球的年龄应该不相上下。

近年来，科学家对“阿波罗”号宇航员们从月面采集的月岩样品作了放射性年代测定，结果证明，月球形成的时间和地球形成的时间相同，即都形成于46亿年前。在这一点上，同源说获得了实验的支持。但同源说却无法解释为什么具有相同起源的地球和月球，在物质组成上有显著的差异？它们的密度为什么不同？它也无法解释，与太阳系其他行星的卫星相比，月球所具有的一系列特征。譬如，其他卫星与中心行星的质量比都小于1/10000，而月球与地球的质量比却高达1/81，这在太阳系中没有第二例。同源说显然要对太阳星云中的地月形成区情况作相当多的规定才行。

分裂说

英国著名生物学家、“进化论”创始人达尔文之子乔治·达尔文，是英国剑桥的一位天文学家。他在研究地—月间的潮汐影响时，注意到由于潮汐作用，地球的自转速度在逐渐变慢，月球在逐渐远离地球。他由此推断月球在远古时一定离地球非常近。达尔文在1879年发表了题为《太阳系中的潮汐和类似效应》的文章，提出月球在形成之前是地球的一部分。他认为，在太阳系形成初期，地球还处于熔融状态时，地球的转速相当高，以致有一部分物质被从赤道区甩了出去。后来，这部分物质演化成为今天的月球，甚至还认为太平洋就是月球分出去后留下的疤痕。

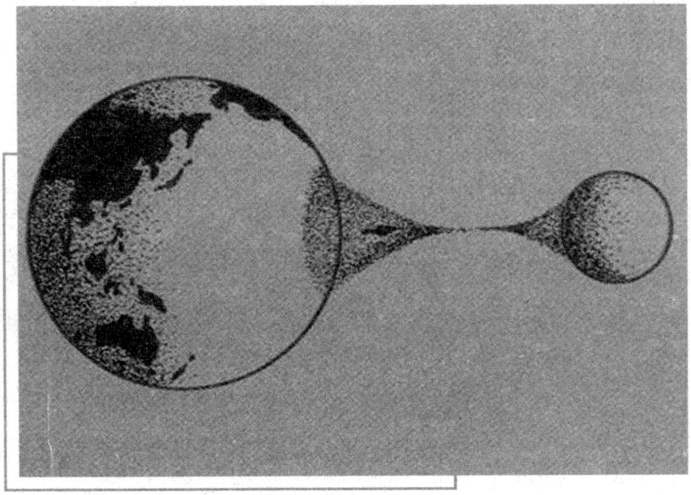

地月分裂说

有不少人支持达尔文的观点。据计算，月球的物质刚好能填满太平洋。支持者们认为，分裂出去的是上地幔物质，因此月球没有地球那样的金属核，密度与地壳接近也就变得合情合理了。另外，现代激光测距定出月球每年远离地球5厘米，因而在遥远的过去，月球确实离地球近多了。

但是，这个罗曼蒂克的假说也遇到了重重困难。譬如，马尔科夫在研究太阳系中各天体时，注意到天体的扁率与它的自转速度、密度有关。要使地球上的物体在离心力作用下飞离出去，地球的自转速度必须是现在的17倍。然而根据地—月系现状和角动量守恒定律，推算出的46亿年前的地球自转率并不是那么快。况且，如果月球是从地球上飞出去的，那么，月球的轨道应该位于地球的赤道面上，而事实却不是这样。另外经过研究证明，熔融状态的地球根本不可能分出一部分物质去。即使退一步说，月球是从地球分裂出去的，那么在刚分出去的时候，也一定会受到地球的引力作用而产生很大的潮汐，最后还是会重新落到地球上来的。再有，对太平洋底部的研究，证明它和其他海洋底部的结构相同，由洋底沉积的厚度及沉积速度来看，太平洋的年龄只有1亿年，和月球的年龄相悬殊。

俘获说

鉴于同源说和分裂说所遇到的困难，瑞典天文学家阿尔文提出了“俘获说”。该假说认为：月球和地球是在不同的地方形成的，月球本来只是太阳系中的一颗小行星，一次偶然的机会，因为运行到地球附近，被地球的引力俘获，从此再也没有离开过地球，成为地球的卫星。这个颇富戏剧性的假说受到多数科学家的赞成，它很好地说明了地球和月球在物质组成上的差异，和不同于太阳系其他卫星的特征。

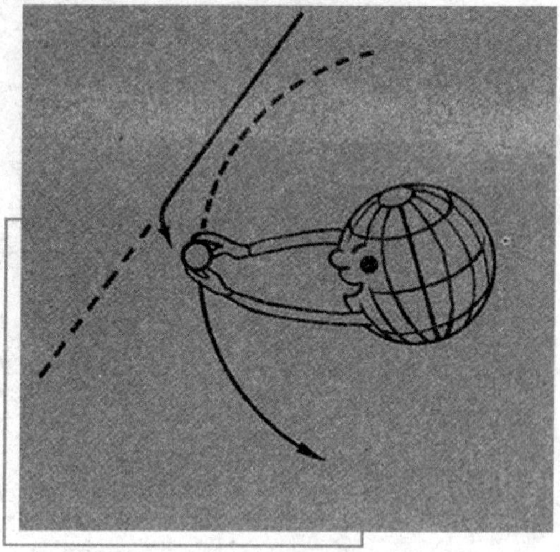

地月俘获说

还有一种接近俘获说的观点认为，地球不断把进入自己轨道的物质吸积到一起，久而久之，吸积的东西越来越多，最终形成了月球。

然而和上述其他两种假说一样，俘获说也有难以自圆共说的地方。首先是月球太大，地球俘获如此之大的一个天体是很难想象的，即使能抓住，轨道也不会像现在这样规则。

上述三种月球起源假说，可以说各有千秋，都能或多或少地解释月球的成分、密度、结构、轨道及其他基本事实。从目前来看，除分裂说遇到致命的问题，似乎难以成立外，俘获说和同源说这两种假说究竟哪一种更合理一些，还无定论。现有假说的困难，迫使天文学家不得不另辟蹊径，提出新的起源假说。

大碰撞假说

美国科学家本兹、斯莱特里以及卡梅伦，于 1986 年 3 月在美国休斯顿举行的一次月亮和行星讨论会上，提出了一个崭新的、摆脱了上述三种假说框框的月球成因假说。该假说认为：在太阳系早期，行星际空间有大量的“星子”，星子经过碰撞、吸积而逐渐变大。大约在相当目前地—月系统存在的空间范围内，形成了一个质量大约相当于现在地球质量 9/10 的原始地球和一个火星般大小的天体。这两个天体在各自的演化中，均形成了以铁为主的金属核和以硅酸盐组成的幔和壳。由于这两个天体相距不远，因此相遇的机会就很大。一次偶然的机会，那个小的天体以每秒 5 千米左右的速度撞向地球。剧烈的碰撞不仅使地球的轨道发生了偏斜，使地轴倾斜，而且使火星般大小的撞击体碎裂，壳和幔受热蒸发，膨胀的气体“裹胁”着尘埃飞离地球。这些飞离的物质中还包括少量的地幔物质。火星般大小的天体碰撞后，被分离的金属核因受胀飞离的气体阻碍而减速，被吸积在地球上。飞离的气体尘埃受地球的引力作用，一部分处于洛希极限内，另一部分落在洛希极限外，呈盘状物出现。位于洛希极限外的物质通过吸积，先形成几个小天体，最后不断吸积，像滚雪球似的，形成了月球。

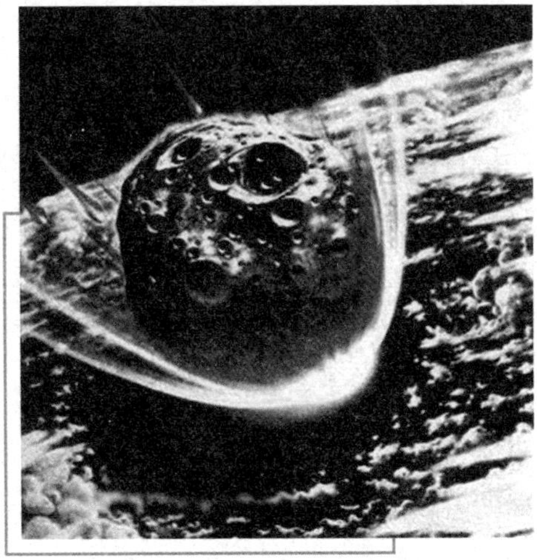
小行星撞击地球想象图

这一新的“大碰撞”假说，在某种程度上兼容了三种经典假说的优点，并得到了一些地球化学、地球物理实验的支持。

由于大碰撞假说认为，月球是撞击后飞离的物质凝聚而成的，这样就不必要求月球的运行轨道非要

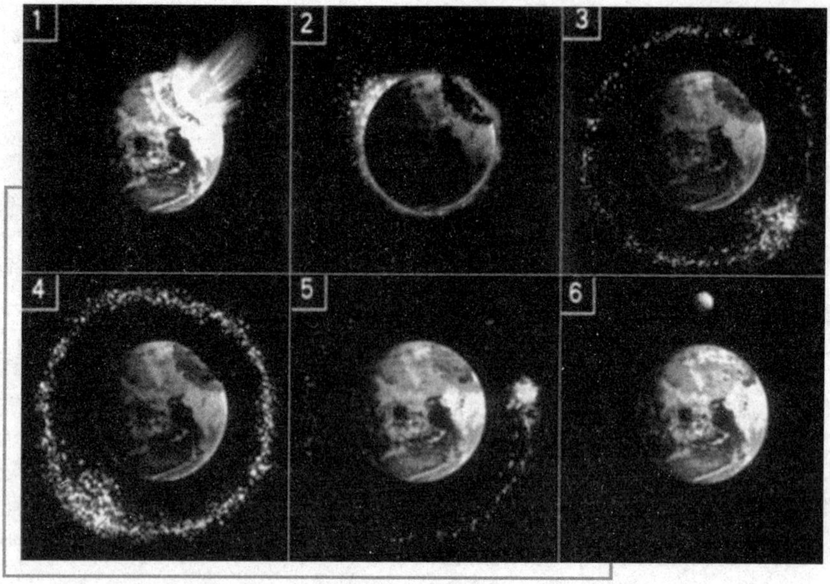

大碰撞假说电脑模拟图

与地球赤道面重合不可。此外，由于月球的大小取决于飞离物质的多少，因此也不必考虑为什么地、月的质量比远大于其他行星和它的卫星了。

从物质组成看，由于该假说认为月球是由碰撞体和少量地幔组成的，这就是月球密度为什么较低，没有像地球那样的金属核的原因。另外，由于碰撞所产生的高温使易挥发的元素蒸发掉，从而也解释了月球上为什么富集难熔元素，而缺少易挥发元素。

目前，大碰撞假说还未得到天文学家的普遍承认，需要进一步验证和证实。

月球行星论

天文学家无论是在讨论经典假说还是大碰撞假说时，都把月球看作地球的一颗卫星，而不久前有人提出了一个新奇的观点，认为月球原来是太阳系的一颗行星。

美国著名地球物理学家爱拜塞尔在《地球》一书中提出："近代太阳系

形成学说确认月球是个正统的行星。实际上地球和月球是一个双星系统的关系，而月球绝不是从属于地球的母子关系。”他的证据是：（1）在形成年代上，月球略早于地球；（2）地、月的直径比和质量比相差不多，卫星与主体行星之间这样大的比值在太阳系中“只此一家”；（3）地球属于类地行星，而类地行星除地球和火星以外，其他的都无卫星；（4）月球并没有绕着地球旋转，而是伴着地球对转。在太阳系中，其他行星的公转轨道都是比较光滑的图形，唯有地球的公转轨道是波浪般的图形。

月球行星论产生了一定的反响。一些天文学家对此持有异议，我国紫金山天文台刘炎认为，这个结论过于武断了。他认为，月球形成的年代是否早于地球至今尚无定论，而且即使我们承认月球的“年岁”高于地球，也不能就由此推论月球不是地球的卫星了。因为关于卫星和中心行星的“年岁”是一种历史上的月地关系，而月球是不是地球的卫星，却是一个卫星的概念和定义的问题，是一种现实的月地关系。月球的质量虽大，但还是在其作为地球卫星所应有质量的合理范围之内；而月球相伴地球“对转”、地球轨道“波浪形”起伏，也完全符合力学规律。月球在它漫长的演化史上很可能曾经是一颗行星，但它现在确确实实是一颗卫星。

地球与月球

正像科学家所说的那样，宇宙间只有未被认识的事物，而绝没有不可认识的事物。随着人们在实践中认识的不断深化，月球是怎样产生的，月球是行星还是卫星这些问题，一定会弄清楚的。

月球的运动

月球的轨道运动

月球每天东升西落的运动是地球自转的反映。月球本身还在恒星间自西向东运动，这种运动是月球围绕地球公转的反映。如果在几小时内连续观察月球相对于某一亮星的相对位置，就会觉察出月球不断地向东移动：每小时大约移动半度，每天移动 13°。经过 27.3217 日，即 27 日 7 时 43 分 12 秒，完成一次周期运动。

由于太阳的引力作用，月球的轨道不断在变化，白道和黄道的交点不断地沿黄道向西（和月球公转方向相反）移动，每年约 19°4′。经过 18.6 年，交点沿黄道运行一周，所以月球每次公转都沿着新的途径。此外，月球轨道的偏心率、月球轨道拱线也在变化。月球在轨道上各点还有大小不同的加速度和减速度。所以，月球的运动是非常复杂的。

从地球眺望月亮，似乎觉得月球并没有自转，因为它总是以同一面向着地球的，因为总是看到同样的斑点，即“吴刚砍伐桂树”。其实这一点正说明月球在自转，其自转周期恰好与它的公转周期相等：假设月亮公转与自转相等，当月球经过它的轨道的 1/4 时，它本身也自转了 90°的弧，此时月球上的斑点恰好正对着地球了；反之，倘若月球不自转，那么从地球上看月亮的斑点，它将每月转动一周，就不会总是看到月球上同样的斑点。

月球绕地球旋转叫月球的公转。月球的运动是自西向东的，它的轨道同所有天体的轨道一样也是椭圆状的，距地球最近的一点叫近地点，而离地球最远的那一点叫远地点。这个轨道平面在天球上截得的大圆称“白道”。白道平面不重合于天赤道，也不平行于黄道面，而且空间位置不断变化。周期173日。月球轨道（白道）对地球轨道（黄道）的平均倾角为5°09′。

月亮向西运动的证据是它每次西沉的时刻平均要推迟49分钟，若相对恒星来说，它的运动周期约27.3天，但与此同时，地球本身也在绕日的轨道上前进了一段距离，因此月亮要完成它的一个相位周期，即从新月开始经满月又回到新月就应再增2天多，共计约29.53天。因此，相对于背景星空，月球围绕地球运行（月球公转）一周所需时间，即月亮的恒星运动周期约27.3天，称为一个恒星月；而新月与下一个新月（或两个相同月相之间）所需的时间，即相对日地连线的运动周期约29.53天，称为一个朔望月；朔望月便是月份的依据。

月球约一个农历月绕地球运行一周，而每小时相对背景星空移动半度，即与月面的视直径相若。与其他卫星不同，月球的轨道平面较接近黄道面，而不是在地球的赤道面附近。

很多人不明白，为什么月球轨道倾角和月球自转轴倾角的数值会有这么大的变化。其实，轨道倾角是相对于中心天体（即地球）而言的，而自转轴倾角则相对于卫星。

月球的轨道平面（白道面）与黄道面（地球的公转轨道平面）保持着5.145396°的夹角，而月球自转轴则与黄道面的法线呈1.5424°的夹角。因为地球并非完美球形，而是在赤道较为隆起，因此白道面在不断进动（即与黄道的交点在顺时针转动），每6793.5天（18.5966年）完成一周。其间，白道面相对于地球赤道面（地球赤道面以23.45°倾斜于黄道面）的夹角会由28.60°（即23.45°+5.15°）至18.30°（即23.45°-5.15°）之间变化。同样地，月球自转轴与白道面的夹角亦会介乎6.69°（即5.15°+1.54°）及3.61°（即5.15°-1.54°）。月球轨道这些变化又会反过来影响地球自转轴的倾角，使它出现±0.00256°的摆动，称为章动。

白道面与黄道面的两个交点称为月交点——其中升交点（北点）指月球通过该点往黄道面以北；降交点（南点）则指月球通过该点往黄道以南。

当新月刚好在月交点上时，便会发生日食；而当满月刚好在月交点上时，便会发生月食。

月球的自转

我们看月球，月面总是呈现出同样的外貌，即是说，月球在围绕地球公转时，总是以同一面对着地球。这种现象的产生说明月球有自转运动。月球在绕地球公转的同时进行自转，周期是27.32166日，正好是一个恒星月，自转方向与周期和绕地球公转的方向与周期是相同的。由于月球自转周期和绕地球公转周期相等，所以从地球上只能看到朝向地球的半个月面，无法看到月球背面。这种现象我们称“同步自转”，几乎是卫星世界的普遍规律。一般认为是行星对卫星长期潮汐作用的结果。

在月球上，一昼夜大约等于一个月。为什么月球的自转周期这么长呢？这是由于地球对月球的引潮力长期作用的结果。地球的引潮力使月球向着地球的方向上隆起（潮汐），当月球自转时，月球隆起部分受到地球的引力，仍然保持朝向地球，这种转动方向和月球自转方向相反，这种作用叫潮汐摩擦。潮汐摩擦力在很长时期内不断作用着，逐渐使月球的自转变慢，直到隆起部分永远朝向地球，这时月球的自转周期等于月球的公转周期。

月球的天秤动

月球在围绕地球公转过程中，朝向我们的月面呈现出一种左右、上下的摆动。月球围绕地球的轨道为同步轨道，所谓的同步自转并非严格。由于月球轨道为椭圆形，在近地点运动快，在远地点运动慢。当月球处于近地点时，它的自转速度便追不上公转速度，因此我们可见月面东部达东经98°的地区；相反，当月球处于远地点时，自转速度比公转速度快，因此我们可见月面西部达西经98°的地区。月球公转速度的这种变化就会使地球上的观察者有时看见月面西边缘之外的一小部分，有时能看见月面东边缘之外的一小部分（经度天秤动）。月球的自转轴不和公转轨道垂直，而是呈

83°21′的倾角。在月球公转过程中，月球自转轴的北端和南端轮流朝向地球，这也会使地球上的观察者有时能直接看到月球北极之外的一小部分，有时又能看到月球南极之外的一小部分（纬度天秤动）。

天秤动是一个很奇妙的现象，由于天秤动的现象，使我们看到的月面不只是一半，而是整个月面的59%，即整个月面的3/5。主要有以下原因：

1. 在椭圆轨道的不同部分，自转速度与公转角速度不匹配。

2. 白道与赤道的交角。

地球与月球间的相互作用

地球与月球互相绕着对方转，严格来说，地球与月球围绕共同质心运转，共同质心距地心 4700 千米（即地球半径的 2/3 处）。由于共同质心在地球表面以下，地球围绕共同质心的运动好像是在“晃动”一般。从地球北极上空观看，地球和月球均以逆时针方向自转，而且月球也是以逆时针绕地运行，甚至地球也是以逆时针绕日公转的。

地球与月球

自月球形成早期，地球便一直受到一个力矩的影响导致自转速度减慢，这个过程称为潮汐锁定。亦因此，部分地球自转的角动量转变为月球绕地公转的角动量，其结果是月球以每年约38毫米的速度远离地球。同时地球的自转越来越慢，一天的长度每年变长15微秒。

月球的正面永远都向着地球，其原因是潮汐长期作用的结果。另外一面，除了在月面边沿附近的区域因天秤动而可见以外，月球的背面绝大部分不能从地球看见。在没有探测器的年代，月球的背面一直是个未知的世界。月球背面的一大特色是几乎没有月海这种较暗的月面特征。而当人造探测器运行至月球背面时，它将无法与地球直接通信。

如果你到过海滨，你一定会注意到海水每天的涨潮和落潮。在涨潮时，海水有时会涨起来好几米到十来米。几个小时之后，开始落潮，留下了一片空旷的海滩。海水的涨落主要受月球引力的影响，太阳的影响比较小。

在新月和满月阶段，地球、太阳和月球三者在一条直线上，月球和太阳对地球的引力相加，引起特别高的高潮，叫作大潮。月球呈现为上弦或下弦的位相时，月球和太阳的方向在地球处形成直角，这时，月球和太阳对地球的引力有所抵消，其结果是地球上出现较低的低潮，叫作小潮。

由于亿万吨海水不断地流过来、流过去，对海洋底部产生不小的摩擦，它好比是个加在地球自转速率上的制动器。地球自转变慢了，日的长度就加长，其结果是大约每10万年加长1秒。

月球为什么能留在轨道上

把一个重物缚在线上，拿着线，让重物绕着你的头转，它划出个圆圈。原因很简单，同时有两个方向相反的力作用在这个重物上，一种叫作切向速度的力总是想让重物沿直线飞出去，如果你把线放开，它就会真的那样，可是你手中拿着的线又把它拉了回来，结果是，重物沿着圆周转圈。由于类似的原因，月球沿着圆周围绕地球运行。切向速度时刻想使月球沿直线飞离地球，速度为每小时3600多千米。可是，地球引力也起着类似绳子那样的作用，它把月球拉向地球。于是，月球就这样周而复始地绕着地球转圈子。

载着宇航员的空间飞行器之所以能够留在环绕地球运行的轨道上，也是这个道理。如果宇航员想使飞船返回地球，他只要启动一个制动火箭，使飞船的轨道速度变慢，从而破坏了力的平稳，飞船于是就返回到地球大气层里来。那么月球永远能留在绕地球的轨道上吗？

我们在前面讲过，潮汐摩擦对于地球自转起着制动的作用，使得自转变慢，一天的时间变长，大约每个世纪长千分之一秒。看来，这种变化是微乎其微的，似乎根本不必去考虑。可是，经过以亿万年计的日积月累之后，它最终会影响到月球的命运，成为月球破裂、崩溃而趋于毁灭的原因。

当地球和月球处于液态的历史阶段期间，潮汐摩擦对于这两个天体来说，都曾起过作用，正像现在对海水起的作用一样；对月球所起作用的结果是使它绕轴自转周期变得刚好与它绕地球公转的周期一模一样。

现在，由于地球自转速度每一百年变慢千分之一秒，月球轨道就相应而缓慢地变得越来越大，带来的结果是月球离地球越来越远，一个月的时间也越来越长。

潮汐摩擦所带来的变化，过去、现在和将来都在缓慢地进行着。原先，地球自转一周或者说一个地球日还不到 5 个小时，逐渐延长到了现在的 24 小时；一个月的长短过去与原先的地球日一样，现在则已经加长到约 28 天。

经过计算，天文学家们认为地球自转变慢到一个地球日和一个月都是现在的 55 倍时，地球将老是以同一面对着月球，正像现在月球一直以同一面对着地球。在那非常遥远的将来，如果海洋还存在着的话，如果海洋里还存在着海水的话，那么，在月球下面的海洋里将永远是高潮，月球也就不会再产生潮汐摩擦了。月球和地球将被固定在围绕两者公共重心的轨道上。地球日的长度为现在的 55 倍时，就不再继续变长。

之后，月球与地球之间的关系将反过来。地球的自转将又一次加快，而月球则变慢，于是，月球将一步一步地接近地球。这个过程将一直继续到月球最后离地球如此之近，而在地球潮汐力作用下被碾碎。被粉碎了的月球物质并不落到地球上来，而像土星环那样，会聚在一起在地球周围形成若干条环。

请注意，我们这里所说的关于地球和月球的“奇”事，在未来的数十亿年之内是不会发生的。

月球的地貌特征

月球地貌简述

有史以来，人们的眼睛一直注视着月亮，思索着和进行各种猜测。用肉眼观测是看不出多大名堂来的，因而他们说不出多少关于月球的事。历史上第一个从远处比较清楚地观赏月球的人，是意大利科学家伽利略。当他只有 19 岁还是比萨大学的学生时，他在教堂里注意到了从天花板上吊下来的灯的缓慢摆动现象，由此发展了钟摆的摆动原理，并且是把这种原理用于测量时间的第一人。

伽利略

伽利略对观测天体很有兴趣，使他遗憾的是他无法把它们看得很清楚。

1609 年，他听说荷兰眼镜商汉斯·里帕席，发明了一种奇异的管子，在管子里只放几片透镜，就使得远处的人和树等好像在眼前一样。里帕席称它为“魔管”。伽利略很快对这新玩意儿有所发展。他选用了质量比较好的透镜，把它们在管子中的位置调整到最佳状态，就这样制造成了一架望远镜。

我们完全可以想象得到，当他把自己制造的望远镜第一次对准月亮时，该是多么激动。在人类历史上第一次，他看到了月球表面的环形山、山脉和大面积的平原。因为这些平原显得比较平滑，没有太多的其他特征，有点像是大片的水面，伽利略把它们叫作海。

当然，伽利略制造的第一架望远镜是简陋的、粗糙的，可是，对于那些告诉了我们那么多月面知识的巨大望远镜来说，它是当之无愧的“老祖宗”。

月球表面崎岖不平，从大的构造来分，主要有陆区和月海。

在明净的夜晚，当一轮圆月悬挂空中之时，我们不难发现月球表面有明暗相对的两部分，其实月球表面的地形特征就是有明暗的分区。早期的天文学家在观察月球时，认为发暗的地区都有海水覆盖，因此把它们称为“海 ”，著名的有云海、湿海、静海等。在月球上几乎没有大气和水分。月面上阴暗部分，其面积较大的是“海”，较小的是“湖”“湾”或“沼”。其实月面上的海是徒有虚名的，它滴水不含，是低洼的大平原，其中最大的平原是“风暴洋”。而明亮的部分是山脉，那里层峦叠嶂，山脉纵横，坑穴密布，沟壑纵横，这就是月球上的所谓“陆”。“陆”比“海”平均要高出约1500 米。有幸通过天文望远镜观测月球的人，首先感到奇怪的是月面上分布许多大大小小的“气泡”似的环形结构。仔细再看，它们类似地球上的火山口，叫环形山，

复杂的月球表面

它们分布极广，星罗棋布，大小差别很大。月面上有的区域环形山非常密集，有的环形山还有重叠的结构，大多数环形山都以地球上著名的科学家的名字命名。如哥白尼环形山、第谷环形山、牛顿环形山等。月球背面还有以我国古代著名科学家的名字命名的环形山。它们是：张衡环形山、祖冲之环形山、郭守敬环形山、万户环形山和石申环形山。环形山实际上是一块被围起来的洼地，其底部凹陷下去，四周台垣比里面高出数千米。位于南极附近的贝利环形山直径 295 千米，可以把整个海南岛装进去。最深的山是牛顿环形山，深达 8788 米。除了环形山，月面上也有普通的山脉，高山和深谷叠现，别有一番风光。

月面上也有许多高大的山系，它们用地球上著名的山脉名字命名。如在南海地区有陡峭的高加索山脉、亚平宁山脉和阿尔卑斯山脉。

在月面结构中，还有湾、湖、月谷、月溪、断裂和辐射纹等结构。

月球是地球的近邻，它在很多方面确实类似地球，但是，月球表面由于没有大气，没有水，没有生物，被太阳照射的地方温度高达 127℃，没有被太阳照到的地方又下降到 -183℃；月面直接受到流星体、太阳风和宇宙线轰击和强辐射；月球上的白天和黑夜各相当于地球上的两个星期。这些月面环境状况，使得整个月面既保存了各个演化时期的原始风貌，也保留着遭受太空物质侵袭的痕迹。同时，月球向着地球的一面和背着地球的一面尽管有差异，但是差别不大。

环形山

月球表面的最大特征是布满着大小不等的环形山。环形山这个名字是伽利略起的。它是月面的显著特征，几乎布满了整个月面。最大的环形山是南极附近的贝利环形山，直径 295 千米，比海南岛还大一点。以月球环形山“亚军”克拉维环形山来说，如果有位探险者站在这个直径 230 多千米的环形山中央，他只会看到四周的“月平线”（月球上的地平线自然该称作月平线），而看不到环形山的环壁。小的环形山甚至可能是一个几十厘米的坑洞。直径不小于 1000 米的环形山大约有 33000 个，占月面表面积的 7% ~10% 。

月球表面布满了大大小小的环形山

有个日本学者在 1969 年提出一个环形山分类法，分为克拉维型（古老的环形山，一般都面目全非，有的还山中有山）、哥白尼型（年轻的环形山，常有“辐射纹”，内壁一般带有同心圆状的段丘，中央一般有中央峰）、阿基米德型（环壁较低，可能从哥白尼型演变而来 ）、碗形和酒窝形（小型环形山，有的直径不到 1 米）。

科学家正努力工作，想找出形成环形山的真正原因。有人相信，一些小的环形山口可能是月球形成阶段火山活动的结果。1958 年和 1959 年，确实有位天文学家报道说，他观测到了从阿尔卑斯环形山内喷发出气体的现象。如果他的观测结果是可靠的，那就不仅说明月球内部是炽热的而且处于气体状态，还足以表明月球面上存在火山活动的可能性是很大的。

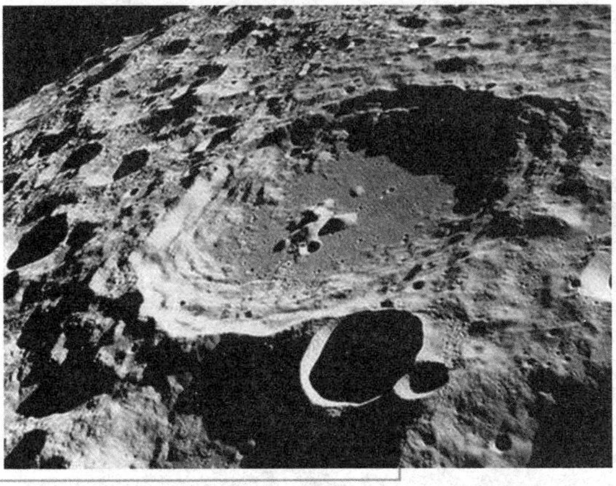

月球表面的一个陨石坑，其直径在 30 千米左右，它位于月球的背面

因为只有少量环形山的形态与地球上的火山口相像，不少人相信多数环形山是由于从空间来的大陨星猛烈撞击月面而留下的痕迹。有的科学家认为，一个陨星以一定的角度袭击月球而形成椭圆状的环形山，由于撞击产生的高温而使环形山变

成圆形。有的科学家提出争辩意见，认为陨星不管以什么角度撞击月面，形成的环形山都应该是圆形的。绝大多数环形山确实也都是圆形的。

能产生大环形山的陨星，应该是相当大的，所引起的那种类似爆炸的现象，比最强有力的原子弹也许还要强好几千倍。月球是经常不断地被这类大大小小的陨星撞击着的。

地球也经常受到陨星的撞击。不同的是，当一个陨星闯入比较浓密的大气层时，由于与大气分子相撞而产生的热，使陨星燃烧、气化而成为尘埃。在这过程中，陨星发亮而被我们看到，这就是流星。有时候，陨星体比较大，其烧剩的部分落到地球上来，或者是一块铁质般的物体，或许是石质的，这主要根据陨星本身的性质而定，这就是一般所说的陨星或叫陨石。

月球周围没有大气，陨星就有可能全力撞击月球而不受到任何阻碍，从而在月面上撞出一片比较大的凹陷地。

地球上的风和雨在不停地浸蚀地球表面，使它改变面貌，并逐渐抹掉地质现象，为地球留下痕迹。月球是没有这种风和水的浸蚀作用的。因此，月面上一旦留下什么痕迹，就永远保持原样。

可以这么说，自从望远镜发明以来的400年间，还没有看到过在月面上

地球上的陨石坑

形成新的、足够大的环形山。我们可以得出这样的结论，在最近几百年里乃至几千年里，月球受到陨星、特别是大陨星袭击的概率，远没有它在早期受到的那么多。

月　海

所谓月海，其实就是我们从地球上看到的暗色的区域，主要由玄武岩组成。因为玄武岩的反射率平均只有6%，当阳光照射时，它吸收了94%的阳光，所以看上去比周围月陆区要暗一些。月海就是月球上广大的平原或开阔地，或者说，只是些覆盖着尘埃的沙漠。

现在已知整个月球表面有22个月海，此外还有些地形称为“月海”或“类月海”的。公认的22个月海绝大多数分布在面向地球的正面。面向地球的背面的月海少而小，有三四个在边缘地区。在面向地球的正面的月海面积略大于50%，其中最大的“风暴洋”面积约500万平方千米，差不多9个法国的面积总和。大多数月海大致呈圆形、椭圆形，且四周多为一些山脉封闭住，但也有一些海是连成一片的。除了“海”以外，还有5个地形与之类似的“湖”——梦湖、死湖、夏湖、秋湖、春湖，但有的湖比海还大，比如梦湖面积7万平方千米，比汽海等还大得多。月海伸向陆地的部分称为“湾”和“沼”，都分布在正面。湾有5个：露湾、暑湾、中央湾、虹湾、眉月湾；沼有腐沼、疫沼、梦沼3个，其实沼和湾没什么区别。

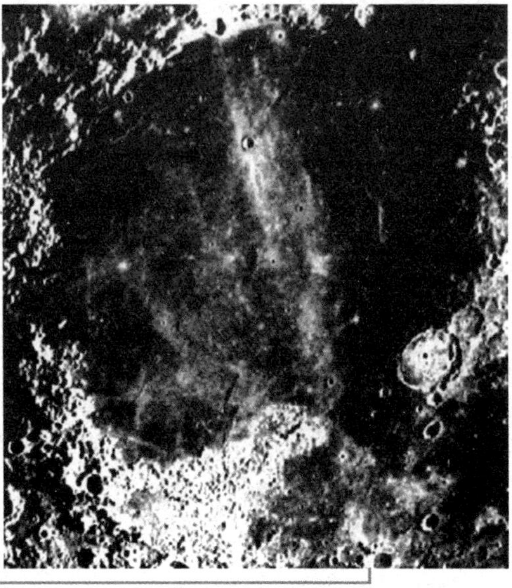

月　海

面向地球这面有19个月海，分别是：风暴洋、雨海、澄海、静海、丰富海、酒海、危海、冷海、史密斯海、云海、汽海、湿海、洪堡德海、蛇海、泡海、浪海、界海、地海和知海。月球背面有3个月海：东海、莫斯科海和智海。

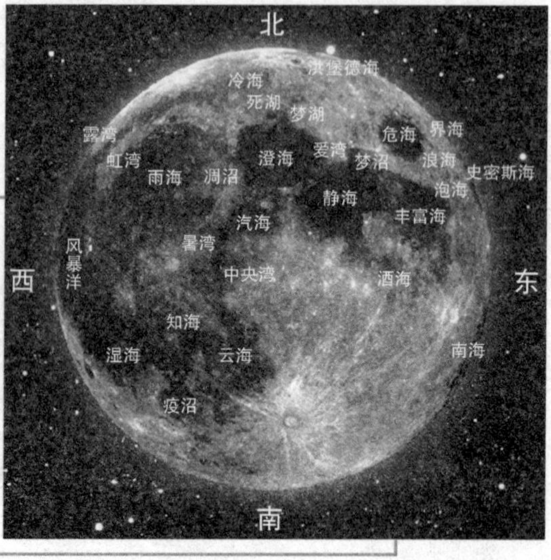

正面月海的名称

月海的地势一般较低，类似地球上的盆地。月海比月球平均水准面低一两千米，个别最低的海如雨海的东南部甚至比周围低6000米。月面的返照率（一种量度反射太阳光本领的物理量）也比较低，因而看起来显得较黑。

早期用简陋望远镜观测月球的天文学家们，不了解月球实际上是个无生命、无水的天体，相反，他们推测月球应该与地球一样，部分表面覆盖着海洋和江河湖沼等水面。尽管如此，科学家们同意保留当初定下的“海”这个现在看来不那么确切的名称。不过，在月球演化史早期的某个阶段，那时，它刚形成不久，这些“海”里可能确实充满着处于熔融状的岩浆。

由于月海比较平坦、开阔而有回旋余地，而不像崎岖的山地那样容易发生事故，第一艘载人登月飞行的“阿波罗”11号所携带的“鹰”登月舱，就是选择静海作为着陆点的。

月陆和山脉

月陆是月面隆起的古老的高地，平均高出月海2~3千米。月陆主要由浅色的斜长岩组成。月陆的反光率约为17%，因此看上去要比月海明亮得多。从同位素测定知道月陆比月海古老得多，是月球上最古老的地形特征。

在月球上，除了犬牙交差的众多环形山外，也存在着一些与地球上相

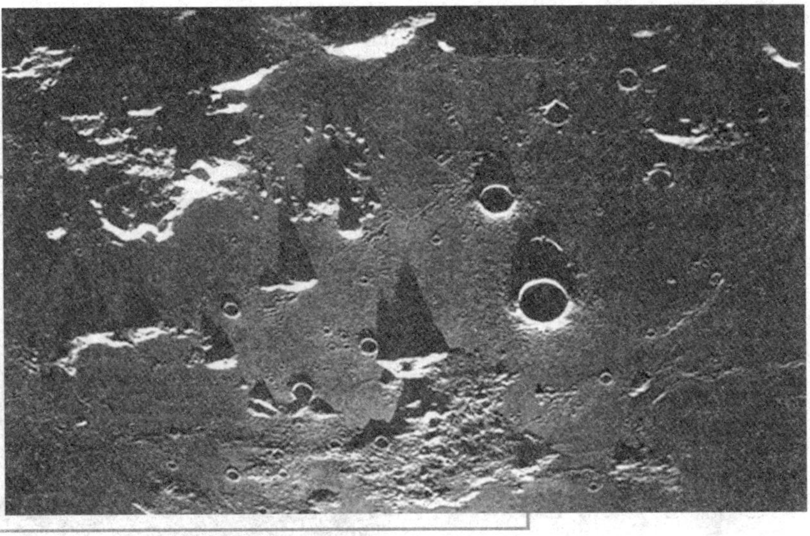

月球上山峰的阴影是由于太阳照射形成的

似的山脉。月球上的山脉常借用地球上的山脉名，如阿尔卑斯山脉，高加索山脉等，其中最长的山脉为亚平宁山脉，绵延1000千米，但高度不过比月海水平面高三四千米。山脉上也有些峻岭山峰，过去对它们的高度估计偏高，现在认为大多数山峰高度与地球山峰高度相仿，最高的山峰（亦在月球南极附近）也不过9000米和8000米。月面上6000米以上的山峰有6个，5000~6000米20个，4000~5000米则有80个，1000米以上的有200个。月球上的山脉有一个普遍特征：两边的坡度很不对称，向海的一边坡度甚大，有时为断崖状，另一侧则相当平缓。

除了山脉和山群外，月面上还有4座长达数百千米的峭壁悬崖，其中3座突出在月海中，这种峭壁也称“月堑”。

月面辐射纹

月面上最耐人寻味的秘密之一，是一些较“年轻”的环形山周围常带有美丽的“辐射纹”。所谓辐射纹，指的是从一些较大的环形山，像第谷、哥白尼、开普勒等环形山，向四面八方延长开去的亮线状构造。它几乎以

月面辐射纹

笔直的方向穿过山系、月海和环形山。第谷环形山的辐射纹特别引人注目，至少有 12 条，而且在满月时看起来非常明亮，最长的一条长 1800 千米，一直延伸到月背部分。哥白尼和开普勒两个环形山也有相当美丽的辐射纹。部分小环形山也有辐射纹。据统计，具有辐射纹的环形山有 50 个。

迄今还没有一个人能够确切地说清楚这些辐射纹最初是怎么形成的，或者阐述明白它们究竟是由什么东西组成的。实质上，它与环形山的形成理论有密切联系。一般这样认为：陨星撞击月面而形成环形山的同时，把原先在环形山口内的一部分物质向四面八方溅射开去，而后回落到月面，形成辐射纹。

我们可以做个简单的实验。在一张黑纸上，放上一小堆白粉末，用钢匙的背部突然猛击粉末堆中央，你会看到粉末溅射并落在四周，这情景与辐射纹的形成也许有点相像。

由于月球上没有空气、没有风来干扰落在环形山周围的那些溅落物，它们能一直原封不动地保持着当初形成时的模样。

另一种观点则认为，陨星袭击月面而形成环形山时，把原先在月球表面以下的、轻而带色彩的物质，从环形山口向外抛出而成为辐射纹。陨星撞击而产生高温和类似爆炸那样的现象，于是把月球物质熔化为玻璃质那样的东西。玻璃质粒子比较容易反射光线，同时也可以比较容易地解释为什么辐射纹的亮度随着月相的变化而变化。

月谷（月溪）

月球上除了有月海、月陆、山脉、月坑和环形山等地理特征外，在月球表面不少地区还可以看到一些暗色的大裂缝，弯弯曲曲绵延数百千米，宽达几千米，甚至几十千米，看起来很像地球上的沟谷，这种地貌类型中较宽的被称为月谷，较细长的被称为月溪。

图中有两个月坑，左边的月坑是直径40千米的阿里斯塔克坑，右边是直径35千米的赫罗多特坑，两个月坑之间是克白拉峰。以克白拉峰为源头蜿蜒伸出一条宽8～10千米、长150千米的月谷——施罗特里月谷

在雨海东部平原上的哈德利月溪，是月面上最清晰的弯曲月溪之一，它位于“阿波罗”15号飞船的着陆点附近，因此人们对它研究得最为清楚。哈德利月溪长度超过100千米，宽1.5千米，溪底深度达400米。该月溪两壁岩石露头非常新鲜，很好地展现了月球表面的物质构成和构造演化史。从剖面来看，其上部是月表土壤，厚达5米，其下是不同厚度的岩块和碎屑角砾层，它们是由不同时期的撞击作用或火山作用形成的，再下是山麓堆积物和坚硬而完整的基岩。

通过对月谷和月溪影像的详细分析、实地考察和岩石样品的分析研究，科学家认为，月谷和月溪有多种形成方式：与地球上V形谷相似的月谷和弯曲的月溪，可能在大约40亿年前，即月球形成的早期，由水的流动造成的；有的月溪和月谷也可能是因火山爆发产生的熔岩流的流动形成的；还有些月溪月谷是陨星撞击月表时留下的辐射线的残余；个别月溪月谷甚至是许多小月坑成排分布造成的裂缝，如月面中央著名的希金努斯裂隙。

月球火山的分布

月球的表面被巨大的玄武熔岩（火山熔岩）层覆盖。早期的天文学家认为，月球表面的阴暗区是广阔的海洋，因此，他们称之为“mare”，这一词在拉丁语中的意思就是“大海”，当然这是错误的，这些阴暗区其实是由玄武熔岩构成的平原地带。除了玄武熔岩构造，月球的阴暗区还存在其他火山特征，例如蜿蜒的月面沟纹、黑色的沉积物、火山圆顶和火山锥。不过，这些特征都不显著，只是月球表面火山痕迹的一小部分。

与地球火山相比，月球火山可谓老态龙钟。大部分月球火山的年龄在30亿~40亿年之间；典型的阴暗区平原，年龄为35亿年；最年轻的月球火山也有1亿年的历史。而在地质年代中，地球火山属于青年时期，一般年龄皆小于10万年。地球上最古老的岩层只有3.9亿年的历史，年龄最大的海底玄武岩仅有200万岁。年轻的地球火山仍然十分活跃，而月球却没有任何新近的火山和地质活动迹象，因此，天文学家称月球是“熄灭了”的星球。

地球火山多呈链状分布。例如安第斯山脉，火山链勾勒出一个岩石圈板块的边缘；夏威夷岛上的山脉链，则显示板块活动的热区。月球上没有板块构造的迹象。典型的月球火山多出现在巨大古老的冲击坑底部。因此，大部分月球阴暗区都呈圆形外观。冲击盆地的边缘往往环绕着山脉，包围着阴暗区。

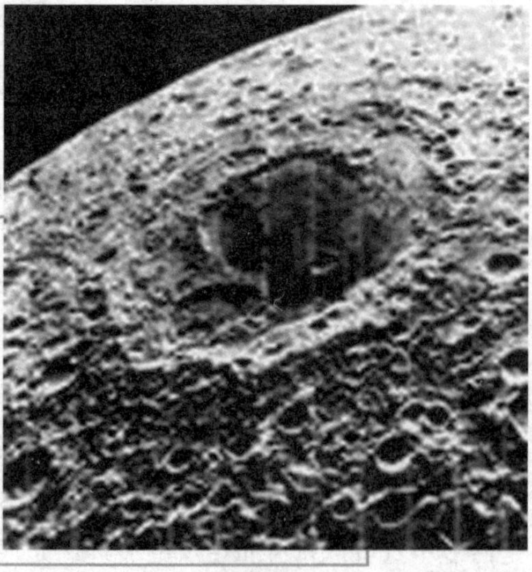

月球上的火山

月球阴暗区主要出现在月球较远的一侧，几乎覆盖了这一侧1/3的面积；而在较远一侧，阴暗区的面积仅占2%。然而，较远一侧的地势相对更高，地壳也较厚。由此可见，控制月球火山作用的主要因素是地表高度和地壳厚度。

月球的月心引力仅为地球的1/6，这意味着月球火山熔岩的流动阻力较地球更小，熔岩行进更为流畅。这就可以解释为什么月球阴暗区的表面大都平坦而光滑。同时，流畅的熔岩流很容易扩散开，因而形成巨大的玄武岩平原。此外，月心引力小，使得喷发出的火山灰碎片能够落得更远。因此，月球火山的喷发，只形成了宽阔平坦的熔岩平原，而非类似地球形态的火山锥。这也是月球上没有发现大型火山的原因之一。

月球上没有液态的水。月球阴暗区是完全干涸的。而水在地球熔岩中是最常见的气体，是激起地球火山强烈喷发的重要因素之一。因此，科学家认为，缺乏水分也对月球火山活动产生巨大影响。具体地说，没有水，月球火山的喷发就不会那么强烈，熔岩或许仅仅是平静流畅地涌出月面。

月球地貌是如何形成的

月面上山岭起伏，峰峦密布，没有水，大气极其稀薄，大气密度不到地球海平面大气密度的一万亿分之一。月球上没有火山活动，也没有生命，是一个平静的世界。已经知道的月海有22个，总面积500万平方千米。从地球上看到的月球表面，较大的月海有10个：位于东部的是风暴洋、雨海、云海、湿海和汽海，位于西部的是危海、澄海、静海、丰富海和酒海。这些月海都被月球内部喷发出来的大量熔岩充填；某些月海盆地中的环形山也被喷发的熔岩覆盖，形成了规模宏大的暗色熔岩平原。因此，月海盆地的形成以及继之而来的熔岩喷发，构成了月球演化史上最主要的事件之一。

月球上的陨击坑通常又称为环形山，它是月面上最明显的特征。环形山（crater），希腊文的意思是“碗”，所以又称为碗状凹坑结构。环形山的形成可能有两个原因，一是陨星撞击的结果，二是火山活动；但是大多数的环形结构均属于陨星的撞击结果。1924年，吉福德（A. C. Gifford）曾把月坑同地球上的陨石坑作了比较，证实了月坑是陨星撞击形成的。因此，陨击作用是形成现今月球表面形态的主要作用之一。许多大型环形山都具有向四周延伸的辐射状条纹，并由较高反射率的物质所组成，形成波状起伏的地形，向外延伸可达数百千米。环形山周围有溅射出来的物质形成的覆盖层；溅射的大块岩石又撞击月球表面，形成次生陨击坑。由于反复的陨星撞击与岩块溅落以及月球内部喷出的熔岩大规模泛滥，使得许多陨击坑模糊不清，或只有陨击坑中央的尖峰露出覆盖熔岩的表面。

从叠加在月海上的陨击坑的状况判断，以及从月球上带回样品的放射性年龄测定表明，月海物质大致是与陨击坑同时期形成的。月海年龄大都在35亿年左右，而月陆高地的形成至少在月海熔岩喷发之前10亿多年已经存在，因此原始月壳是更为早期时形成的，并且是因大量熔岩的不断喷发，月球物质长期圈层分化的结果。研究表明，月球的圈层结构是继大约46亿年前它所经历的一个漫长的天文演化阶段之后，又一个持续了约10亿年之久的圈层分化过程。月球表面陨击坑的直径大的有近百千米，小的不过10厘米，直径大于1千米的环形山总数多达33000个，占月球表面积的7%~10%，最大的月球坑为直径235千米。在月球背向地球的一面，布满了密集的陨击坑，而月海所占面积较少，月壳的厚度也比正面厚，最厚处达150千米，正面的月壳厚度为60千米左右。由于月球表面之上缺乏大气圈和水圈，所以月球早期的熔岩喷发和陨星撞击形成的月球表面形态特征能够得到长期保存。自1969年以来，宇航员已从月球表面取回数百千克的月岩样品，经过对这些月岩样品的研究分析得出结论，这些月岩曾熔化过，月球表层物质主要是岩浆岩组成的。

月球的地形分布

东部的山和“海”

按国际统一规定，月球上的方向与地球上相同：上北下南，左西右东。所谓月球东部，自然就是向着我们这一面的右边。

凭直接观察，人们可以发现月球东部的两个特点：东部的“海”比西部的“海”面积小，而东部的“海”基本上分散成一块一块的，很像地球上的盆地；东部比西部要显得明亮一些。实测结果也是如此，若以满月的亮度为100的话，上弦月为8.3，下弦月为7.8。

月球东部的地形和地势是错综复杂的。月海基本上都在赤道附近，越向两极，地势越高，环形山越多。在东部共有3条山脉：澄海东侧的金牛山脉、丰富海与酒海之间的比利牛斯山脉和澄海与汽海之间的海码斯山脉。这些山脉都环绕着月海，和月海构成统一的演化单元；澄海和静海之间的阿格厄斯山，高达几千米，形成澄海和静海的分水岭；酒海南部的阿尔泰峭壁长达几百千米，是月面上最长的峭壁，很像酒海的外“堤”；科希峭壁则像是从静海东延伸到静海中的“栈桥”。还有2条月溪：连接静海和中央湾的阿里亚代斯月溪，静海西侧的海帕塔月溪；1个海角：澄海和静海之间的阿切鲁西亚海角。1条月谷：在丰富海之南的环形山之间的勒伊塔月谷，长约500千米，宽约20千米，是月面上最长的月谷。2个湖：澄海东北的死湖与梦湖。死湖的面积约2万平方千米。一些比较著名的环形山带有辐射纹，如朗格林诺斯环形山，直径约为130千米，辐射纹长约1500千米；捷奥菲勒斯环形山，直径约100千米，底部平坦，辐射纹长约1000千米；弗涅里厄斯环形山，直径约20千米，辐射纹长约200千米；斯梯文环形山，直径25千米，辐射纹长约600千米。在东部边缘主要有高斯环形山、尼玻环形山、吉尔伯特环形山、洪堡德环形山、李约环形山等。这些环形山有时可见，有时隐藏到月球背面。在静海里的西北部有3个环形山，靠近澄海的是普林尼斯环形山，它的南面有罗斯莱环形山和阿拉果环形山。从这3个环形山的外形看，都是在静海形成后出现的，属于较年轻的环形山。与此相反，在酒海最南端的弗拉卡斯托特里斯环形山是一个古老的环形山，它的环壁呈锯齿形，并且有一部分环壁已被酒海熔岩物质掩埋，类似雨海西北部的虹湾。酒海被比利牛斯山脉和阿尔泰峭壁所围。有的月面学家认为，酒海周围的“沉陷”地形，过去曾是一个直径1000千米以上的巨大类月海，后来一部分被熔岩覆盖，这就是酒海，一部分周壁就是阿尔泰峭壁和比利牛斯山脉。

东部月海的特征，第一是海的数量多，月球向着我们这面共有19个月海，东部占12个；第二是独立的海多。除靠近月面中部的澄海、静海和酒海相通相连外，其他9个月海都是孤居一地；第三是海的总面积比西部小，大约190万平方千米，还不到风暴洋面积的一半；第四是海的分布广；第五是有“时隐时现”的海，由于月球的经天秤动影响，地处东海缘的界海、史密斯海、洪堡德海和南海，有时可见，有时看不见；第六是海外形呈六边形。

所谓“界海”，就是因为它地处可见面和背面之间的投影线上。长期对月球进行观测就会发现它“时隐时现”。其实，何止界海“时隐时现”，凡是在这个经度范围内的月面都是如此。

对月面东部的探测在1969年7月21日，美国的“阿波罗11号”载人宇宙飞船的登月舱降落在静海西南部靠近赤道的地方（东经23°26′，北纬0°41′），揭开了人类亲临月球探索的新纪元。航天员在静海着陆点采回月壤和月尘。根据研究，这里的岩石年龄在34亿~37亿年，为月面中等岩石年龄。样品表明：这里没有含水的矿物质；这些表面物质是受冲击产生的；

钛铁矿的含量比地球上大多数的玄武岩要高；在石屑碎块中发现一种新硅酸盐矿物——命名为“静海石”，这是月海玄武岩晚期结晶作用的产物。

1972 年 12 月 11 日，“阿波罗 17 号”载人宇宙飞船的登月舱在澄海东南高地着陆（东经 30°45′，北纬 20°10′），这是人类到达月球最东面的地区。在着陆的两名宇航员中，有一位是美国哈佛大学的地质学家施米特。他们乘月球车在月面上活动 3 次，共 22 小时 5 分，是 6 次“阿波罗”宇宙飞船登月中，在月面活动时间最长的一次，带回 115 千克岩石样品。

1970 年 9 月 20 日，苏联无人驾驶的“月球”16 号自动探测器降落在丰富海，取回 100 克月壤样品。1972 年 2 月 21 日，无人驾驶的“月球”20 号在丰富海东北山区着陆，取回 50 克月壤。1976 年 8 月 18 日，无人驾驶的“月球”24 号在危海着陆，取回月壤 170 克。由此可见，苏联是集中力量对月球东部海区进行探索。

中部的“特区”

所谓月球中部是这样划分的：在南、北纬 20°和东、西经 20°之间的月面，即东西和南北各 1200 千米的月轮中心区。称这里为“特区”，一是因为这里是月轮东西南北四个半球特征的交织地区，地形和地势更为错综复杂，月陆、月海、山系、月湾、月溪、直壁、峭壁以及年轻和年老的环形山应有尽有；二是这里有月面坐标的起算点；三是与月轮的其他部分相比，这里的地形和地势基本上都以正面朝向地球；四是这里是人类直接探索最多的区域。

在月球中部的北面，地形复杂，地势险峻。月球上最长的阿尔卑斯山脉和海码斯山脉构成“人”字形从正北伸向这里。两座大山之间夹着一块平原，就是汽海。汽海的面积大约是 5 万平方千米，是月面中央区唯一独立的月海。阿尔卑斯山脉是风暴洋和汽海之间的屏障；海码斯山脉是澄海和汽海的分水岭。汽海之南和中央湾相通，中央湾又与它西部的暑湾相连，它们都是风暴洋伸向中部陆地的海域。中央湾，顾名思义，它地处月轮的中心区。希金努斯月溪处在中央湾和汽海之间的海面上，长约 200 千米，宽约5千米。长约230千米，宽约5千米的阿里亚代斯月溪使中央湾与东部的静海隔陆相连。中央湾的东部和南部全是陆地。“特区”西部的海岸海陆交错，形成许多湾、角、岛与半岛等地形。就整个中部地势来说，构成了东高西低的月貌。

这里的环形山虽然不多，但是环形山的类型不少，“老中青”俱全。

托勒密环形山：这是以古希腊著名的天文学家托勒密（约公元90—168）的名字命名的。它位于南部高地上，直径约150千米，环壁高2400米，属于较为古老的环形山。通过天文望远镜看去，它像一个巨大的环形盆地，里面十分平坦。然而在最佳的观测条件下，已经发现它上面有几百个小的环形山，直径都在600米以上。很明显，这些小环形山都比托勒密环形山年轻，属于后生的“小字辈”。有人推测，托勒密环形山形成的时代为月面大多数环形山形成的时期。

阿尔芬斯环形山：这是以热爱天文学的西班牙国王阿尔芬斯（1223—1284）的名字命名的。它直径约120千米，环壁高2730米，紧挨在托勒密环形山的南侧。阿尔芬斯环形山的底部有中央丘，右边有两条像月溪似的裂缝。在1955年、1957年、1958年、1961年、1963年、1969年曾有人观测到阿尔芬斯环形山有明暗和色彩的变化，这是由于该环形山有火山活动，从月球内部喷出的气体而形成的。最有意义的是1958年11月2日至3日的夜间，苏联天文学家科齐列夫在克里米亚天体物理天文台发现阿尔芬斯环形山的中央丘有明暗变化，并立即拍下了它的光谱照片。这说明月球并不是一个“平静”的世界，而是一个仍有火山活动的天体。

喜帕恰斯环形山：这是以古希腊的天文学家和数学家喜帕恰斯（约公元前190—前125）的名字命名的。它位于托勒密环形山的东北方，直径150千米，和托勒密环形山的大小差不多，但是它的环壁较高，为3300米。

阿尔巴泰尼环形山：这是以阿拉伯天文学家阿尔巴泰尼（850—929）的名字命名的。它位于托勒密环形山之东，喜帕恰斯环形山之南；直径136千米，具有明显的中央丘，环壁非常明显。环壁内的西侧有一个较小的环形山，叫克莱思环形山。这是以德国月面学家克莱恩（1844—1914）的名字命名的，直径44千米，环壁高1460米。

弗拉马利翁环形山：这是以法国天文学家和天文普及家弗拉马利翁（1842—1925）的名字命名的。它位于托勒密环形山之北，非常靠近月面的中心点，直径75千米。这个环形山本身没有什么可引人注意的地方，然而在它的西环壁上有一个小而清晰的环形山，它就是负有盛名的默斯丁A环形山。

默斯丁A环形山：它的精确位置为西经5°09′50″，南纬3°10′47″。它的直径为13千米，环壁高2700米，并具有50千米长的辐射线，是一座年轻型的环形山。它清晰明亮的外形像镶在弗拉马利翁环形山的一颗珍珠。人们常借助它来定月面坐标的中心点。

默斯丁环形山：这是以丹麦的政治家默斯丁（1759—1843）的名字命名的。它位于默斯丁A环形山的北面，直径26千米，高2700米。

拉兰德环形山：这是以法国天文学家拉兰德（1732—1807）的名字命名的。它位于弗拉马利翁环形山之西的风暴洋洋面上，直径24千米，环壁高2600米，有直径320千米的辐射线，也属于年轻型的环形山。

赫歇耳环形山：这是以英国著名的天文学家W. 赫歇耳（1738—1822）的名字命名的。它位于托勒密环形山的正北，这两座环形山的环壁有一部分紧紧连在一起，直径41千米，和托勒密环形山相比，显得很小。然而它峻峭突起，环壁高3800米。

对中央区的探测：为了实现登月计划，美国宇航局于1960—1961年就提出两项对月球不载人的空间探测计划。这就是后来发射的“徘徊者”号和“探测者”号探测器。从1961年8月至1965年3月，共发射9个“徘徊者”探测器，其中第6、7、8号降落在中央区的两旁，9号降落在阿尔芬斯环形山内，因此它捷足先登，成为第一个直接探测环形山内的人类使者。“徘徊者”9号发回5814幅近距月面照片，具有很高的清晰度，比用地球上最好的天文望远镜拍照的月面要清晰2000倍。

从1966年5月至1968年1月，美国又发射了7个“探测者”号探测器，主要是为载人登月飞船解决软着陆的问题。这其中有3个降落在中央区，2号和4号基本失败，6号获得成功。4号和6号就降落在月面中心点西北30千米的中央湾海面上。6号探测器不仅发回了月面环境的电视图像，而且小型掘土机和化验室对月壤进行了分析，为以后“阿波罗”载人登月做了充分的准备。

由于月球总以同一面向着地球，月面中央区又是以其正面对着地球，因此，将来人类进一步登上月球，也会把大本营的基地建立在月面中央区。

北部的沉静之地

月球北部，一般是指月面北纬50°以上的地区。不论直接赏月，还是通过望远镜观测，都会发现这里既无月面东、西部那样以月海为主的明显特色，又没有月面南部那样绵延千里的山地特征，似乎是月面边缘一隅沉静之地。然而，这里依然以其特有的魅力吸引着月面学家的注意。

这里与南部相邻的地区从西到东是：风暴洋、雨海、澄海和东部边缘陆地。从北纬50°～60°之间主要是月海区。西部是风暴洋伸向北部陆地部分，叫露湾。露湾东部是东西走向的、非常著名的带形月海——冷海。它长达1500千米，南北宽有300千米，总面积是440000平方千米，仅次于风暴洋、雨海和静海，是月球上第四大月海。冷海两岸的地形十分复杂，两岸陆地的凹凸部分基本上能对应起来。冷海属于古老的月海，可能与澄海和静海是同龄海。

在海东部的月面边缘，还有一个很不引人注意的、孤独一处的月海，这就是洪堡德海。它是以德国自然科学史专家和探险家洪堡德（1769—1859）的名字命名的。在22个月海的名称上，仅有2个用人名命名（另一个是史密斯海）。洪堡德海呈椭圆形，地处东经75°～85°，北纬在54°～59°之间，面积约5万平方千米。由于经天秤动的影响，它时隐时现。有时，当它处在月轮边缘时，暗黑色的月海与天空背景融成一色，仿佛这里的月面缺少了一块似的。

冷海以北是完整的北极大陆，它与月球背面的北部形成一个整体。北极大陆有很多多角形的地形结构。一般来说，这里的环形山环壁比较低矮，有的环壁残缺不全，显现出古老的地形地势风貌。就整体而言，东部环形山比西部多，另一特点是，月海和月陆的边界极不明显，海的地势渐渐伸入到陆地，很像地球上海边广阔的浅滩。北部山脉和隆起地带的走向也格外复杂，完全不像南极地区那样呈南北走向。北极区是丘陵和环形山交织的区域，环形山的数量比南极区的大约少一半，和月面中央区的差不多。

最主要的环形山多在冷海北岸，位于北纬50°~60°之间，著名的环形山有：

柏拉图环形山：这是以古希腊哲学家柏拉图（前427—前347）的名字命名的。它位于雨海和冷海之间的月陆上，直径约100千米，属于古老的环形山。

亚里士多德环形山：这是以古希腊哲学家亚里士多德（前383—前322）的名字命名。它位于冷海南岸（东经17°，北纬50°），直径87千米。在农历每月初七至二十的月面上容易看到。

恩迪米昂环形山：这是以古希腊神话故事中的一名英俊的牧羊青年的名字命名的。它位于冷海和洪堡德海之间（东经56°，北纬54°），直径125千米，和周围的月面相比，环壁清晰，层次分明，显得特别突出。环形山底部和月海的色彩一样黑暗，通过天文望远镜观测极其明显。

加特纳环形山：这是以德国地质学家加特纳（1750—1813）的名字命名的。它位于冷海东部的北岸（东经35°，北纬59°），直径102千米。它的特点是环形山的南部与冷海相邻，部分环壁难于看见，很像天然的港湾，和雨海的虹湾很相似。

索斯环形山：这是以英国天文学家索斯（1785—1867）的名字命名的。它位于露湾北岸（西经50°，北纬57°），直径98千米，和加特纳环形山一样，向海一边的环壁看不见。

康达迈恩环形山：这是以法国物理学家和天文学家康达迈恩（1704—1774）的名字命名的。它位于冷海和露湾的分界线上，在冷海的南岸（西经28°，北纬53°），直径37千米。由此往北的海面上，有很多凸起的小岛和环形山，这就是露湾和冷海的分界线。

在北纬60°~70°范围内较著名的环形山有：

赫歇耳环形山：这是以英国天文学家J. 赫歇耳（1792—1871）的名字命名的。他和他的父亲一样，也是著名天文学家。该环形山位于索斯环形山的东北部（西经 41°，北纬 62°），直径 156 千米，环壁南边缘面向露湾海面。

毕达哥拉斯环形山：这是以公元前 500 年古希腊哲学家和天文学家毕达哥拉斯的名字命名的。它位于赫歇耳环形山之西（西经 62°，北纬 63°），直径 128 千米，在下弦月时清晰可见。

邦德环形山：这是以美国天文学家邦德（1789—1859）的名字命名。它的直径 158 千米，月面中央经线正穿过它（东经 4°，北纬 65°）；环壁低矮，看上去很像冷海北部的浅滩。

在北纬 70°～80°的范围内较著名的环形山有：

巴罗环形山：这是以英国数字家巴罗（1630—1677）的名字命名的。它位于邦德环形山正北，直径 93 千米。

默冬环形山：这是以古希腊天文学家默冬的名字命名。它位于巴罗环形山的东北部（东经 19°，北纬 74°），这个环形山虽然远离月海，可是南部环壁基本上看不清，底部和月海的颜色又很相近。形成这种结构的原因现在还不清楚。

白劳德环形山：这是以法国天文学家白劳德（1848—1934）的名字命名的。它位于默冬环形山正东（东经 37°，北纬 74°），直径 87 千米。

戈尔德施密特环形山：这是以德国业余天文学家戈尔德施密特的名字命名的。它位于巴罗环形山西边（西经 3°，北纬 73°），中央经线正穿过这里，直径 125 千米。

阿诺萨戈腊斯环形山：这是以古希腊哲学家阿诺萨戈腊斯（前 500—前 428）的名字命名。它紧靠着戈尔德施密特环形山的西侧（西经 10°，北纬 70°），直径 51 千米；环壁较高，有明亮的辐射线，这在月面北部是很少有的，属于年轻的环形山。

月面北极点没有环形山。但在北极点附近有几个比较著名的环形山：

赫米特环形山：这是以法国数学家赫米特（1822—1901）的名字命名，位于北极点之西（西经 88°，北纬 86°），直径 84 千米；处在可见半球和不可见半球的分界线上，西经 90°线正穿过它。

南森环形山：这是以挪威博学的地球北极探险家弗里德佐夫·南森

(1861—1930）的名字命名。这位勇敢而聪明的探险家曾于1893年6月24日领导“先锋”北极探险队巧妙地把船和浮冰冻在一起，开始了北极之行。经过35个月的艰苦航行，他们到达地球北纬85°55′的最高纬度。为了纪念南森的顽强探索精神，把这座位于月面东经90°上的环形山（东经93°，北纬81°）命名为南森环形山。它直径110千米，也横跨在可见面和背面的交界线上。

伯德环形山：这是以美国海军上将和地球极地探险家理查德·E. 伯德(1888—1957）的名字命名。伯德曾于1929年开始大量使用飞机进行极地探险。他先后领导5次南极探险。因此把月面北极附近的环形山（东经10°，北纬85°）用他的名字作为永久的纪念。中央经线正穿过该环形山的西边缘。

皮尔里环形山：这是以美国的极地探险家皮尔里（1856—1920）的名字命名的。皮尔里曾两次横越格陵兰冰层，1900年他发现了格陵兰极北端的土地，现在称为皮尔里地。1906年他从埃尔斯米岛航行到了北纬87°06′的极地，离北极点只差274千米。1909年4月6日上午10时，他到达了北纬89°57′，创造了当时历史上的新纪录。为了纪念他卓越的功勋，把离月面北极点最近的环形山（东经30°，北纬88°）以他光辉的名字命名，以示纪念。这座环形山的直径是84千米。

由于投影的关系，从地球上看去，月球极地附近的环形山很不易见到。人类对月球极区的探索也还是很不够的，只是通过环绕月球运行的飞船拍下一些照片而已。极区还有很多不解之谜有待探索。

南部的高原和山区

皓月当空，人们一眼就可以看出月面南部显得格外明亮，月面南部的陆地与月面的月海区形成了鲜明的对比。这是因为月陆主要是由斜长岩组成，对阳光的反射率较高。通过天文望远镜观察，会发现这里密布着大大小小的环形山，给人以千疮百孔之感，是典型的月面山区。

月面南纬30°以南的月陆基本上连成了一片。这块陆地的地形是从东西边缘和中央区向赤道伸展，构成一个“山”字形。在这片广阔的陆区内也分布着两个月海。这就是以南纬约50°和东经约80°为中心的南海（月面的右下方）；与此相对称的另一边，即以南纬约50°和西经约50°为中心点的一片月海（月面的左下方），它是从湿海引申而来的，没有被赋予专门的名称。这两个月海面积小，又在明亮的月陆包围之中，显得很不起眼。

月海区的地形地势有形形色色的湖、湾、沼、岛和半岛等特征。月球的地势自然有高地、峭壁、山脊、山链和隆起带等特征。月面南部陆地是环形山最密集的区域，真是密密麻麻，重重叠叠，尤以莫罗利卡斯环形山周围最为显著。一般来说，环形山的周壁高度在300~7000米之间，而环形山的直径相差甚大。直径在百千米左右的大环形山周壁有如群山环绕的盆地。直径在几十千米的环形山一般都比较高和深，有的深达几千米，宛如洞穴深渊。直径在几十米以下的环形山周壁不高，但到处皆是。有人把月面南部山区比作神秘之宫，小环形山则像宫中的点缀物。

著名的环形山有：第谷环形山，以丹麦天文学家第谷（1546—1601）的名字命名。它位于月面西经11°、南纬43°，直径85千米，环壁高4850米，中央丘高1600米。它的结构复杂，并显现出年轻环形山挺拔峻峭的风姿。以满月时从地球上看到最多、最长、最美的辐射纹而著称。辐射纹从环形山中心呈弧形向外延伸，最长的可达1800多千米，共有12条。辐射纹贯穿整个南部陆地，叠加在许多环形山之上，有的甚至伸展到酒海、静海、云海、知海和风暴洋中，饶有特色，蔚为壮观，肉眼可以直接看到。

按月面演化史来分类，第谷环形山属于哥白尼纪，也就是与哥白尼环形山的年龄差不多。这类环形山的特点是环形山的周壁形态比较完整；有明显的辐射纹；岩石的反射率较高；属于年轻型的环形山。月面学家认为，它们是在风暴洋和雨海等地发生大面积陷落结束以后才出现的。

第谷环形山一直吸引着天文学家、地质学家和广大天文爱好者的注意。1968年1月7日，美国发射的“勘测者”7号月球探测器就降落在第谷环形山北侧不远的地方（西经11°26′，南纬40°53′）。这是人类发射的探测器降落在月球上最南方的一个。它对月壤进行了分析，还拍下了2万多张月球照片，其中拍下了第谷环形山辐射纹的近距照片。从照片上可以看出辐射纹上聚集着许多小环形山。

克拉维环形山：这是以德国的数学家和天文学家克拉维（1537—1612）的名字命名的。它位于月面西经14°，南纬58°，直径约240千米，环壁严重崩塌，很像盆地周围的丘陵。在它的底部和环壁上还有很多环形山，其中环壁上两个较大的环形山，一个叫波特环形山，直径约52千米；另一个叫卢瑟福环形山，直径约54千米。可以想象，这里的地形和地势是多么错综复杂，恐怕在地球上是找不到这类难以认清的重叠的地貌结构了。

克拉维环形山不仅以其大而闻名，更以它身经亿万年的龙钟老态被月质学家们选中，树立它为古老环形山的代表。它的特点是：面积大；环壁崩塌，失去当年的原始面貌；底部平坦，没有中央丘；重叠着很多后生的环形山。

贝利环形山：这是以法国天文学家贝利（1736—1793）的名字命名。它位于月面西经60°，南纬67°，直径约303千米，是月球上最大的环形山，属于克拉维类型。

牛顿环形山：这是以英国物理学家和天文学家牛顿（1642—1727）的名字命名。它位于月面西经17°，南纬77°，直径约64千米，据说它可能是月球上最深的环形山之一。

另外，在莫罗利卡斯环形山周围不仅环形山密度大，并且这里的一些环形山也比较高。这是以意大利数学家莫利卡斯（1494—1575）的名字命名的，它的位置在月面东经14°，南纬42°，直径114千米，环壁高达4730米。

南极点虽然无法直接观测到，但提供南极点附近的几个目标可帮助判断南极点。在南极点之东约3°的地方有一个环形山叫阿孟德森环形山，直径约100千米，东经90°经线正穿过它；在南极点之西约7°的地方有一个叫德里加尔斯基环形山，直径约176千米，西经90°经线正穿过它；从南极点往北约5°处有一个叫玛兰波特环形山，直径约55千米，中央0°经线正穿过它。在这三个环形山经度的交点处，就是南极点。恰巧在南极点有一个小环形山。

诚然，关于月球南极陆地的特征，远不如我们对月球赤道区域了解得多，还有待进一步的认识。

月球上的风暴洋

唐代大诗人杜甫在描述月亮时写道：“斫却月中桂，清光应更多。”神话故事中的月中桂树，主要就是指月面左边的黑暗部分，即月海区，风暴洋就在这个区域。风暴洋这个名称听起来很可怕，其实这里既无风暴，更不像地球上烟波浩渺的汪洋，名不符实。它只是月面上宁静而辽阔的平原，而且是月面上最大的平原，唯一的“洋”。

农历每月十五以后，才能看到风暴洋的全貌。通过天文望远镜观察，风暴洋和月面西部的雨海、知海、湿海和云海及北部的冷海相通，构成一幅极其浩瀚的壮观图景。整个西部“海域”和东部零散分布的月海形成鲜明的对比。西部“海域”的特征一是面积大，是东部月海面积的 3 倍左右，占西部月面约 3/4；二是个数少，只有 5 个；三是以风暴洋为中心，连成一片。

风暴洋的位置处于大约北纬 60°至南纬 20°，西经 85°至东经 10°之间；南北向最大距离约 2400 千米，东西向最大距离约 2900 千米；整个面积约 500 万平方千米，比其他所有月海面积之和还大一些。风暴洋的东北部和环形的雨海相通，北面的露湾和冷海相连。露湾的面积约 20 多万平方千米，比危海的面积还大；东岸一直延伸到月面的中央区，那里有中央湾和暑湾。南部的知海、湿海和云海连在一起，形成与南部著名的山区相毗邻的格局；整个西部洋岸错综复杂，各种形态的半岛和岛屿显现出典型的海洋特征。

风暴洋以千姿百态的地势风貌给天文观测者留下深刻的印象。它的地势特征可以归纳如下。

第一，风暴洋中的岛屿甚多。以北纬约 10°，西经约 20°的哥白尼环形山为中心的周围就是一个引人注目的大岛，大约有 20 万平方千米；在该岛西边不远的地方，又有一个以开普勒环形山为中心的奇形怪状的岛。在这个岛周围还伴有很多小岛；在风暴洋和雨海相通的洋面上有一个近似长方形的岛屿，该岛上也有一个著名的环形山，叫阿里斯塔克；西岸附近的小岛更是星罗棋布。在风暴洋和知海之间矗立着长达200多千米的里菲山脉，它像一座拔地而起的洋和海的分水岭。

第二，具有明亮而长的辐射纹的环形山最多。观赏明月，人们常被月面几处具有明亮辐射纹的亮斑吸引。这些辐射纹的中心亮斑就是环形山，最清晰的就是云海之南的第谷环形山。在风暴洋中还有3处这样的环形山，它们是哥白尼环形山、开普勒环形山和阿里塔克环形山。这些美丽的辐射纹在暗灰色洋面背景衬托下，显得格外迷人，像3颗明珠，在强烈的阳光下光彩夺目。哥白尼环形山直径90千米，辐射纹直径约1200千米。由于它位于月面中心附近，辐射纹显得特别清楚。美国发射的探月飞船拍下了许多细茸照片，原来辐射纹上还存在许多小环形山，环壁中间有隆起的中央丘。开普勒环形山的直径约32千米，辐射纹长约640千米。阿里斯塔克环形山直径约40千米，辐射纹长约430千米，它以有时发出奇异的光辉而闻名。1958年苏联天文学家科齐列夫曾拍下它发出粉红色光辉的光谱照片。1969年7月21日，美国“阿波罗11号”载人飞船在环绕月球运行时，宇航员阿姆斯特朗恰好发现它发出荧光。至于为什么会发出短时的奇异光辉，现在尚无确切的解释。有人认为是从环形山内喷出的气体，有的则认为是由于太阳上射出的质子流引起的。

第三，风暴洋及其内部的各种地势，应与雨海、知海、湿海和云海看成一个演化整体。当然，它们形成或许有先后之分，但是，作为相通的近邻，又必有其内在的演化联系。比如，风暴洋的西部和南部就存在明显的陆地和海洋之间的过渡地带。根据测量表明，陆区的月壳厚度约为40~60千米，海区的月壳厚度约在20千米以下，过渡带的月壳厚度一般在30~40千米之间。湿海和云海等是风暴洋伸向南部陆地的近海，它们的岸边地势非常复杂。云海东部海面有长约200千米的直壁，西南边缘有疫沼和长280多千米的赫西奥杜斯月溪，西岸有长200千米、宽5千米的伊巴勒月溪。湿海比月球平均水准面低5200米，西岸有200多千米长的利比克峭壁。

第四，风暴洋周围著名的环形山最多。在东岸有托勒密环形山、阿尔芬斯环形山、阿尔札赫环形山；西部有加桑迪环形山、列特龙环形山、格里马第环形山、里希奥利环形山、赫韦斯环形山、卡达努斯环形山、克拉夫特环形山和罗素环形山。西北部有毕达哥拉斯环形山。处在正面和背面分界线上的有爱因斯坦环形山。处在西部洋面上的还有伽利略环形山。

对风暴洋的探测：1969 年 11 月 19 日，美国“阿波罗 12 号”载人飞船在风暴洋洋面（西经 23°20′，南纬 3°02′）着陆，距离 1967 年 4 月 19 日美国发射到月面的“勘测者”3 号仅 180 米远。宇航员在月面活动两次，共 7 小时 53 分钟。活动离登月舱最远达 900 米，带回 59 千克月壤和月尘的样品。其结晶岩石主要为玄武岩，这是月海的共同特征。鉴定表明：风暴洋的玄武岩是目前已知几个月海中最年轻的。从目前已取得的岩石样品测定：静海玄武岩年龄在 35 亿 ~ 38 亿年；澄海玄武岩年龄在 37 亿 ~ 37.9 亿年；丰富海玄武岩年龄在 34.5 亿年；雨海玄武岩年龄在 33 亿 ~ 34.5 亿年；风暴洋玄武岩年龄在 32 亿 ~ 33 亿年。

1971 年 2 月 4 日，美国“阿波罗 14 号”载人飞船在风暴洋中的高地（西经 17°27′，南纬 3°40′）上的弗拉摩洛环形山以北，哥白尼环形山以南约 390 千米处着陆。宇航员在月面活动 8 个小时 54 分，最远活动范围为 3.6 千米。使用手推车在 3 个地方采集了样品：着陆区西面的平原；高 100 米山脊上的月壤；一个直径为 340 米的较年轻的环形山喷发出的沉积物。带回的 50 千克岩石和月壤样品中，大多数为长石质的角砾岩，它们充分显示出受冲击和热效应的特征。着陆区的月壤层厚 8.5 米，不仅有颗粒形的表土，还有因受冲击而形成的玻璃球粒。

总之，风暴洋不仅以大而显赫，更以地形多样、地势复杂而闻名。对风暴洋的探测和研究，将有助于人类对月球起源和演化的进一步认识。

月球上的雨海

遥望明月，在圆圆的月面左上方，有一片近似圆形的暗灰色区域，被称为雨海。当然，月球上没有大气和水，因此，这里不是名符其实的“雨海”，而只是月球上的平原。“雨海”这一美称是意大利天文学家里希奥利于 1651 年命名的，至今已有 300 年以上的历史了。它以典型的环形结构和复杂的地势而闻名。

通过天文望远镜，我们可以清晰地看到雨海恰似一个巨大的圆形广场。虽然伽利略没有绘出这部分月面图，但是，在1643年波兰天文学家赫韦斯画的月面图上，就十分清楚地画出了雨海的位置、形状和周围的环境特征。雨海位于月面的西北部，大约在北纬15°～50°，东经10°至西经40°之间。它的北面隔着一条高地与东西走向的冷海为邻；东边地势起伏很大，山高谷深，峭壁悬崖，由弗雷斯内尔海角与澄海相通；南部同以著名的哥白尼环形山为中心的高地和伸向陆地的暑湾毗连；西侧主要同浩瀚的风暴洋相连，一眼望去，雨海像是风暴洋的一个海湾。从字义上看，这里的自然环境似乎十分恶劣，好像处在暴风骤雨袭击之下，其实，这里万籁俱寂。

雨海的总面积大约为887000平方千米，比我国青海省的面积稍大一点。在22个月海中，面积仅次于风暴洋，居第二位。它和风暴洋、澄海、静海、云海、酒海和知海构成月海带，并以典型的环形月海著称。

雨海从地形的角度看是封闭的圆环形，它被群山环抱，是一个典型的盆地结构。它的东北部有阿尔卑斯山脉；东边有高加索山脉和亚平宁山脉；南面有喀尔巴阡山脉；西部虽然与风暴洋连成一片，但是有较小的前驱山脉；西北方有朱拉山脉；正北有直列山脉和泰纳里夫山脉；在东部海中有斯皮兹柏金西斯山脉。目前已知整个月球上共有15条山脉，而雨海周围就有9条，这在月海中是独一无二的。因此，有些科学家联想到地球上太平洋周围也有断断续续的山脉环绕，从而探索类地天体构造的共同规律。

雨海和它周围的地势构成了一个整体。如果通过天文望远镜直接观察雨海的东岸，这里的地势会使人有错综复杂之感。弗雷斯纳尔海角将隔开雨海和澄海的大山脉拦腰割断，北段就是高加索山脉，南段就是亚平宁山脉，从而使雨海和澄海相通。雄伟的亚平宁山脉长640千米，是月球上最大的山脉。向着雨海的一侧坡度陡急，形成悬崖峭壁，高出雨海3000多米，而向外一侧则比较平缓。1971年7月26日美国发射的“阿波罗”15号宇宙飞船的登月舱就降落在亚平宁山脉北部哈德利山西侧的哈德利峡谷。这是到现在为止，人类登上离月球赤道最远的地区，大约在北纬26°26′。宇航员们第一次驾驶着机动的月球车在这里考察，并爬到高耸的亚平宁山山坡，采集了一批岩石和土壤，为进一步研究月陆和月海的变迁带回了可靠的样品。

月面上还有一些蜿蜒数百千米长、几千米宽的大裂缝，看起来很像地球上的沟壑或谷地，较宽的称为月谷，较窄的称为月溪。雨海这里既有月谷，又有月溪。在“阿波罗”15号登月舱着陆点的西侧，就有一条名为哈德利月溪。它长100多千米，宽1.5千米，深400米，是最清晰的月溪之一。在雨海东北部的阿尔卑斯山区，有一条长130千米、宽10多千米的大峡谷。它的外形整齐笔直，把雨海和冷海沟通，这就是非常著名的阿尔卑斯月谷。从一般的天文望远镜里都能清楚地看出它独特的外形，很像地球上的苏伊士运河。当然，谁也不会相信它是人工开凿的。

在雨海的北岸，我们可以看到著名的柏拉图环形山。它的直径有96千米，底部和雨海“海面”一样高。早在1878年，有人曾几次观测到柏拉图环形山底部随太阳在月球天空的高度不同而变幻着明暗。1949年4月，有人发现柏拉图环形山底部出现一次金黄色的闪光。对这些奇妙的现象虽然还不能给出正确的解释，然而，由此可以看出不少观测者是一直注视着这里的变化的。在阿尔卑斯山脉和高加索山脉之间，在雨海的海面上有一座直径58千米的环形山，它是以意大利天文学家卡西尼的名字命名的。这是由于卡西尼根据自己多年观测，于1680年画出精细的月面图，并发现月亮运动的三条规律。卡西尼环形山西边有一个貌不出众的小山，在空旷的海面上，它显得形单影只，叫皮同山。其实它是一座长约28千米，高约2300米的大山，阳光斜照产生的阴影可以长到它高度的30倍。雨海东部还有3个极为明显的环形山，它们是阿基米德环形山、奥托里环形山和阿里斯基洋环形山。值得一说的还有阿基米德环形山。它和柏拉图环形山一样，坑底与月海面一样高，一样平坦，只有环状壁的顶端露出海面。这是一类比较老的环形山，它们是在月海形成之前产生的。有的月面学家就选择它作为这个时期的代表，也作为划分月面史的一个标志，叫阿基米德纪。在亚平宁山脉的南端，还有一个大名鼎鼎的环形山，叫爱拉托逊环形山。它在东西向上把亚平宁山脉和喀尔巴阡山脉分开；在南北向上它是雨海和暑湾的分水岭。爱拉托逊环形山的直径约59千米，外形还保存着形成时期的样子，然而已失去了辐射纹。它应该是在月海形成之后出现的，比柏拉图环形山和阿基米德环形山年轻得多。有的科学家把那个时代称之为爱拉托逊纪。这些具有不同演化阶段的环形山为壮观的雨海添色增辉。

月海伸向月陆的部分称为“湾”或“沼”。月球上共有5个湾和3个沼，而雨海区就有2个湾和1个沼。它们是西北崖的虹湾和阿基米德环形山旁的眉月湾，以及亚平宁山脉和阿基米德环形山之间的腐沼。虹湾像半个环壁镶在雨海的西北岸。通过天文望远镜观测，它的形状非常像地球上雨后弯弯的彩虹，虹湾也就因此而得名。其实，它是一个外围被朱拉山脉环绕的大环形山，直径约有290千米。它的一半已被雨海熔岩掩盖，被掩环壁的痕迹还可以见到，没有被掩的环壁部分就是虹湾。1970年11月10日，苏联发射的“月球”17号飞船就降落在虹湾南边，把第一辆月球车放到雨海。

雨海区域的地势是非常复杂的，又是极为壮观的，因为它囊括了月面构造的多种多样的类型，所以很早就引起天文学家和地质学家的重视。

雨海是怎样形成的？这不仅是一个迷人的问题，而且是月面学研究的重要课题。一般来说，关于雨海的形成有两种解释。一种认为大约在39亿年前，一颗巨大的陨星（或小行星）撞击在月面上，形成巨大的坑穴。然后，陨星坑的四周引起山崩和断裂，形成更大的月海盆地，亚平宁山脉和高加索山脉就是当时的断层。大约在31亿年前，陨星冲击诱发，使大量的熔岩涌出，熔岩淹没了月海盆地内部，形成了今天的雨海。这就是所谓的“雨海事件”。另一种解释认为，月海是月球自身演化的结果，大体上都是在同一时期内形成的。当然，尽管近20年来人类对月球的认识深入多了，但是雨海的产生仍是有待研究的课题。

诱人的月背

由于月球绕轴自转的周期与绕地球公转的周期相同，都是27.3天，所以它总是以同一面对着地球，它的背面永不被我们看见，成为千古之谜。

直到1959年，没有一个人能说清楚月球背面究竟是什么样的。那一年，苏联成功发射了“月球3号”火箭，在转到月球背面上空六七万千米时，拍摄了人类有史以来第一批月背照片，并随即把它们传回到地球上的指挥中心。这些月背照片大致覆盖了我们从未见过的月背面部分的一半区域。这些照片不是很清楚，只呈现出部分月背面构造，无法为科学家们提供详细而精确的信息。尽管如此，这次发射和所取得的成果仍是很有价值的，而且有历史意义。

1965 年 7 月 20 日，苏联的“探测器 3 号”空间飞行器，又一次拍摄和发回了月球背面照片。分别在 1966 年 8 月和 11 月发射成功的美国“月球轨道飞行器”1 号和 2 号，也都完成了同样的任务。

在此之前，美国早期的空间飞行器，包括“徘徊者号”和“勘测者号”等月球探测器在内，也都从近处拍摄了月球照片并送回地球。即使是在宇航员登月之前，从月球表面收集到的土壤标本，已经摆在了许多科学家的面前。

经过几十年的探索和研究，科学家们已得到了月背的大量照片。总的来说，月背的全貌是怎么样的，这个问题已解决。但是，稍微深入一点的话，问题不少。针对月背现在所提出来的各种新谜，比过去那种仅仅是总体面貌不了解的谜，复杂得多，难解得多。

月球背面与正面的最大差异是它的大陆性。在总共 30 来个月球“海”“洋”和“湖”“沼”“湾”当中，90% 以上都在正面，约占半球面积的一半。月背上完整的“海”只有 2 个，占月背半球面积的 10% 还不到。这两个不大的“海”就是莫斯科海和理想海。莫斯科海长约 300 千米，宽约 200 千米。

月球背面的照片

月球背面 90% 左右的地方都是山地，环形山很多，存在许多巨大的同心圆结构，很具特色。比起正面来，月背地形凹凸不平得厉害，起伏更加悬殊。月背的颜色比正面稍红、稍深一些，大概是由于两个半球上山区和“海”的面积相差较多的缘故。

为什么月背的结构与正面有那么大的差异？为什么月海都“喜欢”集中在正面？这些都是科学家颇感兴趣的问题。

比起正面来，月背环形山之多有过之而无不及，与正面环形山相同之处是各环形山的形状千姿百态，千奇百怪，有的也是相互交织在一起。欧姆环形山等跟正面的第谷和哥白尼环形山相像，也都带着长短不等的辐射纹。

不同的是，月背环形山多而且大，只要你看一眼月背照片，立即就会得出这样的概念：环形山是月背的主要特征，它在月背面貌中占有无可争辩的主导地位。更加使你惊讶的大概是它的环形山链。好些环形山像糖葫芦那样串联在一起，弯弯曲曲地延伸好几百千米，最长的超过 1000 千米，这样的地形结构使人叹为观止。

月球正面的南部，环形山较多；而月背的北极地区地形极为复杂，许多环形山相互叠加和交织在一起，形态别致。

月球正面有好几条著名山脉，如阿尔卑斯山脉、亚平宁山脉等。严格说起来，月背没有明显的山脉。退一步说，如果降低要求，把莫斯科海的四周海岸、一些环形山环壁和线状地形等，也说成山脉的话，也许可以勉强过得去。

一般书上说月球直径 3476 千米，或者半径 1738 千米，都指的是平均直径或平均半径。由于月球并非正球体，有的地方鼓起来一些，半径就比平均半径长些；凹陷下去的地方的半径小于平均半径。

月球的最长半径和最短半径都在月背那个半球上，真是咄咄“怪”事。最长半径比平均半径长 4 千米，最短半径在一片叫作“范德格拉夫洼地”那里，比平均半径短了 5 千米。范德格拉夫洼地位于月背的南半球，直径约 210 千米，它本身的深度约 4 千米。它不仅是本地区中最令人感兴趣的一个区域，在某些方面还是独一无二的。譬如说，它的磁场比周围地区的都强，而且还有点异常；放射性的情况也是这样。这种异常情况是否跟它的特殊构造有关系呢？

月球正面情况科学家们是比较熟悉的，谁知月背情况竟与正面有那么多和那么大的差异。人们自然要问：这是为什么呢？

一种意见认为：对地球的人来说是发生了一次月全食的时候，对月球来说，那是一次长时间的日全食。原来被太阳烤得特别热的月球正面，突然被地球影子遮住，而且长时间地处于温度特别低的情况下。这样，久而久之，月球正面月壳就会从开始出现小破裂，到后来发生巨大的破裂。

反对者的意见是：月球上发生日全食时，月面温度剧烈变化是事实，形成局部的微不足道的破裂也有可能。但是，月面物质传递的本领是很差的，所以，充其量月面温度变化至多只影响月面以下几厘米的地方，而不会造成我们现在所看到的正背两面那么大的差别。再说，月球上发生日全食是常有的事，如果同意那种观点的话，岂非要承认月球上现在也在经常不断地发生那种实际上并不存在的大破裂吗？

另一种意见是：地球吸引月球而使月球本体发生像潮水涨落那样的现象，这种被称为“固体潮”的作用当然是很小的。但是，不管潮汐作用有多大，由于正面离地球近而受到的作用大，这也会造成月球正背两面的差异。

不少人认为这种见解也是不能成立的。月球正背两面所受到的地球潮汐作用确实是有差别的，正面受到的要大一些。但是，计算结果表明，大概只相差 5‰，潮汐作用的微小差别根本不可能造成正背两半球面貌那么大差别。

看来，月球正背两面的差别不能用外部原因来解释，应该从月球本身来找，月背面貌是月球内在力量在形成月壳的过程中，起着主导作用而造成的。尽管我们现在还不清楚月背及其特征究竟是如何形成的，但谜底终究有朝一日会被解开的。

月相、月食和日食

什么叫月相

随着月亮每天在星空中自西向东移动一大段距离，它的形状也在不断地变化着，这就是月亮位相变化，叫作月相。“人有悲欢离合，月有阴晴圆缺”，这里的圆缺就是指“月相变化”：在地球上所看到的月球被日光照亮部分的不同形象。月相是天文学中对于地球上看到的月球被太阳照明部分的称呼。

月球环绕地球旋转时，地球、月球、太阳之间的相对位置不断地变化，并且在一个月中有规律地变动。地球上的人所看到的、被太阳光照亮的月球部分的形状也有规律地变化，从而产生了月相的变化。另一个原因是月球的表面是由岩石和尘土构成的，它和地球一样自己不会发光，因此我们看到的月亮相位是月亮反射阳光的部分，其阴影部分是月球自己的阴暗面。

自新月开始，相位在一个太阴月内的变化次序是：新月、上弦、望、下弦。在太阴月内，自新月算起的时间长度叫月令，如望的月令为14天等。在新月的前后从地球看到的月亮日照面呈娥眉状，上弦时可见到半幅月轮，而望的前后，月亮的日照部分呈凸圆状。上弦月与下弦月不同，因为上弦时从地球上看到的是其月轮的西半幅，而下弦时见到的则是它的东半幅。

月相变化周期，即从朔（望）到朔（望）的时间间隔叫作朔望月。朔望月比恒星月长，平均为29.5306天，即29日12时44分3秒。我国农历中的月份就是根据朔望月定的。每个月的朔为农历月的初一，望为十五或十六。现在我们过的春节、端午、重阳和中秋等节日都是根据农历确定的节日。

月相的更替

月球是地球的卫星，而月球与太阳之间隔着一个地球。月球不停地绕地球旋转，当它转到地球和太阳中间的时候，它被太阳光照亮的那一半正好背着地球，向着地球的是黑暗的一半，这时我们在地球上完全看不到月球，称之为“朔”或“新月”，也就是农历每月初一。

经过两天后，月球向东移动了25°，从地球上可以看到月球被照亮半球的一小部分，这时月球呈现为月牙形，月牙的凸面向右，朝向太阳。月球继续朝前旋转，在朔日后一周，月球向东移动了1/4周，到了农历初七、八，太阳落山，月球已经在头顶，到了半夜，月球才落下去，这时被太阳照亮的月球，恰好有一半给你看到，称之为“上弦”。

在这以后，月球继续向东运行，我们可以看见月球亮面的大部分；上

月 牙

弦之后一周，到了农历十五、十六，月球转到地球的另一面。这时地球在太阳和月亮的中间，月球被太阳照亮的那一半正好对着地球，此时我们看到的是满月，或称之为“望”。由于月球正好在太阳的对面，故太阳在西边落下，月球则从东边升起，到了月球落下，太阳又从东边上升了。

月相的变化过程

满月以后，月球升起的时间一天比一天迟了，能看到月球亮的部分也一天比一天小了。在满月后一周，到了农历二十三，满月亏去了一半，而且半夜才升上来，这就是“下弦”。但和上弦月相反，我们看见月球圆面的左半面是明亮的。

下弦之后，月球的明亮部分继续亏，月球又呈月牙形，月牙凸面向左朝向太阳（残月）；快到月底的时候，月球又将旋转到地球和太阳中间，在日出之前不久，残月才又由东方升起。到了下月初一，又是新月，开始新的循环。

朔之后，日落不久，月牙就出现在西方地平线附近。日期越往后，月球离太阳越远，日落不久，月球出现在天空的西南方；上弦那一天，日落时，上弦月出现在正南，到子夜月球才下没，前半夜可以看见月球；上弦之后，月球下没时间越来越迟，前半夜以后的大半个夜晚可以看见月球；到了望日，日没时，月球升起，整个夜晚都可看到月球；下弦月，子夜时才升起，后半夜才能看到月球。以后，月球升起的时间越来越晚，残月则在日出前才升起，黎明时月球出现在东地平线附近。

月相种类

月相是以日月黄经差度数（以下的度数就是日月黄经差值）来算的，共划分为 8 种：

新月（农历初一日，即朔日）：0°；

上娥眉月（一般为农历的初二夜左右至初七日左右）：0° ~90°；

上弦月（农历初八左右）：90°；

渐盈凸月（农历初九左右至十四左右）：90° ~180°；

满月（望日，农历十五日夜或十六日左右）：180°；

渐亏凸月（农历十六左右至二十三左右）：180° ~270°；

下弦月（农历二十三左右）：270°；

残月（农历二十四左右至月末）：270° ~360°；

月相的种类

另外，农历月最后一天称为晦日，即不见月亮；

以上有 4 种为主要月相：新月（农历初一日），上弦（农历初八左右），满月（农历十五日左右），下弦（农历二十三左右），它们都有明确的发生时刻，是经过精密的轨道计算得出的。

月相识别

假设满月是一个圆形，那么无论月相如何变化，它的上下两个顶点的连线都一定是这个圆形的直径（月食的时候月相是不规则的）。当我们看到的月相外边缘是接近反 C 字母形状时，那么这时的月相则是农历十五以前的月相；相反，当我们看到的月相外边缘是接近 C 字母形状时，那么这时的月相则是农历十五以后的月相。

月相变化歌

初一新月不可见，只缘身陷日地中。
初七初八上弦月，半轮圆月面朝西。
满月出在十五六，地球一肩挑日月。
二十二三下弦月，月面朝东下半夜。

在朔和上弦之间的“月牙”称之为新月，在望和下弦之间的“月牙”称之为残月。

一个口诀（方便记忆）：上上上西西、下下下东东——上弦月出现在农历月的上半月的上半夜，月面朝西，位于西半天空；下弦月出现在农历月的下半月的下半夜，月面朝东，位于东半天空。

月到中秋

中秋节是我国人民很重视的一个节日，是合家团圆的节日。

中秋节晚间，一轮圆月高高挂起，天空也好像被洗过了似的，湛蓝湛蓝的，洒在地上的银白色月光，给人宁静、安谧的感觉。怀着舒畅和美满

中秋圆月

心情的人们抬头望明月，觉得月色特好，月亮格外明亮。“月到中秋分外明”的说法流传得非常之广。

一般来说，中秋前后是一年中天气最好的季节。在这之前，在夏季的很长一段时间里，从海洋上吹来的、湿度很大的暖空气，一直滞留在我国很多地区上空，月光是很难穿过云层和它所含的水汽的。我们从地球上看月亮，觉得它好像老是披了一层薄薄的白纱，发出柔和的光辉，但并不那么皎洁。每年农历八月份之后，从北方吹来干燥而有点寒意的空气，把暖而湿的空气驱跑了，天高气爽，天空透明度加大，人们觉得月亮也似乎变得分外明亮了。

从天文学的角度来说，谈论像中秋月那样的满月亮度，至少要考虑这么几个问题：它的反照率、它是否最圆、距离远近也就是圆面大小等。

月亮自己不会发光，它只是反射了太阳光。月亮的反照率不高，只有7%，或者说，月亮只把从太阳那里得到的7%的太阳光反射了出来。不管是这次中秋时的满月还是其他什么月份的满月，都是这样。所以，我们不必在这一点上做特别考虑。

关于月亮是否圆，就应该说明白了。农历把每个月的十五叫作望，这一天的月亮就叫作望月。习惯上人们都把这一天的月亮看作是最圆的，而实际上，这是不对的。应该明确农历中的这个“望”和“望月”，与天文学上有着确切定义的“望”和“满月”，并不是完全一致的。

从地球上看太阳和月亮，它们相差180度就叫“望”，因此，在天文学的书里，“望”有一个非常确定的时刻：哪天几点几分。这一时刻，月亮最圆。那么，这时刻是不是就在农历望的那一天呢？有可能，但在多数情况下则不是，它往往是在农历每个月的十六，甚至在十七。说实在的，农历八月十五而恰逢天文学上的那个望的机会不多，通常是十六的月亮比十五的更圆。

举例来说：农历乙亥年是猪年，相当于1995年1月31日到1996年2月18日，因碰上闰年，有13个月。从农历来说，这13个月的每月十五都是“望”。从计算历法的天文台来说，这13个相应的天文学上的“望”的时刻，在农历十四的有1次，十五的3次，十六的7次，十七的2次。1996年是农历丙子年是鼠年，有12个月，相当于1996年2月19日到1997年2月6日，12个相应的天文学上的“望”在农历十五和十六的各5次，有2次在农历的十七。这充分说明，在多数情况下，天文学上的“望”不在农历十五，农历十六的月亮往往比十五的更圆些。

至于同样是天文学上的那个“望”，满月的大小也不一致，这就得说说它的距离了。满月而离得比较近的时候，当然比远的时候要大些。我们已经说过，月亮绕地球运转的轨道是椭圆形的，在轨道近地点时离地球35万多千米，远地点时约40万多千米。月亮从轨道上的近（远）地点出发，转了一圈之后再回到近（远）地点来，平均需要27日13小时多，可是从一次满月到下次满月的时间是29日12小时多，两者相差2天不到。这就告诉我们：同样是一次满月，由于与地球之间距离的变化，月亮的大小也是不一样的。只有既是满月，月亮又是在近地点附近，它才是又圆又大。这怎么可能每年正好都赶在中秋节之夜呢！

至于某一年的中秋月亮究竟是什么条件、什么情况，得具体分析。看它离天文学上“望”的时刻有多长、离轨道近地点有多远，此外还有些别的条件。

尽管如此，我们完全可以照常喜欢中秋月亮，沐浴在清澈的月光中，欣赏唐代大诗人的诗句：“一年明月今宵多”，或者“举头望明月，低头思故乡”。

什么是月食

好端端的一个圆圆的月亮，突然在一个角上出现了黑影，而且还在不断地扩大，扩大到一定的程度之后，有时甚至把整个月亮都遮住了。经过一段时间之后，黑影又一步步往外退，最后是黑影全部退出月面，月亮恢复原来的样子。这是一次月食的全部过程。

也曾有人把那个突然“光临”的黑影称为“野月亮”，平常我们看到的那个明亮的月亮就被称为“家月亮”，月食就被叫作“野月吃家月”。

其实，我们的地球只有一个月亮，至于那个被称为“野月亮”的黑影，它既不是月亮，更无所谓“野”，它实际上只是我们地球自己的影子罢了。我们把这种现象叫作月食。一般来说，每隔一两年我们总能看到一次月食，几乎任何人都在一生中至少看到过一次观测条件比较好的月食。对于这种地球影子把月球遮住了的现象，很多人都以愉快的心情进行观测。

可是，在古代，人们不知道发生月食和日食的原因，对这种现象感到害怕。即使是在今天，在非洲的一些原始部落里，日食和月食仍旧引起人们很大的恐慌。航海家哥伦布于1504年作第四次远航时，传说他因为知道即将发生月食，而救了他自己和全体船员。

美丽的月食

当时，哥伦布的船队急需粮食等给养，如果弄不到即将被饿死。他请求当地的印第安人予以帮助，但遭到拒绝。他于是就吓唬他们，对他们的领袖说，上帝为此非常生气，将用饥荒来惩罚他们，并用把月亮从天空中移走作为即将惩罚他们的信号。

当月食果然像哥伦布所预告的那样发生的时候，印第安人惊慌失措到了极点。他们答应，如果哥伦布能说服上帝把月亮还给他们，就同意供应哥伦布所需要的粮食和其他一切给养。月食结束，月亮出来之后，印第安人履行了自己的诺言。

月食是怎样形成的

月食是一种特殊的天文现象，指当月球行至地球的阴影后时，太阳光被地球遮住。所以每当农历十五前后可能就会出现月食。

地球在某个平面上绕着太阳转圈。举个例子来说，我们假定太阳位于餐厅内某圆桌的中央，地球则是在圆桌边上绕着它转，月球围绕地球运动的轨道与圆桌面斜交，形成的角约5°。这就是为什么并非每个满月时都会

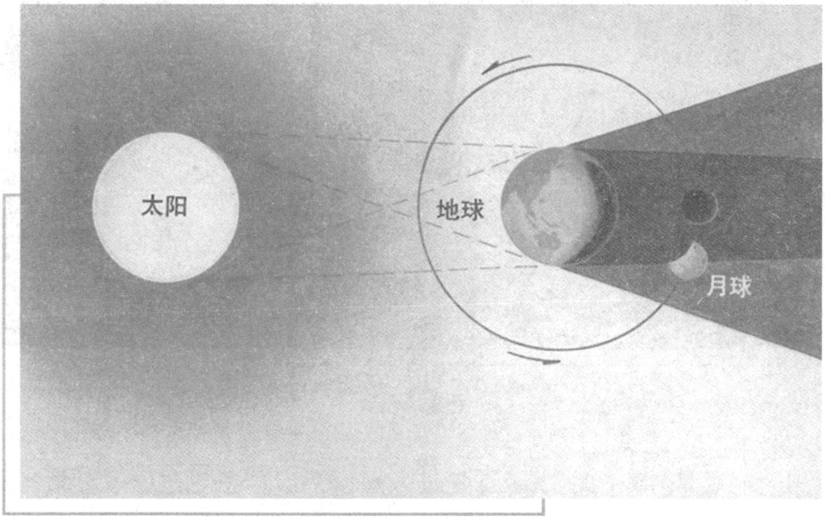

月食形成的原因

发生月食。地球是一个不能自己发光的天体，被太阳照亮的半个地球是白天，得不到太阳光的另外半个地球就是夜晚。在阳光的照耀下，物体后面都拖着一条影子，地球也不例外。尽管随着地球、太阳之间距离的变化，地影有长有短，但无论是在什么样的情况下，它永远是一条紧接在地球后面的巨大无比的“尾巴”。地球的这条影子尾巴平均长138万多千米，最短也不会短于136万千米，最长则可超过140万千米。月球一般都是从这条影子的上面或者下面走过去。要是满月时，月球也刚好是在地球的轨道平面内时，地球影子就会把月球遮住而发生月食。

也就是说，此时的太阳、地球、月球恰好（或几乎）在同一条直线，因此从太阳照射到月球的光线，会被地球掩盖。

以地球而言，当月食发生的时候，太阳和月球的方向会相差180°，所以月食必定发生在“望”（即农历十五前后）。要注意的是，由于太阳和月球在天空的轨道（称为黄道和白道）并不在同一个平面上，而是有约5°的交角，所以只有太阳和月球分别位于黄道和白道的两个交点附近，才有机会连成一条直线，产生月食。

月食过程

月食时总是月亮的东边缘首先进入地影，当月亮与地球本影第一次外切时，这标志着月食的开始，称为初亏；初亏之后月亮慢慢进入地球本影内，当月亮与地球本影第一次内切时标志月全食开始，此时称为食既；当月亮圆面的中心与地球本影中心最接近的瞬间，称为食甚；食甚过后，月亮慢慢在地球本影内移动，当月亮与地球本影第二次内切时，标志着月全食的终结，称为生光；生光之后，月亮逐渐离开地球本影，当月亮与地球本影第二次外切的瞬间，标志着月食整个过程的完结，称为复圆。所以，月全食也同样有5个阶段，即初亏、食既、食甚、生光、复圆；而月偏食则只有初亏、食甚和复圆3个阶段。

月食的分类

月全食过程

月食可分为月偏食、月全食及半影月食3种。当月球只有部分进入地球的本影时，就会出现月偏食；而当整个月球进入地球的本影之时，就会出现月全食。

至于半影月食，是指月球只是掠过地球的半影区，造成月面亮度极轻微的减弱，很难用肉眼看出差别，因此不为人们所注意。

月球直径约为3476千米，地球的直径大约是月球的4倍。因为地球的本影锥很长（最短也有136万千米），这远比月亮和地球之间的最大距离还要大得多；在月球轨道处，地球的本影的直径仍相当于月球的2.5倍。所以发生月食时，地球和月亮的中心大致在同一条直线上，月亮就会完全进入地球的本影产生月全食，而永远不会进入地球本影锥尖外的伪本影中，就是说月食不会有月环食现象发生。而如果月球始终只有部分为地球本影遮住时，即只有部分月亮进入地球的本影，就发生月偏食。

太阳的直径比地球的直径大得多，地球的影子可以分为本影和半影。

如果月球进入半影区域，太阳的光也可以被遮掩掉一些，这种现象在天文上称为半影月食。由于在半影区阳光仍十分强烈，月面的光度只是极轻微地减弱，多数情况下半影月食不容易用肉眼分辨。一般情况下，由于较不易为人发现，故不称为月食，所以月食只有月全食和月偏食2种。

半影月食

每年发生月食数一般为2次，最多发生3次，有时一次也不发生。因为在一般情况下，月亮不是从地球本影的上方通过，就是在下方离去，很少穿过或部分通过地球本影，所以一般情况下就不会发生月食。

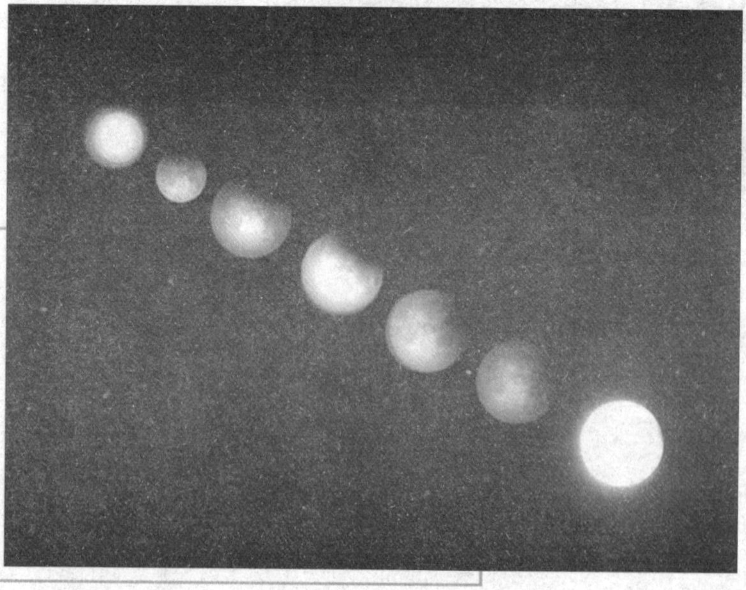

月偏食过程

据观测资料统计，每世纪中半影月食、月偏食、月全食所发生的百分比约为36.60%、34.46%和28.94%。

什么是日食

晴朗的白昼，阳光灿烂，突然间光芒四射的太阳被一个黑影遮挡住，黑影逐渐扩大，有时甚至太阳的整个圆面完全被遮住；这时黑夜突然降临大地，气温骤然下降，天空呈现一片夜色，明亮的星星显露了出来，这就是发生了日食。

壮观的日全食

日食，特别是日全食，是天空中颇为壮观的景象。如果把日全食的过程拍成一部电影，可以看到这样一些镜头：一个黑影从太阳西边遮来，被遮的面积逐渐扩大，当太阳只剩下一个月牙形时，天色昏暗下来，慢慢地太阳全被遮住。突然，太阳四周喷射出淡蓝色的日冕和红色的日珥。月影不断向东移去，太阳西边缘又露出光芒，大地重见光明，太阳渐渐恢复了

在不知日食成因的古代，日食的发生会让人极度恐慌

本来面貌。

在过去古老的中国、埃及以及其他一些国家，每逢日食将要发生之前，僧侣或者术士们就吓唬老百姓说，一条恶龙或者某个恶魔将要把太阳吃掉，天上从此再也不会有太阳了，除非大家向天祷告并且送上贡品。巫师、巫婆等装神弄鬼的人也都趁此机会威胁人们满足他们的要求，不然的话，他们恫吓说要把太阳从天空中拿走。而当日食开始之后，人们就完全相信巫师讲的，于是巫师要什么，人们就给什么，巫师装模作样一番之后，就宣布太阳再过一阵之后会重新出现。

倍里珠

仔细观察，在日全食即将开始或结束时，太阳圆面被月球圆面遮住，只留下一圈弯弯的细线，这时往往从黑色的月球边缘突然出现一个或数个发光亮点，形似一串光彩夺目的“珍珠”，或者是指环上的“钻石”。这种“珍珠”的寿命异常短暂，甚至用“昙花一现”来形容它还嫌太长，只要月球继续移动一下，这种现象便立即消失。这是由于月球圆面边缘高低不平

倍里珠

的山峰把太阳发出的光线切断造成的。英国天文学家倍里（Berrie）于1838年和1842年首先描述并研究了这种现象，所以称为倍里珠。

倍里珠是日食时出现的一种亮点现象。这种现象的产生，是因为月球不是一个光滑的圆球，它的表面山峦起伏、崎岖不平。当月球即将把日轮全部遮没，或是月球即将离开日轮的刹那间，月球边缘总有一个或数个山谷和凹地成为月轮的缺口，太阳光便能穿过这些小小的缺口射向地球，形成一个或一串发光的亮点。此时，整个太阳均已失去了光辉，唯独这个缺口依然明亮刺目，十分壮观。除日全食外，在日环食的过程中也会发生倍里珠现象。

日食的形成及分类

新月时，如果月球刚好是在地球和太阳之间，就有可能发生日食。由于日地和月地之间的距离都是有变化的，月球影子的长短也有很大的变化，变化的范围大体从36.7万千米到38.0万千米，而月地之间的平均距离是38.4万千米。从这一点来说，在多数情况下，月球影子达不到地球。

从另一方面来说，如果新月时月球在它绕地球轨道的近地点附近，也

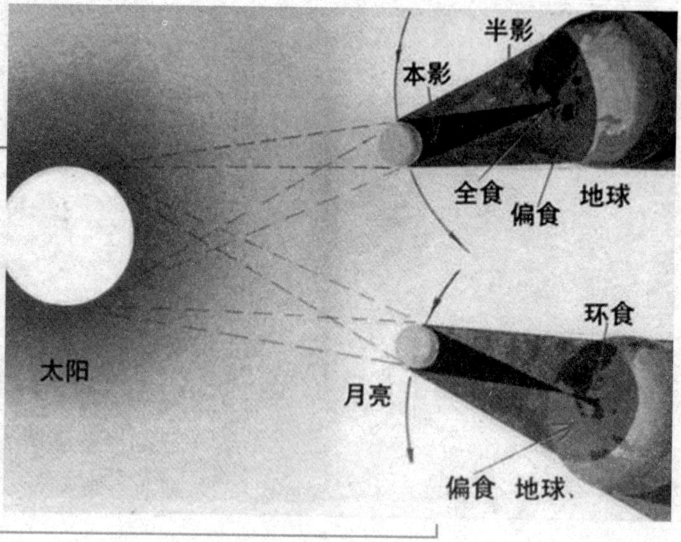

日食发生的原因

就是它离地球比较近的时候，这时它要是刚好在地球和太阳之间的位置上，它的影子就会比月地间距离长几千到几万千米。在这种情况下，就会发生日食，地球上被月球影子覆盖的面积可以达到几千平方千米或更多些。

从上面的叙述可以看出，日食一定发生在朔，即农历初一，但不是所有的朔日都会发生日食。这是因为月亮绕地球运动的轨道平面（白道面）和地球绕太阳运转的轨道面（黄道面）并不是重叠在一起的，而是有一个平均大约为5°09′的倾角。所以在大多数的朔日里，月亮虽然运行到太阳和地球之间，但月影扫不到地面而不会发生日食。据统计，世界上每年至少要发生2次日食，最多

太空卫星日食期间拍到地面月球影子

时可达5次。

由于月亮是自西向东绕地球转动的，所以在发生日食时，总是太阳的西边缘开始被月亮遮住，并慢慢向东边缘发展。一次日全食的全过程共分为5个阶段，即初亏、食既、食甚、生光、复圆。月面的东边缘和日面的东边缘相外切时称为初亏，即日食过程开始的时刻；初亏过后，当月面东边缘与日面的西边缘相内切时称为食既，这是日全食开始；食既以后，当月面的中心和日面的中心相距最近时称为食甚（对偏食来说，食甚是太阳被月亮遮去最多的时刻）；当月面的西边缘和日面的西边缘相内切的瞬间称为生光，这是日全食结束的时刻；生光之后，月面继续移离日面，当月面的西边缘与日面的东边缘外切时称为复圆，日食的全过程到此结束。日偏食时只有初亏、食甚和复圆3个阶段。日环食则与日全食一样，包括初亏、食既、食甚、生光、复圆5个阶段。

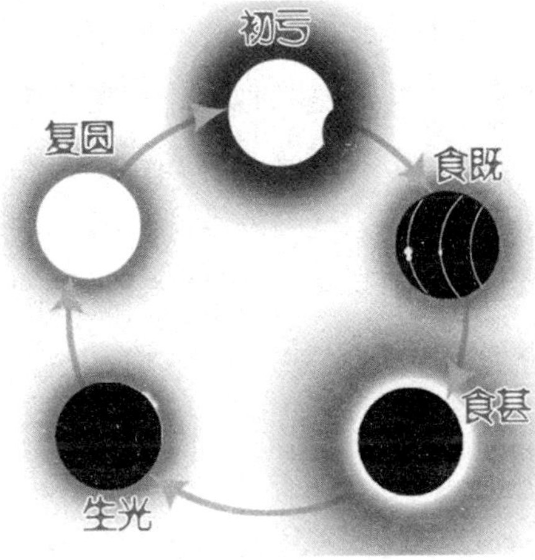

日食过程

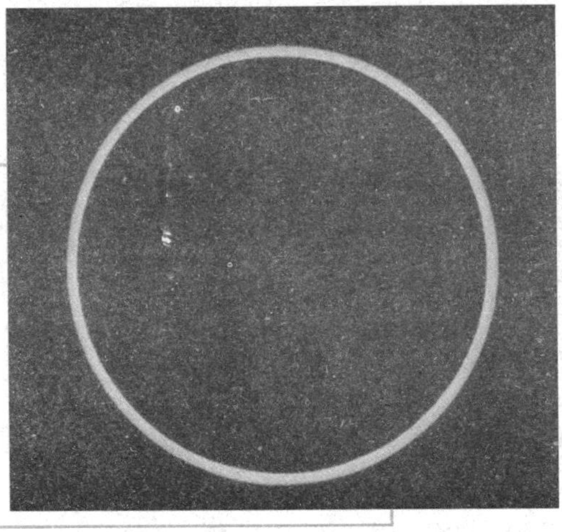

日环食

日食分日全食、日偏食和日环食。我们知道，月亮是围绕地球转动的，地球又带着月亮一起绕着太阳公转，当月亮运行到太阳和地球之间，三者差不多呈一直线时，月影挡住了太阳，于是就发生了日食。月影有本影、伪本影（本影的延长部分）和半影之分。

在月亮本影扫过的地方，那里的阳光全部被遮没，所看到的是日全食；在半影扫过的地方，月亮仅遮住日面的一部分，这时看到的是日偏食。还有时，月亮本影达不到地面，它延伸出的伪本影扫到地面，此时太阳中央的绝大部分被遮住，在周围留有一圈明亮的光环，这就是日环食。天文学家称日环食和日全食为中心食。中心食的过程中必然会发生日偏食。

日全食

日全食是日轮被月球全部遮没的一种日食。在日全食过程中，有一个最长不超过7分30秒的太阳被月球全部遮没的阶段，这时刺目的太阳光球部分被全部遮没，平时不可能看到的暗弱外层大气便显露出来。这时是研究太阳色球层、日珥和日冕以及针状物的极好机会。

日全食的景象极为壮丽动人，被誉为天象中的桂冠。日全食开始时，明亮的日轮右侧忽然出现一个圆弧形的缺口，这个渐渐侵入日轮的黑球便是运行到太阳方向的月球。接着日轮越来越多地被侵食，最后只剩下娥眉月般的细细一丝。这时天空迅速变暗，地面也变得昏暗异常，宛如夜幕降临，几颗亮星在天穹显现。忽然间，残留的一丝金线变成了一串明珠，这便是日食时特有的倍里珠现象。

2009年7月22日9时29分54秒、30分04秒、30分25秒、30分37秒（从左至右），在江西九江拍摄到的日全食从食甚到产生倍里珠景观的过程

这是 2009 年 7 月 22 日 8 时 09 分左右至 10 时 30 分左右（自 7 点钟位置顺时针至 6 点钟位置）在重庆大学虎溪校区拍摄到的日全食全过程

就在这里最后一点星光消失时，天象中的奇观便展现出来。这时天昏地暗，日月无光，眩目刺眼的太阳不复存在，代替它的竟是一个被一圈贝珠青白色的日冕所环绕而衬托出来的漆黑圆盘，其边缘还镶着一环深玫瑰红的色球层和点点日珥。不久，在色球彩环右侧突然爆发出一点刺目的金花，这时第二次倍里珠出现。日冕和日珥随之消失不见，太阳又变成一弯金钩，然后便逐渐复原如常。

月球的本影或伪本影在地面扫过的区域称为日食带。日食带的宽度一般为几十千米至二三百千米，因此，平均要二三百年才有机会在某一地区看到一次日全食。日全食是如此激动人心，难怪人们往往不远万里赶到能看到日全食的狭窄全食带地区去观测。有幸看到日全食，肯定会留下令人难以忘怀的深刻印象。

人类对日食的观测

古代的观测

古时候由于科学不发达，统治者把日食看作是上天的警告，因此对日食观测抓得非常紧，设有专门机构，整日监视日面上的变化。相传距今已有 4000 多年的中国夏朝，有一位叫羲和的天文官因沉缅酒色，漏报了日食而被斩首。据说，从此再也没有一个天文学家敢在观测时玩忽职守了。

仰 仪

由于日光十分强烈，是无法用眼睛直接观测太阳的。公元前 1 世纪，一个叫京房的人采取了一种很巧妙的观测日食的方法。他将一盆水放在院子里，日食时去观察水中映出的太阳，从而避免眼睛直接接触阳光而被灼伤。后来，人们用油代替水，进一步减少了日光的刺激。13 世纪，元代大天文学家郭守敬发明了一种叫仰仪的半球形仪器，里面有刻度，可以比较准确地测定各个食相的时刻，并估计出食分。到了 17 世纪，望远镜传入了中国，崇尚西学的科学家徐光启用它观测日食，观测精度有了大幅度的提高。

郭守敬

徐光启

由于历代都有专门的观测者，因而中国古代留下的日食记录是很丰富的。根据统计，到清代为止，不算甲骨文，只是史书上记载的日食就有 1000 次以上，这是一份十分宝贵的科学遗产。

因为日食计算涉及太阳和月亮的运动，所以，古代不少天文学家利用日食记录来验证自己的历法。而到了20世纪，古代日食记录有了更多的用途。1969年有人利用25次公元2年以前的古日食记录来计算地球自转速率的长期变化（逐渐变慢），这25次中有9次是中国的。世界天文学家普遍认为，中国古代日食记录的可信程度是最高的。

早在3000多年前，殷墟甲骨文中就有关于日食的记载

全新的观测方法

在历史上，人们利用日全食时月影挡住日面的特殊条件，观测色球和日冕，取得了重要的科学发现。现在，我们虽然已具备了平时观测太阳色球和日冕的若干手段，但还不能完全取代日全食的观测。最精细的日冕照片仍然是在日全食时拍到的；日全食时拍摄的闪光光谱，仍然是建立太阳光球、色球和日冕大气模型的重要观测资料。因此，在每次发生日全食时，天文学家总是千方百计甚至冒着生命危险去观测。

近50多年来，对太阳的射电观测极大地推动了太阳物理学的进展，但是射电观测分辨率低，很难分辨日面上的细节。而在日食时，天文学家可以根据不同时刻月面掩日面的程度及射电望远镜记录的变化，来判断射电源的准确位置，获取高分辨率的太阳射电观测资料。另外，与光学观测相比，射电望远镜还占有两大优势：首先，人们感兴趣的是日食时月球掩食日面的过程，而不是日面被全掩的瞬间，所以偏食、环食同样具有观测价值；其次，光学观测日食的功率不大，天气不佳或者日食过程中掠过日面的一片浮云都会使观测前功尽弃，而射电观

日全食时观测到的日冕

用来观测日食的简易眼镜

测受天气影响很小，可以说是旱涝保收。20 世纪 70 年代中期以前，有关太阳射电的知识大部分是通过日食观测得到的。

自半个世纪以来，测定爱因斯坦效应一直是日全食观测的重要内容。天文学家利用日全食验证了爱因斯坦关于太阳的引力能够使光线偏转的预言。广义相对论成功地解释了水星近日点运动后，仍然有一些执着的天文学家热心于在日全食时进行水星行星的探索。

射电望远镜

日食和月食的规律与周期

由于月亮围绕地球运动的轨道面（白道面）和地球围绕太阳运动的轨道面（黄道面）有平均5°09′的夹角，所以朔的时候，月亮有时在太阳上方通过，有时在太阳下方通过，并不发生日食。望的时候，月亮有时在地影的上方通过，有时在地影的下方通过，并不发生月食。只有当朔或望的时候，太阳、月亮在黄白交点附近才会发生日食、月食。由于太阳、月亮的视直径都在半度左右，所以当太阳距交点一定角距离内（限角），朔时，太阳就可能被月球遮掩而发生日食。同理，望时，月亮就能进入地影而发生月食。这时，太阳距交点的角距离叫作食限。由于月亮和太阳的视直径随着它们和地球距离的变化而有时大些，有时小些，而且黄白交点也有变化，所以食限也有所变动。根据计算，口食限角最大为17°9′，最小为15°9′之间可能发生日食，也可能不发生日食。同理，望的时候，月食最大限角为11°9′，最小限角为10°0′，就是说，望的时候太阳离开交点的角距离大于10°0′时，地球上一定在某个地方能够看到月食。月食限在10°0′和11°9′之间时，是否发生月食，需精密计算才可知道。

由于黄白交点有两个，太阳在一个历年内通过升交点、降交点各一次，所以一年中有两个时期会发生日食和月食。发生日食、月食的时期叫作食季。日食食限约18°，运行到交点以东18°，太阳作周年视运动从交点以西18°，约需36天，所以日食的每一食季为36天。对于月食而言，月食食限为12°，所以月食的每一食季只有24天。日食季是36天，这比朔望月的长度29.5306天要长，因此在一个日食季内必定会发生1次日食；一年内至少发生2次日食，如果每一食季中包含2个朔日（食季始即是朔日，食季尾必有朔日），则会发生2次日食，一年就会有4次日食发生。由于月食食季只有24天，比朔望月的平均长度29.5306天短，月食季内可能含有1个望日，也可能不包含望日。就是说一年内可能有2次月食，也可能一次月食都不发生。

如果黄白交点是不变的，那么食季也就在每年相同的一段时间内。但是，事实上黄白交点是变动的，交点的位置每年自东向西移动19°4′，每18.6年在黄道上运行一周。太阳是自西向东在黄道上作周年视运动的，就是说交点迎着太阳运行。这样一来，太阳从一交点起经过另一交点再回到原来交点运行一周所用的时间，比太阳在黄道上运行一周的时间要短19天，为346.62天（叫交点年，也叫食年），所以食季平均每年提早19天。由于食年比回归年要短19天，所以在一历年内太阳可能3次经过交点。例如，1月1日通过升交点，半年之后通过降交点，到了年末再一次通过升交点，即是说一年内有两个半食季，这时一年中可能发生7次日食、月食（5次日食、2次月食，或4次日食、3次月食）。一年中日食次数比看到月食的次数多。对于地球某一地点，实际上看到的月食次数比看到日食的次数多。这是由于发生月食时，背着太阳的半个地球都可看到。而发生日食时，月亮影锥只扫过地球上一个狭窄的地带，只有日食带内的人才能看到日食。尤其是全食带只有200多千米宽，有时大部分在大洋地区，因此很少有人能看到日全食。一个地方平均要二三百年才能看到一次日全食。

由于地球绕太阳和月亮绕地球的公转运动和黄白交点的移动都是有规律的，所以相隔一定的时间就会发生一次大致类似的日食、月食。早在古代，古巴比伦人就根据对日食和月食的长期统计，发现了日食、月食的循环周期为 223 个朔望月，这个周期叫作沙罗周期，沙罗就是重复的意思。223 个朔望月的时间长度（等于 6585.32 天），等于 19 个食年（等于 6585.78 天），又和 242 个交点月（月亮从交点又回到同一交点的时间间隔，242 个交点月等于 6585.35 天）的时间长度相等。就是说，在一个沙罗周期中，太阳、月亮和黄白交点就又回到原来的相对位置，因此就又发生和上一次相类似的日食、月食了。一个沙罗周期约合 18 年 11 日，如果这期间有 5 个闰年就有 18 年 10 日。由于这个周期不是整日数，所以下一次日食、月食的见食地点和食相与上一次日食、月食的见食地点和食相也会有所变化。我国汉代天文学家对日食、月食做过深入研究，发现日食、月食具有 135 个朔望月的循环周期。135 个朔望月等于 3986.6 天，相当于 11 年少 11 天。就是说在 11 年少 11 天的时间间隔内，类似的日食、月食就重复发生一次。这个循环周期记载在汉代“三统历”中，因此又叫“三统历周期”。

我们在日食和月食的预报中，常常会看到“食分”这样一个词，它用来表示食甚时日面或月面被遮掩的程度。对于日偏食，食分是指日面被遮去部分和日面直径之比。以太阳的直径作为 1，如果食分为 0.5，就表示太阳的直径被遮去了一半。对于全食或环食，食分是月面直径与日面直径之比，很显然，日全食的食分总是大于或等于 1，日环食的食分小于 1。对于月偏食，食分是指在食甚时月亮直径被遮的多少和月亮直径之比。如果食分为 0.7，那么就表示月亮的直径被遮去 7/10。对于月全食，食分指月亮直径进入地球本影部分与月亮直径之比，所以月全食时，食分大于 1 或等于 1。

月震

什么叫月震

如果说起地震，人们已经知道许多，譬如，地震的成因、地震的破坏性、几次著名的大地震，许多人还亲身经历过地震。

我们居住的行星具有坚固的大地，为什么会产生震动呢？一般来说，地震可分两大类：一类是自然因素引起的地震，全世界每年发生几百万次地震，其中90%以上属于这类构造地震：如地下岩石构造活动引起地震；火山活动引起地震，这类地震不多；局部地面陷落引起地震，这类地震很少；海岸或山坡崩塌也能引起地震；陨石撞击地面也会引起局部地震。譬如，1976年3月8日，大陨石落在我国吉林市北郊等处，就曾引起1.7级地震。上述这些属天然地震。另一类是人类的活动引起地震，如进行地下核爆炸或开山炸石等，这属于人工地震。

深藏在地球内部的物质活动非常剧烈，这种活动必然要影响地壳的活动。地震主要取决于地球自身的物质活动，同时还应看到，地球处在动态而且是多层次的太空环境之中，受到太阳、行星和月球等天体的影响。这种影响有引力的束缚，可见光的照射、粒子流的轰击和电磁场的扰动等，这些也是触发地震不可忽视的外部因素。

作为绕地球运动的卫星——月球，有没有月震呢？1969年以前，人们谈起月震来，还只是作为一件奇事来猜想，或进行科学推测而已。总之，那时谈月震确实还是一个初步探讨。

人类要想实现登月，必须确切掌握月面环境的状况。月球表面结构如何？月球内部活动怎样？有没有月震？月震的能量有多大？月震的频次有多少？这些问题直接涉及人类能不能登月，能不能长期在月球上停留。因此，探索月震活动是实现人类登月考察的重要问题之一。

那么，什么是月震呢？恐怕知道月震的人不多，感受过月震的人肯定没有。然而，月震确实存在，并且人类已初步了解了它的一些规律。因此，科学家正在逐步揭开月震之谜。

发生在月球上的地震就叫月震。1969 年美国科学家乘“阿波罗号”飞船首次踏上了月球，在月球上架设了 5 台月震仪，能连续向地球发回月震记录资料，从此人类开始了月震观测与研究。

月震测试

我们知道，地球每年都发生许多次地震，月球也会发生月震。月球的内部能量已近于枯竭，虽然现在它是一个几近僵死的天体，但仍然有轻微的活动，因此经常有微弱的月震发生。1969 年 7 月，“阿波罗”11 号飞船航天员登月后在月球静海西南角设置了检测月震的仪器。此后，相继在月球着陆的几艘“阿波罗”飞船先后在风暴洋东南、弗拉－摩洛地区、亚平宁山区的哈德利峡谷、笛卡尔高地和澄海东南的金牛－利特罗峡谷放置了月震仪。月面上的 6 台月震仪组成了检测月震的网络，它可以记录月震发生的时间、位置、强度和震源深度。至 1977 年的 8 年内，月球上的月震仪共监测到 1 万多次月震活动。

月震有两大类：深层月震和浅层月震。

深层月震：月震发生于深度达 600～1000 千米的月幔之中。

浅层月震：发生在月壳表层0～200千米之内，每年仅发生1～5次，产生于月壳的断裂带上。

月震的特点

从月震图上可以看出来，月震和地震很不一样，一个小地震可使远方的地震仪持续1分钟，而在月球上要持续1小时，震幅迅速增大后，衰减十分缓慢，这种有趣的现象科学家认为可能和月球上缺水和岩石的破裂性质有关。

月震比地震发生的频率小得多，每年约1000次，而地震每年平均达几百万次。月震强度也不如地震大，月震释放的能量也远小于地震，最大的月震震级只相当于地震的1～2级。月震的震源深度在月球表面以下700～1000千米处，属深源震；而地震的震源深度仅几十千米到300千米，属浅源震或中源震。月震波在月球内部要多次反射回返，持续时间近1小时，而地球上这种小地震的地震波在地球内部传播的持续时间不超过1分钟。

月震发生的原因

科学家们通过长期的研究认为，太阳和地球的起潮力是引发月震的主要原因。此外，太阳系内的小天体（如陨石、彗星碎块）撞击月球时，也可以诱发较大的月震。比如1972年7月17日21时50分50秒，在月球背面靠近莫斯科海附近，一块重约1吨的巨大陨石撞击月球，产生了一次3.5～4级的月震。

月面结构直接裸露在太空环境中，太阳照射时会产生极高温，没有太阳时会变得极严寒，这样的温度突变会引起月面岩石的轻微震动。科学家称这种变化引起的震动为热月震。这种震动在地球上是没有的。

月震中也有人工月震。譬如，后来几次载人登月飞行时，宇航员进入返回地球的轨道，便把2.4吨重的登月舱上升段投向月球，它以每秒1680米的速度撞击月面，形成相当于6.8吨TNT的爆炸力，造成人工月震。“阿波罗16号”宇航员在月面上考察时，投掷过一个爆炸金属管，还在月面上设置了一个枪榴弹筒。3个月后，地面控制中心将它引爆。请你不要以为宇航员是在随心所欲地搞什么恶作剧，他们是在用人工月震测试月面和月壳的物理性质。

另有一类来历还不明的月震，在几天内每隔几小时反复发生。

月震的稀少意味着月球内部是固态的，而且其内部中心温度较低。

月震的秘密

和认识地震一样，我们不仅要了解月震的次数和震级的大小，最主要的是从中探索它震动的规律，查出它震动的内因和外因，使认识达到更深入的层次。地震和月震都是天体的正常活动。一次月震从孕育→发展→发生，这是一个复杂的天体物理和化学变化过程。科学家们潜心研究的就是这些天体的本质。地震学是这样，月震学也是如此。

现在已知月震的空间分布状况是：向着地球的这面比背着地球的那面，发生的月震更多些；在向着地球的一面上，分布着4个深月震的震中带；月海区的地震比月陆区多。前面已介绍过深月震居多，已证实出深震源区有109个，在这些区域反复发生月震。

与月震的空间分布相对应的时间分布也是很重要的。

科学家们发现，深月震的时间分布有一定的周期规律。深月震的发生与地球和太阳对月球的起潮力有触发性的关系。

浅月震比深月震少很多。从统计来看，在1万多次月震记录中，浅月震只有28次。但是能量最大的月震就是浅月震，已记录到最大的浅月震为4.8级。它们发生在月面下0～200千米。浅月震与地月之间的位置无明显关系。有人认为浅月震可能属月球的构造月震，但也有人不同意这个观点，至今仍属奥秘。

月震研究价值

人们关心月球的问题之一，就是月球内部的结构如何？是否和地球一样？而了解月球内部结构的最好方法就是研究月震波。有人打过一个比方，说地震波好比一盏灯把地球内部的结构给照亮了，这就是科学家急于在月球上安装测震仪的原因。

月球上没有水，也没有空气，是个非常安静的地方，它不像神话中讲的那么有情趣，测震仪每年会记到600~3000次月震，震级多数很小，大约不到2级。这使人们想到，月球表面尽管很平静，内部仍然十分活跃。测震仪还能记到陨石撞击月球产生的月震波。登月球的科学家为了研究月球的内部结构，还要在月球上制造人工月震，来计算月震波的波速。根据对月震波的研究，发现月球的绝大部分是固态，也大致分3层，外壳、中间层和月核。月核比固体软，但可能还不是液态。

通过对月震分析表明：向地球一面的月壳厚度为60~65千米；在月幔中有12处质量集中区（简称质瘤），大都在月海中央，起因于密度较大的陨石撞击月球后，未被月幔熔化，当受到地球起潮力的吸引时，质量重的质瘤旋转向地球的那面，使得月球总是一面对着地球，即与地球同步转动。而背向地球的那面月壳较厚，达150千米，密度稍小。深层月震的能量来源恰好是地球起潮力释放的能量，它使质瘤间位置发生微小变化，月震后又回到原来位置，并使得月球每年远离地球5厘米而去。

月球的奇异现象

月球的奇辉

月球表面既无大气，也无水分，没有风霜雪雨，没有江河湖海，更不要说鸟语花香的生命现象了。一句话，月球是个死寂的星球。

但是，这并不意味着月面上什么变化都没有发生过，它表面的辉光现象就是一例。月球表面有时突然出现某种发光现象，甚至还有颜色变化，它引起了天文学家们的兴趣和关注。

1958 年 11 月 3 日凌晨，苏联科学家柯兹列夫在观测月球环形山的时候，发现阿尔芬斯环形山口内的中央峰变得又暗又模糊，并发出一种从未见过的红光。2 个多小时之后，他再次观测这片区域时，山峰发出白光，亮度比平常几乎增加了一倍。第二夜，阿尔芬斯环形山才恢复原先的面目。

柯兹列夫认为，他所观测到的是一次比较罕见的月球火山爆发现象。他说，阿尔芬斯环形山中央峰亮度增加的原因，在于从月球内部向外喷出了气体，至于开始时山峰发暗和呈现出红色，那是因为在气体的压力下，火山灰最先冲出了火山口。

柯兹列夫的观点遭到了一些人的反对，其中包括一些颇有名望的天文学家。他们承认阿尔芬斯环形山的异常现象是存在的；但认为不能解释为通常的火山爆发，而是月球局部地区有时发生的气体释放过程。在太阳光的照耀下，即使是冷气体也会表现出柯兹列夫所注意到的那些特征。

早在1955年，柯兹列夫就在另一座环形山——阿利斯塔克环形山口，发现过类似的异常发亮现象，他也曾怀疑那是火山喷发。1961年，柯兹列夫又在阿利斯塔克环形山中央观测到了他熟悉的异常现象，不同的是，光谱分析明确证实这次所溢出的气体是氢气。

这类现象究竟应该怎样解释呢？是火山喷发？还是气体释放？或者是其他什么现象呢？还有待科学家们的进一步研究。

红色斑点

天文学家们还不止一次在月球面上发现神秘的红色斑点。也是在那个阿利斯塔克环形山，美国洛韦尔天文台的两名天文学家在观测和绘制它及其附近的月面图时，先后两次在这片地区发现了使他们惊讶的红色斑点。

第一次是在1963年10月29日，一共发现了3个斑点：先是在阿利斯塔克以东约65千米处见到了一个椭圆形斑点，呈橙红色，长约8千米，宽约2千米。在它附近的一个小圆斑点清晰可见，直径约2千米。这两处斑点从暗到亮，再到完全消失，大约经历了25分钟的时间。第三个斑点是一条长约17千米、宽约2千米的淡红色条状斑纹，位于阿利斯塔克环形山东南边缘的里侧，出现和消失时间大体上比那两个斑点迟约5分钟。

第二次他们观测到奇异的红斑是在一个月之后的11月27日，也是在阿利斯塔克环形山附近，红斑长约19千米，宽约2千米，存在的时间长达75分钟。这次由于时间比较充裕，不仅有好几名洛韦尔天文台的同事都看到了红斑，还拍下了一些照片。为了证实所观测到的现象是确实存在的，他们还特地给另一个天文台打了电话，告诉那里的朋友们赶快观测月球上的异常现象，但故意没有说清楚是在月球上的什么地方。得到消息的天文台立即用口径175厘米的反射望远镜（那两名洛韦尔台的天文学家用的是口径60厘米折射望远镜）进行搜寻，很快就发现了目标。结果是，两处天文台观测到的红斑的位置完全一致，说明观测无误。红斑确实是存在于月面上的某种现象，而不是地球大气或其他因素造成的幻影。

这两次色彩异常现象都发生在阿利斯塔克环形山区域，而且都是在它开始被阳光照到之后不到两天的时间内。考虑到这些方面，有人认为月面上出现红色斑点的现象可能并不太罕见，只是不知道它们于什么时间、在什么地区出现，而且出现和存在的时间一般都不长，要观测到它们就不那么容易了；此外，需要具备较大和合适的观测仪器，以及丰富的观测经验和技巧；同时，认为这类现象可能与太阳及其活动有关。另一种意见则认为，这类变亮和发光现象经常发生，单是在阿利斯塔克环形山区域，有案可查的类似事件至少在300起以上，表明它们是由于月球内部的某种或某些常存原因引起而形成的。

1969年7月，首次载人登月飞行的“阿波罗11号”宇宙飞船，在到达月球附近和环绕月球飞行时，曾经根据预定计划，对月面上最亮的这片阿利斯塔克环形山地区进行了观测。这座著名环形山的直径约37千米，山壁陡峭而结构复杂，底部粗糙而崎岖。飞船指令长阿姆斯特朗是从环形山的北面进行俯视的。他向地面指挥中心报告说：“环形山附近某个地方显然比其周围地区要明亮得多，那里像是存在着某种荧光那样的东西。”遗憾的是，宇航员们没有对所观测到的现象做进一步的解释。

红色发光现象

就在洛韦尔天文台的两名科学家发现阿利斯塔克环形山附近的红斑时，英国的两名科学家注意到了另一个著名的环形山——开普勒环形山也存在类似现象。开普勒环形山在阿利斯塔克环形山东南方向，直径约35千米，是带有辐射纹的少数环形山之一。1963年11月1日，英国曼彻斯特大学的两名研究人员，在拍摄开普勒环形山及其附近地区的照片时，注意到就在这片地区内，在2小时内2次出现了红色发光现象，发光面积大得使他们惊讶，每次都超过了10000平方千米。

他们从三个方面对这次有色现象提出了自己的见解。首先，他们指出持续时间不长而面积那么大的发光现象，不可能由某种月球内部原因造成，而应该是起因于太阳。其次，他们认为，由于月球不存在大气，月面受到紫外线、X射线、伽马射线等全部太阳辐射的猛烈袭击，这时，月面的某些地方有可能被激发而发光，面积也可能比较大。再次，他们明确提出，开普勒环形山这2次发光现象的根源在于太阳面上出现了耀斑。11月1日那天，太阳上出现了2次规模不算大的小耀斑，它们的时间间隔与开普勒环形山的两次红色发光现象的时间间隔基本一致。

两位英国科学家的观点比较新颖，但他们没有得到广泛的支持。如果他们把月面辉光现象与太阳耀斑联系在一起的解释是正确的话，那么，月球发光现象也该有周期性，而且在太阳活动极大、耀斑出现较多的那些年份里，红斑现象也应该出现得更多、更频繁。但观测表明，这样的事从来没有发生过。

亮　点

1985年5月23日，一名希腊学者正在调试自己的门径为11厘米的折射望远镜。当时月球的月龄为4，也就是从月朔算起，大体上只过了4天的时间。在连续拍摄的7张月球照片中，有一张吸引了大家的注意，照片上出现了一个事先没有预料到的清晰的亮点。经过核查，亮点位于月球明暗界线附近的普洛克鲁斯C环形山地区。

对此，这名希腊学者提出了一个大胆的假设。他认为：由于月面没有大气，被太阳照亮的月面部分的温度，与没有被太阳照亮部分的温度悬殊。当太阳从月面上某个地区日出时，也就是从那些正好处在明暗界线附近的地区日出时，一下子从黑夜变为白天的那部分月面温度迅速升高，从零下100多摄氏度升到100多摄氏度。强烈而迅速的温度变化使得月球岩石胀裂开来，被封闭在岩石下面的气体突然冲到月面，迅速膨胀，产生了明亮而短暂的发光现象。

最近，美国的一名通信工程师也提出了类似的看法。他曾检测过一些从月球上采集回来的月球岩石标本，发现岩石中含有像氦和氩之类的挥发性气体。他认为，月岩热破裂时释放出来的电子能，完全有可能把挥发性气体点燃，引起短暂的闪光现象。他还表示，他的设想并非毫无根据，据说，月球岩石在地面实验室里进行人工断裂时，确实曾放出过小火花。

过去也确实多次有人在月球明暗界线附近，发现过这类短暂的发光现象。但是，在得不到阳光的月球阴暗部分，也曾观测到过这种闪闪发光现象。这又该如何解释呢？

短暂现象

早在1787年，英国著名天文学家赫歇耳就曾观察到过月球表面的红色辉光。最近这些年来，月球上的辉光、雾气、彩斑现象似乎有所增加，这也许与观测手段的发展有关。这些被称为“月球短暂现象”的变幻现象，日益引起各国天文学家的关注。

到目前为止，已经记录到的“月球短暂现象”数以千计，也许其中的一部分是由于大气干扰等原因造成的错觉或幻觉，但短暂现象的存在是否定不了的。

这类短暂现象的范围一般都不大，方圆一二十千米，平均持续时间一二十分钟到半个来小时，而且多数都发生在地质年龄比较轻的那些环形山附近。譬如阿利斯塔克、阿尔芬斯等环形山以及月面洼地的边缘地区。应该相信这绝不是偶然的现象。

至于这些短暂现象的原因是什么，一直是众说纷纭。似乎是证据充分、很有说服力的火山喷发和火山活动学说，也没能得到多数人承认。其中很致命的一点是：不论是地面观测还是宇航员亲临月球的考察，都没能找到新喷射出来的熔岩痕迹，也没有看到月面局部面貌有所改变。前面提到的其他论点，以及认为是地球的潮汐作用触发月震、月震转而又使密封在月岩下面的气体冲向月面等观点，那就更不完善了。

有人把月球短暂现象称作“变幻无常的月球现象”。说它“变幻无常”，反映了我们对它的来龙去脉还不清楚，但事实真相总会有大白的一天，尤其是发生在离我们这么近的月球上的现象。

月球质量瘤

在人类对月球的一系列发现中，有这么一种奇怪的现象：月球体内存在着不寻常的物质瘤，而且不止一个。月球也会生病吗？月球怎么会长瘤子呢？这是什么类型的瘤子？就像医生通过仪器给人体检，发现病人体内有变异的肿块一样，科学家们已经确诊，月球体内有“肿瘤”。

月球体内的质量瘤不是科学家用什么仪器给月球体检发现的，而是根据月球对绕它运动的人造天体的引力变化推测出来的。1966 年 8 月至 1967 年 8 月，美国为人类登月积极做准备，先后共发射 5 个“月球轨道环行器”飞船。它们航行到月球后，成为环绕月球运动的人造月球卫星，实现对月球近距离全面考察。

“环行器”飞船在环绕月球运动的过程中，有时发生莫名其妙的抖动和倾斜。这种令人担忧的不正常运动，引起宇航员的充分注意。他们发现，每当“环行器”飞船接近月面的环形月海时，便产生抖动和倾斜。飞船与月面最近时有 40 多千米，难道这种奇怪的抖动真与月海有什么关系吗？月海表面非常平坦，它上面能有什么奇异的物质呢？这或许是什么巧合？科学家们经过严密的思考和多次验证，判定这和环形月海下面的物质有关系，更进一步说，和环形月海的形成有密切关系。

科学家们肯定了这种对应关系以后，进一步思考的是：月海是怎样形成的呢？月海下面有什么奇特的物质吗？到底是什么力量引起飞船抖动呢？是什么波的干扰，还是什么光的作用？看来都不可能。最大的可能就是引力增强这个因素。

接下来要继续思考的问题是：为什么这些月海产生引力增强呢？很自然，月海下面应有高密度的异常物体。这种物体在月球体内就像“肿块”一样。因此，科学家们给这种物质起了一个形象化的名字，叫月球质量瘤。也有人称之为重力瘤或聚积物。

1968 年，美国加利福尼亚理工大学喷气推进实验室的科学家谬拉，根据约 9000 个经“环行器”飞船测过速度的点，绘制出一幅月球重力场不平衡图。通过研究，在月球正面发现 6 个环形月海下面存在质量瘤。1969 年，又在其他月海下发现 7 个质量瘤。这些月海是：雨海、澄海、危海、酒海、湿海、史密斯海、洪堡德海、东海、中央湾和暑湾等。

月球质量瘤不仅影响着“环行器”飞船绕月飞行，同样也影响其他环绕月球飞行的人造月球卫星的运行。只有对这种月球质量瘤有比较确切的了解，才能准确决定环绕月球的“停靠”轨道，使登月舱顺利进入椭圆着陆轨道。“阿波罗10号”飞船环绕月球飞行的主要任务之一，就是测出月球重力变化的状况。为此，它绕月飞行了31圈，共61小时36分。

现已查明，月球在一些方面表现为不对称性。其中向着地球的一面发现了11个质量瘤，背着地球的那面仅有2个质量瘤。为什么会形成这种格局呢？现在还不清楚。

要想揭开月球质量瘤之谜，非得了解月海是如何形成的不可。

早在19世纪末，美国地质学家吉尔伯特就注意到月海的特征。他首先提出雨海的形成问题。他认为雨海是典型的环形月海。外来的巨大陨石撞击在月面上，将月球内部岩浆诱出，大量岩浆漫布月面，而破碎的陨石物质及月面物质被抛向四周，因而形成环形月海。这就是吉尔伯特提出的“雨海事件”。据计算，这次事件的“肇事”陨石直径约20千米，它以每秒2.5千米的速度撞击月面。对月球考察的许多事实支持了吉尔伯特的观点，这也就是月海形成的外因论。美国“阿波罗14号”载人飞船的着陆点，就选在雨海事件的喷射堆积物——弗拉·摩洛地区上。从这里采集的岩石样品几乎都有遭受过冲击和热效应的明显特点。

雨海的面积约88.7万平方千米，比我国青海省稍大一点。在22个月海中，雨海面积仅次于风暴洋，居第二位。它和风暴洋、澄海、静海、云海、酒海和知海构成月海带。从地形的角度看，它是封闭的圆环形，四周群山环抱，属典型的盆地构造。从地势的角度看，雨海地区非常复杂，极为壮观。它囊括了月面构造的诸多方面。因此，雨海区域很早就引起了天文学家们的兴趣。

从月海形成的外因论看，月面学家又找到一个最有说服力的典型冲击盆地，它就是享有盛名的东海盆地。东海盆地主要在月球背面，直径约1000千米。它的中央区是东海，东海直径约250千米。人造月球卫星拍下了清晰的东海和东海盆地的照片，充分显示出东海外围有三层山脉包围，形成巨大的环形构造区。

与此同时，也有些科学家认为，环形月海是月球自身演化的产物。他们根据月海玄武岩年龄鉴定，推知月海玄武岩有5次喷发，大致时间是在距今39亿年前至31亿年前之间。月海形成的先后次序为：酒海—澄海—湿海—危海—雨海—东海。

然而，上述提到的只是假说，还没有形成定论。月海到底是如何形成的呢？还有待进一步研究。

月球质量瘤是如何形成的呢？目前的看法也分内因说和外因说两个体系。

内因说认为，外来的陨石对月面轰击，诱发月球内部密度较大的熔岩流出。我们已经知道，月海是由密度为每立方厘米3.2~3.4克的玄武岩组成的。相比之下，月面高地主要由富含长石的岩石组成，它们的密度小于每立方厘米2.9~3.1克。可见，填充月海的熔岩远比月面高地的岩石密度大。月球正面环形月海又多，从而显现出质量瘤与月海共生的局面。那么，为什么非环形月海没有与质量瘤共生的对应关系呢？持内因论的月质学家指出，这是因为环形月海流出的填充熔岩比非环形月海填充的熔岩厚很多。两者只有数量上的不同，没有本质上的区别。

主张外因论的月质学家则认为，环形月海都是由外来的陨石撞击月面形成的。这些小天体的密度比初始的月壳密度要大，因此砸入月面形成体内"肿瘤"。也就是说，质量瘤是外来天体的残余与月岩的混合物。诚然，这些依然只是假说，月球质量瘤还是一个未解之谜。

深藏在月球体内数十亿年的异物，没有逃出科学家们的慧眼。对月球质量瘤的探测和研究，为月质学、月球飞行学、月球演化学和月球测量学提供了重要的信息；对研究月球内部结构、探索月表结构的演化，特别是判别环形月海的形成都有直接帮助；对研究早期的太空环境，特别是地—月系空间环境更有重要意义。

月球奇怪的密度

在人类登上月球之前，科学家们已经知道，"月球的密度大约是地球密度的一半（这里指的是平均密度）"。实际的月球密度约为地球密度的6/10，也就是说同体积的地球土壤要比同体积的月球“土壤”约重一倍。这使科学家们感到十分困惑，这种差别究竟是如何造成的呢?

科学家中以哈洛德·尤里博士为首的几个人认为，月球的平均密度较小也许是由于“重心”空虚所致。威尔金斯博士则猜测是月球部分中空造成了这一现象。在他的《我们的月球》一书中这样说明了得出上述结论的来龙去脉：“月球上可能存在着许多自然的空洞和洞穴，它们往往很大。然而，如果月球是以花岗岩同样的过程形成的，那么就不能认为它内部居然会形成体积达7720万立方千米的空洞。”“在月面下32至48千米深的地方，应当多少有一些空洞。在我们无法见到的月球深处存在着洞窟和裂隙，它们通向月面的裂缝和洞孔——我确信这一点。”

所有科学家，至少是所有天文学家都一致认为，当月球内部是空洞被确实证明时，他们便承认月球本身就是一艘宇宙飞船。所有对月球之谜的推敲都得出结论说，月球内部的空洞不应是自然形成的。

美国康奈尔大学的态度保守的卡尔·萨根博士也赞成这种意见。卡尔·萨根博士与苏联科学院的天体物理学家约瑟夫·希克罗夫斯基合著了《月面的智慧生物》一书，于1960年首次出版。约瑟夫·希克罗夫斯基当时提出，火星的卫星内部存在空洞，有可能建有“空洞基地”。在这本书中卡尔·萨根博士说：“自然形成的卫星不应当存在内部空洞。”其他科学家一般也认为，月球如果中空的话，就应当是人工所成。绕来绕去总要回到瓦欣和谢尔巴科夫的假说上。这两名苏联科学家经过多年研究得出的结果认为，月球内部有可能是空洞。他们假定：“如果什么人要发射人造卫星的话，就会将人造卫星制成中空的，与此相仿，在月球宇宙飞船内部肯定贮存着供发动机使用的燃料。”

瓦欣和谢尔巴科夫推测月球内部是一个空洞，列举了月球密度的证据：月球的密度为3.33克/立方厘米，而地球密度是5.5克/立方厘米，相差悬殊。月球内部的空洞造成了这种现象。他们两人得出结论说，月球的直径达3476千米，个头如此之大而密度如此之小，由此可认为月球有一个较薄的壳体。1959年，著名科学家约瑟夫·希克罗夫斯基因为提出了火星卫星是中空的假说，被人讥笑为“神经出了毛病”。他以各种证据为基础反复研究得出结论说："火星有两个卫星都是中空的，可能是人造卫星。"

月球像一个中空球体一样鸣响不已

在月球内部还有一个证明"月球是中空球体"的证据。

使用科学装置反复试验的结果，使美国航空航天局的科学家及全世界的科学家们得以获得大量月球内部的资料，美国宇航员以月面为基地设置了高灵敏度的月震仪将月震资料发送回地球。其中一台由"阿波罗 11 号"的宇航员设置在静海，另一台由"阿波罗 12 号"的宇航员设置在风暴洋。设在月面的月震仪十分精密，比在地球上使用的地震仪灵敏度高上百倍，它能测出人们所能在月面造成的震动的百万分之一的微弱震动，甚至记录到宇航员在月面上行走的脚步声。

在人类首次对月球内部进行探测的过程中，当"阿波罗 12 号"的宇航员乘登月舱返回指令舱时，用登月舱的上升段撞击了月球表面，随即发生了月震。这场月震使正在进行观测的美国航空航天局的科学家们惊得目瞪口呆：月球"摇晃"了 55 分钟以上，而且由月面地震仪记录到的月面"晃动"是从微小的振动开始逐渐变大的。从振动开始到消失时间长得令人难以置信。振动从开始到强度最大用了七八分钟，然后振幅逐渐减弱直至消失。这个过程用了大约一个小时，而且"余音袅袅"，经久不绝。在地球上这种现象是绝对不可能发生的。

地震研究所负责人莫里斯·云克在当天下午的电视新闻节目中向公众传达了这个令人惊异的事实："月球还在晃动。"他无可奈何地承认，为什么会造成这种振动他也说不清楚。据云克说，要直观地描述一下这种振动的话，它就像钟声在响——敲响了教堂的大钟，声音鸣响了 30 分钟。实际上他还不知道，月球的"晃动"持续了 1 个小时，是 30 分钟的一倍。

美国马萨诸塞州技术研究所的弗朗克·普莱斯博士的看法相当直率："我们从来都是先作出假设然后进行研究，而今天我们面临的是地球从未有过的事实，是一次莫大的经验。光是月球的振动持续了 30 分钟我们就难以理解，其原因何在呢，这一发现肯定全然否定了我们的预想。"总之，这场月震给瓦欣和谢尔巴科夫的假说显然提供了机会。如果月球的壳体为金属质的而且坚硬，内部是空洞的话，“阿波罗”飞船造成的月震自然应当像巨大的钟鸣那样持续甚久，事实也是如此。

其他科学家也很难对这种现象做出恰当的解释。理查德·路易斯在《阿波罗的宇宙旅行》中这样写道：“在发射‘阿波罗12号’时，人类对月球的构造理应有了一些新的发现。人们不是把月球的自然环境和它的详细情况称为20世纪之谜吗?”美国麻省理工学院的普莱斯博士（曾担任美国前总统卡特的科学顾问）是最早试图对此做出解释的科学家中的一个。他解释说，由于登月舱上升段坠落的撞击，也许在月面的广大地区内造成了如同雪崩或瀑布般的崩塌。他的说法决非无稽之谈，因为振动确实持续了很长时间，振动从开始达到最强用了七八分钟，衰减到一半时用了20分钟，随后振动逐渐减弱，总共持续了1个小时。

还有一名科学家解释说，当登月舱的上升段撞击月面时，月面的尘埃和岩石碎块高高飞起，等它们全部落至月面肯定需要1个小时。另一名科学家说，也许这是登月舱本身的问题。也就是说，当登月舱和上升段垂直坠落时其情形恰与一架飞机坠落时相仿，其碎片和残骸会分崩离析，飞向四周。

《科学新闻》杂志对这种没有说服力的解释提出了疑问：“如果没有别的原因，单是登月舱的上升段撞击月面，很难想象会发生如此长时间的巨大震动。月面岩石碎块和尘埃的散落的解释同样是不能令人接受的。”“月钟”鸣响在“阿波罗12号”造成“奇迹”后，科学家们特别是地震学家们期待下一次对月球的撞击。“阿波罗13号”随后飞离地球进入月球轨道，宇航员们用无线电摇控飞船的第三级火箭使它撞击月面。当时的撞击相当于爆炸了11吨TNT炸药的实际效果，撞击月面的地点选在距“阿波罗12号”宇航员设置的月震仪140千米的地方。

月球再次震撼了。如果借用地震学上的术语来说就是“月震实测持续3个小时”。月震深度达35~40千米，直到3小时20分钟后才逐渐结束。科学家们更感到惶惑了。美国航空航天局的地震学家面面相觑，没有一个人能够做出令人满意的解释。

如果“月球—宇宙飞船”假说并非谬误，那么这种月震就在预料之中，月球是一个表面覆盖着坚硬外壳的中空球体，如果撞击那个金属质的球壳，当然会发生这种形式的振动。

月球就像一个巨大的铜鼓

下一个撞击月面、进行月震实验的是“阿波罗14号”的S－4B上升段，仍采用无线电遥控的方式使其撞击月面。月球像预料的那样再次震颤起来。据美国航空航天局的科学报告说，月球对撞击的反应就像一个铜鼓被敲击，振动持续了3个小时，深达月面下34～40千米。月震实验的地点距“阿波罗14号”的宇航员设置的地震仪174千米远。当“阿波罗14号”的宇航员们乘登月舱返回“小鹰”号指令舱时，“月钟”正在震响。上升段自重2200千克，当时对月面撞击造成的效果相当于是炸了726千克TNT炸药，振动持续了90分钟。

美国航空航天局的科学报告说：“这次小小的月震，开始了科学的新时代，不管是人为的还是自然的。设在月面2个地点的月震仪都同时记录到上升段撞击月面一瞬间的震动。”据稍后进行的观测（使用“阿波罗”12号、14号、15号的宇航员设在哈德利·亚平宁地区的3台地震仪），“阿波罗15号”制造的月震甚至传到了距撞击地点1127千米远的风暴洋。如果用同样的方式在地球上制造地震，地震波只能传播一二千米，也不会出现持续一小时之久的振动。这次月震还穿过风暴洋到达设在弗拉·摩洛高地的地震仪。

毫无疑问，地表下由地壳构成的地球在发生地震时所发生的反应与中空的月球在发生月震时的反应是完全不同的。地震研究所的主任研究员莱萨姆认为，这种在地球上绝对不可能发生的现象令科学家们感到迷惑不解，这显然是由于地球和月球的内部构造不同造成的。事实上，科学家们强调指出，根据月震记录分析，月球内部并不是冷却的坚硬熔岩。科学家们认为，尽管不能得出月球这种奇怪的“震颤”意味着月球内部是全空洞的结论，但可知月球内部多少存在着一些空洞，人为制造的月震全都引出了相同的结论。最大的一次月震造成的月面振动持续了4个小时。但是甚至连如此奇怪的现象也未能打动一些铁石心肠的科学家的心。为数不多的几个科学家仍坚信，至少别的月震实验证明，月球的核心是坚硬的。

如果站在“月球—宇宙飞船”假说的立场上进行推测的话，就应当得出月球内部存在着许多人工建筑物的结论。美国航空航天局的一名科学家说，月球内部也许存在两个类似横梁、长达上千千米的金属质月震构造带。月球有着一个坚固内核的原因，大概要归于这种构造带的存在。

现在有一个问题，那就是设在月面上的月震仪之间的距离过于邻近了，如果这些月震仪能够设置得彼此远一些的话，就能确切无疑地证明月球中空。美国中西部天文观测站的天文学家们曾在广播节目中就《月球宇宙飞船之谜》一书进行了讨论，认为“月球有可能是中空的”。不过遗憾的是，现已得到的月面地震仪测定所得的证据还不是确切的和具决定意义的，因为在测定月震的横波和纵波方面，那些月震仪设置得过于接近了，显得无能为力。

如果月球确是中空的，那么纵波根本不会通过月球中心，而横波则会在月球的壳体上往复振荡经久不息。纵、横月震波传播时间的差异，当使我们得以证明月球内部是否中空，然而这种证明是没有把握的。这是为什么呢？

在回答这一疑问之前，我们心中会自然而然地冒出一个重要的疑问，那就是在月球内部是否存在一个月核？

科学记者理查德·路易斯介绍说，由于月球密度较小，以尤里博士为代表的一些科学家提出，并不存在什么月核。而在一些地球物理学家中有人并不赞成尤里博士等人的看法。科学家们期待着有一个巨大的陨石坠落月面，因为通过测定陨石当时对月球的撞击，不就能确定是否存在月核了吗？这些科学家运气不错，这种发生概率只有百万分之一的罕见事情居然发生了。

1972年5月13日，一个巨大的陨石撞击了月面，其效果相当于爆炸了200吨TNT炸药。参与“阿波罗计划”的科学家给这个陨石起名为“巨象”。“巨象”给月球造成的震动确实传进了月球内部，但如泥牛入海般毫无反响。美国航空航天局负责月震实验的莱萨姆博士认为应当继续观测这一罕见月震传入月球内部的能量，因为肯定会有来自月核的反应，也就是说“巨象”会将振动传至月球内部，而且这种振动应当多次反复，然而事实上什么也没有发生。科学家们又困惑了，也许正如尤里博士所主张的，月球也许不存在内核，而有一个巨大空洞。

尤里博士说，之所以没有横波是由于振动在传至月球内部时，碰上了某种“柔软”的物质，于是撞击造成的振动被吸收，但是这种解释与起初所说“越往月面深处越坚硬”的说法相矛盾。由此看来，认为月球内部完全中空或部分中空的看法不是更自然些吗？但这并非“自然所成”，科学家们也许不难解释。在《月球居民》一书中亚宾·麦凯尔森指出，尽管人类正确地了解月球自转已有300年了，可是对月球的惯性因素甚至连想当然都做不到。他的这番话还不能说明科学家们面对月球之谜的所有窘态吗？

如果假定月球本身是一艘宇宙飞船，那么科学家当然会推测月球内部会存在某种建筑物。如果不这样的话，一般认为的振动的横波和纵波的特征自然会成为使人们困惑的根源，正如人们在过去的月震中所见到的那样。因为它们与实际月震情况不符。在最初的对月球运转的研究中，有迹象表明月球是一个中空的球体。月球的惯性系数在了解到月球内部的密度分布后就可以确定。起初，这个数字是0.6克/立方厘米，这说明月球内部可能中空；但在以后的研究中这个结果又发生了变化，这让科学家们颇感头疼。在此必须指出，这种事实使我们不能不导出“在我们尚不了解的月球内部存在着各种建筑物”的结论。这个结论使我们得到了有关月球性质的正确认识，这也是不可无视“月球—宇宙飞船”假说的重要因素。

种种研究结果都说明月球内部存在空洞。无论是早期的麦克唐纳博士的研究还是其后所罗门博士的月球重力的研究，都说明月球内部可能存在空洞。持续4小时之久的振动难道不能说明空洞存在吗？要是疑问还是不能得到解答，那么我们便不得不转而考虑瓦欣和谢尔巴科夫的假说，把月球当作一艘宇宙飞船来研究。

据某位消息灵通人士说，美国航空航天局将公开表示要认真看待“月球—宇宙飞船”假说，这倒是桩耐人寻味的事。现任史密森尼安研究所所长，过去曾是美国航空航天局成绩卓著的科学家的法尔克·埃尔·巴斯博士，曾受当局之命进行过一项特别实验，以研究月球内部是否确实存在空洞。据他说，这项未公开的实验当然是秘密进行的，“对月球内部还未有所发现，但可以设想存在大量空洞，实验就是为了搞清这一现象而进行的”。这项实验的结果没有只字片纸公之于众，事实上至少在法尔克·埃尔·巴斯博士对《萨加》杂志发表谈话之前，他还没有接触到这项实验。《萨加》杂志在美国也是一流的刊物，它一直积极从事对UFO的研究，专揭政府对宇宙研究秘而不宣的“老底”。

为什么美国政府把一切与月球之谜有关的研究都列为机密呢？原来美国政府、航空航天局以及军方都对月球内部存在空洞——外星人的基地表示怀疑。

亚宾·麦凯尔森在《月球居民》一书中指出，对月球内部的密度等的研究表明，月球内部的密度并不均匀，也就是说密度最高的部位靠近月面，所以可以假定月球中空。但问题在于，月球密度的不均匀也许能确切证明月球的运行轨道，但在基本的物理学意义上还存在未知的因素，这种运行状态下月壳应当崩溃，所以难以捉摸。也许月壳之所以不会崩溃是因为它不是自然形成的，而是用高强度金属建造的宇宙飞船的外壳。这样就解答了麦凯尔森的疑问，还推证了“月球—宇宙飞船”假说的正确性。

月球资源的价值及未来开发的构想

月球是地球唯一的亲密小伙伴。在20世纪60年代末至70年代初的冷战时期，美苏两个超级大国推动的第一次探月热潮，完全是大国之间政治竞争的产物，月球成为美苏冷战的极好舞台。现在，月球已成为新一代探索者的目标，空间科学家希望能在地球和月球之间，重新构筑起一种长期而有价值的联系。

美国华盛顿市中心的国家大草坪上展出了实物大小的猎户座飞船模型

人类探索月球的一个重要意义，是为解决人类面临的日益恶化的生存环境。研究表明，大约50年后，人类目前广泛使用的传统能源煤、石油和天然气将面临严重短缺的局面。严峻的能源危机迫使人类将目光转向浩瀚的宇宙，而月球是人类寻找地球以外能源的首选目标。人们试图通过开发月球获得新能源和矿产，来摆脱人类未来的窘境。在已进行的探月活动中，各类学科的科学家采用不同的方法和手段，对从月面取回的岩石和土壤样品进行了极其细微的观察、化验和分析，揭示了大量有关月球的奥秘。

丰富的矿产资源

对月球岩石的样品进行分析，发现月球上的岩石主要有3种类型。第一种是富含铁或钛的月海玄武岩。暗色的月海玄武岩主要由单斜辉石、基性斜长石和钛铁矿组成，有时含橄榄石和磷灰石，或微星硫铁和金属铁等物相。登月已取回的岩石中共发现20多种玄武岩的类型。根据氧化钛的含量可将月海玄武岩分为高钛、低钛和极低钛。这些玄武岩特点是富钛富铁，无含水矿物，氧逸度低，无三价铁出现，具有多样的细粒至粗粒结构。第二种是斜长岩，富含钾、稀土和磷的岩类等。斜长岩由95%的斜长石及少量低钙辉石组成，主要分布在月球高地。第三种是由大小为0.1～1毫米的岩屑颗粒组成的角砾岩，是撞击作用的产物。角砾岩可分为破碎状斜长岩、部分熔融的角砾岩、复矿碎屑角砾岩和深变质的喷出岩。

由“阿波罗12号”载人登月飞船运回的克里普岩样品

用光谱分析鉴别出月岩中含有地壳里的全部元素和60种左右的矿物，其中有6种矿物是地球上所没有的。难熔元素约占月球质量的65%，富铁及难熔元素的残余液体凝结组成250千米厚的月球外壳。在月球土壤中，氧占40%，它是推进剂和受控生态环境生命保障系统的供氧源；硅占20%，是制作太阳能电池阵的原材料。其他元素的比例是，铝6%～8%、镁3%～7%、铁5%～11.3%、钙8%～10.3%、钛5%～6%，钠、钾、锰含量占千分之几，锆、钡、钪、铌含量为万分之几。科学家们把月球土壤样品加热到2000℃，发现有惰性气体从月壤中逸出，其中有氦、氩、氖、氙等放射性粒子。月球上还富含地球上少有的能源氦3，它是核聚变反应堆的理想燃料。从月球岩石标本上还发现有一层很薄的无锈铁薄膜。起初科学家们推测，假如让这种铁处在地球条件下，定会立即氧化锈蚀，然而，经过试验发现，这种铁不会被氧化，是通常所说的“纯铁”。纯铁对人类非常有用。据估计，在发达国家里，每年因金属腐蚀损失大约占国民经济收入的1/10。如果能在月球上生产纯铁，运回地球上使用，不仅填补了一项空白，而且会获得很大的经济效益，无疑是对人类的一大贡献。

月球将成为未来人类重要的能源采掘基地，为此各国也将为争夺月球资源开始激烈的竞争

开采月球的天然矿藏是十分有吸引力的，在月球基地上将材料加工成最终产品，供空间和地面使用，预计是一项高效益的产业，其前景非常诱人。

未来的能源基地

能源是人类生存、发展面临的最严重的问题之一。未来解决能源不足的出路有二：一是太阳能，二是核能。月球取样标本化验和分析、氦3的发现，给月球研究和探测工作注入了新的兴奋剂，尤其受到了能源专家的重视。但是，月球氦3的形成和分布特征、贮量和应用，仍是月球科学研究中亟待解决的问题，只有通过大量的探测和重返月球野外实地考察，才能获得较为满意的答案。

月球的表面土壤由岩石碎屑、粉末，角砾岩，玻璃珠组成，结构松散且相当软。月海区的土壤一般厚4~5米，高地的土壤较厚，但也不过10米左右。月球土壤的粒度变化范围很宽，大的几厘米，小的只有1毫米或数十微米，这些细土一般称为月尘。月球土壤中大部分是细小的角砾岩及玻璃珠，约占70%左右，小颗粒状玄武岩及辉长岩约占13%。惰性气体在月球玄武岩和高地角砾岩中含量极低，大气中就更低，几乎为零。然而，月壤和角砾岩中亲气元素则相当丰富，这是由于太阳风的注入，太阳风实际上是太阳不断向外喷射出的稳定的粒子流。1965年“维那3”号火箭对太阳风的化学组成进行了直接测定，结果表明，太阳风粒子主要由氢离子组成，其次是氦离子。由于外来物体对月球表面撞击，和月壤物质混合，在深达数十米范围内存在这些亲气元素；太阳离子注入物体暴露表面的深度通常小于0.2微米；因此，这些元素在月壤最细颗粒中含量最高，大部分注入气体的粒子堆积黏合成月壤角砾岩或黏聚在玻璃珠的内部。

各国将在月面采集氦3等战略资源，并通过微波方式向地球传送

研究表明，月球上的氦大部分集中在小于50微米的富含钛铁矿的月壤中，估计整个月球可提供715000吨氦3。人们为什么对氦3感兴趣？因为氦3是未来核聚变燃料的最佳选择。用氘和氦3聚变生成氦，这种聚变反应是世界公认的高效、安全、干净、较易控制的核聚变。在地球上，天然气矿床中已知的氦3资源只能维持一个500兆瓦规模发电厂数月的用量，而月壤中氦3所能产生的电能相当于1985年美国发电量的4万倍。考虑到月壤的开采、排气、同位素分离和运回地球的成本，氦3能源偿还比估计可达250。这个偿还比和铀235生产核燃料（偿还比约20）及地球上煤矿开采（偿还比约16）相比，是相当有利的。此外，从月壤中提取1吨氦3，还可以得到约6300吨的氢、70吨的氮和1600吨碳。这些副产品对维持月球永久基地来说，也是必需的。

此外，还可在月球上建立核能源基地，将电能传输到静止轨道上的中继卫星，再传送到位于地球的接收站，然后再分配到各个地区，供用户使用。仅月球氦3资源的开发利用这一点，就不难理解开发月球的深远意义。

月球资源的利用

人们根据月岩样品及大量有关资料的研究与分析，确定了月球优先生产的产品原则，主要是充分利用月球资源，为扩建月球基地而生产必需的原材料，重点是制氧、金属冶炼、建筑材料的制备等。为了实现这一目的，人们已对月球上的加工厂的生产工艺流程及制备方法进行了多方面的详细研究。

科学家很早就开始研究提取月球表土的氧的方法。他们利用“阿波罗”飞船取回的月球沙土进行实验，在1000℃的高温下，将月沙中的钛铁矿和氢接触生成水，再将水通过电解提取氧。研究表明，提取1吨氧，约需70吨的月球表土。考虑到在月球上生产的特殊情况，建议在月球基地建设的同时，应考虑配备一套小型的化学处理设备，利用太阳能作动力，每天大约可制备出100千克的液氧。具体流程是，利用月球岩石在高温下与甲烷发生反应，生成一氧化碳和氢。在温度较低的第二个反应器中，一氧化碳再与更多的氢发生反应，还原成甲烷和水；然后使水冷凝，再电解成氧和氢，把氧储存起来供使用，而氢则送入系统中再循环使用。据预测，月球制氧设备最初是为给月面上的航天员提供氧气之用，但他们需要的氧气并不多，一个12人规模的基地，每月也只需要350千克氧气。而一套制氧设备连续工作后，可生产出相当数量的氧气。因此，在月球基地建设时，应同时建造一个永久性的液氧库，以便供给航天器作为低温推进剂燃料使用。

十分有意义的是，在制氧过程中，经过化学处理后得到的“矿渣”，却都成了上等的副产品。这是因为它含有丰富的游离硅和可供冶炼的金属氧化物，只要采用适当的工业方法便可继续冶炼，炼制出工业上极有使用价值的金属钛。科学家们提出的制钛工艺流程是，将“矿渣”通过机械粉碎、磁选，提取出钛氧化物，在高温下加氢处理，生成氧化钛；再以硫酸置换出其中的铁，接着和碳混合，在700℃的温度下通入氯气，经过化学反应后生成四氯化钛；然后在2000℃高温下加热，投入镁以便脱氯，最终得到熔融态的钛。

铝的精制方法更为新颖。月面上的铝是由称之为斜长石的复杂结构所组成。科学家经过反复试验与研究，提出了一套炼铝的新工艺。具体做法是：将月岩粉碎，在1700℃下加热熔化，然后在水中冷却至100℃，制成多质的球，再经粉碎，在其中加入100℃的硫酸，即可浸出铝。用离心分离法和过滤法除去硅化物后，再将它在900℃的温度下进行热解反应，得到氧化铝和硫酸钠的混化物。随后洗去硫酸钠并进行干燥，再与碳混合加热的同时，加入氯气与之进行反应，生成了氯化铝，经过电解，获得最终产品——纯铝。

建筑业离不开玻璃，因此在月面上生产玻璃显得尤为重要。通常的玻璃由71%～73%的氧化硅、12%～14%的硫酸钠、12%～14%的氧化钙组成。月球土壤中含有40%～50%的氧化硅，在月面上制造玻璃是以氧化硅为主。其精制方法较为简单，在月球土壤中根据需要加入各种微量添加物，用硫酸溶解出一些无用的成分之后，在1500℃～1700℃的温度下熔化，然后经过压延冷却，即可制成月球玻璃。

月球资源开发利用将从研究阶段进入试生产阶段。试生产阶段规模不大，需要进一步扩大再生产，使月球生产活动逐步走向批量生产的轨道。从上所述，我们可以理解建立月球基地的经济意义。

月球采矿可行吗

人类是否应该大胆地到月球上采矿呢？这是一个需要慎重回答的问题。

从事一项开发工程，必定先要进行可行性研究，而可行性研究离不开成本估算。得不偿失的事，想必谁也不会干的。地球上某一处的矿产如果品位很低，利用现有的技术手段还不值得开采，或虽能开采，但采运成本太高，人们是绝对不会去开采的。地球采矿尚且如此，月球采矿就更不用提了。月球与地球之间是约40万千米的宇宙空间。不说月球表面环境恶劣，开采起来困难重重，单讲运费，从那里运回一吨矿产就要数千万美元。一般的矿产，即使在月球上品位极高，进行开采通常亦是很不划算的，除非运回来的都是优质钻石之类的地球稀缺之物！

所以，在美国各界人士纷纷谈论“开采月球矿产资源直接用于地球”的问题时，矿业界先是长时期保持沉默，后来便明确表示：在今后几十年里，成规模地开采月球矿产以用于地球人类是难以实现的。

但是，开发月球矿产资源的计划是否就是无的放矢，毫无意义可言了呢？回答却又是否定的。

许多地质学家认定，如果是出于支持建立月球科学基地的考虑，月球采矿就是必要而且非常现实的了。

（1）建立月球基地须就地取料。

1989年，在纪念人类首次登月20周年之际，当

NASA设想的月球基地，太阳能电池板方阵将为月球的居住者提供主要电力

时的美国总统布什曾宣布，美国要在 2005 年之前在月球上建立一座科学基地。

这个基地不仅包括多学科的研究实验室，还将建有火箭发射平台和太空飞行月球补给站。有了这个基地，就可以在月球表面进行天文、地质、生物医学等学科的研究工作，还可以以这里为出发点，去火星上进行考察。

建立这种基地意义极为重要，可使用什么样的材料来建造它呢?

最初的想法是，将地球上现成的轻型建筑材料（如铝合金、以二氧化硅为基质的产品或某些复合材料）运上月球，就地拼装。但这种想法很快遭到否定。因为月球不比地球，那里没有起屏蔽作用的大气层，轻型材料抵挡不住宇宙辐射、太阳风和天外陨石的直接作用。

人类可能将建设规模更大的空间站作为通往月球的中继站点

最早在 1984 年，美国宇航局产生了使用钢筋混凝土的想法。

可如果生产钢筋混凝土的材料均从地球上运去，花费之巨将令人望而生畏！有人估算，建造月球基地需要向月球运送水、水泥、钢筋等近 2000 吨。而 1 吨重物的运费是 5000 万美元，算下来，足可使基地建造的决策者打退堂鼓！

因此，必须找出解决办法，将基地的建造费用降低到可以承受的地步！

无疑，最理想的解决办法是在月球上就地取材，利用那里现有的资源。可面对的一个最大的问题是，月球上没有水！

受聘担任美国宇航局“月球混凝土委员会”主席的中国台湾交通大学教授林铜柱先生与他领导的研究小组一起，近年来开展了一系列的研究工作。利用该局提供的40克月球土壤（主要成分为玄武岩、斜长岩、苏长岩等）在1000℃高温条件下加热并实行粉碎后，首先制成了与地球水泥相似的水泥。此后，针对月球上没有水的实际情况，他们又发明了干拌蒸汽混凝土新制法。其具体做法是：将制成的月球水泥与适量砂石（月球与地球一样，砂石很容易觅得）拌合，放入蒸汽定型锅内以高温蒸汽蒸煮。用这种方法制成的混凝土不仅固化时间短（不到一天），而且强度亦远远高于传统的湿拌混凝土。

有关专家在审视了他们制成的月球混凝土样品后，认为这种混凝土完全可以用作建造月球基地的建筑材料。

但仍存在着一个问题，林先生的混凝土新制法虽不需要大量的水，但水蒸气还是需要的。没有水蒸气，混凝土根本无法固化。那么怎样获得水蒸气呢？水是由氢和氧化合而成的，若能在月球上设法获得这两种气体不就可以解决问题了吗？

为能在月球物质中获得氢和氧，自1990年起，美国和法国的一些有关专家进行了大量的实验研究工作。他们最终发现，可以从月球土壤的重要成分之一钛铁矿中获得氧。钛铁矿是钛和铁的氧化物，在800℃的高温下加热即可分离出钛、铁和氧。同时还发现，氢产在小于20微米粒级的月球土壤中，含量约100×10^{-6}，亦可通过加热进行回收，回收率达到50%～70%。鉴于在月球上回收氢气花费太大（回收1吨氢必须处理约1万吨石屑），故一般认为，氢这种极轻的物质直接从地球上运去更为划算。

这样，氢与氧化合可获得混凝土固化必需的水分，钛、铁与水泥相拌合可提高混凝土的强度。

至此，建造月球基地所需的建筑材料基本可就地解决了。

至于制造月球水泥和分解月球钛铁矿所需的高温条件，已考虑在月球上接收太阳能来加以实现。

不过，就地解决了建筑材料之后，仍然需要从地球上运去有关机器设备，如矿石的开采和处理设备、水泥生产设备、原材料运输工具等。据有关专家讲，运往月球的机器设备将至多不超过200吨。

美国登月飞船最新概念图

（2）月球考察飞行需先行一步。

基地选址和矿产开采之前，必须先进行地质勘察工作。在地球上是如此，在月球上更须如此。

这项工作已被纳入美国宇航局一项周密计划，即“月球前哨计划”之中。该计划涉及多种科学活动，地质考察是其主要内容。

“月球前哨计划”的使命飞行包括两种，一种是载货飞行，另一种是载人飞行。货运飞行将把一种装备有高压圆柱外壳的登月舱送上月球，作为登月考察人员的住所使用。载人飞行除将4名考察人员送上月球外，还将同时运去用于他们外出考察的车辆及必备的仪器设备（如简易望远镜、物理和地质实验设备、从月球土壤中提取氧气和生产硅的设备等）。

载货飞船一登上月球，圆柱形住所将展开太阳能接收器，供应能源。考察人员在极靠近住所的地点着陆后，就可以步行前往住所并开始各项科学考察工作。在这种条件下，4 名航天员可在月球上停留一个半月的时间。载人飞船因为拥有可存储燃料的发动机，将他们送回地球是毫无问题的。

据有关专家推测，第一座月球基地很可能是建立在月球的赤道上。林铜柱教授不久前向美国太空总署提交了一份基地式样设计方案。按照他的设计，基地呈半圆状，很像被切去不足一半的一块圆蛋糕，其高度是 20 米，直径是 40 米。

日本一个公司设计的未来月球城的模型

月球水冰将使人类梦想成真

1994 年，美国宇航局发射的“克莱门汀”（Clementine）号探测器对月球进行了新的月貌测绘，并对其矿物构成和引力分布进行了探测。1996 年 12 月，一个科学小组对 1994 年该探测器发回的雷达信号进行分析后发现，月球南极的一个盆地中很可能存在“冰湖”，冰是与泥土混在一起的。这一消息在世界上引起了轰动。因为，如果月球上真的有水，将来往月球移民便有可能成为现实，而且还可利用月球上的水来制造氢和氧，用作火箭的燃料，并可将月球作为“对火星及太阳系中其他星球进行探测”的一个基地。为了进一步证实这个信息，美国宇航局原计划于1997年9月发射一艘以勘探月球上的水冰及矿物为主要任务的“月球勘探者”（Lunar Prospector）号探测器，后因故推迟。

1998年1月11日格林尼治时间12时15分，助推火箭结束了第一次点火工作，将“月球勘探者”号探测器成功地送入了预定轨道，拉开了该自动探测器为时一年之久探测工作的序幕。经过4天半的空间飞行，300千克重的探测器被制约在一个绕月球两极飞行的、周期为11.8小时的椭圆轨道上，该轨道的近月点和远月点分别为75千米和8600千米；然后，椭圆轨道被逐步调控成距月面约100千米的圆形轨道。如果探测器情况保持良好，以后将使其在距月面仅10千米的圆轨道上飞行，以便获得高分辨率的月面图。

以太阳能电池供电的“月球勘探号”探测器上安装了5台仪器，除用于寻找水冰及月亮内矿物的成分外，还将用于寻觅月球磁场的证据和绘制月面图及引力分布图。根据探测器上的γ射线分光计的记录计算出的含钍量和含铁量的不同，显示出了月球平原（月海）和高原的差异。若探测出月球有磁场则将意味着熔融月核的存在并有助于阐明月球的起源和演化。月球的赤道区域虽已被20世纪70年代早期发射的阿波罗15、16和17号飞船彻底勘探过，但就全月球而言，只有20%的月面被较精确地测绘过，这次要画出较详细的月面全图。

从探测器所得月球引力分布的数据将有助于改进关于月球内部结构的模型和说明为什么一边的月亮比另一边的要厚些。几十年来，研究月亮的科学家们已知关于月面下不平常的质量聚集（Mass Concentrations，简称Mascons）问题，人们认为这一问题对于绕月飞行的探测器会有神秘的影响，故对之很重视。分析探测器第一个月工作中所完成的全月球引力分布图便发现了两个新的Mascons，但从所得数据看，Mascons对探测器的干扰并不如原先所认为的那么大，这就为今后探测器的低空飞行提供了可靠的保证。新的月球引力分布图有助于工程师们将来为完成一些任务设计出较小的、节省燃料的、效率更高的环月探测器。

探测器在严寒的阴暗月球南、北两极的泥土中发现混有大量的水冰。

假设冰混在月面土壤厚0.5米的上层泥土中（0.5米是测冰仪器所能探测到的最大深度），则估计月球南、北两极共蕴藏着1100万至3亿吨的冰；深冻处的极地土壤中，每立方米内可能储存着19升的水。含冰表土在南极覆盖着5000至2万平方千米的面积，而在北极则大到1万至5万平方千米。1亿吨的水冰可以填满一个深11米、方圆10平方千米的湖泊。

即使是保守的估计，以人们目前在地球上用水的方式估算，3000万~5000万吨的水可供几千人使用一个多世纪，而且不需要循环使用。

科学家们认为这些水冰是过去20亿年间彗星和流星碰撞月球时，累积在南、北极两个阴冷地区的，月面的其他区域均不时地接触到阳光，不可能存有水。其理由如下：在月球最初形成时，受地球引力的影响，它不断地乱“翻跟头”，导致月面每一处都不时洒有温暖的阳光；直到20亿年前，月亮自转轴的取向才稳定下来，使两极地区成为终年不见阳光的严寒世界，洒落在这两个地区的彗星或流星上的水才得以冻结储存下来。美国洛斯阿拉莫斯实验室的费尔德曼（W. Feldman）分析了阿波罗飞船探月时所得数据后认为，月球的土壤层应有2米左右深，则其南、北两极总共至少应存有5亿吨的水冰。

至于开发利用，从理论上说，从月球冰中提取水会是个“简单”的过程：将混有冰的泥土收集起来，在房间里加热，使冰融化后便可以得到水。不过，这个过程需要开发能在月球两极低至零下230℃的极冷温度下工作的器具，而且首先要用探测器或机器人对月球冰加以研究。为此，必须在极区外缘有太阳光照射的地方建好太阳能电站，以提供开发利用月球冰时所需的能源。美国宇航局将不得不考虑任何此类计划的费用问题。“月球勘探者”号探测器，包括火箭发射和助推器的费用总计为6300万美元。

在月球上建太阳能发电厂

由于月球表面几乎没有大气，太阳辐射可以长驱直入。计算表明，每年到达月球范围内的太阳光辐射能量大约为12万亿千瓦，相当于目前地球上一年消耗的各种能源所产生的总能量的2.5万倍。按太阳能能量密度为

1.353 千瓦/平方米计算，假设在月球上使用目前光电转化率为 20% 的太阳能发电装置，则每平方米太阳能电池每小时可发电 2.7 千瓦时，若采用 1000 平方米的电池，则每小时可产生 2700 千瓦时的电能。

由于月球自转周期恰好与其绕地球公转周期的时间相等，所以月球的白天是 14 天半，晚上也是 14 天半，一天相当于地球一个月的长度，这样它就可以获得更多的太阳能。科学家认为，如果在月球表面建立全球性的并联式太阳能发电厂，就可以获得极其丰富而稳定的太阳能，这不但解决了未来月球基地的能源供应问题，而且随着人类空间转换装置技术和地面接收技术的发展与完善，还可以用微波传输太阳能，为地球提供源源不断的能源。

未来月球基地及太阳能发电厂示意图

月球未来的五大构想

构想 1：天地观测台

没有大气层的月球对任何频率的电磁波都不会有大气吸收，它也没有地球上的电磁波“污染”或光“污染”，因此月球也是进行射电天文观测的理想场所。月球自转速度很慢，以致月球上的一昼夜约等于地球上的一个月，这样我们可以在月球上长时间地精确观测远距离或模糊的目标。月球的自转周期恰好等于它的公转周期，因此它总是用一面正对着地球，在这一面建立对地观察站，将可以持续地对地球的地质构造及环境变化进行监测与研究，特别是对近地空间以至深空小天体对地球可能的撞击威胁进行监测。

构想2：探星“桥头堡”

月球几乎没有大气和弱重力场环境，因而从月面发射深空探测器或星际载人飞船比从地面要容易得多，所需的能量也小得多，因此月球是人类进军深空的天然发射平台，也是一个理想的深空探测中转站。由于月球上存在制备火箭液体推进剂的原料氧和氢，因而未来可以利用月球资源进行火箭推进剂生产。在未来执行载人火星探测任务时，许多关键技术都可以在月球基地进行试验验证，并可在月球基地长期训练宇航员，使他们逐渐适应长期离开地球的生活，为飞往火星以至更远的星体做准备。

作为火星开发前哨的月球基地假想图

构想3：能源“聚宝盆”

月球上有着丰富的资源。据估计，月球土壤里含有大约100万吨至500万吨稀有气体元素氦3，而地球上可提取的氦3只有15~20吨。如果把氦3作为可控核聚变燃料，它将是人类社会长期、稳定、安全、清洁和廉价的燃料资源，可满足地球数万年的能源需求！

月球资源采掘基地

此外，月球表面没有大气层，太阳辐射可以长驱直入，月球上可接收到丰富的太阳能。测算表明，每年到达月球范围内的太阳光辐射能量大约为12万亿千瓦。假设使用目前光电转化率为20%的太阳能发电装置，则每平方米太阳能电池板每小时可发电2.7千瓦时。从理论上来说，可以在月球表面无限制地铺设太阳能电池板，获得丰富而稳定的太阳能，这不但可以解决未来月球基地的能源供应问题，甚至还可以用微波将能量传输到地球，为地球提供新的能源。

构想4：旅游梦天堂

虽然人类重返月球的计划要到十几年后才真正实施，但精明的商人们已经把目光投向月球旅游项目。美国太空探险公司正在与俄罗斯联邦航天署旗下的宇宙飞船制造商“能源”火箭航天集团合作开发这项“探月旅行”业务，预计今后5年内，游客花费1亿美元就可以搭乘俄罗斯的“联盟”号载人飞船进行环月球旅游。游客将首先飞往国际空间站，在站内停留一周之后再飞往月球，大约一周后返回。月球观光客将不会在月球表面着陆，而是只对月球进行近距离观察。

建在月亮上的“疯狂酒店”设想图

构想5：移民新大陆

俄罗斯“火箭之父”齐奥尔科夫斯基说：“地球是人类的摇篮，但是人类不会永远生活在摇篮里。”中国航天医学工程研究所航天科普作家吴国兴教授介绍说，人类移民月球可能分为四个步骤：首先是建初级基地或称临时性基地；第二步是中级基地；第三步是高级基地或称永久性基地；最后一步是建月球移民区。

月球移民区的建设有可能是将数个高级月球基地联结起来，形成一个月球基地网，然后成为移民区，前后可能需要30年时间。但这不仅仅是规模扩大和人员增多，而是要有一个质的飞跃。月球移民区就是一个小的社会，应该具有人类社会的所有功能。它首先必须具有先进而完善的再生式生命安全保障系统，氧气、水、食品、电力供应和火箭燃料、生活必需品基本上不依靠来自地球的物资供应，实现自给自足，此外还要解决宇宙辐射的防护问题和月球重力的适应问题。

作为一个人类生活的社区，月球移民区的建设不能只考虑移民住宅，还要包括各个功能区，如生活区、商业区、工业区、农业区、发射场、着陆回收场、月—地交通运输和移民区内的交通运输区等。

人类未来将在月面建设永久性的基地以至发展为月面都市

在21世纪的某个周末，地球上的人们也许会忘却一周的繁忙，搭乘便捷的“航天公共汽车”来到地球轨道上的空间中转站，乘坐定期发出的“地月班机”，到月球基地去旅游度假、探亲访友。那时，也许只有在历史书中才能找到“月球”这个词，因为，月球已经成为人类版图上的第八个洲——月洲。

人类探月历程

为什么要探测月球

在过去很长很长的一段时期里，人类一直怀着一个美好的理想，那就是总有一天要飞到月亮上去。只是直到发展了威力强大的“土星5号”火箭推进器，以及“阿波罗”宇宙飞船之后，人类的愿望才得以实现。为了达到这个目的，美国宇航局和苏联的空间机构作了长时间的精心准备，包括训练宇航员和投入数以亿元计的物资和各种开支。

许多人提出这样的问题：花费那么多的钱，为的是送几名宇航员到月球上去，值得这么做吗？

不错，天文学家们用望远镜和雷达等手段，可以获得有关月球的大量信息，但是，还有许许多多科学家们希望得到和知道的东西，这些手段却无能为力。他们想知道月球上有些什么样的岩石、矿床、矿物和其他成分的物质；月球的上壤是怎么样的；是否有任何处于休眠状态的生命；太阳辐射对月球表面有些什么样的影响；月球表层的下面是否存在着水分，等等。

这些以及其他更多问题的答案，可以进一步用来解答有关月球的一些根本性问题。譬如：月球是如何起源和演化的。这个难解之谜又可以为地球、太阳系以至银河系的起源，提供宝贵的线索。

无人驾驶宇宙飞船上的各种仪器设备，可以对月球和空间进行探测和测量，获得许多有价值的数据和信息，科学家们可以借此推断出那里存在的条件，得出某些结论。但是，仪器设备只能做那些安排给它们做的事。它们无法对付计划之外或者原先没有预料到的事，而只有人，才能对意料外的事情作出判断和处理。

早期用无人驾驶空间飞行器探测月球的尝试，多数以失败告终。它们之中，有的重新落回到地球上来，有的没有飞向月球而偏离了方向，有的硬是撞到了月球上去，仪器设备与飞行器损毁。我们知道，人类的第一个人造地球卫星，即苏联的“斯普特尼克”，是在1957年10月4日发射成功的，从此开辟了人类的“空间时代”。首次发射成功的月球探测器，恰好是在两年后的1959年10月4日，那是苏联的“月球3号”火箭。它在到达月球并转到月球背面上空的时候，所携带的行星际站拍下了人类从未见过的月背照片，并送回地面。从那时开始，我们才得以看到多少年来人类梦寐以求的月背面貌。

在此后的6年当中，美国许多次的月球探测计划都遭到了失败。1964—1965年，美国的3个“徘徊者号”才取得较大的成功，“徘徊者”7号、8号和9号在非常接近月球表面的地方，拍摄了异乎寻常清晰的大量照片。

“月球3号”探测器拍摄的第一张月背照片

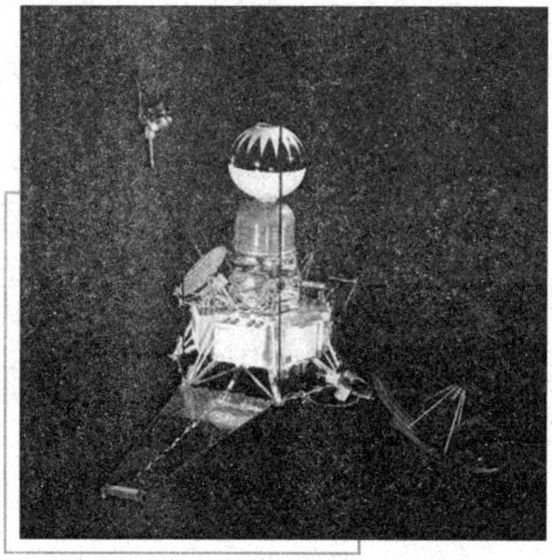

“徘徊者”3、4、5号月球探测器

1966年1月31日，苏联发射了“月球9号”探测器。当它接近目的地时，减慢了速度，因此不像以前的那些探测器与月球硬撞而遭到很大破坏。

美国发射的月球轨道器

“月球9号”所携带的防震摄像机第一次从月面现场拍摄了9张月面照片。这年6月，美国“勘测者”1号探测器在月面上软着陆成功，传回来了数千张月面风光照片。照片表明月面上并非想象那样盖着一厚层尘埃。

随着宇航员们踏上月球对月球进行探测，以及对月岩和土壤标本的第一手分析，科学家们有可能加快研究月球的步伐。“阿波罗11号”的2名宇航员阿姆斯特朗和奥尔德林，在他们进行月面活动的两个多小时里，总共收集了20多千克的月球岩石和土壤样品。他们把这些样品密封在箱子里，以保护它们的本来面目，并在带回地球之后，慎重其事地交给了宇航局。从月球带回来的许多岩石外面，都有一层很细的、石墨那样的粉末。粉末是深咖啡色的。对岩石作显微镜观测后得知，它主要由橄榄石、辉石和长石组成，基本上与地球上的

人类第一次登上月球

火山岩相似。

人类的本性之一，是对未知的东西进行持续不断的探索。正是由于这种动力，早期的航海者们发现了新大陆，北极探险既开辟了北极、也开辟了南极的考察和探索。

有人问一名杰出的登山运动员，他为什么要去攀登那危险的珠穆朗玛峰。他回答得很简单："因为它就矗立在那里么！"毫无疑问，这大概也就是人类想登上月球去的理由之一：因为月球就在那里么！

苏联的探月工作

苏联确实在其空间飞行器所进行的一系列探测中，取得了一些引人注目的"第一"。举个例子来说，1966 年 1 月 31 日，苏联在其咸海以东的火箭发射场发射了"月球 9 号"探测器，它实现了空间飞行器在月面上的第一次软着陆成功。这主要借助于制动火箭。而在把宇航员正式送上月球之前，这类试验必需进行许多次，以保证软着陆方案的可靠和载人登月飞行时的万无一失。

"月球 9 号"发射成功之后，先是环绕地球转，转了一圈的约 2/3 路程时，它的速度已经加快到足以脱离地球引力的程度。于是这个重约 600 千克的探测器，带着它那套能自动向地球发回信息的、重约 100 千克的设备，飞向了月球。它后来成功地降落在风暴洋的月球赤道附近。在飞行途中，探测器的轨道曾从地面进行过校正。

苏联发射的"月球 9 号"探测器

"月球 9 号"的着陆过程是这样的：它所携带的制动火箭，于准确的时间（着陆前 48

秒钟）和准确的地点（距离月面75千米处）开始点火，使飞行器的速度随着高度的降低而逐渐趋向于零。在探测器即将撞击到月面的瞬间，着陆器从探测器分离开来，自行着陆，裹在它外面的气球立即自动充气。气球起着着陆器的良好缓冲作用，同时，由于月球引力不大，撞击的程度也大大减轻。接着，外面的4个装置自动打开，整个着陆器像朵盛开的花，摄像机以及一些仪器设备也按既定要求各自就位。不久，科学家们焦急地等待着的来自月球现场的实地拍摄图像就开始传回地球。来自月球的照片表明，月球表面并不像有些人认为的那样覆盖着厚厚的尘埃，它呈现出好些空隙，还有一些岩石般的东西。

"月球10号"探测器怎样证实了在它之前的那些探测器的价值和作用？

"月球9号"取得成功之后2个月，即1966年3月31日，又一个探测器"月球10号"发射成功。它取得了又一个使人震惊的"第一"：成为围绕月球运动的"孙卫星"。请你想一想，一个由人造的物体，变成为我们古老天然卫星的"卫星"，这是亘古未有的事呀！它循着椭圆轨道绕月球转，轨道近月点约350千米，远月点约1000千米，旋转周期约3小时。

赋予"月球10号"的探测任务是：测定月球的重力，它的辐射强度和磁场情况。它也收集了有关陨星袭击月面的数据，并且还记录到在月球附近的微陨星密度要比过去测定的大100倍，甚至更多。更有意义的是，"月球10号"利用伽马射线发现月面上存在着大量像地球玄武岩那样的岩石，使得科学家们由此得出这样的结论：月球曾处于熔融状态，它的起源也许跟我们的地球是一样的。

在空间飞行器发射成功之前，科学家们通过观测和研究，获得了有关月球的大量资料。而"月球10号"探测器的轨道偏心率如此之大，它轨道上的近月点如此接近月球，使它能因此而得到的月球信息量远远超过过去所得到的，而且在信息的质方面有个飞跃。

美国的探月工作

美国有它自己的计划，"勘测者号"探测器是为载人登月飞行作准备的

3个研究月球计划中的一个。

“勘测者号”月球探测器

“勘测者1号”于1966年5月3日发射成功。它重270千克，在抵达月球之后，由于月球重力只及地球上的1/6，它在那里只重45千克。探测器是由“阿特拉斯－半人马座”火箭发射上天的，火箭经过7分多钟的燃烧之后，就进入既定轨道，直奔月球。一路上，火箭的精确航向根据太阳和老人星（船底座最亮星）的位置，不断改正而得到保证。飞行途中，探测器的太阳能电池板和天线曾一度展开约10分钟。

“勘测者1号”的飞行速度，从开始时的每小时5000千米弱，不断加速到快抵达终点时的每小时约10000千米。在距月球表面约100千米的高空，它就进行一系列的着陆准备工作：放开它的3只脚的支撑，支撑的头上是铝盘那样的东西，必要时可用来碾碎月面物质；同时制动火箭点火，使得在探测器的下面形成气垫那样的东西，以减轻探测器与月面之间的撞击；一些预先设计好的设备开始运转，使得整个探测器的下降速度不断降低。因此，当探测器最终降落在月面上时，撞击是极其轻微的，是完全可以不予考虑的。

“勘测者 1 号”降落在月球的西半部，在风暴洋的一处环形山附近，时间是 1966 年 6 月 2 日。降落后，它立即展开了预先规定的探测工作。

“勘测者 1 号”携带的设备有：效率很高的太阳能电池板，它为电瓶充电，可使探测器在月面上工作 2 个星期；一具性能极好的摄像机和有关设备，它所拍摄的月面图像质量是第一流的。探测器工作期间，总共拍摄和为地球送回来了 11000 多张照片。这些照片包括远处的山脉，近到“眼”前的浅灰色的月球土壤颗粒。一般认为，这些颗粒可能是陨星撞击月面岩石后的产物。

后来的那些“勘测者号”探测器又做了些什么呢？

“勘测者号”计划从 1960 年开始执行，1966 年 5 月发射成功“勘测者”1 号之后，到 1968 年 1 月为止的 1 年半期间，又发射了 6 个探测器，并非每个都取得成果，其中 2 号和 4 号失败。

“勘测者 3 号”是在 1967 年 4 月 19 日降落到月面上的。说得准确一些，它是从月面被弹起后，重新回落到月面上的。探测器第一次接触月面时，制动火箭未熄灭，仍在工作，而把它从月面往上推了一下。科学家立即从地面遥控让火箭停止工作，它于是就安顿下来，到现在还停留在那个小环形山里。接着，一个小型机械手在月面挖沟，从挖出的土壤来看，月球表层以下似乎多少有点湿气。

“勘测者 7 号”月球探测器

1967 年 9 月 10 日，“勘测者 5 号”利用制动的办法降落在一座环形山里。在降落过程中，它险些翻转。2 个月之后，“勘测者 6 号”也软着陆成功，它降落在一片比较崎岖、周围还有些隆起的地区。这两个探测器的重要贡献，是在降落地附近发现“阿尔法”粒子。这类辐射曾被用来测定月面土壤的化学成分，而分析表明两处降落地的月岩，都很像是地球上的玄武岩。

“勘测者7号”与前面的几个探测器不一样，它不像其余的那样降落在月球的赤道区域，而是软着陆在月球南部高地的第谷环形山附近。它差点撞上一块大石头。“勘测者7号”的考察任务之一是，探测磁场和寻找铁矿石。它还配备了一个铁锹般的机械手、一个捕捉“阿尔法”粒子的设备、一个电视摄像机以及其他仪器设备。

探测器发现，月球高地的化学组成显然与月海的情况不同。某些地质学家认为，这个差别是很有意义的，它说明月球曾有个时候是处于熔融状态。

欧洲“SMART-1号”月球探测器

“SMART-1号”是欧洲航天局的首枚月球探测器，也是欧洲航天局“尖端技术研究小型任务”系列计划中的第一项研究项目。欧洲航天局用“SMART”为探测器命名，主要是因为该探测器执行的任务虽小，但研究的却都是目前最为尖端的技术。

欧洲“SMART-1号”月球探测器

“SMART-1号”还是世界上第一个采用太阳能离子发动机作为主要推进系统的探测器，该发动机利用探测器自身太阳能帆板产生的带电粒子束作为动力。运用离子推进技术的发动机，从离开地球到最终到达观测轨道，一共只消耗了75千克的惰性气体燃料氙，燃料利用的效率比传统化学燃料发动机高10倍。

“SMART-1号”探测器的起

飞质量为370千克，在太空展开后，其外形呈现为长1570厘米、宽115厘米、高104厘米的立方体，太阳能帆板翼展开为14米，提供的电力为1.9千瓦，整个造价约为1.08亿美元，其有效载荷质量虽然仅为19千克，却包括用于完成十多项技术试验和科学研究的仪器设备。

"SMART-1号"在8月27日发回的月球图片

2003年9月27日，欧洲航天局利用"阿丽亚娜"5G型火箭将"SMART-1号"探测器送入太空，2004年11月15日到月球上空的近月轨道。经过精确的位置调整和运作后，"SMART-1号"进入距离月球表面470千米到2900千米的最终轨道，并在这一轨道上进行大量科学试验。科学家们通过探测器上携带的X射线光谱仪等设备，详细绘制了月球表面地形地貌图和矿物分布图，研究其表面岩石的化学成分，探寻小行星45亿万年前撞击地球产生月球的过程。"SMART-1号"的另外一项任务是对月球是否存在水资源进行探测，其中对月球表面最有可能存在水的两极冻土区域进行了重点探测。

欧洲首个月球探测器搭载阿丽亚娜火箭升空

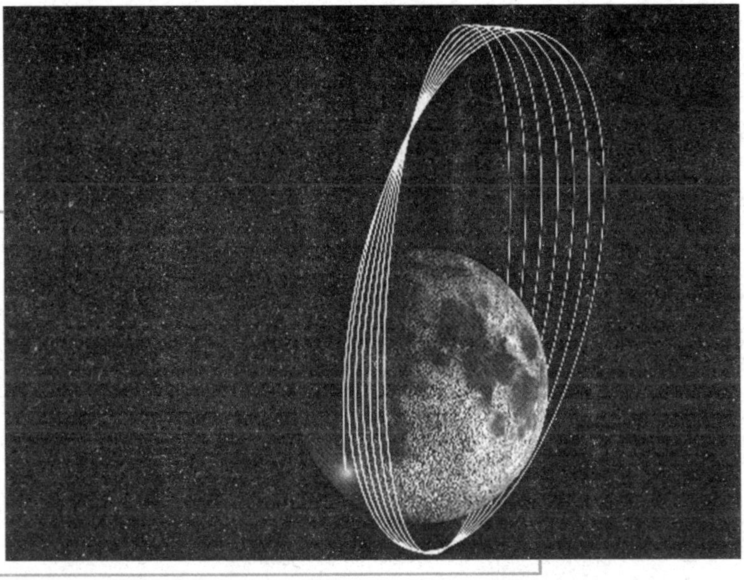

“SMART－1号”探测器击中月球前的运行轨道示意图

“SMART－1”号探测器出色完成了自己的探月使命，欧洲航天局决定将其剩余燃料用于完成最后的撞击任务。2006年9月3日格林尼治时间5点42分对月球进行了撞击试验。

“SMART－1号”可撞出10多千米高的尘埃

从地球角度观测，只有大型天文望远镜才能在探测器撞月时看到微小亮点。为了避免这一亮点完全被月光覆盖，欧洲航天局设计的撞击点在背离太阳的阴暗面。探测器撞出的尘埃将被地面反射的太阳光照亮，通过观察，科学家将进一步了解这些“尘埃”的成分，并据此分析月球的起源。

日本“月亮女神”号探测器

北京时间2007年9月14日上午9点31分，日本探月卫星“月亮女神号”（又称为“辉夜姬”）发射升空，主要任务是观测月球表面地形、研究元素分布等。日本研究人员称，这是日本2025年建立载人太空站的第一步。

搭载“月亮女神号”探测器的日本H-2A火箭当天在距东京南部1000千米（620英里）左右的太平洋小岛种子岛上发射升空。按计划，“月亮女神号”将在升空45分钟左右脱离H-2A火箭，在绕地球轨道运行2周后，便朝着距地38万千米（23.75英里）的月球进发。

日本“月亮女神”计划，耗资550亿日元（4.84亿美元）。“月亮女神”探测器重达3吨，也被称之为“SELENE”号探测器。（SELENE是Sel-

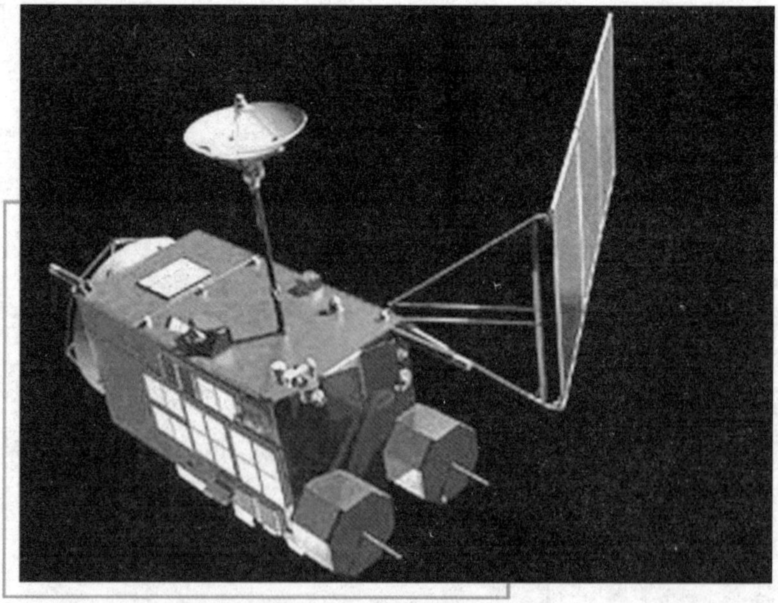

日本“月亮女神号”月球探测器

enological and Engineering Explorer 的缩写，意为“月球探测工程”。而 SELENE 一词又恰巧是希腊神话中月亮女神的名字，故译为“月亮女神”）。日本科学家称，“月亮女神”计划是继几十年前美国“阿波罗”登月计划之后世界上技术最为复杂的月球任务。

日本“月亮女神”绕月探测卫星搭乘 H2A-13 火箭从日本南部种子岛宇宙中心顺利升空

“月亮女神号”探测器包括1个主卫星和2颗“婴儿级”卫星，共装有 14 个观测设备。在设计上，这些观测设备将负责检查月球表面地形、月心引力以及其他状况，目的是寻找月球起源和进化的线索。“月亮女神号”携带有一架高清晰电视摄像机，用于拍摄地球在月球地平线上升起的全过程，胶片随后将被

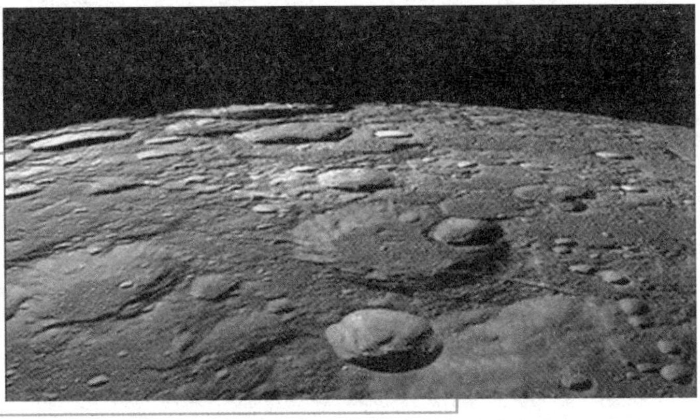

日本公开“月亮女神”卫星拍摄的月球表面照片

送回地球。“月亮女神号”将绕月球轨道运行1年左右时间直到燃料全部用尽。

“月亮女神号”探测器主轨道器

“月亮女神号”的发射之路一点也不平坦。较原定计划相比，此次发射已迟到了4年左右时间。当年的火箭发射因为技术故障一次次吞下失败苦果。20世纪90年代晚期，日本的太空计划无奈地进入支离破碎的局面，在此之前，H－2A火箭上演了两次失败的发射。到了2003年，灾难再次笼罩在日本人的上空，当时一艘搭载两颗间谍卫星的H－2A火箭在发射后偏离了预定轨道，日本被迫将其摧毁。

两颗子卫星

印度“月船1号”月球探测器

印度“月船1号”发射升空

2008年10月22日上午6时20分左右（北京时间8时50分左右），印度空间研究组织用一枚极地卫星运载火箭在东南部的斯里赫里戈达岛的萨蒂什·达万航天中心将印度首个月球探测器“月船1号”发射升空。

“月船1号”月球探测器以轻盈为特点，发射重量约1.3吨，比日本发射的“月亮女神号”月球探测器和中国发射的“嫦娥一号”月球探测器都要轻，且燃料占了探测器重量的约一半。

探测器造价约8300万美元，设计寿命为2年，它在距离月球表面约100千米的轨道上工作，利用携带的各种仪器收集月球地理结构、化学构成及矿藏等数据。科学家还根据收集到的月球地理数据绘制了高精度的三维月球地图。

“月船1号”探测器模型

印度“月船1号”

“月船1号”上面将携带11台探月仪器。其中，一台名为“月球撞击探测器”的无人探测装置最为重要。据报道，月球撞击探测器约30千克重，由印度自行研制，它就像帽子一样戴在“月船1号”的顶部。为印证印度探测器与月球的初次接触，探测器上还有一面印度国旗。

“月船1号”项目的负责人安纳杜拉伊对媒体介绍说，在“月船1号”进入绕月轨道后，月球撞击探测器将以每秒75米的速度从“月船1号”上弹出，向月球表面撞去。在接近月球的过程中探测器将会不断对月球进行

“月船1号”绕月探测器

拍摄，这些拍摄数据有助于印度空间研究组织未来选择月球车的着陆位置。

印度舆论认为，“月船1号”的发射具有重要意义，将进一步提升印度的国家实力。不过，此次发射工作背后依然能看到西方的影子。其携带的11台探月仪器中，3台由欧洲航天局提供，2台由美国提供，还有1台来自保加利亚。

中国“嫦娥一号”月球探测器

中国的探月计划于2004年1月正式立项，被称作“嫦娥工程”。探月工程二期预计在2012年发射月球探测器，届时探测器将携带“月球车”一起登陆月球。

“嫦娥一号”（Chang′E 1）月球探测卫星由中国空间技术研究院承担研制，以中国古代神话人物嫦娥命名，嫦娥奔月是一个在中国流传的古老的神话故事。中国首次月球探测工程“嫦娥一号”卫星是中国自主研制、发射的第一个月球探测器。“嫦娥一号”主要用于获取月球表面三维影像、分析月球表面有关物质元素的分布特点、探测月壤厚度、探测地月空间环境等。整个“奔月”过程大概需要8~9天。“嫦娥一号”将运行在距月球表面200千米的圆形极轨道上。“嫦娥一号”工作寿命1年，计划绕月飞行1

“嫦娥一号”飞行轨道示意图

“嫦娥一号”月球探测器

年，执行任务后不再返回地球。“嫦娥一号”发射成功，中国成为世界第5个发射月球探测器的国家。

“嫦娥一号”是中国的首颗绕月人造卫星。“嫦娥一号”平台以中国已成熟的“东方红”三号卫星平台为基础进行研制，并充分继承“中国资源二号卫星”、“中巴地球资源卫星”等卫星的现有成熟技术和产品，进行适应性改造。所谓适应性改造就是在继承基础上的创新、突破一批关键技术。

“嫦娥一号”星体为一个2米×1.72米×2.2米的立方体，两侧各有一个太阳能电池帆板，完全展开后最大跨度达18.1米，重2350千克。根据中国月球探测工程的四项科学任务，在“嫦娥一号”上搭载了8种24台件科学探测仪器，重130千克，即微波探测仪系统、γ射线谱仪、X射线谱仪、激光高度计、太阳高能粒子探测器、太阳风离子探测器、CCD立体相机、干涉成像光谱仪。

“嫦娥一号”月球探测卫星由卫星平台和有效载荷两大部分组成。“嫦娥一号”卫星平台利用“东方红三号”卫星平台技术研制，由结构分系统、热控分系统、制导、导航与控制分系统、推进分系统、数据管理分系统、测控数传分系统、定向天线分系统和有效载荷等9个分系统组成。这些分系统各司其职、协同工作，保证月球探测任务的顺利完成。卫星上的

激光高度计

有效载荷用于完成对月球的科学探测和试验，其他分系统则为有效载荷正常工作提供支持、控制、指令和管理保证服务。

“嫦娥一号”的工程目标包括：研制、发射中国第一颗探月卫星；初步掌握绕月探测基本技术；开展月球科学探测；建设月球探测航天工程系统；为月球探测后续工程积累经验。“嫦娥一号”负担的任务包括4项科学任务：拍摄三维月球地形图；探测月球上特殊元素的分布；探测月球土壤厚度以及氦3的储量；探测距离地球40万千米的空间环境。“嫦娥一号”卫星主要用于获取月球表面三维影像、分析月球表面有关物质元素的分布特点、探测月壤厚度、探测地月空间环境等。

“嫦娥一号”月球探测卫星在西昌卫星发射中心由“长征三号甲”运载火箭发射升空

“嫦娥一号”发回的首张月球照片

“嫦娥一号”在初样研制阶段，有电性星和结构星这两颗初样卫星承担卫星测试工作。电性星的试验主要是用于一些带有电子性能的设备的综合测试，结构星的试验主要是要考核结构设计的合理性，和整星上温度控制设计的合理性。两颗初样星进行整星测试。整个初样测试阶段持续到2007年6月，随后进入卫星正样星的研制阶段，进行“嫦娥一号”正样卫星的研制。

为了保证完成月球探测工程任务，对承担卫星发射任务的“长征”三号甲火箭进行了41项可靠性的设计工作，以提高其运载可靠性。

北京时间2007年10月24日18时05分（UTC+8时）左右，“嫦娥一号”探测器从西昌卫星发射中心由“长征三号甲”运载火箭成功发射。卫星发射后，用8~9天时间完成调相轨道段、地月转移轨道段和环月轨道段飞行，经过8次变轨后，于11月7日正式进入工作轨道。11月18日卫星转为对月定向姿态，11月20日开始传回探测数据。

2007年11月26日，中国国家航天局正式公布“嫦娥一号”卫星传回的第一幅月面图像。

“阿波罗”登月计划

飞向月球

2009年7月21日是“阿波罗”载人登月成功40周年。回顾这段历史，更令人感到这是人类科技的一项伟大成就。然而一种质疑“阿波罗”登月是NASA弥天大谎的“阴谋论”越传越广，甚嚣尘上。其实这种说法不堪

人类第一次在月球上留下自己的脚印

一击，不值一驳。也许这种“阴谋论”本身正是另一种“阴谋”，是以一种另类的方式吸引公众40年来不断关注科技进步，长久地宣传美国载人登月的伟大成就。

为了把人送上月球去，美国制订了“三部曲”式的计划，即“水星计划”“双子星座计划”和“阿波罗计划”。每个计划都包括一系列的飞行，而每次飞行都比前一次的更复杂、更大胆和更加雄心勃勃。总的来说，“水星计划”的目标是让一个宇航员作亚轨道飞行，或者说，作绕地球一圈不到的、像发射炮弹那样的弹道飞行。第二步的“双子星座计划”，是让2名宇航员在宇宙飞船的特殊环境中，作“马拉松”式的较长时间飞行，而这个系列的12艘飞船，最长的在绕地轨道上飞行了14天。飞行期间，同时试验“空中行走”，以及飞船之间的会合和对接技术，检验各项设备和飞船手控操纵等技术。“阿波罗计划”打算把3名宇航员送上轨道，其中2名宇航员登陆月球，从而把人类的月球探测活动推到一个高潮。

奥尔德林走下登月舱梯子

从轨道上看到的地球

“阿波罗计划”是人类历史上一项规模最大、涉及领域最广、引领科技发展、促进一系列高新技术的突破与创新、推动产业繁荣、提高管理科学水平、培养宏大的科技人才队伍的伟大科学工程，也集中表现了人类敢于探索、不畏艰险、勇于攀登的科学精神，是一项伟大的壮举。

在“阿波罗”飞船作了一系列的成功飞行之后，美国宇航局的科学家们认为，具有良好素质和经过严格训练的宇航员和包括飞船在内的各种设备都接受了检验，证明是能胜任作月球飞行的。他们认为，把人送上月球的时机已经成熟。

然而，一件未曾预料到的悲痛事件发生了。“阿波罗4号”（后来改称为“阿波罗4A”）飞船在进行地面试验时，船舱内突然起火，3名宇航员被活活烧死，他们是格里森、怀特和查菲。惨祸发生之后，“阿波罗计划”不得不被推迟和重新进行修订，特别是增添和采用了许多新的安全设施。

1968年12月21日，一个巨人般的、高约85米的“土星－5”火箭，呼啸着从肯尼迪角发射场起飞。它就是“阿波罗8号”，船舱内的3名宇航员是：博尔曼、安德斯和洛弗尔。当“阿波罗8号”绕地球转第二圈而到达澳大利亚上空时，从美国本土得克萨斯州休斯顿火箭控制中心传来的命令“飞向月球”，使它改变轨道，成为第一个飞向月球轨道的人造物体。这是一次具有历史意义的飞行，飞船曾达到难以想象的、每小时39600千米的高速度，这是人类从未经受过的速度。约66小时之后，宇航员们到达了过去任何人都没有到达过的、离地球老家那么遥远的距离。那时，他们在月球上空约110千米。

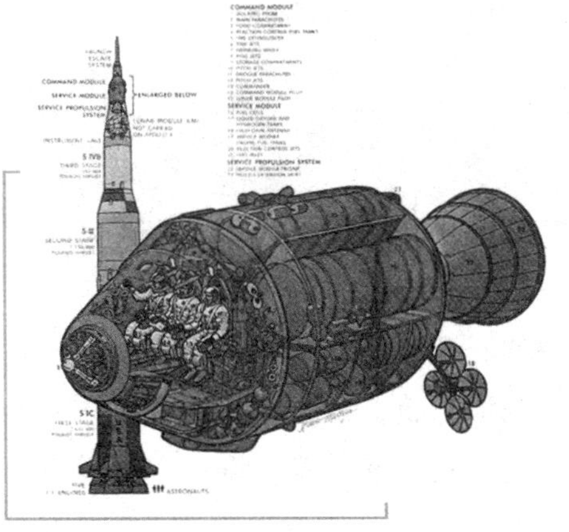

“阿波罗8号”飞船构造图

“阿波罗8号”3名宇航员

人类想飞到月球去的美好理想得到了实现，不仅如此，一些难以置信的现象也成为人们可以鉴赏的现实。在月球上观看日出、日没以及日冕等现象，那是很激动人心的，给人留下难忘的印象；我们的地球老家则像是一个晶莹的浅蓝色——白色大理石盘，镶嵌在空中，升起在月球的“月”平线上。

“阿波罗 8 号”飞船上的宇航员于 1968 年 12 月看到的地出

登月前的准备

在实现人类登月之前没有几年，一些空间科学家对于如何把人送上月球去，还各持不同意见。包括布朗在内的好几位著名火箭专家，倾向于这样的意见：首先发射 2 枚巨大的火箭到绕地球轨道上去，一枚由宇航员乘坐，另一枚主要携带供补充的燃料。在飞行中，2 枚火箭会合；宇航员们在得到足够的燃料之后，随后飞向月球。

美国宇航局的科学技术专家则认为，这样的方案太复杂，也太费钱，他们提出了一种直接、简单，同时也是更大胆的计划，叫它“绕月轨道会合”计划。他们建议先把“阿波罗”飞船发射到绕月轨道上去，从飞船分离出一个登月舱，它既能自己逐步降低高度，并最后安全地停留在月面上，又能把自己从月球上发射起来，让它与等待在绕月轨道上的指令舱会合。

方案经过论证，被认为是可行的，于是就诞生了建造登月舱的设想。登月舱的样子看起来有点奇怪，也显得稍有点笨拙，不过，美观是次要的，实用才是最重要的。整个船舱外面是25层厚的保护铝箔。此外，在一半舱面上，还有一个厚而坚硬的铝层；而在另一半上面，则是轻而薄的一层。这些厚度不同的隔热层，是为了防护极热和极冷的月面温度。与其说登月舱像个大机器，倒不如说它像个大虫子。登月舱的模样并不是其建造的目的，它主要考虑的是如何把那些灵敏而贵重的仪器保护好，更重要的是，不惜一切代价保护好宇航员。

“阿波罗10号”是在1969年5月18日发射的。“阿波罗8号”曾围绕月球旋转8圈，而“阿波罗10号”则被规定在2天半的时间里，绕月飞行31圈，最近距离月球表面大致只有15千米不到。它还配备着拍摄彩色图像用的摄像机，并对月球表面重力较小的现象进行各种实验。在月球轨道飞行61个多小时期间，它特意近距离拍摄了“阿波罗11号”宇宙飞船将用作登月的地区。

“阿波罗10号”太空舱

“阿波罗 11 号”成功登月

1969 年 7 月 17 日上午 9 点半，拥进肯尼迪角发射场的成千上万的观众，以及世界各国更多的在电视机前的观众，都目不转睛地注视着矗立在发射架上的那枚高约 110 米的“土星 5 号”巨型火箭。在一阵突发的浓烟和耀眼火光的伴随下，“阿波罗 11 号”宇宙飞船带着 3 名宇航员首途赴月球。他们是指令长阿姆斯特朗，以及科林斯和奥尔德林。与他们一起升空的还有“哥伦比亚号”指令舱和登月舱——“鹰”。他们的飞行和在月球上的活动将成为人类历史的一个里程碑。

1969 年 7 月 16 日，阿姆斯特朗和科林斯、奥尔德林一起走向发射区，他挥手致意

在飞船围绕月球转到第 11 圈的时候，穿着加压和密封宇航服的阿姆斯特

很多人现场观看了火箭升空的过程

朗和奥尔德林，尽管看起来有点臃肿和笨手笨脚，还是很顺利地从一处连接通道爬到了登月舱去，这时，只有科林斯一人继续留在指令舱里。一切准备停当之后，登月舱"鹰"与指令舱"哥伦比亚"脱离，开始向月球降落。

登月舱"鹰"

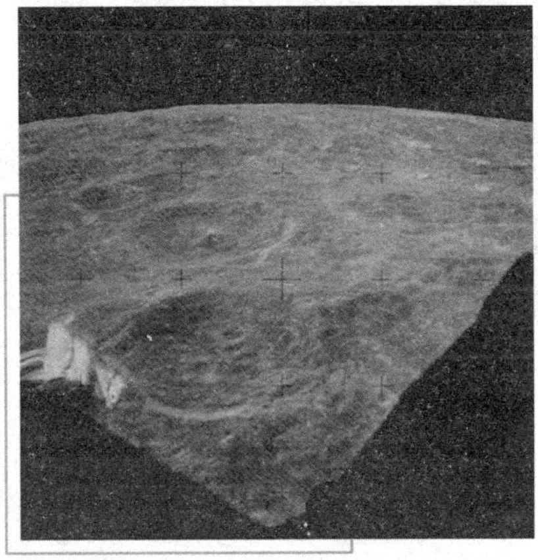

登月舱"鹰"降落前拍摄的登月点

1969 年 7 月 20 日美国东部时间下午 4 时 17 分（相当于北京时间 7 月 21 日早上 5 时 17 分），阿姆斯特朗从 38 万多千米以外的月球传回来了自己的声音："休斯顿，这里是静海。'鹰'已经着陆。" 6 个半小时之后，也就是比预定计划早约 4 个小时，阿姆斯特朗小心翼翼地把他的左脚踏在带点棕栗色的月球表面上，并宣称："这对个人来说是一小步，对人类来说是一大步。" 19 分钟之后，奥尔德林也踏上了月球，成为把自己脚印印在月面上的第二个人。

首位登月宇航员阿姆斯特朗

阿姆斯特朗踏上月球后
拍的第一张照片

奥尔德林正爬下悬梯准备月面行走

在月球重力很小的情况下，宇航服实际上并没多大重量，更不要说妨碍行走和活动了，两位宇航员在月面上像袋鼠般慢步跳跃。奥尔德林把月亮上的情景称作“绝妙的孤寂”。他们在月面活动期间共收集了20多千克的土壤和岩石标本，以便带回地球供科学家做实验。他们在月球上设立了一个小型“月震”仪，用来记录可能发生的月震，并把有关数据传回地球；还竖立起了一块反射镜，用来把从地球发射来的激光束反射回去；还立了和展开一面由很薄的铝箔做成的旗帜，旗帜冲着太阳，期望它能觉察到氖、氩、氪等化学元素的原子核的存在。

奥尔德林从登月舱上卸下实验仪器

奥尔德林把仪器搬到指定位置

“阿波罗12号”的任务

“阿波罗12号”载人登月飞行的计划和准备工作，几乎是与“阿波罗11号”同时进行的。三名宇航员是指令长康拉德，以及比恩，他们两人被指定进行月面活动；还有一人是戈登，他的任务是留在指令舱里，接应康拉德等。

“阿波罗12号”成员

1969年11月19日美国东部时间1时54分（北京时间同日14时54分），由康拉德和比恩组成的第二批月球探险队，几乎是准确地在预选的地区安全降落，降落点位于风暴洋，东距停在静海里的“阿波罗11号”1500多千米，距离1967年9月发射到月球上去的无人驾驶宇宙飞船“勘测者3号”很近，走过去就可以了。为了研究月球环境对“勘测者3号”的作用和影响，取得第一手资料，他们卸下了它的一些部件并带回地球。

此外，他们还收集了50多千克的月球岩石和土壤标本，从获取地震信息的角度检查了些月球岩石。他们留在月球上的仪器设备有“第一座核动力科学实验站”，期望它能在一段时间里，把观测和收集到的信息和数据传回到地球上来。

1969 年，“阿波罗 12 号”登月舱着陆月球

“阿波罗 12 号”刚把在月球上采集到的各种标本带回来的时候，它们一点也没有引起人们的特别注意，与以前带回来的相比也没有什么明显的区别。在用辐射计等检验之后，情况有所改变，科学家们发现其中一块柠檬般大小的月岩的辐射强度异乎寻常地大。进一步的研究表明，这块浅灰表

“阿波罗 12 号”宇航员在检查“勘测者 3 号”探测器，远处地平线上可以看到“阿波罗 12 号”登月飞船

面、不甚透明的白色结晶和带深灰条纹的月岩，其所含的铀、钍和钾等元素，竟然比其余月岩要高出20倍。由此而得出的结论是，这块月岩的年龄大约是46亿年，即比已在地球上发现的岩石的年龄都大。科学家们进一步认为，它是在太阳和太阳系天体开始形成的时候，也同时产生和形成了。

这是个极有价值的发现，其意义在于说明了在过去极其漫长的历史阶段里，月球表面经受的变化是很小很小的。

“阿波罗13号”死里逃生

载着洛弗尔（他曾是第一次载人月球轨道飞行的“阿波罗8号”的宇航员）、海斯和斯威加特3位宇航员的“阿波罗13号”宇宙飞船以失败告终。这次投资3.5亿美元的飞行，没有从预定的着陆区、位于哥白尼环形山南面不远的弗拉·摩洛地区带回任何月岩标本。

“阿波罗13号”成员

正当飞船离地球约33万千米，到达目的地只剩下最后一段路程时，服务舱中存放液氧的箱子发生爆炸，把服务舱炸了一个大窟窿。不久，由于服务舱不断漏气，使飞船失去稳定，船身作不正常的滚动，舱内气压急剧下降。氧和水失去大半，严重地威胁着宇航员的生命安全。

很明显，飞船已不可能降落月球，问题在于如何采取一切必要的措施，只求宇航员们能平安地回来，一次登月飞行即刻变成了一次逃命航程。地面飞行指挥中心组织了数以百计的专家进行计算，并由几名宇航员在地面的登月舱模拟器里作模拟操纵，将取得的资料经过计算后变成为建议性的程序。

由于飞船已离地球太远，无法直接调头返航，只能先绕过月球之后，再进入一条重返地球的轨道。

被吊回甲板的“阿波罗 13 号”指令舱

首先必需采取的措施是使飞船稳定下来。为此，开动了小型的姿态控制火箭。服务舱遭到了严重的破坏，幸好指令舱和登月舱还完好，于是，登月舱的设备被用来救急。飞船是依靠登月舱的发动机、电源、氧和水等才得以飞回地球。当飞船抵达离月球只有 200 多千米时，宇航员启动登月舱的下降发动机约 31 秒钟，使飞船暂时进入绕月球飞行的轨道。飞船转到了月球的另一侧之后，登月舱的发动机再次启动约 4 分半钟。就这样，“阿波罗 13 号”终于进入了返回地球的航程，并在返回过程中不断校正航向，“阿波罗 13 号”终于死里逃生回到地球。

“阿波罗 14 号”的工作

1971 年 1 月 31 日，“阿波罗 14 号”轰隆隆地起飞了，3 名宇航员是美国海军的谢泼德和米切尔，以及空军的罗塞。作为在月面上进行科学实验和活动的宇航员，他们分别在月面上各活动了2次，每次都在4小时以上。一辆特别设计的手推车使他们在崎岖不平的弗拉·摩洛地区走出了5千米，并收集到50来千克的月岩和土壤样品。

他们也在月球上装置了一座核动力科学实验站，竖立了激光反射器和测量太阳风的仪器。他们曾想攀登上一座高大环形山的顶端，但是没有能实现。

“阿波罗14号”宇航员埃德加·米切尔

“阿波罗14号”登月舱离开月球

“阿波罗 15 号”和首辆月球车

1971 年 7 月 26 日，“阿波罗 15 号”宇宙飞船发射成功，船组人员也是由 3 名宇航员组成，他们是斯科特（曾是“阿波罗 9 号”飞船船组成员）、欧文和沃登。斯科特和欧文乘坐的登月舱降落在雨海边缘、亚平宁山脉附近的一处叫哈德利沟的地方。沃登则一直滞留在绕月轨道的指令舱内，关注着登月舱的下降和上升，迎接斯科特等的归来。

“阿波罗 15 号”

此外，“阿波罗 15 号”第一次把一辆月球车带到了月球上。月球车重

“阿波罗 15 号”的月球车

200多千克，靠蓄电池驱动。从它的模样和大小看起来，它很像是沙漠中的一个大甲虫。

由于装备上的改进，大大延长了宇航员们在月球上的停留时间。斯科特和欧文在月面的停留时间超过了66个小时，其间，他们3次走出登月舱，在月面上活动了18个小时以上，为“阿波罗14号”宇航员舱外活动时间的2倍多。月球车使他们在月面上的活动更加方便，他们总共行驶了28千米，收集到各类岩石和土壤标本70多千克。

宇航员们在哈德利地区活动的成果是丰硕的，他们收集到的标本之多，是前所未有的。月球车上装有一套电视摄像设备，它使地球上的人们随着月球车的活动，与宇航员们一起经历月球上的颠簸、险境，逼真地欣赏到月面的绮丽景色。宇航员们在哈德利沟地区附近，惊人地发现月球土壤是由好些层构成的，在一处深挖3米的地方，竟可以分出58层。说实在的，每一层都可以为我们讲述一段很精采的月球演化历史。

“阿波罗15号”所获得的月震资料表明，在月球南半部第谷环形山以西、大致月面以下900来千米的深处，存在着一个震源。据推测，在那个深度，在一处袋形地区，集中着处于熔融状的岩浆，其直径至少有好几十千米，正是由于它的活动而产生出月震。

“阿波罗15号”宇航员和美国国旗

在绕月轨道上指令舱内的沃登，也做了大量工作。他对月球作了目视观测和进行广泛的照相。在100多千米的高度上，他看到并报道了澄海东南边缘上的火山灰锥状地形。此外，他还发射了一个重约35千克的“孙卫星”，直到“阿波罗15号”飞船船组人员返回地面很久之后，它还在不断地向地球发回所收集到的宝贵信息和数据。

“阿波罗 16 号”

“阿波罗 16 号”飞船的 3 名宇航员是约翰·杨、杜克和马丁利。飞船于 1972 年 4 月 16 日发射成功，目的地是月球赤道附近的笛卡尔高地。据认为，这个高地的面貌在好多方面都与月背的情况颇相像。与“阿波罗 15 号”一样，这次飞行也带了一辆月球车供月面交通之用。

“阿波罗 16 号”上的宇航员

约翰·杨和杜克在月面上总共停留了 73 小时，其中在舱外活动的时间为 20 小时又一刻钟，安装仪器设备，进行现场探测和收集标本。此外，高质量的月球车为宇航员们提供了良好的服务，是他们的好帮手，它带着宇航员在崎岖不平得厉害的月面上来回奔走了约 27 千米。

“阿波罗 16 号”飞船共收集了 95 千克左右的月球岩石和土壤，它们被

“阿波罗 16 号”登月宇航员

送回地球之后都由科学家们作了仔细的观察、检验和分析。对 30 多个土壤样品进行分析的结果，发现它们的组成成分中，碳占了很大比例。在这些样品以及早些时候采集的标本中，都发现了原始的有机物。但我们不能由此得出结论，说它们与地球上的生命起源有关。然而，进一步的分析和符合客观实际的科学推论，肯定会在这方面为我们提供重要信息，那就是：生命是怎样起源的。

最后一艘“阿波罗号”飞船

“阿波罗 17 号”宇宙飞船的发射，可以看作是美国空间探测计划一个阶段的结束。这次肩负探测任务的 3 名宇航员是：塞尔南、伊文思和施密特。与塞尔南一起踏上月面的施密特，是位职业地质学家，也是对月面进行实地考察的第一位专业科学家。他的专业知识是无可怀疑的：他从哈佛大学得到地质学博士学位，从加州理工学院得到科学学位；他一生从事地质学的教学和研究工作，并且还是早期宇航员们的地质学导师。

这最后的一艘飞船降落在澄海东南边缘附近的一处比较平坦的地方。这里是一处山谷中的平地，其南面是高 2000 多米的山，此面的山较低，但也有 1500 米左右。降落在静海里的第一艘载人登月飞船——“阿波罗 11 号”，就在它南面 700 多千米处。

“阿波罗 17 号”是在 1972 年 12 月 11 日发射的，5 天后抵达目的地。它也带了一辆月球车，是带到月球上去的第三辆月球车。这是一辆经过改

“阿波罗 17 号”宇航员

进了的月球车，它可以用于记录月球表面重力及其变化和测量月面的一些其他性质。宇航员们在月面的停留时间接近 75 小时，其间曾 3 次在登月舱外活动，每次都在 7 小时以上，使得在月面活动时间达到破纪录的 22 小时。宇航员们最远曾走到离降落点 7 多千米的地方。这也是前所未有的。月球车一共在月球上走了 37 千米的路程。

如果把比较完整的月球信息看作是一条锁链的话，那么在此之前的探测和研究已经获悉了这条锁链的一些环节，而还缺少另外一些环节。“阿波罗 17 号”的主要任务就是去寻找和补齐这些环节。为了完成这项任务，飞船携带了一些新的装备并计划进行一些更高级的实验项目。宇航员们利用各种新的手段探查了月面以下深处的地层情况，测量了月球的重力，根据月震记录研究了月球的“脉搏”，以及分析了大气中的气体成分。

伊文思在绕月轨道上也并不空闲，他忙于做各种实验。例如：用红外照相的办法测定月面温度及其变化；用雷达测定月面以下直到 1 千米多的深处的岩石分布情况，并制成比较直观的图；以及用各种可能的手段和方法

“阿波罗 17 号”宇航员在陨石坑旁

绘制月球图。

“阿波罗 17 号”宇航员们在月球上的最有价值的发现之一，是月面的橘黄色土壤。有人认为这是由于火山爆发时喷出的挥发性气体以及氧化铁之类的物质。但进一步的检验发现，它的颜色主要来自它所含的 90% 以上的玻璃质，而并非来自铁。此外，月球土壤的年龄据测算约为 38 亿年，也许在此后的月球火山活动中，它只是没有结成板块而已。

“阿波罗 17 号”宇航员正挖掘月球表面，采集岩石样品

1972 年 12 月 19 日，随着“阿波罗 17 号”飞船在南太平洋安全溅落的“扑通”声，宣告了史无前例的“阿波罗”探月计划的结束。从第一批宇航员登上月球到这次溅落，总共历时 3 年半。不论从哪方面来

看，整个探测工作仅仅只是开了个头，还只是“序曲”，大量的工作还等待着去做。对已经取得的大量资料进行分类、整理、编目、观察、分析、评价和再评价等，也许会使科学家们忙上好几十年。举个例子来说，从月球带回来的381千克岩石和土壤标本样品，只有一部分得到了充分的检验和研究。总而言之，要解决那么多的月球难题，还需要相当长的时间。

月球岩石标本

“阿波罗”登月的一些内幕

1969年7月20日，美国宇航员尼尔·阿姆斯特朗从“阿波罗11号”飞船登月舱走出，在月球表面留下人类登月的第一个脚印，实现了人类登月的梦想。40年后，美国开始长达一周的庆祝活动，纪念人类登上月球40多周年。日前，英国媒体披露了更多“阿波罗11号”的登月内幕。

内幕一：登月美国国旗化为灰烬

美国“阿波罗11号”登月任务中插在月球表面的那面美国国旗，一直是“月球阴谋论”中饱受质疑的主角。阴谋论者质疑称，月球上没有空气，可宇航员插在月球表面的美国国旗却能迎风飘扬，这一漏洞显示宇航员仍然身处地球。

“阿波罗 11 号”飞船的宇航员，自左至右：尼尔·阿姆斯特朗、迈克尔·柯林斯和巴兹·奥尔德林

而反驳者解释称，由于月球地质较硬，宇航员要用力扭动才能将旗插上，所以这个扭动再加上旗杆本身弹性引起的振动，便造成了国旗的摆动，给人以“迎风飘扬”的假象。

事实上，宇航员在插这面美国国旗时，一直担心它插不牢，导致在电视直播中歪倒在月球表面。据“登月第二人”巴兹·奥尔德林回忆称，当他们驾驶“鹰”号登月舱飞离月球表面时，他们看到火箭引擎强大的冲击波立即将这面美国国旗“刮”倒在地，躺在月球尘土中。

宇航员登月时穿的宇航服

在美国宇航局的 6 次载人登月任务中，共有 6 面美国国旗被插在了月球上。不过，即使是最强大的望远镜也无法看到月球上的这些美国国旗，因为地球人需要直径大约 200 米的望远镜才能看清这些月球上的美国星条旗，而地球上最大望远镜的直径也只有 10 米左右。事实上，由于可怕的太阳紫外线，再加上这些月球上的美国国旗都使用的尼龙材料，因此随着时间流逝，月球上

的美国国旗可能早就化为灰烬了。

内幕二：月球尘土气味像“火药”

当阿姆斯特朗和奥尔德林乘坐登月舱返回绕月球轨道运行的“阿波罗11号”飞船上后，他们脱下了宇航服上的头盔，这时他们突然闻到了一股强烈的怪异的气味。

阿姆斯特朗描述称，这股怪味有点像是“壁炉中被水浇湿的灰烬的气味”，而奥尔德林则形容这种怪味有点像“用过的火药气味”。事实上，他们闻到的是通过他们的太空靴靴底被带到飞船上的一点点月球尘土的气味。

“阿波罗11号”宇航员在第一次登月任务中发现了一种月球矿石——阿姆阿尔柯尔矿石，后来科学家在地球上也发现了这种矿石。这种月球矿石后来按照3名“阿波罗11号”登月宇航员的名字被命名，它们被叫作“尼尔·阿姆斯特朗、巴兹·奥尔德林和迈克尔·科林斯”。

内幕三：赴月途中发现神秘“UFO”

据报道，“阿波罗11号”飞向月球的过程中，还曾遭遇过神秘的“UFO”。当时，地面任务控制中心接到一名宇航员发来的信息，要求地面控制中心提供其中一截被抛弃的火箭的具体方位。地面任务控制中心向宇航员证实，那枚火箭根本不在飞船附近。“阿波罗11号”的3名宇航员都处于异常震惊的状态，因为他们看到了一个不明飞行物。那个神秘的UFO一直飘浮在距飞船大约9656千米远的地方。奥尔德林说：“迈克尔能够通过望远镜看到它，它呈L形。我们三人都决定不报告给地面控制中心……谁知道是否有人会因此要求我们立即返航，因为我们遇到了外星人或其他什么东西？”3名宇航员决定不再讨论这个神秘UFO，而是闭上眼睛睡觉。等他们醒来时，他们发现那个神秘的UFO已经消失了。

内幕四：“阿波罗”算不过现代手机

事实上，美国航空航天局一开始也对“阿波罗11号”载人登月任务能否成功心里没底，因为“阿波罗”飞船的计算机处理能力还不如一部现代手机。“阿波罗11号”任务的计算机工程师杰克·加曼说：“我们地面控制中心的监控屏幕和设备摆满了整个房间，但所有这些设备的总处理能力只相当于一台现在的笔记本电脑。而‘阿波罗 11 号’飞船的计算机处理能力就更加原始了，它的处理能力大约在一块电子表和一部手机之间。”

而“鹰”号登月舱和现代的太空舱相比也十分脆弱，形同玩具，“阿波罗 11 号”登月任务主管吉恩·克朗兹说：“如果你用手指狠狠地戳向它的墙壁，说不定能将它戳个洞。因为它的墙壁只有两层铝箔那么厚。”

内幕五：圆珠笔救了“登月任务”

尽管“阿波罗 11 号”登月任务表面看起来非常顺利和成功，但鲜为人知的是，因为“鹰”号登月舱的一个潜在故障，曾差点儿令登月宇航员永远被困在月球上。

据悉，“鹰”号登月舱准备飞离月球表面时，竟然只剩下一个引擎可以工作。雪上加霜的是，发动登月舱引擎的电路开关也失灵了，阿姆斯特朗和奥尔德林尽力保持平静，和地面控制中心商量着各种解决办法。在一切尝试都无效果后，奥尔德林作出了一个最后的努力。他拿起一支旧圆珠笔，将圆珠笔顶端的铜芯卡进了电路中，令人难以置信的是，引擎启动了。一支旧圆珠笔挽救了“阿波罗 11 号”的“登月任务”！

内幕六：宇航员返回后被隔离 3 周

当“阿波罗 11 号”的 3 名宇航员安全返回地球后，他们并没有立即返回家中，而是在一个无菌化的密室中被隔离了整整 3 个礼拜。因为美国宇航局担心他们可能会从月球上带回某种不为人知的太空病原体，从而给对这种病毒毫无免疫能力的人类带来毁灭性的灾难。在美国科幻恐怖电影中，异形和外星病毒经常会寄生在宇航员身上，“暗度陈仓”抵达地球。直到 3 名宇航员被隔离了 3 个礼拜后，美国宇航局的医学专家认为他们并没有被病毒感染，这才将他们放出“隔离室”，和家人幸福团聚。

内幕七：白宫事先炮制“登月悼词”

美国当时的总统尼克松十分担心“阿波罗 11 号”登月任务会以失败告终。他坚持要求演讲稿撰写人事先为他准备一份宇航员遇难的悼词。为防患于未然，白宫演讲稿撰写人比尔·萨菲尔在1969年7月18日写出了感人肺腑的“登月悼词”。这份悼词以悲痛的语调写道：“命运决定这些前往月球探险的人将永远在月球上安息，这些勇敢的男人早就知道，他们没有任何回来的希望，不过他们也知道，由于他们的牺牲，人类将拥有更多的希望。”

尼克松总统通过美国军舰“大黄蜂号”上移动检疫设施的窗户和（自右至左）尼尔·阿姆斯特朗、迈克尔·科林斯和巴兹·奥尔德林分享一个笑话

“阴谋论”的质疑

自“阿波罗11号”的两名美国宇航员登上月球以来，随着“阿波罗”计划的进展，总有一股质疑“阿波罗”载人登月的“阴谋论”声音在广为流传，乃至甚嚣尘上。“阴谋论”列举了大量的“证据”，认为“阿波罗11号”登月事件纯属弥天大谎，完全是美国宇航局的阴谋；“阿波罗11号”飞船中的宇航员从未登陆月球，宇航员登陆月球的照片是在美国内华达州沙漠中被称为“梦幻之地”的军事禁区“51区”拍摄的，或者是在摄影棚

中拍摄伪造的。美国人比尔·凯信出版了一本书《我们从未到过月球》，列举了大量的怀疑论调。通过媒体的炒作，1979 年约有 6% 的美国公众相信“阴谋论”，1999 年为 11%，如今竟然上升到 22%（约 6000 万人）。随着“阴谋论”在网络上传播，各国的相信的人也越来越多。

登月舱的梯子和底座留在了月球上，上面有一块阿姆斯特朗、科林斯、奥尔德林和尼克松总统签字的纪念标牌。上面写道：“公元 1969 年 7 月，地球人首先在这里踏上月球。我们为全人类的和平到来。”

“阿波罗”登月“阴谋论”的提出者“仔细鉴定”美国宇航局公布的登月录像和照片后，发现了许多无法解释，甚至自相矛盾的漏洞，典型的“论据”有：

1. 宇航员插在月面的美国国旗“迎风招展”

在录像片中，宇航员插在月球土壤中的美国国旗表面不太平整，边缘略有卷曲，并且看上去一直在“迎风招展”。他们质疑，月球表面的大气压为地球大气压的 1/1014，处于超高真空状态，不可能有风。旗帜迎风招展不可能在月球上发生，只能是在摄影棚里拍摄。

实际上，宇航员带上月球的是一面塑料制成的美国国旗，由于旗杆太长，“阿波罗”飞船的舱内不能放置，只好卷起来绑到着陆舱的腿上。宇航员走出着陆舱后，取下旗杆，将横杆拉开，国旗像撑伞一样张开，但不平整，边缘略有卷曲。宇航员用力握住竖杆插入月球土壤中，松开后旗杆晃动，带动旗帜摆动，成为“迎风招展”的旗帜。由于月球表面是超高真空，

阿姆斯特朗与美国国旗的合影

没有空气介质造成的阻力，振动的旗杆可以较长时间摆动，这恰好证明美国国旗是插在超高真空的月球表面。

2. 漆黑的天空没有明亮的星星

月球没有大气层，没有空气介质对光的散射，天空是漆黑的，但天空中的星星应该是明亮的。而美国宇航局提供的全部照片和录像片只能看到漆黑的夜空，看不到一颗星星。“阴谋论”者认为，很显然，全部的照片和录像片不是在月球上拍摄的，而是在摄影棚内伪造的。

月球上拍摄照片时漆黑的天空背景

实际上，当时宇航员在月面拍摄的漆黑天空是使用胶片拍摄的，由于白天月球表面对太阳光的反射很强，在月面强光源的背景下，拍摄照片时曝光时间必须很短，所以就不可能拍摄到天空中的星星。这看不到一颗星星的漆黑天空，正是在月面拍摄的有力证据。

3. 宇航员在登月舱附近出现多个影子

宇航员在月球上行走

“阴谋论”者提出，月球表面只有一个光源——太阳，但宇航员却出现了多个影子，说明是在摄影棚的灯光下拍摄的。事实上，登月舱的外形是极不平整的多面体，月面也是凹凸不平的。因此，登月舱和月面对太阳光的反射是多方向的，既有多个方向的镜面反射，又有月面的漫反射，因而使宇航员出现多个影子，这正说明照片是在月球表面拍摄的。同理还可以解释，为什么宇航员在登月舱的阴影里，但其身上的宇航服却仍然是明亮的；为什么宇航员走下舷梯时，太阳明明是从他背后照过来的，但他的前胸却是明亮的等所谓的“怪异”现象。

4. 2007 年发射的“月亮女神”探测器没有发现“阿波罗”登月的痕迹

最近，“阴谋论”者更是获得了“铁证”。他们提出，2007 年发射的日本月球探测卫星“月亮女神”探测器在经过“阿波罗 15 号”和 17 号着陆区的上空时，没有发现“阿波罗 15 号”和 17 号遗留在月面上的月球车和着陆器，也没有发现任何人为活动的痕迹，证明“阿波罗 15 号”和 17 号飞船根本没有登陆过月球。这篇报道经各大媒体竞相传播，闹得沸沸扬扬，一时间舆论一边倒地认同“阿波罗”载人登月是一个“阴谋”。美国宇航局的新闻发言人在回答媒体提问时说，“月亮女神”在“阿波罗”着陆区发现的一些黑色的斑块，就是人为活动的痕迹。但这种含糊其词的回答显得苍白无力，无法平息怒涛般的质疑声。

日本宇航局公布的“月亮女神”拍摄的“阿波罗17号”登月点3D照片

大家知道，日本的绕月探测卫星“月亮女神”号是一箭三星，包括1颗主卫星和2颗子卫星，主卫星被命名为“辉夜姬”(日本古代传说中的月亮女神，类似中国神话传说中的嫦娥)，2颗子卫星分别以辉夜姬在人间的养父母“翁”和“妪”命名。拍摄照片的是主卫星“辉夜姬”，飞行轨道高度为100千米，但卫星上的CCD相机的空间分辨率为10多米，至少要大于50～60米的月

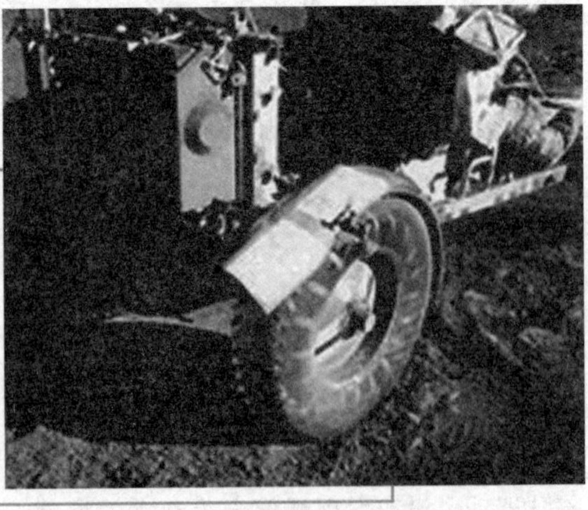

美国的登月车没在月球表面留下车辙痕迹

面物体才能在照片上分辨出来。而“阿波罗15号”和17号的着陆器和月球车大小约为2~3米，“辉夜姬”的照片上根本不可能显示出月球车和着陆器的痕迹。

地球升起（从月球上看）

“阴谋论”的制造者认为，“阿波罗”载人登月完全是伪造的，是20世纪最大的科学骗局。他们认为，美国宇航局之所以要制造谎言，欺骗公众，目的是制造假象，一举击败苏联；另外一个目的是转移美国公众的注意力，掩盖“阿波罗”计划耗资巨大但仍陷入失败的困境。但可惜的是，“阿波罗”载人登月“阴谋论”所列举的“科学论据”如此的不堪一击，不值一驳，有些还显得比较低级和庸俗。略对月球

日“哥伦比亚”指挥舱降落在太平洋之后，蛙人准备打开舱门

有所了解的公众，通过认真思考完全可以解释清楚。

假如美国宇航局长期制造骗局，怎样才能控制参与“阿波罗”计划的2万家企业、200多所大学、80几个研究所和40余万科技人员来共同维护这个骗局长达40年之久？又怎样才能使苏联的克格勃间谍长久保持沉默而不予揭穿？何况全世界许多国家的科学家（包括中国）都研究过“阿波罗”宇航员采集的月球样品，却没有一个科学家站出来质疑，而唯有“阴谋论”者喋喋不休地鼓噪呢？

指挥舱开动发动机离开绕月轨道返航，这是期间从“哥伦比亚”指挥舱上看到的月球

也许，“阿波罗”载人登月“阴谋论”的制造者在制造另一个“阴谋”，他们不断提出一些似是而非的“论据”，广为传播，制造一轮又一轮跌宕起伏的高潮，吊着公众的胃口，引发公众对科学的兴趣，让公众在时隔40年之后的今天仍热度不减地关注“阿波罗”登月，关注美国的科学进步，从而提高公众的科学判断能力。也许他们是以一种别致的、巧妙的、积极的方式长久地宣传美国载人登月的伟大成就。

月球上的神秘建筑与 UFO

月球上的“桥”

人类在实现登月以前很久，就已在月面上观测到无数个建筑物，在天文学文献中也有大量记载。其中最惊人的记录是美国《纽约先驱论坛报》科学部的编辑约翰·奥尼尔在 1954 年宣布的，他在月面的危海发现了一座巨大的桥形建筑物。有趣的是，其他著名的天文学家也用各自的望远镜确认，那是一座桥形物。其中一人还明确地说，那座桥全长达 19.3 千米。那座“桥”果真是座建筑物，还是纯粹大自然施展的“技巧”呢?

英国著名天文学家威尔金斯博士（英国皇家天文学会月面研究所所长）在 BBC 广播公司的广播节目中发表了自己的看法：“那个桥形物似乎是建造而成。”进而他又对听众的疑问——“如果是建筑物的话，能谈得更具体些吗?”作了回答：“说它是建筑物也就是说它是运用技术建造而成的。”威尔金斯博士又补充说，那座桥还在月面留下了投影，看上去与一般的桥没什么两样。这个月球研究权威还告诉听众们，他甚至可以看到照入桥下的阳光。这番新奇的说法使听众们吃惊不小。在这次广播节目中，威尔金斯博士不仅只字未提这座桥是“自然形成的东西”，而且多次强调它“似乎是人工所成”。他曾经多次认真观察过月面的危海，对那里已了如指掌，但过去那里并不存在这座桥，这是事实。正因为如此，这座桥很有可能是来自其他行星的“人类”在近年内建造的。此外，这种智慧生物还陆续建造了四角形或三角形的壁状物，甚至还建造了圆顶状建筑物，在这里出现又在那里消失。这难道不是来自其他行星的智慧生物特意所为吗?

与此相反的意见认为，从地球上观测月球，由于两者距离相当遥远，我们可能会将天然物体错认为桥或其他建筑物，想当然地认为那是“人工所成”。如果从宇宙空间拍摄地球照片，比如从正在轨道上飞行的宇宙飞船上拍摄地球照片，我们会把美国亚利桑那陨石坑和尼日利亚北部撒哈拉沙漠的边沿毫不怀疑地视为建筑物，有时也会将它们视为不规则的连绵不断的壁状物。当然，由于我们站在地球上，所以我们清楚地知道它们都是自然形成的地貌。也就是说，这一事实告诫我们，必须审慎地看待那个“桥”的结论。

苏联发现了月面上的“纪念碑”

根据苏联的月球探测计划，1966 年 2 月 4 日，“月球 9 号”探测器在月面的风暴洋着陆。在风暴洋拍摄到的照片上显示出极像塔形的物体，与其说这些“塔形物”七零八落，不如说它们整齐地排成一列。

伊万·桑达森博士是一个科学协会的理事，同时又是一家科学杂志的编辑。他在分析了这些照片后说：“这些类似机场跑道标志塔的物体等距离排列，似乎呈两条直线。”这些圆形石柱无一例外地刚好处在阳光能够照射到并能投射出影子的位置上，而且照片上还拍摄到一个很像飞行物体的东西正在着陆的场面，十分清晰。

除了桑达森博士外，还有其他学者也将这种奇妙的月面建筑物向全世界作了介绍。苏联的宣传媒介和一份名为《青年技师》的杂志刊登了这一报导。不仅详细地叙述了这一发现，还称之为“岩石标志”，附带说明这些标志是“建筑物”。在结论中，这篇报道推测说：“这些塔形物不是自然形成的东西，的确是其他星球来的生物建造的。”

苏联最高科学奖获得者伊万诺夫博士指出：“在月球探测计划中，一般都希望在月面的隐蔽处着陆，或者有幸在月面的荒漠、平坦处着陆。如果我们想改变‘月球 9 号’的着陆地点，只要把月面的岩石稍微移动一个角度不就行了吗?”根据当时拍摄的两组照片，他将那条“跑道”变成三维图像后重现出来。也许正是得益于伊万诺夫所说的“幸运”，科学家们得以推测出这些塔与塔之间的距离。他们自己也感到吃惊——这些塔实际上是等距离建造的，而且这些塔的高度也彼此相等。伊万诺夫说：“我们观测了这些塔的建造地点的周围，认为不存在这样的岩石。这些塔看上去似乎是依据几何学法则建造的。”

这一发现被作为最重要的科学发现，在美国和苏联广为人知。然而令人不解的是，这样的重大发现却往往很快被人们忘在脑后。

美国一个大科学基金会的负责人阿尔特·罗森布朗说，他是在《苏联的四维科学》这本书中知道这些塔的存在的。而这本书在美国出版已是很久以前的事了。罗森布朗认为，美国航空航天局的权威人士未必对该书在美国发行感到高兴。这是为什么呢？是因为美国航空航天局似乎隐满了某种事实吗？

如果这些塔状物确实来自其他星球的生物所建造的，那么他们的目的究竟何在呢？

桑达森博士推测说：“这些塔状物与地球上的方尖碑也许是同一渊源。从事宇宙旅行的来自其他星球的客人，可能为了向后来者提供目标方位才建造了这些塔状物。从这个意义上说，塔状物起着‘向导’的作用。”不过他说不清外星人在地球上建立方尖碑的缘由。建造一座方尖碑是不容易的，而在地球上建造方尖碑又没有什么意义。但是方尖碑对地外生命来说，也许是有意义的吧。有一位科学家推测说，这些方尖碑也许是引导宇宙飞船起飞和降落的“跑道”，或者不是将外星人的飞船引向月面，而是引向月球内部的标志。

令人更加不可思议的是，在风暴洋的另一边的确有一个被认为是通向月球内部的洞穴，这里也许是进入月球内部的入口。威尔金斯博士认为，在这个入口内部还应开有其他几个洞穴，以与月球表面的其他洞口相连。他本人曾发现了一个名为“卡西尼 A”的环形山内部的大坑穴。这个环形山直径 2.4 千米，是一个较大的环形山，深入月球内部约 200 米，换句话说相当于两个足球场长度之和。威尔金斯博士在《我们的月球》一书中写道：“在这个环形山内侧中间有一个直径约 200 米的洞穴，内壁像玻璃一样光滑。”

美国发现了“月面金字塔”

苏联人在月面发现了塔状物，这件事对美国有关当局来说在某种意义上是一个冲击。然而1966年11月20日美国的“月球轨道环行器”2号在执行月球探测计划时，也发现了月面上的塔状物，地点就是人类在月面首次留下脚印的静海。当时这艘探测器正从47千米的距离对月面进行拍摄。

从照片上可见，那些塔状物有点儿像陈列在美国纽约中央公园的“克娄巴特拉（埃及托勒密王朝的末代女王，以美貌妖艳著称）之针”，可以说它们像埃及的方尖碑，也像华盛顿纪念碑。科学家们分析了这些照片后得出结论说，这些塔状物高度在12~23米。而苏联科学家估计，这些塔状物比美国科学家计算的结果高出3倍，其高度相当于地球上一座15层的大厦。原在美国航空航天局供职、现在史密森尼安研究所积极从事科学研究工作的地质学家法尔克·埃尔·巴斯博士说，这些塔状物与地球上任何建筑物相比都要高得多。

比塔状物的高度和尺寸更重要的是它所处的位置。

美国波音飞机公司科学研究所的生物工程学博士威廉·布莱亚认为，这些塔状物是按照几何学法则排列的。这位考古学、自然人类学及遗传工程学方面的权威强调说：“如果这些突起物（塔状物）确实是基于地质学的理由建立起来的话，那么它们就会零落分散，而不是整齐排列。但是根据测量结果，将它们置于X、Y、Z三维坐标系中构成立体形状时，便明确无误地显示了它们的存在。也就是说，它的2条底边和3个顶点构成了等腰三角形、等边三角形和直角三角形。”

美国《洛杉矶时报》1966年2月26日刊登了布莱亚博士运用几何学分析和显示的这些塔状物的位置关系图，他是根据“月球轨道环行器”2号拍摄的照片拟出这张草图的。布莱亚博士确信：“这7座塔状物绝不是漫不经心之作！”因为在《洛杉矶时报》刊出的右侧鸟瞰图上，塔状物的3个顶点和2条底边构成了6个等腰三角形，这样的东西当然不可能是自然形成的，更何况在这些塔状物的两边正好有一块长方形的洼地。布莱亚博士证明说：

“仔细观察这些塔状物的阴影部分后可知，那里构成了 4 个 90°的角，很像是建有建筑物的地基。”他认为有必要就这些建筑物进行更透彻的研究。因为在地球上要是有了类似的发现的话，考古学家们为了更深入的调查，会在该地进行发掘研究。这位人类学权威不无遗憾地说，如果我们用同样的方式来对待地球上的建筑物的话，玛雅文明和阿兹特克文明就肯定不会直到今天仍沉睡在莽莽丛林之中了。布莱亚博士得出了如下的结论：“如果那些古代文物原来在哪里仍呆在哪里的话，那么由考古学的发掘研究进展而来的地球物理学，到今天也不会有什么起色，我们所知的人类在物理方面的进化注定仍是迷雾一团。”

不过，一些科学家们未必与布莱亚博士持同样看法。在美国波音飞机公司科学研究所供职的理查德·肖特希尔博士认为：“一模一样的岩石在月面上俯拾皆是，随便翻几张月面照片就能看到，难道不能从中找出几个形状相近的吗?”这番话概括了肖特希尔博士对塔状物的见解。也就是说，这些针形突起物是建造的也罢，是充满奥秘的建筑物也罢，这些明显具有几何学特征的物体数量随着科学家对月面观测范围的扩大而激增。

苏联空间工程学家亚历山大·阿布拉莫夫在研究过“月球轨道环行器”2号拍摄的照片后，也得出了与布莱亚博士相同的结论，即这些建筑物（塔状物）是按照几何学法则排列的。不过阿布拉莫夫也指出，这些塔状物的排列方式总在发生很显著的变化。他计算了这些塔状物的建造角度，运用几何学原理进行了分析，结果令人惊奇——这些塔状物与人们所知的“埃及三角”的排列方式完全一样。月面上的据说是人工所成的建筑物竟然与地球上的考古学家和历史学家熟知的“埃及三角”构形相同，这难道是偶然的吗?

阿布拉莫夫说：“如果对这些月面物体进行分类的话，事实上它们与开罗郊外吉萨的胡夫、哈夫拉、奇阿普斯等埃及法老的大金字塔群何其相似!”如果以月面阿巴卡地区的塔状物为中心的话，那么它们的排列与埃及三大金字塔的顶点的排列就毫无差别了。如果情况正如伊万·桑达森博士的报告所言，假定阿布拉莫夫的计算是准确无误的，那么这不正可以引为月面上存在智慧生物的证据吗？难道我们就不能认为在地球上也会遗留下同样的智慧生物吗（或者有这种智慧生物存在过的迹象）？遗憾的是，今天我们还不能得出令人信服的答案。

这里还有一个关键问题，那就是证明这些月面建筑物不是自然形成的，而是智慧生物建造的。法尔克·埃尔·巴斯博士说：“根据几座塔状物在月面上的投影计算，它们比地球上的任何建筑物都要高，也比其他塔状物要高，似鹤立鸡群（一般而言，它们比地球上最高的建筑物要高 2 ~3 倍左右)。”他强调指出：“这些塔状物的颜色要比它们周围的月面的颜色明快得多，它们是用其他物质构成的，而不是月面上的物质。”

美国和苏联某些权威宇宙科学家不约而同地得出了一致的结论。就这件事而言，我们难道不能说，他们已经掌握了月面上存在智慧生物的确切证据吗？如果我们相信苏联科学院两位科学家的话，那么他们曾说过，有大量证据表明从以往的漫长岁月到今天，智慧生物一直生存于月球内部。如果确有此事的话，那么月球不就可以说是一艘被操纵了若干亿年的巨型宇宙飞船吗？

美国航空航天局掩盖了“月球轨道环行器”2号的发现

前面提到的罗森布朗先生过去曾会见过一位受雇于美国航空航天局、负责宇航中心设计的科学家。罗森布朗说：“那个人曾对我说，‘月球轨道环行器’2 号拍摄的照片被波音飞机公司透露给报章并被刊登出来，是第一次也是最后一次。”令人难以置信的是，他在美国航空航天局工作期间根本接触不到与月球有关的资料。如果在月面上发现了这些塔状物的话，那么任何人都会将其视为空间探测计划中最重要的发现，然而美国航空航天局却对这些发现秘而不宣，是准备深入研究吗？

难道就没有被掩盖起来的发现吗？“也许美国航空航天局认为有必要由他们自已来进行研究。”罗森布朗的结论向着事实真相大大跨进了一步。关于美国航空航天局掩盖事实的行径，我们完全可以告发，但是那些与月球有关的资料和照片未必能全部公开。

事实是，1966 年 11 月 22 日，美国航空航天局发表了上述塔状物的照片，同时它又声明它不能作出任何解释。几乎所有的宣传媒介都报道了这一“事件”，但是美国国家通信局和空间局等权威方面对此始终默不作声。

《华盛顿邮报》和《洛杉矶时报》都刊登了与这些照片有关的明确的“解释”。《华盛顿邮报》当时用如下的说明刊登了“月球轨道环行器”2号拍摄的照片：“‘月球轨道环行器’2号拍摄到6座不可思议的雕像的投影。”《华盛顿邮报》记者托马斯·奥多尔在说明中特别指出，这些照片确实拍下了6座建筑物的投影，而过去美国的月球探测器从未在照片上拍得到月面上有如此奇妙的东西。关于这些投影的大小，他说，估计有6～23米高。一名科学家描述这些针形投影时说：“看上去就像一棵棵圣诞树。”有的科学家称那是“妖魔之城”。一名科学家过于激动，随即给发现这些塔状物的地点起了一个名字——“纪念碑谷地”。

美国航空航天局对这些投影一直闪烁其词，回避作出评论，不过姜多尔写道：“最大的塔状物类似华盛顿纪念碑大小，最小的则像一棵圣诞树。”美国《纽约时报》就这些奇妙的影像和建造这些塔状物的“东西”，作了实际上比较保守的报道。1966年11月24日，美国地质测量部的索尔·卡尔斯特朗博士在该报发表了如下看法：“拍摄到的影像本身相距并没有那么近。”据卡尔斯特朗博士说，由于当时太阳在月球地平线以上11°的位置，所以投影比实物要显得长。他认为塔状物的形态是十分耐人寻味的。他还否定了这种说法，即那些物体无一例外都呈塔状。在这些塔状物的照片中，有2座塔状物要比其他的高得多、宽得多，与其说它们是尖塔，不如说是两块“矮胖”的岩石。

其他科学家的意见与卡尔斯特朗相左。对这些照片进行了慎密研究的苏联科学家一般都证明那是些塔状物，而且认为它们的高度比热情有加的美国科学家的计算结果要高得多。事实表明，这些物体的位置关系比其“塔状”更能证明它们不是自然形成的。

由“月球轨道环行器”2号发现的这些智慧生物的建筑物在月面的静海，人类首次立足月球就是在这里，这是一个偶然的巧合吗？美国航空航天局过去不会不知道发现了月面建筑物这件事。“月球轨道环行器”2号拍摄到这些塔状物是在1966年，比“阿波罗”登月计划实施要早得多。那么为什么它不肯公开当时发现的东西呢？在这里我们要质问美国航空航大局，难道不是由于“月球轨道环行器”2号的发现，才选择静海作为人类在月球上的第一个着陆点吗？答案是不言自明的。总有一天，一切掩饰都会真相大白，那一时刻会到来的。

美国史密森尼安航空宇宙博物馆馆长、美国航空航天局前科学家法尔克·埃尔·巴斯认为，美国航空航天局曾经秘而不宣地从事某种调查，他们还不准备把所有发现都公之于众。事实是，美国航空航天局在实施“阿波罗”计划过程中发现了什么，也许就是那些巨大的塔状建筑物吧？如果我们相信两名苏联科学家的看法，那么月球本身不就可以视为一艘巨型宇宙飞船吗？

“阿波罗8号”发现月面巨大物体

“阿波罗8号”的宇航员弗朗克·博尔曼、詹姆斯·洛弗尔、威廉·安德斯进行了首次载人地球轨道飞行，并做了有推力的轨道变换试验。这次飞行是在1968年12月21日至27日进行的。当他们一边接近月球，一边观察未来的着陆地点时，发生了事前未曾料到的情况：他们沿着月球轨道飞至月球背面时，空中出现了一个巨大的地外物体，他们成功地将其摄入镜头。该物体直径足有16千米。当他们再次飞至月球背面时，准备再拍下一些照片，但是那个庞然大物已经消失了。这个巨大物体也许是突然消失的，因为在宇航员们当时拍摄的照片上没有留下有什么物体正在着陆的迹象。也许它隐入了月球内部的地下基地？谁也不知道它的去向，真是桩怪事。那物体究竟是什么呢？

宇航员们纷纷猜测，那是处在月球内部的月球基地中的外星人建造的，还是前来牵制“阿波罗8号”的来自其他星球的宇宙飞船呢？直到今天，科学界仍无法对这一所见作出正确的分析，无法说明它从何而来，又在哪里隐没不见。

接近“阿波罗10号”的神秘飞船

“阿波罗10号”的乘员是塞尔南、斯塔福德、约翰·扬3人，他们首次进行了登月舱的试验。他们的任务是进行人类实际登月之外的所有试验。他们乘登月舱下降到距离月面 14.3 千米处，拍摄了“阿波罗 11 号”着陆位置，在脱离指令舱 11 小时以后会接。正如宇航员们所说，最困难的使命是全面试验登月舱，找到“阿波罗 11 号”准备着陆的地点。登月舱的名称叫“史努比”，取自美国漫画主人公爱犬的名字；而指令舱则用那个美国漫画主人公的名字命名，叫“查理·布朗”。

1969 年 5 月 22 日，指令舱进入月球轨道，而登月舱首次飞临月球上空，最近处距月面只有 14.3 千米，这是有史以来人类如此接近月球。在登月舱下降到距月面还有 7.2 千米时，突然一个 UFO 垂直上升，向“阿波罗 10 号”登月舱“致意”。“阿波罗 10 号”的乘员们不仅目击了与这个 UFO 遭遇的过程，还来得及将其收入 16 毫米电影摄影机的镜头，拍下了几张照片，但是从未公之于众。

“阿波罗 11 号”乘员也曾目击 UFO

1969 年 7 月 19 日美国东部时间下午 6 点，人类第一次登月的头两天，宇航员奥尔德林操纵着登月舱，宇航员阿姆斯特朗一边用电影摄影机拍摄月面，一边听着地面飞行控制中心发来的关于登月舱着陆时应注意事项的提示。就在这时，2 个 UFO 突然出现了，其中一个比另一个明显大得多。2 个 UFO 向着已进入月球轨道的“阿波罗 11 号”从月面直升上来。这两个 UFO 以惊人的速度到达了与电影摄影机同一水平的位置。当时 2 个 UFO 急速改变了方向，迅速横穿过“阿波罗 11 号”乘员的视野，在左侧消失。几秒钟后，这 2 个 UFO 又出现在“阿波罗 11 号”的上空并降低高度。奥尔德林将摄影机转动了 90°，那两个 UFO 像是愿意被摄入镜头似的，悬停不动了。奥尔德林突然发现在 2 个 UFO 之间有一道光闪过。

被称为“20 世纪 UFO 办事处”的罗伯特·巴利对此作了如下解释：“据推测，也许这道光与 UFO 的动力有关，比如它可能在排气。”

宇航员们惊异地注视着 2 个 UFO，这时，2 个 UFO 分离并同时垂直上升，从他们的视野中很快消失。据宇航员们透露，当 UFO 离去时可以更明显地感到它具有力场，像用后光灯在照射。不过 UFO 并没有就此隐没，不一会 2 个 UFO 中的一个又回到电影摄影机前，随即又从宇航员的视野中迅速消失。在目击过程中，大约有 10 个卵形物体从电影摄影机前飞过。

罗伯特·巴利说："美国航空航天局当然不会把 UFO 的照片公之于世，所以在报章杂志上刊登的照片中就不会有 UFO 的形象，要把那些照片搞到手十分不易，甚至会大吃苦头。"然而这位积极进取的 UFO 研究者不但把这些照片搞到了手，还公开报道了。他把这些照片无偿奉献给为了实施"阿波罗计划"而付出大笔金钱的美国纳税人。

其他宇航员的目击记录

"阿波罗 12 号"在距月球还有一段路程的时候，乘员们目击到 3 个 UFO。当时宇航员报告说，他们与地面飞行控制中心的通话被类似消防车警笛的声音打断。在"阿波罗 12 号"返回地球、溅落太平洋之前又看到 1 个 UFO。

"阿波罗 15 号"的宇航员斯科特和欧文看到在月球上空一闪而过的飞行物体。

"阿波罗 16 号"在月球轨道上飞行时，宇航员马丁利看到一个发光物横穿过月球上空，二三秒钟后在月球的"地平线"上消失。前美国航空航天局的科学家法尔克·埃尔·巴斯说："宇航员目击到这种发光物肯定是 UFO。不管怎样，据我们所知，还没有以如此高速飞行的飞机。无论在月面还是月球上空，美苏都没有那种飞行物。"

"阿波罗 17 号"的宇航员伊文思和施密特目击到 2 个 UFO，他们两人是首次登月的科学家。在月球附近目击到 UFO 的人涉及参与"阿波罗计划"的所有宇航员。为什么舆论界在转播"阿波罗"飞船登月的电视实况中没有觉察到这些"目击事件"呢？而且连现场报告也没有，可是为什么后来又有了这样的报告呢？

曾在美国航空航天局工作多年的斯坦顿·弗里德曼指出："在实施'阿波罗计划'过程中流传着 UFO 的目击事件来自宇航员与地面飞行控制中心的通话。然而现在这种无线电信号由休斯敦飞行控制中心直接接收，经过审查不能向美国航空航天局外扩散的内容该删除的便删除了，然后再由休斯敦飞行控制中心向美国全国播放。

此外美国航空航天局还使用了一种通话方法，那就是地面飞行控制中心与宇航员约定在一个很短的时间里使用秘密频道和密码系统通话。在斯坦顿·弗里德曼撰写的《月球宇宙飞船之谜》一书中透露了地面飞行控制中心与宇航员在目击UFO时的通话。当时他们之间的通话使用了一种“特殊的语言”——暗语，比如“威士忌、威士忌”“巴巴拉、巴巴拉”或“一千、一千”等。

曾在美国航空航天局工作多年的这位科学家认为，这种特殊语言意味着启用秘密频道。美国航空航天局的确设置了秘密通信频道。耐人寻味的是，美国蒙大拿州的洲际导弹基地就用的是“一千、一千”这一代号。美国航空航天局不打算公开的通话可能是利用这个军事基地的无线电台进行的。“威士忌、威士忌”“巴巴拉、巴巴拉”“布拉波、布拉波”等暗语恰与西方的一些军事基地代号相同，令人吃惊。

直到今天，美国航空航天局仍未公布宇航员在太空与UFO遭遇的事件。现在以UFO现象为主要研究项目的科学家斯坦顿·弗里德曼曾与“阿波罗”飞船的一名宇航员进行过2个小时的讨论。他说：“我对UFO现象怀有浓厚的兴趣，即使我告诉他，我搞到了4份极难见到的UFO事件记录，可是他还是不愿涉及任何一次亲身经历。”他对这名宇航员守口如瓶的原因作了如下分析：“我要对未曾在秘密机构内工作过的人特别指出的是，这种计划可以作为通常的企业机密看待，严格地说，与地球相关的任何秘密更是机密中的机密。据我所知道的，美国航空航天局各种资料中的大部分实际上都被称为机密。对泄露这些机密者的惩罚是相当严厉的，有必要的话，将不惜编造故事掩盖谎言。凭着我在美国航空航天局工作的15年，对此是深有体会的，工作人员要宣誓绝不背叛政府。尽管如此，某些机密事件还是由于偶然的疏忽暴露出来。”

宇航员们都对飞行过程所见保持沉默，不过在私下里他们微妙的表情说明“UFO是存在的”。

曾经在月面上留下人类第一个脚印的宇航员阿姆斯特朗就月面上是否

存在 UFO 讲了这么一番话："如果你认为不存在的话，那么你在这场打赌中就不会占上风。"

第 6 个在月面留下脚印的米切尔这样说道："对 UFO 我还不明白的只是，它们来自何处。"

宇航员塞尔南说："我相信 UFO 来自宇宙某个角落的文明世界。"

美国航空航天局非正式地承认 UFO

美国加利福尼亚大学教授詹姆斯·哈德在某大学的学术讨论会上说："有几艘'阿波罗'飞船曾被 UFO 跟踪。"美国合众社发表了他的谈话。通过该通讯社的电话服务，哈德博士在反复收听"阿波罗"飞船与休斯敦飞行控制中心的通话后，他说他发现了在"阿波罗"飞船与 UFO 之间发生的事件。根据哈德博士的谈话内容分析，"阿波罗 11 号"在飞往月球途中，一半路程被 UFO 跟踪；"阿波罗 12 号"在沿月球轨道飞行时，曾被 UFO 跟踪飞行了 3 圈。哈德博士在这些事实的基础上，坚决要求美国航空航天局说明事实真相，结果美国航空航天局非正式地承认了这些事实："有理由这么说，当局担心公众也许会因这些 UFO 事件引起恐慌，所以秘而不宣。"

哈德还说，有一名实施"阿波罗计划"的宇航员（他拒绝公布自己的名字）承认，他在执行使命过程中曾与 UFO 遭遇。据这位加利福尼亚大学的教授说，关于"无法解释的飞行物体"的飞行速度，美国航空航天局正式发表的公报所说与地面飞行控制中心用仪器实测的并不一致（美国航空航天局把"无法解释的飞行物体"说成空间探测装置的残骸）。美国航空航天局解释说，宇航员在太空看到的总的说来是宇宙飞船或是火箭、导弹、空间系统的部件。

宇航员塘尔曼在回答一位飞行员向他提问"是否见过 UFO"时，他否定了公开的报道，说："毫无疑问那就是 UFO！"

"……那都是空间飞行器的残骸……"这种解释成了宇航员们"唱"过的、美国航空航天局编写的老掉牙的"歌词"。

有关月亮的传说

嫦娥奔月

在中国古代神话中，关于月亮的故事数不胜数。其中，嫦娥奔月是最广为流传的。

嫦娥奔月

相传，远古时候有一年，天上出现了10个太阳，直烤得大地冒烟，海水枯干，老百姓眼看无法再生活下去。这件事惊动了一个名叫后羿的英雄，他登上昆仑山顶，运足神力，拉开神弓，一气射下9个多余的太阳。后羿立下盖世神功，受到百姓的尊敬和爱戴。不少志士慕名前来拜师学艺。奸诈刁钻、心术不正的逄蒙也混了进来。不久，后羿娶了个美丽善良的妻子，名叫嫦娥。后羿除传艺狩猎外，终日和妻子在一起，人们都羡慕这对郎才女貌的恩爱夫妻。一天，后羿到昆仑山访友求道，巧遇由此经过的王母娘娘，便向王母求得一包不死药。据说，服下此药，能即刻升天成仙。然而，后羿舍不得撇下妻子，只好暂时把不死药交给嫦娥珍藏。嫦娥将药藏进梳妆台的百宝匣里，不料被蓬蒙看到了。

三天后，后羿率众徒外出狩猎，心怀鬼胎的蓬蒙假装生病，留了下来。待后羿率众人走后不久，蓬蒙手持宝剑闯入内宅后院，威逼嫦娥交出不死药。嫦娥知道自己不是蓬蒙的对手，危急之时她当机立断，转身打开百宝匣，拿出不死药一口吞了下去。嫦娥吞下药，身子立时飘离地面，冲出窗口，向天上飞去。由于嫦娥牵挂着丈夫，便飞落到离人间最近的月亮上成了仙。

傍晚，后羿回到家，侍女们哭诉了白天发生的事。后羿既惊又怒，抽剑去杀恶徒，蓬蒙早逃走了。

悲痛欲绝的后羿，仰望着夜空呼唤爱妻的名字。这时他惊奇地发现，今天的月亮格外皎洁明亮，而且有个晃动的身影酷似嫦娥。后羿急忙派人到嫦娥喜爱的后花园里，摆上香案，放上她平时最爱吃的蜜食鲜果，遥祭在月宫里眷恋着自己的嫦娥。百姓们闻知嫦娥奔月成仙的消息后，纷纷在月下摆设香案，向善良的嫦娥祈求吉祥平安。从此，中秋节拜月的风俗在民间传开了。

（这只是“嫦娥奔月”的一种说法，在民间还流传着许多不同的说法。有一种说的是后羿射下太阳后，被人民推选为首领，脾气变得暴躁，不高兴就随便杀人，嫦娥是偷吃了日后要与后羿一起服用的两颗仙丹而成仙的。但流传得最广泛的还是上述的一种，因为人们向往这种结局。）

吴刚折桂传说

相传月亮上的广寒宫前的桂树生长繁茂，有五百多丈高，下边有一个人常在砍伐它，但是每次砍下去之后，被砍的地方又立即合拢了。几千年来，就这样随砍随合，这棵桂树永远也不能被砍光。据说这个砍树的人名叫吴刚，是汉朝西河人，曾跟随仙人修道，到了天界；但是他犯了错误，

吴刚折桂

仙人就把他贬谪到月宫，做这种徒劳无功的苦差事，以示惩处。李白诗中有“欲斫月中桂，持为寒者薪”的记载。

布农族的月亮神话

世上的许多民族都有关于月亮的神话传说。中国台湾的布农族的传说中有太阳变为月亮的故事。

太古时代，天上有两个太阳，轮流地在天空中照射大地，致使大地没有昼夜之分。炙热的天气让人类的生活十分不便。有一对夫妇勤奋地在土地上工作，将睡着的婴儿稳稳地放在树荫底下的石堆旁，并用粽叶遮蔽妥当。不料婴儿仍然被残酷的太阳活活晒死，变成蜥蜴躲进石堆缝里去。父亲知道这件事情，十分悲愤，发誓要将太阳射下为孩子报仇。

踏上旅途之前，父亲事先在住家门口种了橘子树，然后出发前往太阳上升之处，准备在太阳升空之前将它射死。射术精准的父亲果然射中太阳的一只眼睛，太阳的光芒顿时消失变成月亮。月亮闭着双眼，胡乱地伸手抓人，由于手掌太大，父亲从指缝中挣脱逃跑。由于一个太阳被人射伤成月亮，另一个太阳害怕得不敢升空照耀大地，于是大地陷入一片漆黑，大家无法出外工作，更寻不到食物，生活非常困苦。如果族人不得已一定要出门，都必须先投掷石头，由石头落地的声音判断前方是路还是深渊。一只出外觅食的山羊，被人们丢出去的石头击中头部，血流如注，山羊受不住疼痛，发出生气的吼叫声。这时奇怪的事情发生了，躲藏的太阳竟然被山羊的吼叫声，吓到空中重新照耀大地，人们又恢复正常的起居，但是山羊的额头从此留下一个美丽的疤痕。

台湾布农族

后来，月亮传授射日的父亲各种祭典的仪式及禁忌，例如：狩猎及播种祭时不可贪吃甜食，否则会有荒年或打射不中猎物等；月圆时候要举行孩童祭，否则孩童会生病、死亡。父亲返回部落之后，开始教导族人办理祭祀事宜，当大家学会所有祭典仪式时，那棵橘子树已经长成大树。所以布农族有几个社群在进行祭典仪式的时候，都会以橘子树叶作为祭器。

古希腊神话传说——月亮女神阿蒂米斯

古希腊神话中的月亮女神阿蒂米斯（Artemis）是太阳神阿波罗的妹妹，非常漂亮，同时也是个很厉害的弓箭手，掌管着狩猎，身边常伴着她心爱的弓箭和猎犬。每天她驾着银色的马车在夜空中奔驰，代表了夜间的寒冷、寂寞，以及亡灵的道路。她还是未婚少女的守护神——她自己也是终身未婚，这里面还有个悲伤的故事。

海王波赛冬有个儿子，名叫奥列翁（Orion），他非常喜欢射箭，是个很好的猎手，还喜欢在海面上狂奔。月亮女神很喜欢奥列翁。他们相识了，并且彼此相爱，经常一起在丛林中狩猎，在海面上狂奔。女神的哥哥阿波罗很讨厌奥列翁，也不喜欢她妹妹与奥列翁的这段感情，于是决意要除掉奥列翁。某天，奥列翁正在海面上飞奔的时候，阿波罗用金色的光罩住奥列翁把他隐藏起来，使任何人都看不出奥列翁的本来面目，然后就去怂恿喜欢射箭的妹妹月亮女神把远处的金色物体当作靶子。月亮女神当然不知道这是哥哥的阴谋，射出一支箭，正中奥列翁的头部。后来她知道了自己射死的是心上人奥列翁，于是陷入绝望之中，日夜哭泣。为了永远珍藏对奥列翁的爱情，她请求宙斯把奥列翁升到天上，希望自己乘坐银马车在天空奔跑中随时可以看到他。宙斯接受了她的请求，把奥列翁变为天上的星座——猎户座。女神发誓终身不嫁，她要永远在夜空中陪伴着奥列翁。

月亮女神阿蒂米斯

月亮女神阿蒂米斯（Artemis）非常喜欢橡树，狩猎时一直带着她的橡树木杖。人们又把她奉为橡树女神。在古希腊，人们祭祀月亮女神的时候，要点燃橡木火把，后来变成供奉甜饼并点燃蜡烛，最后演变成为庆祝孩子生日的方式——晚上在蛋糕上插蜡烛，吹灭并许愿，月亮女神会保佑愿望能够实现。直到今天，人们依然用这种方式庆祝生日。

附录1：月亮的各种雅号

玉兔、夜光、素娥、冰轮、玉轮、玉蟾、桂魄、蟾蜍、顾兔、婵娟。
玉兔（著意登楼瞻玉兔，何人张幕遮银阙——辛弃疾）；
夜光（夜光何德，死则又育？——屈原）；
素娥（素娥即月亮之别称——《幼学琼林》）；
冰轮（玉钩定谁挂，冰轮了无辙——陆游）；
玉轮（玉轮轧露湿团光，鸾佩相逢桂香陌——李贺）；
玉蟾（凉宵烟霭外，三五玉蟾秋——方干）；
桂魄（桂魄飞来光射处，冷浸一天秋碧——苏轼）；
蟾蜍（闽国扬帆去，蟾蜍亏复圆——贾岛）；
顾兔（阳鸟未出谷，顾兔半藏身——李白）；
婵娟（但愿人长久，千里共婵娟——苏轼）。

附录2：有关月亮的诗词歌赋

《静夜思》【唐】李白

床前明月光，疑是地上霜。举头望明月，低头思故乡。

《玉阶怨》【唐】李白

玉阶生白露，夜久侵罗袜。却下水晶帘，玲珑望秋月。

《秋浦歌其十三》【唐】李白

渌水净素月，月明白鹭飞。郎听采菱女，一道夜歌归。

《月下独酌》【唐】李白

花间一壶酒，独酌无相亲。举杯邀明月，对影成三人。

月既不解饮，影徒随我身。暂伴月将影，行乐须及春。

我歌月徘徊，我舞影零乱。醒时同交欢，醉后各分散。

永结无情游，相期邈云汉。

《关山月》【唐】李白

明月出天山，苍茫云海间。长风几万里，吹度玉门关。

汉下白登道，胡窥青海湾。由来征战地，不见有人还。

戍客望边色，思归多苦颜。高楼当此夜，叹息未应闲。

《把酒问月》【唐】李白

青天有月来几时，我今停杯一问之：

人攀明月不可得，月行却与人相随？

皎如飞镜临丹阙，绿烟灭尽清辉发？

但见宵从海上来，宁知晓向云间没？

白兔捣药秋复春，嫦娥孤栖与谁邻？

今人不见古时月，今月曾经照古人。

古人今人若流水，共看明月皆如此。

唯愿当歌对酒时，月光长照金樽里。

《宿建德江》【唐】孟浩然

移舟泊烟渚，日暮客愁新。野旷天低树，江清月近人。

《月》【唐】薛涛

魄依钩样小，扇逐汉机团。细影将圆质，人间几处看？

《望月怀远》【唐】张九龄

海上生明月，天涯共此时。情人怨遥夜，竟夕起相思。

灭烛怜光满，披衣觉露滋。不堪盈手赠，还寝梦佳期。

《月夜忆舍弟》【唐】杜甫

戍鼓断人行，边秋一雁声。露从今夜白，月是故乡明。

有弟皆分散，无家问死生。寄书长不达，况乃未休兵。

《山居秋暝》【唐】王维

空山新雨后，天气晚来秋。明月松间照，清泉石上流。

竹喧归浣女，莲动下渔舟。随意春芳歇，王孙自可留。

《旅宿》【唐】杜牧

旅馆无良伴，凝情自悄然。寒灯思旧事，断雁警愁眠。

远梦归侵晓，家书到隔年。沧江好烟月，门系钓鱼船。

《故人寄茶》【唐】曹邺

剑外九华英，缄题下玉京。开时微月上，碾处乱泉声。

半夜招僧至，孤吟对月烹。碧沉霞脚碎，香泛乳花轻。

六腑睡神去，数朝诗思清。月余不敢费，留伴肘书行。

《霜月》【唐】李商隐

初闻征雁已无蝉，百尺楼台水接天。

青女素娥俱耐冷，月中霜里斗婵娟。

《漫成一绝》一首【唐】杜甫

江月去人只数尺，风灯照夜欲三更。

沙头宿鹭联拳静，船尾跳鱼拨刺鸣。

《泊秦淮》【唐】杜牧

烟笼寒水月笼沙，夜泊秦淮近酒家。
商女不知亡国恨，隔江犹唱后庭花。

《枫桥夜泊》【唐】张继

月落乌啼霜满天，江枫渔火对愁眠。
姑苏城外寒山寺，夜半钟声到客船。

《明月夜留别》【唐】李治

离人无语月无声，明月有光人有情。
别后相思人似月，云间水上到层城。

《江楼有感》【唐】赵嘏

独上江楼思悄然，月光如水水如天。
同来望月人何处，风景依稀似去年。

《十五夜望月》【唐】王建

中庭地白树栖鸦，冷露无声湿桂花。
今夜月明人尽望，不知秋思落谁家？

《春江花月夜》【唐】张若虚

春江潮水连海平，海上明月共潮生。
滟滟随波千万里，何处春江无月明？
江流宛转绕芳甸，月照花林皆似霰。
空里流霜不觉飞，汀上白沙看不见。
江天一色无纤尘，皎皎空中孤月轮。
江畔何人初见月？江月何年初照人？
人生代代无穷已，江月年年只相似。
不知江月待何人，但见长江送流水。
白云一片去悠悠，青枫浦上不胜愁。
谁家今夜扁舟子？何处相思明月楼？
可怜楼上月徘徊，应照离人妆镜台。
玉户帘中卷不去，捣衣砧上拂还来。
此时相望不相闻，愿逐月华流照君。

鸿雁长飞光不度，鱼龙潜跃水成文。
昨夜闲潭梦落花，可怜春半不还家。
江水流春去欲尽，江潭落月复西斜。
斜月沉沉藏海雾，碣石潇湘无限路。
不知乘月几人归？落花摇情满江树。

《生查子》【唐】牛希济

新月曲如眉，未有团圆意。
红豆不堪看，满眼相思泪。
终日劈桃瓤，仁儿在心里。
两朵隔墙花，早晚成连理。

《调笑令》【唐】戴叔伦

边草，边草，边草尽来兵老。
山南山北雪晴，千里万里月明。
明月，明月，胡笳一声愁绝。

《菩萨蛮》【唐】冯延巳

梅花吹入谁家笛，行云半夜凝空碧。
欹枕不成瞑，关山人未还。
声随幽怨绝，云断澄霜月。
月影下重帘，轻风花满檐。

《相见欢》【南唐】李煜

无言独上西楼，月如钩，
寂寞梧桐深院锁清秋。
剪不断，理还乱，是离愁，
别有一般滋味在心头。

《中秋月》【宋】苏轼

暮云收尽溢清寒，银汉无声转玉盘。
此生此夜不长好，明月明年何处看。

《水调歌头》【宋】苏轼

明月几时有？把酒问青天。

不知天上宫阙，今夕是何年。
我欲乘风归去，又恐琼楼玉宇，高处不胜寒。
起舞弄清影，何似在人间！
转朱阁，低绮户，照无眠。
不应有恨，何事长向别时圆？
人有悲欢离合，月有阴晴圆缺，此事古难全。
但愿人长久，千里共婵娟。

《春夜》【宋】王安石

金炉香烬漏声残，剪剪轻风阵阵寒。
春色恼人眠不得，月移花影上栏杆。

《天仙子》【宋】张先

水调数声持酒听。午醉醒来愁未醒。送春春去几时回，
临晚镜。伤流景。往事后期空记省。
沙上并禽池上暝。云破月来花弄影。重重帘幕密遮灯，
风不定。人初静。明日落红应满径。

《采桑子》【宋】吕本中

恨君不似江楼月，南北东西，南北东西，只有相随无别离。
恨君却似江楼月，暂满还亏，暂满还亏，待得团圆是几时？

《虞美人》【南唐】李煜

春花秋月何时了，往事知多少，
小楼昨夜又东风，故国不堪回首月明中。
雕栏玉砌应犹在，只是朱颜改，
问君能有几多愁，恰似一江春水向东流。

《一剪梅》【宋】李清照

红藕香残玉簟秋，轻解罗裳，独上兰舟。
云中谁寄锦书来，雁字回时，月满西楼。
花自飘零水自流，一种相思，两处闲愁。
此情无计可消除，才下眉头，又上心头。

附录3：有关月球的基本数据

平均轨道半径 384400 千米

轨道偏心率 0.0549

近地点距离 363300 千米

远地点距离 405500 千米

平均公转周期 29.53 天

平均公转速度 1.023 千米/秒

轨道倾角 在28.58°与18.28°之间变化（与黄道面的交角为5.145°）

升交点赤经 125.08°

近地点辐角 318.15°

默冬章（repeat phase/day）19 年

平均月地距离 384400 千米

交点退行周期 18.61 年

近地点运动周期 8.85 年

食年 346.6 天

沙罗周期（repeat eclipses）18 年 10/11 天

轨道与黄道的平均倾角 5°9′

月球赤道与黄道的平均倾角 1°32′

赤道直径 3476.2 千米

两极直径 3472.0 千米

扁率 0.0012

表面面积 3.976×10^7 平方千米

体积 2.199×10^{10}立方千米

质量 7.349×10^{22}千克

平均密度是水的3.350倍

赤道重力加速度 1.62 m/s^2（地球的1/6）

逃逸速度 2.38 千米/秒

自转周期 27 天 7 小时 43 分 11.559 秒（同步自转）

自转速度 16.655 米/秒（于赤道）

自转轴倾角 在3.60°与6.69°之间变化（与黄道的交角为1.5424°）

反照率 0.12

满月时视星等 -12.74

表面温度（t）-233℃ ~123℃（平均-23℃）

大气压 1.3×10^{-10}千帕

月球周期

名称 Value（d）定义

恒星月 27.321661 天相对于背景恒星

朔望月 29.530588 天相对于太阳（月相）

分点月 27.321582 天相对于春分点

近点月 27.554550 天相对于近地点

交点月 27.212220 天相对于升交点

Barney Rosset

My Life
in Publishing
and How I Fought Censorship

巴尼·罗塞特

我的出版人生

[美] 巴尼·罗塞特 著　张晓意 译

人民东方出版传媒
東方出版社

图书在版编目（CIP）数据

巴尼·罗塞特：我的出版人生 /（美）巴尼·罗塞特著；张晓意译．
— 北京：东方出版社，2018.9
书名原文：Rosset: My Life in Publishing and How I Fought Censorship
ISBN 978-7-5207-0577-6

Ⅰ．①巴…　Ⅱ．①巴…　②张…　Ⅲ．①罗塞特（Rosset, Barney 1922–2012）—自传　Ⅳ．①K837.125.42

中国版本图书馆 CIP 数据核字（2018）第 197144 号

版权合同登记号：01-2018-4418

巴尼·罗塞特：我的出版人生
（BA NI·LUO SAI TE: WO DE CHU BAN REN SHENG）

作　　者：[美] 巴尼·罗塞特
译　　者：张晓意
责任编辑：黄珊珊
出　　版：东方出版社
发　　行：人民东方出版传媒有限公司
地　　址：北京市东城区东四十条 113 号
邮　　编：100007
印　　刷：北京联兴盛业印刷股份有限公司
版　　次：2019 年 1 月第 1 版
印　　次：2019 年 1 月北京第 1 次印刷
开　　本：855 毫米 ×1092 毫米　1/32
印　　张：13.25
字　　数：270 千字
书　　号：ISBN 978-7-5207-0577-6
定　　价：58.00 元
发行电话：（010）85924663　85924644　85924641

献给阿斯特丽德和我的孩子

彼得、坦西、贝克特、尚塔尔

巴尼特·罗塞特父子，约 1927 年摄于芝加哥

目录 Contents

01 我的爱尔兰祖先：从旧世界到新大陆

反抗流淌在我的家族血统里。我们从不愿意不假思索地接受当权者告诉我们什么是对的，什么是错的，什么是高雅的，什么是低俗的。对于强加给我们的服从，我们都会奋起反抗，不论成功的可能性是大是小。

1884 年 7 月 10 日，在爱尔兰利特里姆郡香农河畔的卡里克，我的外曾祖父迈克尔·坦西因谋杀威廉·马洪被判处死刑。[1]这位不幸的马洪是一名英国地主的雇工，庄园的猎场看守人，负责在饥荒之年防止偷猎者非法捕鱼打猎。英裔爱尔兰贵族硬生生将爱尔兰佃农从土地上赶走，这些土地是英国人从佃农手里抢过去的，又被以高额租金返租给土地原来的主人。

马洪于 1879 年 10 月 16 日晚失踪。由于当地居民守口如瓶，拒绝为当局提供帮助，警方调查了七个月仍一无所获，这件事情眼看就要变成一桩人口失踪悬案。突然有一天，一名当地妇女，可能是在偷猎，看到一条麻袋从萨克河河底冒上来，一只人手从麻袋里伸出来。这只手属于马洪已经腐烂的尸体。验尸结果表明，马洪先被殴打致死，而后被扔进冰冷的河水里。

警方将坦西家列为重点怀疑对象，因为罗杰·坦西——迈克尔当时才十几岁的儿子，即我的外祖父——曾经因为偷猎受到马洪的指责，而迈克尔威胁要还以颜色。

这种人身威胁在当时司空见惯。爱尔兰佃农权利联盟说服格拉德斯通首相支持1870年的《土地法》，根据该法案，长期佃农对于自己的土地享有包括合理地租在内的某些权利。然而这个法案的作用不大，因为1879年庄稼几乎绝收，佃农压根交不起地租。联盟为了把佃农留在土地上，免除了那一年的地租，可是第二年收成好转，地主便要求佃农补交上一年拖欠的地租。交不出来的，就被赶走，不愿走人的，房子就被推倒。于是佃农以暴制暴，暴力事件席卷爱尔兰：他们杀死地主及其雇工，毒死牲畜，摧毁房子，通常是使用炸药。英国政府不得不于1881年通过新的《土地法》，赋予佃农更多的权利，然而同时也全面取缔了爱尔兰土地联盟，逮捕联盟成员，当时最伟大的爱尔兰领袖查尔斯·巴涅尔也一度身陷囹圄。

我的外曾祖父就是在这样一种环境下被送上法庭，接受谋杀看守人一案的审判的。然而警方还未对谋杀案进行深入调查，我的外曾祖父的另一个儿子，也叫威廉，犯了另一桩案件，改变了局面。1882年3月26日，被害看守人的雇主居住的韦斯顿庄园被人给炸了。现场脚印指向巴利福伦的方向，那里是坦西家和一片泥炭沼泽，警方在这一带展开调查。迈克尔·坦西和儿子们就在这片沼泽里工作，而炸药刚好是经常用来爆破泥炭层的工具。这种用于开采泥炭的炸药既可作为低级燃料用来取暖、煮饭，也是唾手可得的恐怖活动工具。当局说服四名涉案工人做污点证人。

法庭上，威廉·坦西和同案的四名“头子”被判了重刑。威廉被判十四年监禁，一名叫作帕特里克·罗杰森的同谋被判了十二年。宣判后，威廉大喊：“上帝拯救爱尔兰！”

麻烦还未就此结束。转为污点证人之一的伯纳德·杰拉蒂供认说他知道 1879 年的马洪谋杀案的一些事情，并说服其他人跟他一起出庭作证。获得这一新证据后，1884 年 1 月 27 日，警方以谋杀罪逮捕了我的外曾祖父及其工友。迈克尔·坦西第一个接受审判。对他的指控言之凿凿，陪审团只退庭四十五分钟就作出了有罪判决，迈克尔被判处绞刑。他提出一个请求：希望能够在临死之前与妻子握手，法官批准了。然而就在行刑之前的这段时间里，连同帕内尔和多名议会议员等要人在内的五十名当地人签署请愿书，以证据不足为由，请求赦免迈克尔的死罪。请愿成功，迈克尔被改判终身监禁。

在服刑将近十年后，迈克尔的儿子威廉于 1892 年 7 月 12 日获释。1895 年，六十五岁、身患痼疾的迈克尔·坦西被免予劳动教养。他请求当局让他以自由之身在家中死去。显要人士再次签署请愿书支持他的宽恕请求。1901 年 3 月，迈克尔因严重的支气管炎住院，这似乎软化了他的看守人的心肠。

于是我的外曾祖父最终获得自由。1902 年 12 月 6 日，他走出监狱大门，回到位于巴利福伦的农场。作为假释条件之一，迈克尔必须每周去警察营报到一次，然而随着时间流逝，他感到越来越吃力。1907 年 10 月，在坚持报到了五年之后，迈克尔写了一封悲戚的信，说他已经七十七岁，疾病缠身，身体虚弱，就快进坟墓了。不久之后，他便去世了。

迈克尔的家人——即日后我的家人——是爱尔兰秘密革命运动的一分子，最终将英国霸主赶出这个国家的大部分地区。我为这一家族传统感到无比自豪。

我的外祖父罗杰设法逃出了巴利福伦，经由波士顿到达密

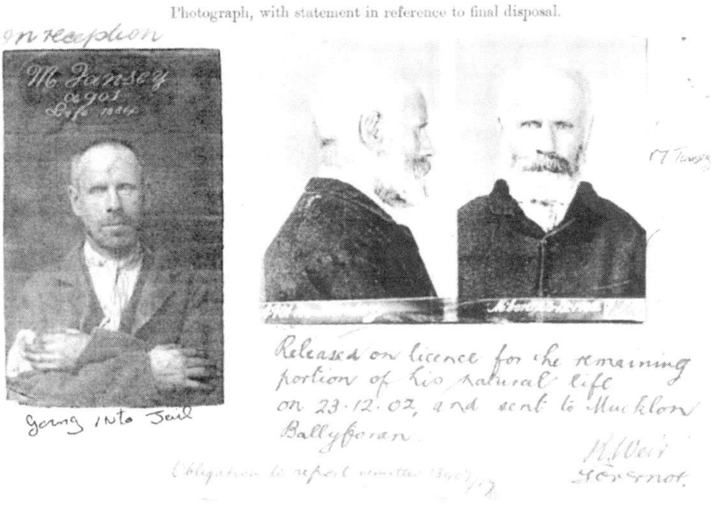

巴尼·罗塞特的外曾祖父迈克尔·坦西的大头照，摄于1884—1902年。

歇根州的马凯特市，娶妻生子，妻子名唤玛吉·弗兰纳里，他们的孩子分别为：巴尼（伯纳德的昵称）、迈克、萨拉、我的母亲玛丽——生于 1891 年 7 月 28 日——多年之后又生了一个小女儿凯特，大家都管她叫“宝贝儿”。

马凯特得名于法国探险家、神父雅克·马凯特[1]，往返于芝加哥与马凯特之间的夜班火车“马凯特神父号”亦是。我记得十岁之前的一年隆冬，我和母亲坐这趟火车，被大雪困在卧铺车厢里数小时，等待铁轨清扫。寒冬时节，镇上的居民，包括罗杰·坦西，会到苏必利尔湖上去，凿开冰面，从没有结冰的湖水里捕鱼。

我母亲在马凯特的一场选美比赛中赢得一架立式钢琴后备受鼓舞，决心到芝加哥去开启崭新的生活。她在芝加哥最著名的银行公司北方信托公司担任出纳时，遇到了巴尼特·L. 罗塞特，觉得他是个有前途的青年。两人于 1920 年结婚，地点我不知道，1922 年 5 月 28 日我出生了，是他们唯一的孩子。

我父亲十八岁时已经是伯顿·霍姆斯旅游公司的财务主管，这家公司首创了一种以照片和图片为卖点的全新图书形式，取得成功，声名鹊起。现在回过头去看，我相信我日后最终成为出版人与这有很大关系。我们家有一套装订精美的伯顿·霍姆斯图书，至今我还留着。我后来再版了其中关于 1896 年在雅典举办的首届现代奥运会的那一册。[2] 伯顿·霍姆斯图书的排版和设计走在时代前列，霍姆斯本人既是作者也

1　雅克·马凯特神父（1637—1675），法国耶稣会传教士、探险家，1668 年建立了密歇根地区第一个白人定居点和教区。

是出版人。

父亲那个时候就踌躇满志、欲自立门户。他离开霍姆斯，二十一岁便创办了自己的会计师事务所。

父亲 1899 年出生于芝加哥的一个从莫斯科移民过来的俄国犹太家庭，聪明能干。我不清楚他有没有高中毕业，不过他擅长做会计，很快就取得了执照。他的姐妹比阿特丽斯和保琳都十分聪明。比阿特丽斯姑妈最清楚我们家族的历史，不过你每次问她，她的说法都不一样，这次说罗塞特这个名字源于罗塞塔石碑[1]；下次又说来自法语。她是个讲故事的高手，以编故事为乐。

外祖父母罗杰·坦西和玛吉·弗兰纳里一辈子都痛恨英国人，从未改变。没人跟我解释个中缘由。不过我依稀记得听到他们不时谈论黑棕部队[2]。虽然他们不想让我听懂时都说盖尔语，但是我很快就明白了其中的意思，听后难以忘怀。英国的殖民统治蹂躏了爱尔兰及其人民。事实上，罗杰离开爱尔兰时政府悬赏缉拿他的人头。但其实他是一个很温柔的人，高大英俊，成为周围邻里的中心。我们的邻居大多是工人阶级，罗杰也是这个城市的一名工人，帮助建设和维护下水道。

在公立学校读二年级的时候，我跟外祖父母在马凯特住了一段时间。父亲很喜欢外祖父，特意从芝加哥大老远给他带了一台收音机，那是我第一次见到收音机。我们收听英雄杰

---

1 古埃及托勒密王朝著名石碑，1799 年在埃及尼罗河口罗塞塔发现的一块石板，上面刻有希腊文及埃及象形文字等，为研究古埃及文字提供了条件。

2 正式名称为皇家爱尔兰警队后备队，这支英国准军事部队因帮助英国军警镇压爱尔兰人的独立革命而臭名昭著。

克·登普西与吉恩·滕尼[1]之间的较量。滕尼是爱尔兰人，不过受过良好教育，让人以为他是个英国人。我们坐在小小的围廊里，在维克多牌手摇留声机上聆听恩里科·卡鲁索、嘉丽·库契、约翰·麦科马克[2]。母亲的立式钢琴放在客厅，可我从来没见她弹过。倒是我患炮弹休克症的舅舅巴尼不时会弹上一曲。他会像个陌生人一样冷不丁冒出来，闯进屋来，坐在小小的钢琴前面，弹起当兵时的曲子。他经常弹的是《阿尔芒蒂耶尔来的少女》[3]，副歌"嘘嘘，呸呸，你说什么"不绝于耳。巴尼舅舅生活艰辛，被当地人浪漫地视为有名的无业游民之一，即居无定所、业无定职的人，我从来没搞清楚他住在哪里。日后当品特、凯鲁亚克出现时，我一点儿也不觉得陌生，因为患炮弹休克症的巴尼舅舅就是他们的原型，已经为我做了预备。

外祖父的邻居多为爱尔兰人，然而他去世那天成了全民哀悼日。住在同一街区的瑞典人、波兰人、芬兰人、法裔加拿大人全都前来送别。那是我永生难忘的一天。

1929 年的总统竞选中，父亲支持赫伯特·胡佛，母亲支持阿尔·史密斯，我坚定地站在母亲一边，因为史密斯是自由开明人士，大力推行帮助穷人的福利政策，而胡佛是典型的商

---

1 杰克·登普西（1895—1983）、吉恩·滕尼（1897—1978），均为美国著名职业拳击手。

2 恩里科·卡鲁索（1873—1921），意大利歌剧男高音；嘉丽·库契（1882—1963），意大利花腔女高音；约翰·麦科马克（1884—1945），爱尔兰男高音。

3 原文为法语。

人候选人。当爱尔兰天主教徒史密斯败选、大萧条席卷美国时，我相信父亲后悔了。

伊利诺伊州是受银行倒闭影响最严重的州之一。伊利诺伊州没有银行分行制，芝加哥的全部银行只能要么自己想办法挺过去，要么关闭。那时父亲就是这样一家独立银行的负责人，同时在另一家兼职。富兰克林·德拉诺·罗斯福当选后宣布放“银行假日”，防止惊慌失措的储户挤兑，致使银行倒闭。我记得在有“银行假日”前，父亲把百元大钞塞在鞋子里，带到银行去付给在外面排队等待取钱的人们。一家银行现金一旦用完，也就玩完了。很多人没能拿回自己的钱。为此，罗斯福又推行了一项制度：联邦存款保险公司。在我和其他许多人看来，小罗斯福就是第二个阿尔·史密斯。

父亲的两家银行在大萧条期间都倒闭了，不过后来他又接管了另外一家：芝加哥大都会信托公司。1954 年父亲去世后，我把它并入格罗夫出版社后将其关闭。这个决定令所有人震惊，光是把一家银行并入一家出版社这个想法就已经够吓人的，更何况那时的格罗夫出版社已经展露出不受银行家欢迎的性格特征来。这也是伊利诺伊州史上首次有人主动放弃银行经营权。我遵照本州法律，与每位储户取得联系，确保每个人都拿回其存款。有些储户没有回应，我便来到伊利诺伊州分管银行的部门，说：“根据你们的法律，我要你们保管无人认领的钱。”他们不愿意，于是我按照他们的要求将他们告上法庭，令其接管存款。

虽然父母和我从来衣食无忧，却也同大多数美国人一样感受到了大萧条带来的影响。说得委婉些，大萧条时期的芝加哥是个危险的地方。当时很多人将本地黑帮视为绿林好汉。代表人物有“漂亮男孩”弗洛伊德、巴克妈妈、“雌雄大盗”邦妮和克莱德、约翰·迪林杰。这些人大多来自俄克拉何马州和得克萨斯州。他们抢劫银行和富人的仓库，实际上是在破坏秩序。我崇拜的迪林杰是其中最为厉害的，因为他被抓后经常能成功越狱。我觉得迪林杰很了不起，在我心目中迪林杰跟同伙们就相当于俄共领导人。国家正陷于困境，而赫伯特·胡佛并非美国人的希望。于是我动员同学签署请愿书，递交政府——那是在我上的第一所学校，进步的盖特韦学校——要求提名迪林杰取代胡佛，我说：“停止追捕迪林杰，不要抓他，他太重要了！美国现在正需要像他这样的人！”

胡佛没有采纳我们的建议。我们一家后来就住在离胡佛领导的联邦调查局射杀约翰·迪林杰的电影院不远的地方。迪林杰至今仍是我心目中的英雄。

我十岁左右的时候，我们家住在近北区，靠近谢里登路和戴弗西大街。我父母与天主教牧师关系甚好，他们经常来我们家。父亲一定想过皈依天主教，不过我没有问，他也没有说。鉴于我父亲是犹太人，母亲是爱尔兰天主教徒，而我却从来没去过犹太教堂，也很少去当地教堂，不能不说很不寻常。教堂的某种东西叫我害怕、厌恶——穿黑袍的牧师，表情严肃、身着相同长袍的禁欲的修女。我从未跟任何人说过这个，不过我记得无意中听到虔诚的爱尔兰外祖母跟朋友们议论我不是个遵守教规的天主教徒。在父母的坚持下，我有阵子去教堂——陪母亲去做礼拜，要是她懒得去或者说在我看来懒得去，我只好一个人去。不过这种情况只持续了很短的一段时间，还在念语法学校时，有一天我突然就不去了。我想既然我不信上帝，去教堂做什么，傻透了。就这样我很小就宣布自己是个无神论者，并未意识到原来自己这么早熟。

作为家中独子，我很幸运能占有父母所有的注意力，而我则把所有的爱给了毛绒玩具狗莫莉。有一次父亲跟我说他们想再要孩子，把我吓坏了。我觉得很受伤，很害怕。不过我自己给自己编造兄弟。别人给了我一套小轮盘赌，有一到六的六个数字。我是三号，我兄弟是四号，而一、二、五、六号是我的好朋友和敌人，全都是男生。他们俨然成了我生活中真实存在的人，我讨厌我的兄弟四号。“三”一直是我的幸运数字。高中橄榄球队里我是三十三号，我们没有个位号数。许多年后，我出版塞缪尔·贝克特的《等待戈多》，编号是常青平装书系列第三十三号。这些都不是巧合。

九岁那年，我在威斯康星州的米诺阔第一次参加夏令营。夏令营里的所有孩子都是犹太人，除了我——我只能算半个犹太人。在我眼里，卡瓦加营是个可怕的地方。我在那里连续度过了三个痛苦的夏天，深感这个夏令营就是专为折磨我而开设的。卡瓦加营就是海军陆战队的新兵训练营的低配版，夏令营的拉比就是训练营的教官。经历过夏令营后，步兵营简直太温柔了——无论如何都算得上人道得多。每次举行宗教活动的时候，我都害怕得躲在床底下。他们不得不把我拽出来，他们确实也是这么干的。

那个时期的痛苦回忆有每天早晨六点左右，光着身子跳进冰冷的湖里；有拳击比赛，我跟隔壁小屋一个叫齐皮·李

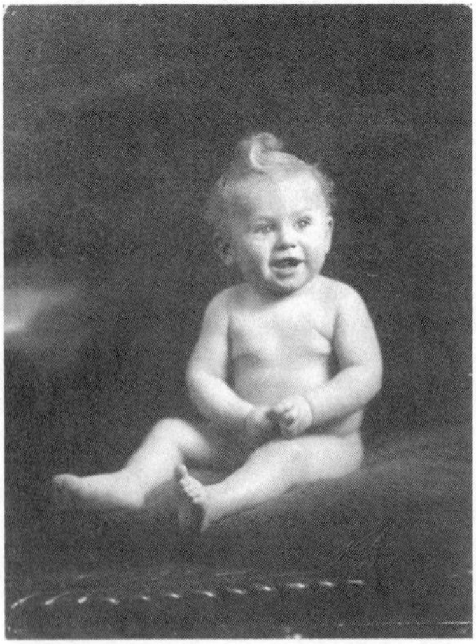

上：小巴尼·罗塞特，摄于 1923 年。
下：巴尼·罗塞特，约 1928 年摄于芝加哥，背景是密歇根湖。

1935 年，老巴尼特·罗塞特夫妇乘坐“乐琳号”客轮前往夏威夷旅游。

普曼的孩子一起被推上去，看我俩会不会互相伤害或者至少娱乐其他孩子。可怜的齐皮很胖，而我很瘦。我视力不好，齐皮移动不灵活。我们就像两头癞皮狮子被扔进笼子里互相厮杀。

不过我在夏令营里有一个朋友，后来跟我一起读了芝加哥的进步学校弗朗西斯·帕克学校。他名叫拉尔夫·艾森席姆尔，是个神童。他父亲奥托是个化学家，却写出了关于亚伯拉罕·林肯的畅销书。拉尔夫为母亲写钢琴奏鸣曲和诗。他不比我大多少，甚至可能比我还小一岁左右，可是我有点依赖他。大家喜欢他——但不喜欢我。我记得听到有人问拉尔夫："你干吗跟那个家伙在一起？他那么丑，而你这么漂亮。"对于一个九岁左右的孩子来说，这话很伤人。

我们得先能够游泳穿过湖，然后才能到外面用绳子围住的地方去游泳。大家都以为我会淹死，我当然没有。我从没能学会自由泳，总是胡乱扑腾，可是我成功了。我游过了那个该死的湖，后面跟着一艘划艇，等着把我拽上去。在夏令营里，我没能成为游泳好手，但是学会了跑步。在夏令营的越野赛跑中，我开头跑得并不快，可总是第一个到达终点。这给了我些许自信。

吃早餐时，所有的孩子一起唱歌。最受欢迎的歌是《你住在哪里？》，歌词是这么唱的："你住在哪里？我住在幽深的黑森林里。"每天都唱，天天如此。早餐吃燕麦片，一定得吃。我咽不下去，拉比里的头儿就把我留下来，想方设法要我吃完。可即使加了糖和黄油，我还是吞不下去。

我的两名辅导员丹尼和弗利普是布鲁克林来的准演员，称自己为波希米亚人。我从没搞懂这词是什么意思，不过他们有一首歌："我们是波希米亚人，我们是长着翅膀的鸟儿，我们成群结队。"我不清楚波希米亚人的生活方式，有时候我想象他们就像一群鸟儿飞过一片葱茏的田野。

在我们这桌，丹尼和弗利普给每个孩子起外号。因为我吃饭时拿刀子的方式，他们管我叫"吞剑人"。他俩是好人。我在夏令营里还有另外一个麻烦，就是尿床。为了不让我尿床，他们凌晨四五点就把我叫起来去尿尿。可我还是照样尿床，这些好心人也帮不了我。我睡觉尿床，六点半或七点起床，到湖里洗床单，挂起来晾干。拉比和他儿子一点儿也不同情我。

我父母每天都给我寄芝加哥的报纸来，我仔细研究赛马新闻，然后假装下注赌马。（母亲经常带我去赛马场，阿林顿、华盛顿、霍桑，甚至伊利诺伊州奥罗拉市的一个又湿又脏的小赛道，我渐渐对赛马产生兴趣。）第二天看自己是赢是输。这给了我乐趣。我甚至还记得当中几匹马的名字——神狐、两万、太阳美人[1]。它们几乎就跟圣母大学的橄榄球队"战斗的爱尔兰人"队打败了西北大学的那群精英清教徒一样让我兴奋不已。我印象最深刻的那个时候的英雄是圣母大学的马奇蒙特·施瓦茨。你知道吗？他是半个爱尔兰人，或者至少我认为他是。

三年之后，我父母终于意识到他们把我送错了夏令营，我给他们丢尽了脸。他们问我："你想去哪里？"我仔细研究了

1　皆为美国有名的纯种赛马。

全美国的夏令营，选中了科罗拉多州埃斯蒂斯帕克的切利营。

在切利营，马比孩子多。我还是尿床。一天晚上，我梦见自己在户外厕所里尿尿，但实际上我尿在了睡在上铺的好朋友汤姆·潘科斯特的马靴里。第二天早上，有几个室友似乎猜到了什么，大概是闻到了味儿。他们看着汤姆穿上鞋。汤姆马上发现出了什么事，没有任何表情，没有说话，朝我会意地看了一眼，走了出去。在切利营，我打马球打得越来越好。但打马球可能出危险。两个礼拜后，汤姆的头盔掉了，另外一个人的球棍不小心打中他的头，伤口感染，汤姆死了。他对我的好让我觉得他真的是一个天使，就像让·热内笔下的天使神女。

汤姆家在迈阿密海滩最好的酒店潘科斯特酒店拥有股权，就在罗尼广场酒店附近，不过跟后者不同，潘科斯特当时不允许犹太人入住。1932 年罗斯福宣布银行关闭四天，我们全家到迈阿密海滩度假。就连投胡佛票的父亲也很高兴。埃迪·坎托[1]演唱了《幸福的日子回来了》，到处都能听到《啤酒桶波尔卡》，庆祝禁酒期结束。那年我们住在离海滩两个街区的鲍曼酒店。该酒店接待犹太人。母亲在公共场合不得不换上泳衣，她的红头发和白皮肤在我看来显得与周围格格不入，我替她感到难为情。

第二年，我们北上至迈阿密市中心外的科勒尔盖布尔斯的比尔特莫尔酒店。我在酒店的夜总会见到雷·博尔杰和伯

1 埃迪·坎托（1892—1964），美国喜剧演员、歌手。

特·拉尔[1]。在《兄弟，可否赏我一毛钱？》一曲流行的大萧条时期，博尔杰在《绿野仙踪》中饰演稻草人，拉尔饰演胆小的狮子。多年后，伯特的儿子约翰将在格罗夫出版社工作。1956年，伯特·拉尔在美国首演的《等待戈多》中饰演爱斯特拉贡，在科勒尔盖布尔斯的椰林区的一家新剧场上演。上演时，沃尔特·温切尔[2]称这是一部共产主义戏剧。那周的最佳笑话是："迈阿密哪里最难打车？"答案是："《等待戈多》第一幕结束时的椰林区。"如今该剧场可以自豪地说《等待戈多》的美国首演是在这里演出的。

卡瓦加营后，我只回去过威斯康星一次。1941年夏天，我去参加美国学生联合会[3]的夏令营。那是一个激进学生的美国历史夏令营，我们演唱如歌颂伟大的工人领袖的《乔·希尔》[4]一类的歌曲：

> 昨夜我梦见乔·希尔，
> 活生生地站在我面前。
> 我说："可是乔，你不是已经死了十年了吗？"
> 他说："我从来没死。"

---

1 雷·博尔杰（1904—1987）、伯特·拉尔（1895—1967），均为美国著名演员。

2 沃尔特·温切尔（1897—1972），美国著名报纸、广播八卦评论员。

3 20世纪30年代的一个全美大学生左翼组织，因反对军国主义的抗议活动而闻名，1935年由共产主义和社会主义学生团体合并而成，1941年解散。

4 乔·希尔（1879—1915），瑞典青年，二十岁出头来到美国闯天下，一边四处打工，一边积极投身工人运动，还以自己创作的民歌作为斗争的鼓舞手段，最终被美国政府以莫须有的谋杀罪名判处死刑。

后来，1948 年在费城举行的进步党[1]大会上，当我听到皮特·西格站在保罗·罗伯逊[2]旁唱起这首歌时，我哭了。

1　1948 年美国前副总统亨利·阿加德·华莱士为参加总统竞选而组建的左派政党。

2　皮特·西格（1919—2014），美国民歌手、社会活动家；保罗·罗伯逊（1898—1976），美国黑人男低音歌手、社会活动家，毕生致力于争取民权和公共事业，曾用中文演唱《义勇军进行曲》。

My Life
in Publishing
and How I Fought Censorship

Rosset

02 进步教育：

实验学校和谈恋爱

我在芝加哥上的第一所学校——也就是我散发约翰·迪林杰的请愿书时念的学校，是一所十分进步的学校。盖特韦学校位于北区，校舍是一栋褐石大宅子，教授的课程十分先进。学校不大，但很漂亮，我记得一共有八个年级，每个班级只有十到十二个学生。当时是 1927 年左右，许多难民已经开始从德国等国家涌入芝加哥。包豪斯建筑学派[1]的设计师和建筑师逐渐在芝加哥崭露头角，还有其他各行各业的许多人，引领芝加哥成为伟大的建筑、艺术、戏剧、医疗中心。

我记得母亲第一天带我去上幼儿园，当她离开时，我感觉自己被抛弃了——这是一段很可怕的经历。我在盖特韦一直念到七年级的中途。日美混血的大里园[2]和大里耀姐妹是我的同学和好朋友，她们的母亲、我二年级的法语老师弗朗西丝·菲茨帕特里克出身于上流社会，是有爱尔兰和法国血统的加拿大人，这位来自内布拉斯加州奥马哈市的初入社交的名媛少女，嫁给了日本摄影师大里胜二，他在“二战”期间曾被扣押在芝加哥。[3]

我读三年级那年，我们学生组织了自己的“奥林匹克运

1 包豪斯原是 1919 年在德国魏玛成立的一所工艺美术学校的名称，1933 年遭纳粹查封而被迫解散。学校虽然仅存在十四年，但是其理论与学说奠定了现代主义设计风格。

2 三个日文名均为音译。大里园（Sono Osato）为日本和欧洲混血女演员、舞蹈家。

动会”。我们的想法是，既要又跑又跳，还要穿希腊服装，朗诵诗歌，然后给最优秀的诗人和运动员颁发桂冠。我记得长腿的大里园戴着头盔，拿着剑和盾牌，跑得最快。盖特韦就是这么一所学校，在大萧条最厉害的时候给人带来快乐。

学生时代，我学字母表学得很痛苦，但是我能很快地掌握整个单词。我不会用右手写字。幸好盖特韦不教书法；我们写的都是用左右手写看上去都一样的印刷体字母。然而在马凯特的公立学校，书法极其重要，在那里老师认为我是个笨蛋。他们当真在教室里放了张笨蛋凳子叫我坐，因为我的字实在是太难看了。用右手写字我身体就会觉得难受，所以老师一离开教室，我就换成左手。这丝毫无法让他们对我的印象有所改观。所以我赢得单词拼写比赛时，他们彻底蒙了——这个连字都不会写的小孩怎么会拼写呢？

在盖特韦，我疯狂地爱上了同班的一个女同学普丽西拉·布朗。她家人不喜欢我，我想他们有他们的理由。但我还是缠着她。我和一个朋友每周存五十美分，存了三个月，才凑够钱在卡森·皮里·斯科特百货公司给她买了一台收音机。朋友比利·奥利里的奶奶让司机开着她的电动汽车载我们到商店去把每周的存款换成商品。那是我唯一一次坐电动汽车。可是我们把收音机送给普丽西拉以后，她母亲把收音机没收了。这是一个沉重的打击，然而更大的打击还在后头。

我读七年级读到一半的时候，学校通知我们学校要关门了——原因很简单：受经济环境影响，学校破产了。很可怕，我们好像一夜之间变成了孤儿，因为学校是我们真正的家。大家不得不转学。我跟盖特韦的大多数孩子一样转到了弗朗西斯·W. 帕克学校，一所由一位开明女贵族大力资助的私立学校。与盖特韦相比，帕克学校大多了，每个班级平均大概有二十五个学生，一直到高中。

我不知道父母为什么选择让我上帕克学校，不过帕克对我今后的人生产生了决定性的影响。帕克里有一名老师叫艾尔弗雷德·阿德勒，刚刚从维也纳归来，跟那位与之同名的著名精神科医生是远房亲戚。他教我们外语和心理学，对我颇为欣赏。多年之后，在爱德华·德格拉齐亚[1]对他的未公开采访中，阿德勒回忆道："（巴尼）的谈吐很成熟。但同时他似乎对所有事情都有点咬牙切齿。他可以极其享受生活，又对几乎所有事情极其厌恶。"[4]

我与联邦调查局多年的"爱恨情仇"始于帕克学校。七年级时，我读了乔治·H. 塞尔迪斯写墨索里尼的书《锯末恺撒》，这件事注定在我的政府档案中成为意义重大的事件。这本书给我留下深刻印象。我讨厌墨索里尼。塞尔迪斯说得很清楚，这位"领袖"[2]权力很大，相当危险。随后，联邦调查局在报告中称我是一名"法西斯分子"、墨索里尼的崇拜者。这种毫无根据的说法理由何在至今都是个谜。多年来我通过《信息自由法》从有关我的大量档案中获得文件，发现我只在初中的

1 爱德华·德格拉齐亚是格罗夫出版社审查制度审判中的重要律师，后文将提到。他曾经为了撰写罗塞特和格罗夫出版社的传记而采访了很多人，然而传记最终未能写成。

2 原文为意大利语，"领袖"为墨索里尼的称号。

THE SENIOR

NANCY ASHENHURST

Ever since the days when Nancy sat on the front steps writing plays and reading fairy stories, she has been giving Parker the benefits of her fine literary and dramatic talents. It was Nancy who was behind the scenes of the A. S. U. plays, **Journey's End, Bury the Dead,** and **X Equals 0;** and it was Nancy who created **The Purple Cow** and many other such stories and poems will see her name at the top of the Dramatis Personnae of many successful plays—her ambition. Her remarkable performance as Trelawny of the "Wells" is ample basis for our conviction. Although Nancy appears fragile and ethereal, she is really resolute and strong-willed, and will leave a striking impression wherever she goes, as she has done at Parker.

BARNEY ROSSET

Barney is one of those unusual personalities who is outstanding in many fields. He has always stood foremost among Parker athletes, having helped win the Track Championship twice and having been co-captain of the football team as a senior. Equally outstanding is he in the classroom, where he has been a great asset by dint of his bountiful factual knowledge and definite ideas on almost every social issue. His acute social-conscienceness has made him an aggressive member of the A. S. U. and an ardent worker in all it's projects. He has appeared in all A.S.U. productions and will long be remembered as Raleigh in Journey's End. Also among his dramatic successes is his performance in Trelawny as Ferdinand Gadd. The two Trivia which will ever call him to our minds are flashy automobiles and a hilarious laugh.

HASKELL WEXLER

"Wex" is one of the intellectual leaders of the school and is respected by everyone for his mental ability and courage of his convictions, whether one agrees or disagrees with what he says. Haskell's radical social philosophy has found expression in all his classes—classes which he has enriched with his numerous reports, for he is a chronic report giver. He has been the guiding light and mainstay of the A. S. U. and has appeared in all their productions from the Captain in **Bury the Dead** to Stanhope in **Journey's End.** He also appeared on the stage as Sir William Gower in the second Senior play. His interests also extend to the athletic field and to the columns of the Weekly, for he was co-captain of the Football Team and Editorialist and Sports Editor of the Weekly.

1940 年帕克学校的毕业班年鉴。

时候被他们叫作法西斯分子。从高中起，他们改称我为“激进分子”——这更合他们的口味。

翻阅我的联邦调查局档案后我还发现，他们把我的高中时代调查了个底朝天。在由某位“已删除”人士撰写的关于我的典型陈述中，此人写道：

> 就读帕克高中期间，调查对象从同学和一些教师那里吸收了很多激进思想。据报告这些同学中很多都是共产主义者。调查对象因此加入美国学生联合会，阅读共产主义文献，产生世界上不应该有富人的想法。然而，调查对象的个人生活与其激进思想并不相符，他应有尽有，其中包括一匹赛马和一辆大马力汽车，可以随心所欲地花钱……调查对象的父亲是芝加哥富有的银行家，是不折不扣的资本家。事实上，调查对象的此等行为几乎伤透了其父亲的心。[5]

这种说法不准确，但也并非全错——到八年级的时候，我们确实被“灌输”了不少激进思想。八年级我们有一位教员叫萨拉·格林鲍姆，是一位很棒的老师，一名真正的进步人士，无疑也是给我们“灌输激进思想”的一分子。她叫我们读她自己改写的《鲁滨孙漂流记》，与笛福的版本差别甚大。在这个版本中，鲁滨孙是一个反面人物，在被遗弃荒岛后，他抢走了岛上的人的钱、土地和食物。然而岛上的一些人想要建立社会主义经济制度，于是他们把鲁滨孙推翻了。班上一些同学把这个不同寻常的版本拿回家，一些家长读了以后自然是十分不悦。他们不希望帕克学校有太多像萨拉·格林鲍姆这样太过进步的老师。[6]

八年级那年，我跟一个叫哈斯克尔·韦克斯勒的同班同学关系密切，后来成了终生好友。八年级的许多学生小团体都曾出版自己的报纸。哈斯克尔和我管我们的报纸叫《社共主义者》——社会主义者加共产主义者。我隐约觉得这个标题触怒了一些家长，于是改名叫《反一切报》。但是我们坚持要表达我们的激进观点。哈斯克尔后来在爱德华·德格拉齐亚的另一次未公开采访中回忆道，我无穷无尽的好奇心和丰富的知识令他钦佩："他关注赛马的赔率。当巴克敏斯特·富勒[1]还默默无闻的时候，（巴尼）就对他产生兴趣了。"

差不多就在那个时候，我和哈斯克尔加入了刚刚成立的美国学生联合会。我作为代表之一，参加了1937年在瓦萨学院举行的联合会大会——参加大会的几乎都是大学生！我跟芝加哥南区另外一所学校的一个八年级学生昆廷·扬，还有芝加哥大学和伊利诺伊大学的学生，一同乘坐一辆摇摇晃晃且拥挤的包车去瓦萨。（昆廷后来成为库克县医院的医疗主任，继而担任芝加哥的卫生部长。）我们的领队叫阿尔·鲁比奥，是一个魅力十足、很懂政治、引人注目的男青年。队里那些可爱的女大学生都围着他转。阿尔无疑是我的榜样。（直到1969年的芝

1　巴克敏斯特·富勒（1895—1983），美国著名建筑师、建筑界奇才。

上：在帕克学校的毕业班，罗塞特出现在 R. C. 谢里夫的戏剧《旅途终点》里。罗塞特站在左边，最右侧的是哈斯克尔·韦克斯勒。
下：1941 年 4 月，玛丽·坦西·罗塞特与儿子巴尼于芝加哥至纽约旅途中。

加哥七君子审判[1]我才再次见到阿尔，他的女儿陪伴她作为七名被告之一的丈夫出庭。）

帕克学校对我的政治、社会、经济学思想产生深远影响。昆廷·扬在与爱德华·德格拉齐亚的交谈中回忆道："我猜想，帕克学校的几名老师对（巴尼的）思想的形成以及他强调独立思考的特质产生了重大的影响。"他把我和哈斯克尔视为"这所进步的上流私立学校的一群学生"里的狂热分子。

然而，帕克学校有很多学生并不认同我或者哈斯克尔和萨拉·格林鲍姆的想法。一个叫詹姆斯·布洛克·哈撒韦的相貌英俊的尖子生就是其中之一。他创办了自由党俱乐部（如今应称为"新自由党"）。我们嘲笑他和他在班上的好友们，这些好友的名字真是奇葩：一个叫施托伊弗桑特·范布伦[2]，另外一个叫本杰明·富兰克林·罗塞尔。三人都满怀社会、政治抱负。不幸的是，"二战"时，布洛克和史蒂夫（施托伊弗桑特的昵称）加入海军陆战队，战争伊始便阵亡了；本负伤累累后幸存下来。我喜欢他们仨，但是不喜欢他们的政治主张。我们有一个学生政府，有一次我和布洛克成为主席的最后候选人，他以一票的优势赢了我！后来我被选

1　1968 年 8 月，民主党在芝加哥召开全国大会，推选本党总统候选人。反战组织向市政府提出在会场附近举行和平抗议集会的申请，遭到市长拒绝。但是，以嬉皮士和雅皮士为主的示威者仍旧举行了抗议，最终与警察发生大规模冲突，导致上千人受伤，一人死亡。事后，有八人因涉嫌煽动骚乱或教唆、协助发动骚乱而被捕，史称"芝加哥八君子"。后被告鲍比·西尔就因辱骂主审法官被逐出法庭，另案处理。"八君子"随即变成了"七君子"。

2　施托伊弗桑特·范布伦（1610—1672），荷兰在新尼德兰（17 世纪荷兰在美洲建立的殖民地之一，其地域大致包括今日美国的纽约州、康涅狄格州、新泽西州、特拉华州部分地区）的最后一位州长。

为高年级的主席。你不可能同时担任两个职务，所以对我来说，这是公平的妥协。

哈斯克尔和我积极投身左翼政治。我们受英国的牛津运动[1]（由W. H. 奥登等作家所领导）的启发，每年四月（并非在休战纪念日[2]，只是代表和平）组织一场全校性的一日抗议，带领全校师生走出学校，在社区里和平地游行。几乎所有人都参加，因为他们担心自己不参加会被视为不合群。

布洛克、史蒂夫和本的家庭都与美国革命女儿会[3]沾亲带故，因此可以理解，只要有一丝激进的气氛，他们的父母就会感到恼火。不过这些父母不是傻瓜，他们大概明白帕克学校的这些“激进分子”没能力搞什么真的大破坏。不过他们照样不高兴。

我和哈斯克尔是班上最早有车的人。这肯定不符合最严格的工人阶级标准。我们支持西班牙第二共和国，我们是和平主义者，我们有社会主义倾向，崇拜苏联。我们批判资本主义制度，不过只是抽象地批判。然而，这一切并没有让我们为自己的个人生活方式感到羞耻。事实上，对我们来说，橄榄球的重要性不亚于政治，甚至有过之而无不及。我和哈斯克尔曾经同为高年级橄榄球队的副队长，帕克学校差点儿赢得私立学校橄

1　牛津运动是19世纪中期由英国牛津大学部分教授发动的宗教复兴运动，主张恢复教会昔日的权威和早期的传统，保留罗马天主教的礼仪。奥登似乎与该运动无关，此处作者想表达的意思存疑。

2　为纪念1918年签订第一次世界大战停战协议，将每年11月11日定为休战纪念日。

3　1890年由美国独立战争时期爱国者后裔组成的非营利性组织，旨在推动历史保护、教育事业和爱国主义。

榄球联赛冠军。

现在回头看，我认为尽管生活富裕，我们班是整个帕克学校最激进的班级，然而我们也标志着一个时代的结束。罗斯福当时做的很多事情被认为是走共产主义路线，至今仍有很多右翼坚持这种观点。右翼的上层经济圈子对他怀有巨大的仇恨，管他叫“罗森菲尔德”抑或“犹太费尔特”[1]。帕克学校后来的校长杰克·埃里森在接受陆军关于我的问讯时说：“要说罗斯福是共产主义者，那么我想你可以说巴尼也是共产主义者。”[7]

左翼学生运动作为一股政治力量在1940年画上句号。不管是不是共产主义者，我是个享乐主义者无疑。我很懒，不想成天跟一大堆马克思主义者在一起，我不喜欢他们。而且我总是很难跟一大群那种人相处。他们太乏味了，叫人发疯。

帕克学校尽管进步、激进的氛围浓厚，却没有招收一个黑人学生。如今想想，我实在不解当时我们怎么没有拿这个做文章。理查德·赖特的《黑孩子》我读得津津有味。为什么没有把这本书的信息带到学校去呢？我也不知道。不管是在帕克还是在大学，我都没有公开反对种族主义。我们阅读约翰·斯坦贝克的《愤怒的葡萄》、詹姆斯·T. 法雷尔的《斯塔兹·朗尼根》、迈耶·莱文的《一帮旧伙伴》，还有更早的作家，比如弗兰克·诺里斯，却对发生在身边的、迫害美国黑人生活的种种种族主义罪行视而不见。这种情况将会改变。

1　罗森菲尔德是德语 / 意第绪语中的罗斯福，“犹太费尔特”原文为 Jewfelt，意为“似犹太人的”，均是在嘲讽罗斯福的亲犹太政策。

我们班上有一个十分迷人的女孩，名叫南希·阿申赫斯特，很快成了麻烦，大麻烦。我和哈斯克尔都迷恋上了她。她各方面都很优秀。她美丽动人，她就是一切。她个性很强，我行我素。她办成事情的方法就是让对别人而言无比重要的男孩子做她要他们做的事：帮她。

南希出生于一个高级知识分子家庭。她的祖父罗伯特·莫尔斯·洛维特是芝加哥大学的英语系系主任，据说是当时美国最权威的英语教授之一。他写了几本书，吸引了一大批不同寻常的学生前来就读芝加哥大学及其英语系——诸如法雷尔、纳尔逊·阿尔格伦、文森特·希恩、约翰·冈瑟等一批作家，他们日后将成为知名小说家、新闻记者。

南希也是一个佼佼者，尤其是与戏剧有关的任何事情。她想当演员，但是更想当导演，这在当时对于一个女孩子来说是很不寻常的。只要学校里有戏剧演出，她必定确保自己要么是导演，要么至少是主角。我跟她一起演戏，我做她要我做的一切事情。我是她的舞台监督，她的杂役。1940 年我们将诸如 R. C. 谢里夫[1]的反战戏剧《旅途终点》搬上舞台，由南希导演。她不是真的对政治感兴趣，然而如果说搞戏剧的人全是左翼或者自由派，那么她也是。当时推动帕克的戏剧表演的力量之一是美国学生联合会。我们主要热衷于上演含有某种政治信息的戏剧；南希不在乎演的是不是政治戏——她只想要有戏演。据艾尔弗雷德·阿德勒说，南希“筹划演出的能力比帕克

1　R. C. 谢里夫（1896—1975），英国剧作家。

的戏剧老师之一梅里尔先生还强……这个姑娘的能耐叫我相当佩服。她当时才十六岁，就像个成年人了”。

我并非真心将生命献给政治事业，但是我真心把心献给了南希。我对性无疑跟对政治一样感兴趣，甚至更感兴趣。现在想来，我并不觉得羞耻，也不认为自己那时反共。我恋爱了。

My Life
in Publishing
and How I Fought Censorship

Rosset

03 | 上大学，上战场

为了南希，1940 年我上了斯沃斯莫尔学院；还是为了她，仅仅一年后我又离开了斯沃斯莫尔。斯沃斯莫尔位于费城郊外，可是我可怜的地理感让我以为它离南希选择的、位于纽约州北部的瓦萨学院近。

在斯沃斯莫尔学院，除了一个经济学教授（不友好但据说激进）和英文教授（此人选取美国小说编成系列教材，同时身兼越野跑步队教练）之外，我几乎没有同其他教师说过话。这是我成人后与出版业不经意的邂逅之一。我选修了这位教授的课程，课程指定阅读詹姆斯・费尼莫尔・库柏的《猎鹿人》，可是我在学校图书馆里发现了大部分指定阅读书目的缩写版，就懒得真的去读了。我尽可能利用这些资源，就这样混过了这门课。

进入斯沃斯莫尔后我打算继续打橄榄球，可是不戴眼镜我根本打不了。那个年代还没有发明面罩，在高中，我自己用金属衣架弄了个防护罩，罩在据说能防碎的眼镜上。可是在斯沃斯莫尔，他们知道我高中时是个小有名气的橄榄球手，教练明显看我不爽，不允许我戴自制头盔。我试着打了几天，可是每次我想接球——或者想踢凌空球时更糟——怎么也做不到。于是一周以后我便退出橄榄球队，转而加入越野田径队。

我在田径队表现不俗，很快便成了最好的新生队员。实际上，我在斯沃斯莫尔只读了一年便离开后，这位英文教授兼田径队教练是学院师生中唯一写信请我回去的人，不是因为我的文学天分，而是因为我的跑步能力。作为教练，他以身作则，我欣赏这点。每天下午下课后，我都要出去跑上几英里，教练带队。

对我而言，每天跑步还跟一件每天发生的怪事有关。首先，下课后，我会回宿舍睡觉，我跟一个姓洛夫的贵格会青年同宿舍。我似乎每天都做同样的梦，梦见自己躺在床上，有人走进来，想要在我睡觉的时候徒手掐死我。从这个反复出现的噩梦中惊醒过来后，我便出去跑步放松心情。当时不知道，事后回想起来，我相信我跑步的时候体会到了后来人们所说的“跑步的快感”。跑着跑着，我感觉自己不知不觉便毫不费力地跑得飞快，整个人精神焕发，神清气爽。我每天都期待这种快感。

斯沃斯莫尔学院的宿敌是宾夕法尼亚大学，那年，我在宾斯校际新生越野赛跑中获胜，引起了一些人的注意。不过，当我们去另外一个镇，跟当地高中的田径队比赛后，我就不成了。我们听说那个学校有一个黑人学生跑步超级厉害，他一英里的成绩能够打败多数大学生。的确如此，我根本追不上他。我跑到最后四分之一英里时，他已经跑完了。那天我第一次不是队伍中第一个到达终点的，我成了最后一名。我领略到了一丝“世界冠军”的风采，明白自己不是那块料，这对我下一步的人生轨迹产生了重大影响。

巧得很，差不多在我的跑步生涯戛然而止时，《北回归线》进入了我的生活。我第一次读到《北回归线》是在米勒自己的书、1939年新方向出版社出版的《宇宙哲学的眼光》里。那本书是我要我父母寄给我的。米勒关于其父亲的描写引人入胜。学校里有人告诉我纽约的哥谭书店可能买得到《北回归线》。于是我坐火车到哥谭书店，要买这本书。这家地标性书店的老板娘弗朗西斯·斯特洛夫问我为什么要这本书。我说我是一名学生，很想读这部小说。听罢，她弯腰从柜台底下拿出一本平装本的《北回归线》，封面上印着“墨西哥印刷”。我记得价格是十五美元。

我从不觉得米勒的小说特别色情，反倒觉得它们真实、优美、离经叛道得令人兴奋不已（同时也令人灰心丧气）。我的课程论文名为《亨利·米勒对抗“我们的生活方式”》，同时讨论了《北回归线》和《宇宙哲学的眼光》这两本书。论文权衡了美国的生活方式是否值得捍卫，最后勉强得出结论说值得。我写道：“我认为我们不必把亨利·米勒的建议太当回事，当真把自己炸得粉碎，不过他的一些批评还是相当中肯的……”鉴于1940年日益逼近的世界法西斯主义可能威胁言论自由，我最后写道：

> 也许作家在人类文明中的地位正在暂时消失。如果我们完全法西斯化，作家就无法写出任何有创造性的东西。作家需要自由的社会……否则就会窒息……当然米勒不由自主地对身边的生活感到悲哀、空虚，然而对于这点他说：“人人都有难言的隐痛。厄运、无聊、忧伤和自杀，这些都是从娘胎里带出来的。四周的气氛中弥漫着灾难、挫折和徒劳无功……这结果令我兴奋不已，我不但不灰心丧气，反而很开心。我高声呼唤更多、更大的灾难和更惨

重的失败，我要叫全世界乱成一团，我要叫每个人都把自己挠死。”[8][1]

我的教授罗伯特·斯皮勒以其冷静的贵格会语气对我的论文下评语道：“也许黄疸是在宇宙哲学自己的眼睛里，而不在它所看到的世界里。”他给了我一个B减，很一般的分数。尽管如此，这篇大学论文在日后数年里我发起的最重要的淫秽审判中起到了关键作用。

1941年南希回到芝加哥念西北大学，我也跟着她回到家乡，进入芝加哥大学。我对她一往情深。

每天早上，我从家里出发，开车去接南希，但最后都没去学校，而是找个地方停车，开始拥吻。这是个不祥的预兆。我们的抱负和心智好像倒退到了三年前，将自己的未来抛在脑后。回头看，似乎南希不想跟我一刀两断，引发一次激烈的争吵，而我不敢太紧逼她，怕她会不理我。于是，那几个月里，我们的关系逐渐变僵硬。

从帕克毕业以后，我只见过布洛克·哈撒韦一次，时间是1941年夏天，在我们班唯一一次班级聚会上。班上一个女同学在离帕克只有一个街区的贝尔登·斯特拉特福德酒店组织了一场聚会。我听说南希也会去，我很想利用这个机会见她。那时我们在吵架。聚会之前我先到附近的酒吧去见史蒂夫·范布伦。他迟到了，等他到的时候，我已经喝了几杯。我没醉，但

1 袁洪庚译。

肯定已经不清醒了。那是一个美好的夏夜，我多么渴望南希跟我在一起。

聚会上，布洛克和南希在一起。哈斯克尔已经到加州去了。我从踏进舞厅的那一刻起就为南希疯狂。布洛克只不过是我们两个人之间一时的第三者，不值得太把他当回事。可我不知道怎么接近南希。我想告诉她我爱她。我想在所有人面前大喊出来。我跟她说她今天很美，她的裙子很漂亮，她是个可人儿。我还企图用幼稚的方式侮辱她。我不停喝酒，一直处于一种半醉半醒的状态。我连个基本策略都没有，随着时间的流逝，我变得越来越绝望。我想想个办法把她拉回自己身边，可又觉得不可能。她没有对我不爽，可就是一直以一贯的平静对我敬而远之，而我始终无法突破这层隔阂。

南希和布洛克离开舞厅时，我跟了出去。我们几个人，包括南希和布洛克，一起坐电梯到一楼。电梯门打开，南希往前走时，我绊到了她，可能嘴里还说了什么。南希拿着一个大钱包的那只胳膊用力甩了一下，重重地打在了我的侧脸上。我惊呆了，一时间脑袋几乎一片空白，等我回过神来，我的拳头已经不偏不倚地打在她的下巴上了。她一下倒在墙上，但是没有摔倒。

我马上意识到自己干了什么，吓坏了。唯一的解决办法似乎是再来几下，于是我冲向布洛克，他站在通往大门的楼梯上，袖手旁观。我抓住布洛克，把他推下几层台阶。不过不等我开始揍他，已经被几个电梯服务生、门卫和朋友拉住了。我猛地停住。我的愤怒消失了，取而代之的是强烈的羞耻感。

南希是我在这个世界上最想得到的，我却狠狠地打了她的下巴。一切都乱套了。

南希家就住在附近不远。她跟布洛克一同离开时，我还在苦苦地向她道歉。不久布洛克回来了，我和他、本·罗塞尔、史蒂夫·范布伦一起去酒吧。本和布洛克马上吵了起来，吵了一整晚。我变成和事佬。我已经没有脾气了。我想跟南希说话，一遍遍告诉她我有多爱她。最后我在酒吧里给她打电话。我很害怕。我对她的父母总是感到很不自在，我拨电话的时候尽量不去想他们。

戴弗西大道 7340 的电话铃响了几声。阿申赫斯特先生接起电话，说："你好，巴尼。南希没事，别担心。"

他都没有等我说"喂，你好"，听上去没有生我的气。他说会告诉南希我给她打了电话，最后说："晚安。"

我回到朋友身边，继续喝酒。我记得那晚后来我跟史蒂夫一起在外环公路上开车疾驶，一面想跳出车外，一面用本的鞋敲他的脑袋。我和布洛克暂时休战了，但也仅是暂时休战而已。

我在芝加哥大学没有通过一门课程，没有参加一场考试，但也没有哪一门挂科，全都是未修毕。这实际上救了我，因为这样战后我可以自动回到学校。

南希决定到纽约戏剧界去碰碰运气，我则去了加州好莱坞。我进入加州大学洛杉矶分校，想学习电影制片。我选择加州的另外一个原因是想远离南希，能离多远就多远，因为艾尔弗雷德·阿德勒跟我说，不这样我会死的。两年前，正是他偷偷去南希的父母那儿，建议他们谨慎地安排，在周末的时候离开公寓，这样我和南希可以既方便又自然地在她的卧室里第一次上床过夜。

加州大学洛杉矶分校对我来说是一个孤独的地方，在那里我再次完全与世隔绝。学校上的课我都不记得了，只记得一次心理学讨论课，我和教授团结一致地与班上其他人唱反调。我和他都认为铁托元帅及其南斯拉夫的共产主义同伴在对抗德国人，其死敌德拉查·米哈伊洛维奇将军则是希特勒的盟友。[1]美国政府不知何故当时并未注意到这点。这位心理学教授非常酷，叫我们不要担心考试，建议我们考试前吃点安非他明，享受考试。他解释说，你们会因此在考卷上乱写，而不是好好作答，但这又怎样？他被开除了。他不仅是我在加州大学洛杉矶分校遇到的最好的老师，也是我唯一记得的老师。而且那次我真的嗑了药。

我在洛杉矶待了几个月后的一天，一个叫珀尔·格莱泽的学生走过来对我说："我以前是不是在哪里见过你？"我回答："是吗？"她接着说："啊，咱们一起去费城开过会。有两千人参加、非常左翼的一个会。"

她把我介绍给她认识的所有人，于是我在洛杉矶认识的第一批人都来自费城，其中包括约瑟夫·斯特里克，当时在加州大学洛杉矶分校学物理还是什么的，日后成了一名有些激进的

1　1941 年 4 月德军入侵南斯拉夫时，米哈伊洛维奇所领导的"切特尼克"游击队和铁托所领导的共产党游击队同为反抗德国部队的组织，但 1941 年末便因政治信仰不同引发彼此不信任，最终暴力相向。战争后期，切特尼克的主体力量向塞尔维亚的内迪奇傀儡政府投降，彻底倒向法西斯阵营。

电影制片人。不久后，他娶了好莱坞十君子[1]之一、导演赫伯特·J. 比伯曼的侄女。这些人与好莱坞左翼群体走得很近，当时正是春风得意、踌躇满志。他们很有才华，很能赚钱，后来全部被列入黑名单，玩儿完了。约瑟夫和哈斯克尔后来一起拍摄了一部有关洛杉矶的很棒的电影《野性的眼睛》。优秀剧作家本·马多是该片的编剧，不过这部写得不好。然而如果你静静地观看这部电影，会发现其至今依然是一部很了不起的电影，展现了那个时期洛杉矶真实的方方面面。

后来我在洛杉矶还交了其他朋友，然而大多不过是这些费城移民的相识。我们其中一群人自愿为战备需要去帮忙采摘马铃薯。农民讨厌我们，认为我们并不能真正为士兵收割粮食，认为我们是“幼稚的反法西斯分子”。那是一段非常奇怪的时期。

在我的联邦调查局档案中，有一份我寄给某人的书单。我怀疑是我在女生联谊会遇到的一个女孩的父亲举报了我。我们给她看诸如马歇尔·菲尔德[2]的纽约报纸《PM》之类的激进出版物。她很聪明，但也很天真，从没有看过这类东西。她是个可爱的女孩子，我真挺喜欢她的。一天，我开车带她去墨西

---

1 1938 年美国国会众议院成立非美活动调查委员会，以调查轴心国在美国的阴谋活动。然而，该委员会却因调查与共产主义活动有关的嫌疑个人、公职人员、组织而著名。“二战”后，美国麦卡锡主义泛滥。1947 年，该委员会为了调查所谓“好莱坞被共产党渗透的程度”而传讯大批好莱坞电影界人士。其中有十人拒绝作证，不愿透露自己或其他人的政治背景和思想倾向，公开质疑“非美”委员会的行为违宪，最终被判蔑视国会罪。好莱坞十君子案成为美国电影史上臭名昭著的案件。

2 指马歇尔·菲尔德三世（1893—1956），马歇尔·菲尔德百货公司创始人马歇尔·菲尔德（1834—1906）之孙，《芝加哥太阳报》创办人。

哥，只是为了好玩。我们去吃了午饭，最后回到了加州。等我们回来的时候已经凌晨四点了，她的家人简直是气急败坏。没有发生什么“不好”的事，可她父亲几乎要杀了她，后来她就不见了。她退了学，被送到亚利桑那州。

战争打响后八个月，当时我还在加州大学洛杉矶分校上学，战争的影响终于逐渐显现。政府快要到我这个年龄层征兵了，我不得不开始为将来打算。我报了后备军官训练团的课程，因为这是必修的。我表现很差劲，非常讨厌这门课，但还是通过了。有一阵子我决定把大学念完——去参加个什么后备部队，就可以继续念大学。于是我去应征海军陆战队，被拒了；又去了加拿大皇家空军，老问题，视力不合格。我甚至把视力表背下来了，还是没用。当时哈斯克尔已经进入商船队了。南希在戏剧界寻找机会无果，也已经回芝加哥去了。我是真的有必要回家去应征——还是为了见她？谁知道。

于是 1942 年秋天，我开车回到芝加哥，应征美国陆军，被分配到步兵团。只要是能走路的人，他们都招。我加入陆军后父亲松了一口气。当我说想去商船队时，他强烈反对，说那样不体面。但是他同样不想我去陆军，他希望我去军需部队，认为那才是理想的去处。我最后可能谋得一官半职，学些东西，说不定还能成为某个将军的助手，跟着他去平静的地方到处转，可我不想去军需部队。

在伊利诺伊州罗克福德市附近的格兰特营停留了两三天后，我被分配到俄勒冈州某兵营的第 96 步兵师，这是一个刚刚成立的分队，全部由新兵组成。我们乘坐的火车延迟了几天，在一个寒冷的雨夜到达俄勒冈州科瓦利斯市附近的阿代尔营的铁路侧轨。大家从车厢上下来，踏过泥泞的路面走向兵营。我感到孤独、痛苦。

我在第 96 师待了八个月，大部分时间都在阿代尔营。他们把我安排在一个步兵团的前线步兵连。我大部分时间担任一个步兵排的班长。我过着双重生活：我努力想成为一名好士兵，可我很难适应部队里的纪律，要我敬礼、大声说“是，长官”真是痛苦。我怎么也学不会打行军背包和拆卸 M1 步枪，不过有人能帮忙。假如算上得克萨斯州、密苏里州、印第安纳州的话，我带的士兵大多来自南方。团里约十分之一的人是文盲，我真心高兴上级命令我在工余时间教这些文盲士兵读书写字、签支票。反过来，他们帮我处理我在武器、装备等上遇到的各种问题。我很少离开军营，主要阅读军事指南，研究情报和战术。我有成为一名优秀步兵的潜质，但最终没能成真。

我的脚是软肋，不是当步兵的料。入伍时，我的身体条件高于平均水平。我样样都行，但就是受不了每天长途拉练。越走脚越不行，后来感染了，被一次次送到医院。我极度讨厌去医院，一到医院就马上要求出院、返回岗位，每次都在痊愈之前获得出院批准。一次，我坚持走，以至于一只脚肿到鞋子穿不下。第二天，我套上橡胶套鞋，只有好的那只脚穿了鞋子。隔天我就被送到医院了。

我的坚持赢得了长官的不少敬佩，但是我的表现也因此大受影响。我最擅长的似乎就是解决单个小队遇到的战场战术问题。我带的班不仅在连队，就是在整个营里都算得上出色。

我还在阿代尔营的时候，收到哈斯克尔写来的信。他所在的船在摩尔曼斯克[1]附近被鱼雷击中，他回到芝加哥，受到热烈欢迎和赞扬。他先为没有一回到家就马上给我写信道歉，然后解释说，在逃过鱼雷后，他继续在商船队服役，到了比较温暖的地方，再次遭遇鱼雷。他写道：

> 我们在埃及待了一个月，遇到几架纳粹飞机，见到盟军士兵和飞行员，虽然偶有侵扰，但总的来说度过了一段增长见闻、结交朋友的快意时光。我们在那里意外卸了货，所以当我们在南非附近被炸得屁股开花时，船是空的——潜艇指挥官为此懊恼不已。
>
> 好了，不再絮叨我们西部故事般疯狂的英勇事迹了，这封信还有一个特殊目的。我和南希下周六要结婚了，然后回东海岸去，一周左右以后我将再次出海。长话短说就是这样。
>
> 但有几件事要说下：出于我的工作性质和政治信仰，我认为夫妻之间应当有深厚的同志情谊，这对我来说很重要。我和南希还未到达这一层，不过她进步得很快，对工人运动表现出由衷的兴趣。我知道这主要得益于你的影响。

哈斯克尔还打电话跟我说这件事，而我正困在陆军的阿代尔营里。得知这个消息我整个人都惊呆了，茫然不知所措。我

1　俄罗斯西北部港市，俄罗斯北方唯一的“终年不冻港”。

哈斯克尔·韦克斯勒与南希·阿申赫斯特婚后不久于家中，约摄于1943年。

在俄勒冈州寂寞的偏远营地里经常给南希写信，而她竟然没有对我透露半点消息。我认为他们结婚的决定是大错特错，我也这么说了。半夜我打电话给艾尔弗雷德·阿德勒告诉他这件事，他在电话那头只是预言这桩婚姻不会长久。对于这个晴天霹雳，他的反应在我看来是如此轻描淡写、若无其事。不过后来他也写道：

> 巴尼和南希结婚不会幸福的。不会，不可能。巴尼会要求南希，强迫她……接受她不感兴趣的左翼观点。我觉得这相当幼稚。[9]

阿德勒关于哈斯克尔与南希婚姻的预言成真。我不知道他俩在一起多少年，但至少在一起生了两个孩子。离婚后，南希回到弗朗西斯·帕克学校教戏剧。我不清楚在帕克具体发生了什么事，只知道她被开除了；我想大家都觉得很难过。结婚前，哈斯克尔打电话给我，离婚时却没有。不过 1952 年南希去世那天，他给我打电话了。我跟南希多舛的关系无疑极大地影响了我余生中跟其他女人的关系。

在俄勒冈州，我一直给家里打求救电话。夜半时分，我离开兵营，冒着连绵不断的雨，艰难步行至电话亭，打电话到芝加哥，然后等待一两个小时电话才能接通，夜夜如此。父亲开始对我许以承诺——是我要求的。他答应把我调走，调到气候好一点的地方，送我到候补军官学校，只要不是我现在待的这个地方，哪里都可以。有时候我拒绝他的提议。我可能今天想坚持留下来，与我的连队并肩作战至战争结束，明天又想离开。

当时我面临三种选择。可以去有限勤务大队，当一名技术兵之类的，直至战争结束；可以去候补军官学校；我还可以去大学的陆军训练班。虽然我恨透了这里，却不想就此放弃陆军。

我很想去候补军官学校，可是名额有限。父亲在白宫有一个朋友，叫查尔斯·K. 克朗奇[10]，可以帮点小忙，他确实替我，或者说替我父亲帮了不少忙。军需官候补军官学校是最后的少数几所还在招收新人的，而我有幸被选上。我到师部去报到，几小时后就站在了批准委员会面前，接着就准备转移至军需官的兵营。讽刺的是，收拾行囊时，我真心难过不舍。直到后来到了中国，我才再次像在步兵连里那样，融入部队，成为集体的一分子。

在等待前往位于弗吉尼亚州匹兹堡市李营（现在叫李堡）的军需官训练营的命令期间，我拿到了驾驶大卡车的牌照。我喜欢这个工作。我们通过公路车队把人员和物资从俄勒冈州运送到华盛顿。之前我买了一辆二手车，一辆奥尔兹莫比尔牌折篷汽车，停放在芝加哥的车库里，现在我把车开到候补军官学校。虽然只有周末的时候可以用车，但它可真是一件好东西。有了车我更加频繁地进城。晚上，我想逃到附近没有其他士兵光顾的镇子去，却始终未能找到这么一处。

在候补军官学校的头些日子真是噩梦，我深深怀疑自己挨不过去。我毫无准备，患上了花粉热，睡觉时眼睛肿得睁不开。第二天早上只得踉踉跄跄地去到户外厕所，用热水把眼睛掰开。不过挨过开头的这段痛苦时期后，我的歇斯底里好转了。我还是有可能做到的嘛，脑力劳动小菜一碟，而体力方面的军事要求我在第 96 师体验够了。我专心待在后方，花粉热让我一直看东西和呼吸困难，但是之前的脚疾已经使我能够适应这种折磨了，我比周围的人更能吃苦。

周末很愉快，出乎我的意料。我从没到过南方地区[1]，没指望会有愉快的业余时光。事实证明我错了。星期六下午我们可以离开军营，一直到星期天晚上再回来。第一个周末我去了里士满的劳军联合组织舞会，那天难得轻松惬意地遇到了一个弗吉尼亚的当地姑娘，我认识的第一个弗吉尼亚姑娘。她出生于一个十分有教养、家教优良的家庭，但不介意跟我亲吻、喝酒、搞点暧昧。这正是我需要的，能将军营和学校暂时抛在脑后的东西。

大家一开始的南北对立后来变成自嘲取乐。我得知有几个友好的南方白人。问题是，我认识了两个女孩——其中一个比另外一个更漂亮、热情、聪明，也没有那么严重的种族歧视。可我拿不定主意更喜欢哪一个，每周都变来变去，最后自然是两个都丢了。

在我执行军官的首批命令去报到前的空当，我父亲和他的白宫朋友克朗奇忙着替我找门路。我不想在军需部队服役，觉得这是一种文书战争。因为之前我对电影感兴趣，有朦胧的拍电影的想法，可我不知道陆军里哪个部门负责这方面，于是父

1 美国南北战争期间，弗吉尼亚州因反对取消黑奴制度而加入南方邦联，因此传统上属于保守的美国南部地区。

亲便去打听。最终他的（也是我的）计谋得逞了，我被调到了通信兵部队。

我的第一站是波士顿，我从纽约的摄影中心被调去那里六十天。我到第一后勤指挥部的电影发行中心去报到，在那里学习电影发行，第一门课是学习如何操作和维修电影放映机，作业是阅读电影发行相关指南。我住在波士顿舒适的宾馆里，生活，特别是夜生活开始好转。

课程结束后，我依依不舍地离开波士顿，重回弗吉尼亚，在帕特里克·亨利营——一个戒备森严的出发营，在我的第一间影片库里执行了六十天的临时任务。影片库里的教学影片从步兵基本战术到如何预防性病，无所不有，凌乱不堪。一名懒惰的中士和陆军妇女队的一个女兵是我的助手。像刚到候补军官学校时那样，我一来就又想离开了。

不过这次情况好些。军队里的电影发行采用竞争机制、大规模进行，每个后勤指挥部都以其士兵人均影片放映数量进行评估。我被派去放得不够的兵营放电影。我喜欢竞争，而且善于竞争。我把影片库重新整理了一下，方方面面的功能都做了不少改进，使我所在的营一下子在全国名列前茅，我感到很自豪。

通信兵部队摄影中心接着把我派到位于纽约皇后区阿斯托里亚的学校。校领导对我有点失望，因为跟同学相比，我既没有经验也不懂技术。其他学生对诸如弗兰克·卡普拉、约翰·休斯敦等导演[1]了如指掌——有些还与他们相识。学校里都是些权贵子弟，政治气氛浓厚。这里曾是派拉蒙电影公司的发祥地，好莱坞氛围渗透学校的各个角落。

一开始我被分配到照相摄影班。我总是比其他军官慢两拍，那些人在和平时期就是专业摄影师。不过我没有受到太多苛责，很快就掌握了一些技巧。纽约的生活还不错，我开着自己的折篷汽车，住在列克星敦大街老贝尔蒙特广场酒店的一间套房里，旁边就是一家夜总会。

后来学校新开了一个电影班，我们这一小群军官被招了进去，学习初级电影摄影。老师们一再跟我们强调：从单一的静止角度看待一个物体不能赋予其电影生命，必须分别从远处、中距离、特写加以观察。

技术问题再次难倒我，不过我学的这些是我最想学的东西。老师叫我们出去拍片子，有时候自己一个人去，有时候两三个人一起。我今天去拍可口可乐瓶装厂，明天去船上拍卡车装货，几次去中央公园拍摄鸽子和动物园里的海豹，还被派去拍科尼岛。

之前我看待事物的角度几乎都是文字的，对视觉世界了解甚少，对绘画、构图一无所知。现在我开始懂得视觉媒体的力量和神奇。我想了解有关电影的一切——不过到那时为止，了解的途径还都只是阅读相关材料。

我喜欢电影制片的一点是你与作品之间的即时联系。你

1 弗兰克·卡普拉（1897—1991），生于意大利的美国导演，代表作《一夜风流》、激励美国青年参军的大型纪录片《我们为何而战》；约翰·休斯敦（1906—1987），美国导演，代表作《马耳他之鹰》。

拿着摄影机出去，拍一个故事，两天以后就可以在屏幕上看到成果。我还喜欢电影剪辑，只要坐在房间里处理素材，不用出去与人接触：你可以和他们玩，但不必受他们打扰。剪辑是制片最美好的最后一步，可惜学校这方面教得很少。学校训练我们是当战地摄影人员的，影片将由美国的制品厂剪辑，所以我们只能在自己的摄影机里剪辑。这些年来我常跟朋友说，这项技能对我日后在格罗夫出版社和《常青评论》的工作产生了影响。

电影中心的一个教员兼中尉特别讨厌，很神经质，据说派驻意大利时遭遇了炮弹休克，这事可能是真的。一天，我在他办公室里坐了几个小时，等待当天的拍摄任务。快中午了他终于叫我去一个游泳池，随便拍点啥，东西拍回来也没用上。这种毫无意义的任务叫我不爽，我直接表露了出来。中尉很生气，意欲报复；几天后我便收到了被派往海外执行任务的命令。我并不为此生气，因为我正想去。学校给我的成绩记录打分是“合格”——这是我军官生涯中得到的最差成绩。

我的出发营，或者叫“集结待命”地区在距离加利福尼亚州马里斯维尔市约十英里外的一个荒凉的破地方。那个军营十分靠近内陆，八月热得跟烤箱似的。我讨厌那里，我也讨厌等待。等待是你在陆军里要花大把时间做的事情。

最后，我们这帮人终于进入戒备状态，但我还不知道我们要去哪里。我们登上火车，没有人告诉我们最终目的地是哪里。我已经暗暗断定我们要去中国，没有什么证据，只是我想去那里而已。我一直随身带着埃德加·斯诺的《西行漫记》[1]。同行的一个人发现火车上储备了一个星期的补给，所以我们肯定不是要去加州的某个城镇。火车走了似乎有好几年那么久，但其实离开北加州后只过了差不多六天，我们到达终点站，弗吉尼亚的一个军营，歇息了一周之后，被推上一艘载了两千余人部队的船。

我们仍旧不知道目的地，旅途亦十分不愉快。我们十二个人——十名医生、两名摄影师，挤在一间没有舷窗的狭小船舱里。三周后，气氛越来越紧张。我很暴躁，其他人比我还要暴躁。我的一个同铺、一名年轻医生，玩牌输了，把牌扔得满地都是，我骂他是神经病、浑蛋，他举起拳头，想朝我的下巴一拳打下去。我生气了，但只是抓住他，没有动手，直到船舱里的其他军官过来制止了我们。

我们航行了四十天，南下大西洋到达巴拿马运河，穿过太平洋和赤道，绕过澳大利亚，进入印度，最终停靠在孟买。正式登陆之前，我下船玩了一个晚上，猛灌威士忌。回到船上时，我已经酩酊大醉，但是很开心。

1　20 世纪三四十年代，该书为顺利出版、免遭查禁而用此译名，改革开放后恢复《红星照耀中国》的原名，《西行漫记》转为副标题。

My Life
in Publishing
and How I Fought Censorship

Rosset

04 中国：被遗忘的战区

我们在孟买登陆，坐火车穿越印度，沿途时而悲惨，时而竟也优美。我们一行大约十人，差不多都是随机分配，坐了四天的火车从孟买到加尔各答。车厢分为五等：一等、二等、三等、中等和四等。我们的车厢是四等车厢，有木头长椅，闷热得要命，可是我并不在意。我喜欢印度。我从一本旅游手册上学了一些印度斯坦语词汇，并找跑上火车的小孩子练习。我凝视车窗外的村庄和妇女，只见她们跪在装着大米和香蕉的扁篮子旁给婴儿喂奶，奶总是不够吃。有一次停站，轮到我执勤——我们得提防小偷——列车长和司机请我到火车站去喝杯茶。等我们回到站台，火车已经开走了。可是没想到我们坐上的下一列火车竟然赶上了前面那列，我重新回去站岗，没有人发现我擅自离岗。

走了四天四夜后，一天早晨，我们醒来，发现火车停在一处前不着村后不着店的荒凉的侧轨上。车厢里热得要命，可是跟我一组的那五名精神科医生不敢擅自下车去外面看看。于是，我跟一名顺势疗法医师（我们已经成了朋友）下了火车，沿着一条两边都是很高的椰子树的土路往前走。周围几英尺内，几颗椰子掉在地上。接着我们发现“作案人”是猴子，正拿椰子扔我们。敌人的炮火线有几公里长，我们艰难前行，突然意外地发现我们的新军营——美国的一个备用军营，此处距离加尔各答三十英里。

上：1944 年秋，巴尼·罗塞特在印度的甘杰拉巴拉营，等待任务。

下：巴尼·罗塞特和他的禄来福来牌相机。

甘杰拉巴拉[1]营是个火炉。我们待在那里无所事事，等待各自的任务。我们住在帐篷里，食物难吃得要命。等待期间，营长想出各种事情叫我们做。驻扎在这里的士兵太多，白天热得够呛，晚上又冻得半死，还有胡狼在帐篷里偷鞋子，在垃圾堆里觅食。

我经常偷溜到加尔各答去，那里有非常漂亮的妓院，原先的宫殿临时腾出来变成了妓院。一个印度姑娘是一名高级交际花和妓女，跟我很要好。一天下午我带她去看电影，这对一个美国军官来说是很出格的事情。来看电影的英国老百姓中有不少衣着过时的中产阶级女人，看到我和我的同伴便面露尴尬。我的同伴穿着一件低调而优雅的莎丽服。之前，在宫殿妓院她的房间里，她在日间仆人——两名非常能干的英国女人的服侍下，穿上这件莎丽，我在一旁给她拍照。

命令终于到了，要我去新德里的第 164 通信照相连报到，那里是我们连的中国、缅甸、印度（中缅印战区）总指挥部。那里的军官住的比在美国还好，吃的也好，还有大酒店和社交活动。不过新德里给我的感觉好像华盛顿，而我两个地方都不喜欢。

第 164 连在中国有一个小分队，在缅甸有一个，在印度还有一个，覆盖整个中缅印战区。我到达德里后听说我们在中国的一名军官自杀了，于是我主动请缨去接替他。当时盟军在华南的战事十分不利，看似可能会有一次大撤退。我想赶在那之前去到中国。这是我参与“二战”中我最想参与的战事的机

1 本书中时而使用 Kanchapara 时而使用 Kanchrapara，地名辞典里只有 Kanchrapara，疑有误。

会。埃德加·斯诺的《西行漫记》离我越来越近了。连队签发了我的命令，我整装待发。

我在一个热得冒烟的空军基地等了两天后，登上其中一架又丑又动力不足的 C-46 运输机，从印度阿萨姆邦起飞，飞越喜马拉雅山，去往我们连队的中国指挥部所在地昆明。时间是 1944 年 12 月，我二十二岁，不过是通信兵部队摄影部门一名受过一点训练的新人少尉，除了有一些理想外，无以依靠。我背着沉重的装备，艰难地爬上飞机，跟一群沉默寡言的中国士兵一起坐在金属地板上。我靠在光秃秃的机身的弯曲处，抱着沉甸甸的降落伞，对这玩意儿完全陌生。我们置身于一架巨大的货机之中，这堆破铜烂铁只靠两个小小的发动机勉强支撑。我们戴上面罩大口呼吸氧气，地球上最高的山脉在脚下虎视眈眈，在两侧时隐时现。

飞机到达目的地，开始降落，这时驾驶舱门后的第三盏紧急警报灯亮了，表明日本零式战斗机在尾随我们，利用我们作掩护，轰炸跑道。飞机着陆，我跌跌撞撞地从机舱里出来，一头扎进一片混沌的夜色之中，不知所措——没有联络人，没有指挥官，不知道接下来要怎么办。我跑走时把军用降落伞扔在了跑道上。我误打误撞来到一间灯光昏暗的木屋，里面坐满中国顾客，在喝着热黄酒。显然我已经不在昆明空军基地了。第二天醒来，我发现自己宿醉躺在我们小分队的临时营舍里，虽然头疼，但不妨碍我意识到我到了梦寐以求的中国。

第 164 摄影小分队很小，跟昆明的另外一个非摄影连队共用一个招待所。指挥官是一个波士顿人，有些文化和同情心。我很快便清楚了他希望我尽快离开昆明，去填补那个去世的军官留下的空缺。除了那则自杀谣言，我并未真正了解我顶替的那个人是怎么死的、为什么死的，直觉告诉我不要追问此事。指挥官告诉我第 164 连要派我去战线的另一头贵阳。他没有很具体地告诉我怎么去、该做些什么，只给了我一辆武器运载卡车（一辆小而结实的四驱卡车）、一些战地照相洗印室的设备和用品，以及一名副驾（一个年轻的美国大兵），给我签发了去贵阳的命令。

我拿着命令，沿着唯一一条尚未铺好的公路，向东朝邻省贵州的省会贵阳进发。那里是中国平民赶在当时看起来仍要大举攻来的日军之前逃难的一个主要集中区。我管我的武器运载卡车叫作“福托摩托”[1]，把名字用大写字母涂在前散热器上。这辆卡车就像一头强壮的大驴子，不是很灵活，但能吃苦，而我正不偏不倚朝着大举攻来的日军驶去。

是这样吗？前一天晚上我在昆明时没有人告诉我，大家也最不可能知道的是，那时日本已经打到了贵阳郊外，从东、南、北三面包围了这座城市，而我们正从西面过去，一路上畅通无阻。那一仗后来成为中日战争史上的历史性标志，我相信是整个“二战”中日本入侵中国到达的最深入的地方。

在弯弯曲曲的土路上头晕目眩地开过一个接一个的发卡弯后，我到达了贵阳，来到美国的主要基地。这是一栋残存的漂亮小旅馆，外加几栋零星的附属建筑，而里面竟然聚集着一群美军高官——至少七个西点军校的毕业生，全是高级上校，还有一名是一星上将。他们在那里做什么，我一直不是很清楚。

他们好像在等我，穿着旧式白褂子的中国用人接过我的东

1 “福托”与英语的照相“Photo”一词发音相近。

西，把我带到二楼的一个小房间，纸糊的墙壁将将到达天花板，房梁上不断传来声响，经常能看到老鼠跑来跑去。我把睡袋铺在床上，床就几乎占了整个房间。然后我决定出去，在贵阳走走。

1944 年除夕，土街上人来人往，空气中希望与绝望的情绪交织在一起。谣言说人群当中有日本人雇用的中国赏金猎人在射杀美国人，但我认为不是这群人。我的纸糊的旅舍房间还有地方容下一个女伴，只要我能找到一个带回去。而真的让我找着了！我们共度除夕，相互抚摸、拥抱、试探。尽管几乎被日本人团团包围，但是一点儿也不影响我们庆祝。

第二天早上，我发现纸糊的薄墙隔壁有一名听众，一个叫奥多纳休的神父、天主教牧师、玛利诺会传教士听到了我的犯罪过程。爱尔兰天主教的母亲的影响令我一下子羞愧难当，然而慈祥的神父听我静静地忏悔，赦免了我的罪。我在中国期间他一直是我忠实的朋友。

我正琢磨着怎么在贵阳建一个照相洗印室，突然在土灰中发现一本相当厚的小册子，是美国海军出版的一本指南，肯定不是新的。更神奇的是，里面居然有如何在野战环境里建立照相洗印室的详细、简单易懂的说明。

我到贵阳不久便交了一个新朋友梅雷迪思·鲁尔，昵称马迪，是战略情报局[1]的一名美国海军军官。他指挥的战略情报局的中国士兵分布在敌前敌后两侧，来回穿梭，执行搜寻和破

1　中央情报局的前身，“二战”期间罗斯福总统授权威廉·多诺万成立的战时情报组织，秘密广泛招募社会上各行各业的人员从事情报、间谍活动，杜鲁门总统上台后将其解散。下文提到的 X-2 反间谍部门是 1943 年成立的分支部门，202 分队是派往中国战区的分遣队。

坏任务。马迪原本是伊利诺伊州斯普林菲尔德市的一名警察，脖子粗短，身材敦实，无所畏惧，在接受拆卸培训之前还是一名职业摔跤手和神枪手。

鲁尔训练他的中国拆卸小分队精确实施拆卸，他们的任务是深入日军占领区，破坏任何可能对日军有价值的东西。如今我们得销毁武器，以防被日军拿来对付我们。因为鲁尔，我成了战略情报局非正式的一员，帮助他将手下的人送到任务区，再送回大本营，我俩的指挥部对此均不知情。我跟马迪·鲁尔和他的骨干人员跋涉了数英里的中国公路，替战略情报局义务做非正式的工作。

在此也许应当说说我为什么被战略情报局拒之门外。多年后我通过《信息自由法》接触到有关我的档案，才得知此事，并发现 1945 年他们仍在调查我。以下是博德韦尔少尉调查我是否适合加入情报部门的报告：

《信息自由法》第 25 号文件

（在中情局附函 OTO 8/29/75 中，此为第 177 号文件。）

备忘录 OTO 2/27/45，根据中央情报局附函 OTO 8/29/75，此文件“解密”。

X-2 反间谍部门

战略情报局情报小组 202 分队

指挥部

上：1944 年在中国，一个人拿来一只鸭子征求巴尼·罗塞特和其他美国士兵的同意。
下：1945 年 1 月在中日交战前线，巴尼·罗塞特和他的武器运载卡车“福托摩托”。

1945 年 5 月巴尼 · 罗塞特与梅雷迪思 · 鲁尔（马迪）在掩体上。

备忘录：

发件人：保罗·H. 博德韦尔少尉

收件人：美国海军后备队阿瑟·H. 瑟斯顿上尉（中级）

哈丁市长要求我就华盛顿发来的电报，对第164通信兵（照相）部队的巴尼特特（原文如此）·罗塞特少尉进行调查。

1月27日上午，我致电其指挥官，明确说明为何想知道罗塞特的行踪和可否调用。其指挥官十分乐于配合，向我颇为详尽地讲述了有关罗塞特的事情。

罗塞特这位二十二岁的军官看来很多时候表现得像十七岁而不是二十二岁。此人不是十分成熟。此外，援引该指挥官的话说，其父亲似乎是个罗斯福新政的“大人物”，想让其进入战略情报局已久……

目前罗塞特负责指挥一支由他和几名士兵组成的战地摄影队，在贵阳城外执行任务。在写此报告时，严格地说，由于人员紧缺，罗塞特无法调用。然而，有另外三四名军官正在派遣途中，到时该指挥官愿意放罗塞特走。

其指挥官的个人观点认为，罗塞特无疑不适合担任任何情报工作。一、他没有任何经验；二、他很不成熟；三、他并未表现出过人之处。

综上所述，在其指挥官看来，可以说上述军官认

为整个计划就是一场“肮脏的政治”。

虽然不能去战略情报局，但是在另外一份备忘录里，他们建议把我调到另外一个摄影小分队去。

现在轮到中国人追击日本人了——日军自行往老窝的方向，即向东后退。我的通信兵照相小分队的任务是记录这次奇怪的撤退。蒋介石显然信奉古代哲人孙子的至理名言，《孙子兵法》曰：“不战而屈人之兵，善之善者也。”据说有两万余名中国军队携带移动火炮在“追击”敌人，可日本兵的机关枪一次次击退了他们。

一天晚上，我和锡德里克·波伦下士（此人是摄影小分队的无价之宝）来到一座被烧毁的村庄中央，在一个被摧毁的荒废十字路口停下来，准备过夜。我们把吊床绑在吉普车和拖车之间。黑暗之中我们偶尔看到有鬼影在房屋废墟周围移动，但并没有人靠近我们。一大群老鼠，足有成百上千只，直接从吊床底下快跑横穿过土路。

有传言说日本人可能重新打过来，我很紧张，把枪抓得紧紧的。我们停下来后没有吃东西，我带了很多水果罐头，光着膀子站在炎热的暮色中，狼吞虎咽地啃了几个梨子。空气中弥漫着死亡的气息。

白天世界就分明了。我们不再把在废墟中穿行的无家可归的难民当作日本兵。我们重新出发，寻找最前方的美军联络小分队。有一程，我们发现约二十个死掉的日本骑兵和他们的马。他们要么遇到了游击队的伏击，要么遭遇了第 14 航空队[1]的扫射——二者后来都宣称是自己的功劳。我们面前是开阔的玉米地，四周寂静无声。要不是尸臭味破坏了这个美好的白日梦，感觉就像置身于夏天艾奥瓦州的土路上。

现在过桥越来越困难了。被毁的桥只是非常潦草地修理了一下。我和波伦都庆幸把“福托摩托”留在它的马厩里，换了一辆比较轻的吉普车。我们来到一个城镇，知道这里已经非常接近前线。这里曾经有一个英国领事馆，如今屋顶不见了，透过一面倒塌的墙可以看到战火过后的房屋废墟。有几栋房屋完好无损，不过大部分都已粉碎，碎石瓦砾挡住了我们的去路。我们小心翼翼地往前开，过不去了就倒车，就这样慢慢穿过城镇。街上的人神情憔悴，似乎压根儿没有注意我们，不过我们清楚还没有多少美国人在我们前面来到这里。最后，我们终于到达位于城郊的美军联络小分队的指挥部，指挥部的房子已经塌了一半。

到了那里我们得知，前一天，一个由一名美国上校、一名中国上校、一名中文翻译和一名美国上尉组成的美军前方视察组坐着一辆吉普车来到这里，说想要看看前线。联络组警告这些观光客他们已经非常靠近日本人，可是那个美国上校不以为然，就想看打仗。于是他们又坐上他们的吉普车出发，沿着没有铺砌的公路去找日本人，到了中国正规军把守的最后一个据点。一名中国班长劝他们别去，可是既没有看到日军的炮火阵

1　1943 年 3 月，美国陆军航空队将中国空军美国志愿援华航空队，即飞虎队，编为美国陆军第 14 航空队。

地，也没有听到炮火声，美国上校无视警告，继续前进。

又来了一辆吉普车。坐在里面的是《时代》杂志的著名记者西奥多·怀特[1]和《生活》杂志的一名摄影师。看到我们，他们高兴地松了一口气，大家围坐在破破烂烂的小院子里。我犯了一个尴尬的错误，在大家认出他之前，我问他："你知道西奥多·怀特要来吗？"

他回答："我就是西奥多·怀特。"

说了一会儿话之后，大家全体出发去最后看见华盛顿来的那个视察组的地点。

我们到达他们的最后已知位置，两三天里没有再往前进。我们只能拿大汽油罐烧水，白天的高温加上生火，真是火上浇油。我浑身脏兮兮的，衣服黏在身上，刮个胡子得费老大的劲。晚上，我们靠手摇收音机收听航空队的广播。

航空队联络员和他的手下，还有我和波伦坐一辆吉普车，怀特和他的摄影师坐他们自己的车跟在我们后面。我们又经过几座被烧毁的桥，没有看见半个人影，也没有吉普车。路的一侧有一栋烧毁的房屋，另一侧有一栋小石屋。路的一旁，水渠围着的水稻田映入眼帘，远处几百米高的大山拔地而起。我们决定下车找农民问。山脚下有一些小村庄，第一个村庄空无一人，日本人住过这里；我们发现破烂制服和步枪弹夹。泥房子之间有小路相连，敌人刚刚离开，说不定现在还躲在角落里。

赛·波伦是一名绝对可靠、十分能干的士兵，而且最令人意想不到的是，他竟然是我在芝加哥的旧情人南希·阿申赫斯

1　西奥多·怀特（1915—1986），美国驻华记者、作家，中文名白修德。

特的表兄弟。言归正传，赛和两三个手下跟我回到停吉普车的地方，搜索周围的房屋。我走进一栋好像谷仓的建筑，一股恶臭扑鼻而来。一个角落的一个稻草堆上躺着一具臃肿不堪、烧焦的尸体。我分辨不出那是日本人、中国人还是美国人，从制服碎片判断应该是中国人。之后我们就离开那里，驱车回到临时营地。我们发现一具尸体，但是没有找到失踪人员。第二天我们继续前进，但是怀特没有跟我们在一起，他得回昆明去给《时代》杂志发报道。

我们剩下的人围作一团站在路中央，搜寻就此结束。一个人踢了一脚沟渠里的一个土堆，突然露出一具尸体。尸体的脸上爬满蛆，头骨几乎已经没有肉了。不远处我们又发现了一具情况相同的尸体。我和波伦给遗骸拍了照。

我们试着辨认尸体的身份，认为第一具应该是那个中文翻译，第二具是美国上校。后来证明我们错了。美国上校和他的助手美国上尉被活捉了。我们把胶片交给步兵联络员，继续前进。一周后，那个失踪的美国上校兜回一个偏远村镇。他说他逃了出来，而上尉没有。

这一系列事件后不久，我因为另外一件事情，一件着实令人伤心的事情，从贵阳给家里写信：

1945 年 4 月 14 日

昨天，我们得知了罗斯福总统去世的噩耗。这是战争打响以来最坏的消息。我认为罗斯福是自林肯之后最伟大的美国人，假使这个世界需要他，那就是现在。杜鲁门面临巨大的责任，我希望大家都能配合他……每天都有向德国取得重大推进的捷报传来，看来欧洲的战事必定离结束不远了。

虽然小罗斯福未能亲眼看到，但是战争确实快结束了。我们向柳州前进，柳州是一座大城市，曾有美军在中国最大的机场，每天晚上，我们搭的吊床离公路越来越远。快到柳州时，中国军队遇上一小群在战壕里的日军。然而中国人似乎并不想与敌人近距离作战，只是向日军的阵地开炮。假如中方的指挥官能够发起真正的进攻，便有可能避免日军对村镇及其人民造成的一些伤害。可惜这些将领不愿拿自己的安全冒险。

我们觉得我们应该继续前进。俗话说的“留面子”是不是从这来的？我们心想，中国军队看到我们向日军阵地前进，会不会感到羞愧，也跟上来。史迪威强渡萨尔温江进入缅甸时就是这么干的[1]，可人家是四星上将，知道自己在做什么。我们认为日军只有轻武器，我们可以再前进好一段距离，才会进入他们的射程。我们面前的小山丘上横着一段铁轨，刚好能够为我们靠近日军战壕提供掩护。那天格外炎热，我们不想带任何多余的东西，包括武器。要不了多久我便会后悔不已。中国人怒视着我们若无其事地走出去，但没有说什么。很快我们便置身于两军之间。我们来到铁轨旁停下来。一旦越过铁轨，我们便将进入敌人步枪的射程。可是我们在铁轨另一侧的浓密树叶的

1　萨尔温江即怒江，流入缅甸后改称萨尔温江。1944 年 4 月，史迪威派出的中美联合突击队发起奇袭缅甸北部的密支那的“眼镜王蛇行动”。与此同时，在史迪威等人的敦促下，蒋介石命令驻于滇西怒江东岸的远征军于 5 月 11 日分四路渡江，向高黎贡山发起攻击。

1945 年 7 月日军撤离后的第二天，解放的柳州的一名中国难民。巴尼 · 罗塞特摄。

遮挡下跨过铁轨，快速翻过桥台，进入另一侧的树林，小心翼翼地匍匐前进了一阵，继续朝日本人挺进。

接着子弹便开始从我们头顶上飞过。我们一头钻进高高的草丛中，一动不动。我们不知道子弹是不是冲我们来的，不过开始怀疑自己究竟在干什么。大家身上除了折刀外没有别的武器。中国人已经看不到我们了，不知道我们离日军阵地有多近。一个日本兵就可以走过来轻而易举地结果我们。

第二天早上，路打通了，部队准备抢占柳州。我们在蒙蒙细雨中早早起来，得知日本人已经放弃阵地，中方派出侦察兵去探路。我们迅速做出决定，事不宜迟。我的摄影小分队还有航空队军官迅速收拾好东西出发。我们赶上并且超过了中国侦察兵的先头部队。用不着商量了，我们可以看到山上空荡荡的，我们不想被耽搁。没多久机场的平坦跑道便出现在远处，四周围着带刺的铁丝网。我们沿着铁丝网找到缺口，偌大的机场的另一侧还遗留着建筑设施，肮脏的跑道上布满四英尺宽的洞。我朝其中一个洞里看了一眼，心想，看样子日本人原本打算挖洞埋地雷，还没完工便不得不离开。

1945 年 7 月 9 日的《时代》杂志刊登了特迪·怀特有关收复柳州的报道，那里现在是一片废墟，满目疮痍。没有几栋房屋是完好无损的。四处是未燃尽的战火和死亡的气息。街上行人极少，偶尔看到几个人影也是神态恍惚、失魂落魄。柳州城由一条大河一分为二，河上的桥全都给毁了，我们沿着柳江拍摄城市遭受的破坏。我们看到一家人在马路中央挤作一团，两个年幼的孩子躺在那里，奄奄一息，父母的腿中了弹。通过言语加手势，我们得知他们遭到日本人的攻击。可惜我们没有医疗设备，连最基本的治疗都没办法给他们做。我想找个人来帮他们，可是环顾四周，一片狼藉，我发现这是不可能的了。

我们得过河才能到达市中心，一名船夫自愿用他的小舢板载我们四个人过江。一群人站在河对岸等待他们伟大的美国解放军，也就是我们这些摄影师。他们站在船靠岸的地方挥舞旗帜，欢呼雀跃，待我们上岸激动地拍我们的背。然而他们很快就幻灭了，真正来解放他们的人要几天后才到达。

我们回到机场度过了不安的第一个晚上，然而一夜平安无事。第二天早上，我们到周围勘察情况。几架飞机残骸整齐地排列在紧挨着一条跑道的河湾上。日本人的聪明狡猾果然名不虚传，他们把毁坏的美国战斗机伪装成日本零式战斗机，吸引火力。他们的诡计得逞了，这些诱饵被美军的轰炸和低空扫射打得弹痕累累、千疮百孔。

第二天，陆军工兵部队的一名上尉带着一名士兵，乘坐一架小型 L-5 联络机来到这里。上尉下飞机还不到五分钟就发现第一颗地雷，事实上，他的飞机着陆时正好从上面飞过。所有人都目瞪口呆，日本人到处都埋设了带雷管的美军集束炸弹。我们跟着上尉，看他给我们指出一个又一个杀伤炸弹的丑陋弹头。他走到一个洞坑前，没有靠近便停下脚步，那里也埋了一颗炸弹。我们差点儿正中日本人的下怀，叫好奇心把我们统统炸死。敌人故意把洞坑放空，却在边缘松软的泥土里埋下地雷。

上尉和助手开始清理一条临时跑道，以备将来飞机降落。他们趴着爬向地雷，轻轻地拨开上面的土，然后绑上引线，引爆地雷，一个个摧毁。我们跟拍下前面的几个动作，等到引线开始噼啪作响，便赶紧撤退。我跳上吉普车，开出一百多码远。即便隔着这么远，一颗地雷爆炸的弹片还是从我耳边呼啸而过。最后，我们发现整个机场有成千上万颗地雷，花了数周才全部清除完毕。我带着曝过光的胶片坐飞机回到昆明，想起那天自己朝一个洞里看，庆幸没有踩到一颗地雷被炸死。

我获得铜星勋章的推荐，但被乔治·E. 斯特拉特梅内中将给否决了。我也不晓得自己得罪了什么人。推荐被撤销是常事？我不知道，但是获得推荐总是好的。我认为我的行为十分鲁莽，不明就里，凭本能行动。没有人告诉我地雷的事，一个摄影师为什么需要知道地雷？

05 “解放军”：上海之行和回家

一架航空队的飞机把我们从柳州载到上海——上海是我因理想而认识的地方，我心中的另一个芝加哥。我躲过了霍乱和疟疾，挨过了腐败奸诈的蒋介石政府造成的混乱，为自己赢得了去上海的权利。我们在蒙蒙细雨中降落在一座日军占领的机场，然后我和第164连的另外三名摄影师被带上停在跑道上的一辆皮卡车，司机是日本人。战争还没结束，然而局势已经变了。我已经有意识地从埃德加·斯诺的《西行漫记》转换到了马尔罗的《人的境遇》。

我们四人站在皮卡车宽敞的车斗里，驶进城市，一连好几个街区都没见到半个人影。接着我们才看到街上有人，呆呆地看着我们，我逐渐反应过来，人们在欢呼雀跃——我们四个人穿着美国军装站在雨里，再次被当作美国解放军。皮卡把我们载到外滩，即上海的滨水区，到达华懋饭店[1]。华懋饭店是我见过的最美丽的饭店之一，我们进入饭店时，从饭店外到涌泉路[2]和南京路上都受到人们的夹道欢迎。日本经理在大堂接待我们。我脑子一片混乱，一时还不习惯战争中这种奇怪的角色转变，而战争还有几天才结束。经理带我去套房，敲门，一名身穿整洁的白色军服、气势凌人的日本军官应门，向我鞠躬，然后离开，把他的豪华套房让给一个

1　即后来的和平饭店北楼。

2　静安寺路的别称，即今南京西路。

二十三岁的美国少尉。

前一天，我还睡在柳州高温、充斥着霍乱病菌的机场里；现在我正按下按钮，叫客房服务送来加拿大俱乐部威士忌、冰块和苏打水。饭店外的涌泉路上，女孩子们手挽手走在街上，而此时还有美国军官被关押在近在咫尺的基督教青年会里，至少还得过几天才能出来。我们带了几瓶苏格兰威士忌去牢房看他们，他们开心极了，只不过我们在外面，他们在里面。

我们受邀参加一家苏联俱乐部举行的宴会。晚宴设在一个设施齐备的礼堂里，一头挂着斯大林的画像，一头是列宁。有许多美女作陪。宴会结束时，我问一个姑娘可不可以带她回去，她直言不讳地叫我当心可能在犹太人区遇到的德国犹太女人，警告我说她们都是妓女。

我得知仍有约两万名德国和奥地利犹太人滞留在犹太人区，现在称为“上海隔都”[1]，离我们住的饭店不远。第二天，我们在虹口公园犹太人举行的下午的舞会和野餐上偶遇了几个。他们盯着我们的美军制服好像撞见鬼似的，我们看到他们也同样很惊讶。似乎只是一眨眼的工夫，一个年轻男子朝我跑过来，塞给我一个小包，硬要我收下。里面是一台还未拆封的禄来福来牌相机，我猜他一定是跑回隔都拿来的。乐队停止演奏，我们发现自己被一群快乐的男女老幼包围着。片刻之后，表演台传来一个声音喊道：“解散，宵禁时间到。”

我说：“没有宵禁了，战争结束了。”可是我的新朋友们将

1　日本占领下的上海虹口区一块面积约为一平方英里的犹太人聚居区。

信将疑。

我给自己挑了一个年轻姑娘，名叫伊尔莎·哈默，柏林来的德国犹太女孩，深色皮肤，长得很漂亮。我们找了张长椅一起坐下，公然违抗黄昏的宵禁。路灯亮了，一个裹着头巾、拿着步枪的高个锡克人、上海公共租界巡捕房[1]的印度巡捕走过来，这是日本人保留的英国统治的残余。那真是一次考验。我们几个美国人和我的新朋友们看着那个锡克人溜达过来，浑身发抖。他朝我敬礼，说："晚上好，先生。"

他并非想要逮捕我们，只是过来道声晚上好。巡捕房已经认得了他们的新主顾。

我很快便得知伊尔莎也早已懂得识时务，她以前在柏林的时候是一名法学院的学生。她带我认识上海，隔都里还有宵禁，但是她现在的活动范围在法租界，在那个小巴黎，在霞飞路[2]上20世纪初建成的小酒吧里喝上一杯，那里是她的特别之地。

这不仅不会让我对伊尔莎感到反感，反而更加着迷。伊尔莎使我联想到马尔罗的《人的境遇》里的荡妇瓦莱丽，小说故事就发生在上海。可那我是什么人呢？有时我是她的情人和保护人，有时我又焦急又兴奋地等待她从秘密约会中归来。

伊尔莎在上海有另外一个名字叫"托妮"，在唐山路一家叫作"罗克西"的名声不太好的夜总会上班（说得好像战时的

1　1943年7月底8月初，汪伪政权先后"收回"上海法租界和公共租界，改称上海特别市第八区和第一区，巡捕房也同时被汪伪上海特别市警察局接收。此处作者沿用旧称，下文提到的法租界亦同。

2　即今淮海中路。

上海有名声好的夜总会似的），附近还有几家小夜总会。夜总会远离人行道，树丛掩映，小小的灯牌并不起眼。一条整洁的铺面道路通到门口，一个裹着头巾的锡克门卫站在那里。进去后，走过长长的门厅便来到夜总会的正厅。半封闭的吧台设在房间的远角。一支三人乐队轻声演奏着美国老歌，几乎没有间断。大小不一的套桌围成一个小小的舞池，有时有几对男女在跳舞。这个地方人不多。

我认识托妮的那天晚上，她就坐在其中一张桌子旁，等像我这样的人。我叫她跟我一起，她便把我带到房间里最安静的角落里的雅座上。她穿着低跟鞋和一件素雅的米黄色连衣裙，这身打扮更像是准备去公园散步，而不适合这样一个灯光昏暗的夜总会。她的浓密的鬈发顺着脖子垂下来，使原本有些尖的脸庞变得柔和，为忧伤的大眼睛增添了一丝青春活力。眼睛底下的黑眼圈在这里浑浊的空气里看不清楚。我喜欢她，非常喜欢。

一个性感的金发女郎独自坐在角落，托妮说那是她的女朋友特露迪。音乐停了，乐手们退至吧台，托妮的朋友走过来。凌晨三点，一名美国海军陆战队中士来到夜总会，宣布打烊时间快到了。此时此刻他就代表上海的整个荣誉军警武装。战时，中士被关在上海一座监狱里，获释后，立刻置身于这个为所有优秀的海军陆战队队员预备的天堂。没人在意他的警告，他快速干了两巡朗姆酒，跟大家握手，然后离开。

托妮和特露迪开始谈论自己的事情。她俩都是柏林来的犹太难民。托妮不是很想谈论过去。当时她刚进入柏林的法学院，教授开始猛烈抨击犹太人。她试着当作什么事都没有发生，但渐渐发觉不可能。一天，她侮辱了一名老师。朋友们和校长帮她平息了事端，而她收拾课本走了。接下来的问题就是如何离开这个国家。她母亲不想走：德国是她的祖国，而且她在那里拥有产业；她父亲已离家多年，经常从瑞士写信来劝她赶快离开。她有一个朋友名叫汉斯，是一个富有的店主的儿子，他们决定结婚，然后一起逃跑。汉斯还未成年，不过已婚女子四处旅行比较方便。他们坐火车到意大利，在德国边境遭遇德国边境警卫的搜查——和抢劫。他们费了九牛二虎之力要登船，随便什么船。不过最后，他们在一艘豪华的日本邮轮上度过了免费的蜜月之旅，邮轮把他们从地中海的一个意大利港口载至上海——他们所知的当时世界上仍然向犹太人开放的唯一港口。豪华邮轮的意大利人，特别是日本经营者很友好，愿意配合。

到了上海，汉斯在一家破旧的小夜总会里当乐队鼓手，但是对柏林念念不忘。托妮刚开始在一家商店当销售员，后来两个人的工作都没了。托妮只得跟酒吧的朋友们一起靠酒水的提成和随便什么工作度日。到上海一年后托妮和汉斯离婚了，不过她说每次在这座城市丛林遇到什么新麻烦，他都会来找她。谈到母亲，托妮无动于衷，几乎可以肯定已经死在毒气室里，但是没有人给她写信讲清楚发生了什么。

打烊时，外面下着大雨，那个大胡子的锡克门卫仍旧站在人行通道上。我、托妮、特露迪走入夜色里，两个女子推着各自的自行车。我问她们要不要坐黄包车，也就是一种人力三轮车。特露迪说不用，向我们道晚安。我和托妮等了一会儿，等一个浑身湿透的赤脚车夫把车停下。托妮把自行车放到黄包车上，我们坐车离开。

回到豪华的华懋饭店，托妮站在偌大的卧室里，没有动手脱掉湿漉漉的、寒碜的雨衣。我安慰她，她突然哭起来，她说她得走了，现在吃早餐太晚了，她没法跟我定时间见面。如果我想去罗克西，那是我的事，她在那里上班。我带她下来去取自行车，外面还在下大雨，可她毫不犹豫地走了出去。我们站在雨里，她打开车轮上的锁。我又问了她一次：今天晚上六点饭店大堂见？她说可能吧，便快速地骑出路缘，骑向外滩，骑过系在码头上的一排排舢板和汽船。我看着她骑上一座桥，在自行车上站起身，坚定而自然地踏着车，然后消失不见。

第二天下午，美军要员开始陆续到达。几名上校穿着军靴，肩上背着卡宾枪，站在饭店前台等房间。我走到靠近入口的一张大椅子前坐下。托妮可能不会来，可我不放弃希望。

涂脂抹粉的漂亮的俄国白人姑娘悠闲自在地进进出出。有些刚刚跟她们的日本朋友道别；所有姑娘都给自己找了美国军官。这些盟军的拘留犯刚从拘留营出来，羞涩地往前挤，好像还不敢肯定现在的自由是合法的。在他们消瘦的脸上还能看到铁丝网和多年来被拘禁的无聊。

六点过一刻，托妮来了，穿着浅色棉质连衣裙和平底鞋，显得与这个豪华的大堂格格不入，看上去奇怪但又悦目。她骑自行车来的，脸上带着羞涩的笑容。我搂着她的腰走出饭店，走进八月的尾声。华懋饭店和隔壁的饭店之间挂着一个牌子写道“欢迎得胜的第七舰队”，“得胜的”这个单词拼错了。

我们的黄包车像出租马车驶过中央公园。穿着衬衫的人群在我们周围川流不息，有的坐人力车，有的骑自行车，有的乘汽车，有的走路，大家都不匆忙。办公室职员正下班回家，公共租界结束了，空气中洋溢着慵懒、如释重负的氛围。我透过马尔罗的眼睛想象没有这一栋栋的半现代建筑、宽阔的马路、一家家的大公司的上海。我们去的费雅客餐馆是维也纳人开的，安静的餐馆里坐满一半客人，两边墙上挂着维也纳的大相框。侍应生小心翼翼地拔掉一瓶干白的软木塞。

在我的想象里，我看见托妮在维也纳，沉浸在歌剧的童话梦境中，然后挽着父亲的手臂坐在咖啡厅里，小口喝着上面铺着一层奶油的热巧克力。托妮不愿回忆维也纳的伤心往事。不过她从破旧的钱包里拿出一张照片，放在我面前的桌子上。一个深色皮肤的高个子男人抱着身旁的小女孩。照片已经发黄、磨损，但是上面的德文笔迹依然清晰可辨。最后几个字是“我爱伊尔莎”。

吃过饭，我们愉快地离开餐馆，走进夜上海。整个夜晚在我们面前展开，我们走在暖和、摇曳着黄色灯光的大街上，看着笨重的旧自行车从我们身旁经过，旋转的车轮投下转动的影子。

华懋饭店屋顶的露天平台上有一家卡巴莱夜总会。我们上去靠着栏杆坐下，与天顶齐平，上海在我们脚下平铺开来。涌泉路和外滩的灯光交相辉映，舢板的小油灯在江上摇曳闪烁着，附近的派克饭店[1]前，英国人的赛马跑道刻出一个黑色的椭圆形。

回到我的房间里，青春期的矜持消失不见，我们脱掉衣服，拥抱在一起。在这潮湿闷热的黎明前夕温柔地爱着，感觉亲密、清醒、平静。

六点左右，托妮从我身旁起来，我睁开惺忪的睡眼，看她把棉质连衣裙从上往下套进纤细柔软的身体，然后走到床边亲吻我，从嘴唇到脸颊轻轻地蹭着。

我还没来得及拉住她，她就走了。不过从那以后她便留下来过夜。我们用不着去罗克西，在那里她就得拼命给我灌酒，也给自己灌五颜六色的鸡尾酒。

当时还有一群身穿白色军服、个子还挺高、很气派的日本兵，沉默不语、僵尸似的在上海城里晃来晃去，给人感觉十分怪异。一个雨夜，我独自骑着刚弄到手的自行车沿着江边下坡，突然车子飞了出去，我整个人躺在地上。我从湿漉漉的砖头马路上抬起头，看见一大群穿白军服的围着我，用木然、呆滞、敌意的表情看着我。我紧张地爬起来，重新骑上自行车，敌人犹疑着慢慢分开，让我过去。我加快速度，骑过外白渡桥，去见托妮。

一天，隶属于中国战区的美国陆军 G-2 情报部上校给我布置了一个愉快的任务：帮一名美国海军少校找到蒋介石——

1　即今国际饭店，因其紧邻的黄河路当时叫“派克路”，故亦曾被称为派克饭店。饭店前方正对跑马厅。

"蒋梅毒"[1]——与轴心国勾结的证据。一群在西班牙内战中为共和派出力的意大利海员从西班牙坐船抵达上海后被关进监狱，如今给放出来，占领了意大利大使馆。我迅速抄起装满通信兵部队的微拍设备的摄影箱、铺盖卷、卡宾枪，还用毛巾包了一瓶威士忌，带上手下的人，跟那群意大利人在大使馆里待了三天三夜，拼接、拍摄逃跑的墨索里尼的外交官留下的文件碎片。马尔罗的氛围再次将我包围。

十月下旬的一天凌晨四点左右，我套房里的电话铃响起，一个美国军官的声音命令我一个小时后带着全部行李到楼下，准备回昆明。

我接到从印度回纽约的命令。我慌忙叫醒托妮。一个小时！我收拾全部家当，包括两辆中国自行车（两件实实在在的宝贝）和几大口袋日本人发行的货币。我送托妮下楼，给她叫了一辆黄包车，把衣服、我所有的钱和那两辆自行车都堆在她身上，直到这个时候才告诉她我要走了——好像《卡萨布兰卡》里的亨弗莱·鲍嘉和英格丽·褒曼，只不过角色反转。我和托妮分别了，我愕然而又迷茫。

再会[2]，上海。

这次昆明的跑道上没有炸弹扔下来——战争结束了，我却感觉像个战后伤员，因为撞上了一堵比机窗外的喜马拉雅山还高的墙。我沿着与之前相反的方向行驶在滇缅公路上，感觉被抛弃、很受伤。

---

1 原文"Chancre Jack"与蒋介石的韦氏拼音"Chiang Kai-shek"音近。

2 原文为德语。

至少我这个夏季的英雄——芝加哥小熊队，进入了美国职棒大联盟总冠军赛，这对我来说是个安慰，要是我能在驻地找到一台短波收音机就好了。穿过两道低矮的石墙，在偌大的练兵场后面有一间无线电广播室。那个十月的黑夜，我独自一人穿过练兵场朝广播室走去，突然两边的机关枪同时开火，相互射击。曳光子弹照亮了四周的景物。我弓身站在枪林弹雨里，突然看见练兵场中央停着一辆后双胎的亲爱的美军卡车。我爬进车底，在那里躺了一夜。跟以前一样，小熊队又输了。

由于蒋介石党羽的可笑之举，昆明还在实行宵禁，不过第二天晚上，我“解放”了一辆不知什么人的吉普车（对我而言这是很不寻常的举动），来到昆明城外一家叫“万国女子”的酒吧妓院。极度沮丧之下，我从“万国”随便挑了一个女子，载着她漫无目的地到处乱转，从大路开到小路，开到没有路的地方，穿过田野，最后跟她在冰冷的地上做爱，就此结束我的中国之旅。

1947 年 12 月 21 日，上海

伊尔莎・哈默

中国上海第十八区[1]

唐山路 674 弄 59 号

1 抗日战争胜利后，国民党当局全面接收上海市政，1945 年 12 月，按先行接收的警察分局范围将上海市依次划分为 31 个区。第十八区即提篮桥分局。

亲爱的巴尼，收到你的圣诞贺卡我真的好意外。我很肯定现在你已经把我忘了。知道你偶尔还会想起我，我颇感荣幸。

我想你可能有兴趣知道，明年三月，我就能够到美国永久居留了。我想我第一站会被送到旧金山。如果第一周我能在那里找到工作，我就会留下来，不能的话我的社团就会把我送到小一点的城市去。

除此之外无甚其他新闻。我现在在华懋饭店（你记得吗？）九楼一个叫“塔楼”的地方上班。你一定听说了我们这里离谱的汇率。现在一美元兑换16万元法币，很快，我们就又要以百万计算了，像你在这里时那样，而当时我们还在用日本钱。

最近天变得很冷，我一心梦想着旧金山的有暖气的房间，还有一间漂亮的浴室，全天都有热水。不过我相信这些梦想很快就将实现，想到这我就已经感觉暖和了一些。

我很想再知道一些你的消息，你有什么打算？结婚了吗？你要是没有时间给上海写信，可以写信到旧金山的“世界犹太难民救济组织”，那是一个国际组织。

祝你和家人圣诞佳节快乐，新年快乐。

偶尔想想你的托妮

是的，托妮，我记得你！我的余生都记得你，我的伊尔莎，我的托妮。

1945 年 12 月我们乘坐一艘改装的豪华邮轮，从卡拉奇港启程回家，用时二十二天。这艘船是“乐琳号”的姐妹号，1937 年冬天我和父母就是乘坐这艘不大但很优雅的“乐琳号”客轮去夏威夷的。渡过印度洋、红海、苏伊士运河、地中海后，我们在大西洋遇到了猛烈的冬季风暴。原本应该在家度过的圣诞节变成在海上凑合庆祝。然而即便如此，跟一年前那四十二天的痛苦航行相比，这次还是舒适多了。大家的心情都很轻松，甚至是高兴。我们要回家了。

遇到冷一点的天气时，我就靠卡其军装挨过去。我可以一件衣服连续穿好几天，然后把它扔到海里去。我知道自己就要退伍了，扔掉军装既减轻了行李，也减轻了坏心情。

1945 年 12 月 29 日黎明，我们抵达纽约。那天早上许多人早早起来，站在甲板上，在灰蒙蒙的晨光中，看着轮船慢慢驶入港口。我没有离开船舱，只是站在舷窗前，看着自由女神像在黑暗之中逐渐隐现。我凝视着这尊古老的神像，哭了。

不久便有一艘小船开过来，与我们的船并排前进。我透过晨雾往下看，看到甲板上有一个女人站在麦克风前。她在不知是唱片还是被遮住看不见的小管弦乐队的伴奏下开始唱歌。我不知道她唱的什么，但是我又哭了。霎时间，我们变成一船从战场上凯旋的英雄。

天空渐亮，我来到甲板上，看着曼哈顿。摩天大楼像是脱了锚、飘浮在天空中的幽灵船，码头延伸进漆黑、坚硬的海水里。这时我看到码头两端、码头侧面和房屋面向大海的一侧，都写着巨大的标语——“欢迎回家，干得漂亮”。

一艘快艇朝我们驶过来，艇上的人向我们挥手。光线还挺昏暗，可是过了一会儿，我便认出人群中有我的父母。我向他们挥手，可是他们没看见。其他士兵得知我父母在那艘小船上，便想方设法要把我指给他们注意，我尴尬极了。过了几分钟，他们终于看到我，我们互相挥手。

轮船碰到码头，猛地停住了。大家回到船舱里，收拾最后的行李，重又感觉到兴奋和轻松。我的船舱的舷窗离步桥很近，我往窗外看去，看见母亲，她看上去老了好多。一时间，我感到很伤心，很难过。兰花和貂皮大衣也无法掩盖她脸上岁月的痕迹。

我知道还要过一会儿才能下船，所以当听到很快就叫我的名字时，我很高兴。我来到步桥上报到，步桥上的长官接到命令让我过去，我背上行李袋走下船，他在我的名字上打钩。

我正式、完整地回到美国了。

我和父母拥抱，然后一起走出码头。这是久别后的重逢，却又好像我只是去度了两周假回来。他们迎接我的方式很特别，可是除此之外，其他一切都照旧。我们快速走过出口，坐进等候在那里的豪华轿车。父亲跟搭我们便车的少校讲我有多了不起。才在纽约待了三十分钟，我的心情就从高兴到不安到厌烦。我得知是纽约市前消防署署长去跟运输部队的人讲了，我才能这么快下船。

爸爸要我跟他们回芝加哥去，当晚就走。我不想回去，我在芝加哥什么也没有，那里没有我想见的人，南希早被别人抢走了。唯一在乎我的姑娘在纽约——1944 年春天我在纽约认识了一个叫盖尔的南方姑娘。她是我认识的第一个享受性爱、无所顾忌的女子。我们断断续续保持了很长时间的亲密关系。就在我在加州等待踏上漫长的火车之旅、出发去海外执行任务时，她还特意来看了我。

妈妈赞同我的想法：我没必要急着回去。我跟她相处比跟父亲相处轻松，更能说些心里话，可是所有的事情我都不愿再想起。最后，我没想到叫他们先自己回去，于是我跟他们一起回了芝加哥。

迎接 1946 年的除夕那日，我回到芝加哥还不到一天，不知道晚上干什么好，但很想找个老朋友一起度过。

唯一能担此角色的人选是我在帕克学校的老同学本杰明·罗塞尔，他在战争中多次负伤，《星期六晚邮报》报道了他的事迹。本在南太平洋群岛与海军陆战队一同作战时丢了一截腿。我得知我回来前不久他刚出院回家，于是我打电话问他除夕晚上想不想出来。他说好。他建议我们把布洛克的妹妹露西娅·哈撒韦也叫上。布洛克也是我们在帕克的同学。他、本还有史蒂夫·范布伦从语法学校起就是形影不离的好朋友。正如我前面说过的，他们三个当中，只有本在战争中活了下来。

我不知道晚上该穿什么。按照规定，退伍之前，我都应该穿军装。我没有多少奖章，只在袖子上有海外军衔的条纹，还有几条绶带，其中一条上面有两枚战斗勋章。我不想在本面前表现自己是个战争英雄，于是那天晚上我什么也没有戴。我很庆幸自己这么做，因为本也什么都没有戴，连紫心勋章都没戴。

高中期间我和本并没有多么深厚的交情，然而在毕业之前的“运动日”那天，高年级和低年级男生的棒球比赛上，比赛最后，本打出漂亮的一击，助我跑上本垒，赢得制胜的一分，大家都激动不已。于是我们带着热情和友谊离开高中，踏入了大学。

我到本家里去接他，他的父母热情地欢迎我。本还在穿衣服，我便和他父母聊他的事情。他母亲说本的表现让大家刮目相看。他们原以为要替儿子收尸，想不到发现他还活着，虽然受了重伤，但还是高兴得不得了。这时本出现了，穿着没有佩戴任何奖章的军装，显得很高很重，我很难把他跟高中时期的本联系起来。可是过不一会儿，他便变回从前熟悉的老样子。他心情很好，没有被自己的伤势击垮。我原来担心不知道要怎么跟他攀谈，现在这种担心消失得无影无踪了。

露西娅·哈撒韦住在同一条街，距离湖边一个街区。道路湿滑，本的轮椅不好控制。我很高兴约露西娅一起出来，可我害怕见到她的家人，谈起布洛克，我不知道该说些什么。哈撒韦先生开门迎接我们。我们走过饭厅，来到客厅，圣诞树还立在那里。哈撒韦太太在客厅等我们，喊露西娅下楼。

突然饭厅里的一样东西引起我的注意。饭厅里一片漆黑，只有一束光照在身穿海军陆战队队服的布洛克的肖像上。肖像是真人大小，好像布洛克随时会从墙上跳下来，朝你走过来。哈撒韦一家人对于未来的希望都供奉、埋葬在饭厅的墙上，那里就好像一座小礼拜堂。哈撒韦先生轻轻地挽着我的胳膊，带我来到肖像前。我喃喃地评论这幅画，评论布洛克，把能想到的都说了。哈撒韦先生开口了，我不记得他说了什么，只知道此刻自己应该保持安静、得体。我想离开那栋房子，里面充满死亡的气息。

露西娅下来了。她长得很漂亮，黑色的大眼睛发出光芒，乌黑的头发紧紧地贴在头皮上。她还跟以前一样安静，不过生气勃勃。我立刻对她颇有好感。

临走我不知道该不该祝哈撒韦一家新年快乐。你会向在服丧的人致以节日问候吗？我们逃下前门的台阶。他们如此热情、急切地带我看布洛克的圣坛，把我当作他的朋友之一，令我意外。当我跟中西部的败落贵族在一起时，我总感觉自己是一个不合群的犹太人。可当我跟芝加哥的上层犹太人在一起时，我同样感到格格不入。

我拿不准怎么对待露西娅，我觉得自己还活着是对她死去的深爱的哥哥的一种侮辱。我不能跟她谈论布洛克，似乎是害怕布洛克会从坟墓里出来，通过她惩罚我。

我们来到拉什街上最喜欢的锡盘巷酒吧，举杯庆祝新年。我们三人之间其实没有什么可聊的，只是喝酒，努力说说笑笑。最后，我和本送露西娅回家，然后我俩继续喝。

打从一两天前回到芝加哥起，我肚子里头便逐渐产生一团火气。老百姓看似并不友好，战争结束了，他们对士兵厌烦了。可是我还没有退伍，还得穿着军装，我在每个酒吧都感觉被敌人包围。我想发飙，有本在我身旁，我才可以走在街上大声咆哮。因为有他在身旁，他伤得这么厉害，没有哪个老百姓会批评他。

此刻长夜将尽，我感到虚弱，心中的怒火已然耗尽。我很生气，气自己回到父亲家里，气自己在军队里头，气自己没有女朋友，气自己不如人。可是现在这个夜晚到此结束了。新年快乐，士兵，欢迎回家。

My Life
in Publishing
and How I Fought Censorship

Rosset

06 琼·米切尔：开始

从中国回来后，我又开始去泡我最喜欢的锡盘巷酒吧。盲人钢琴家兼歌手劳拉·拉克和优秀的老爵士鼓手“宝贝”多兹[1]（后来我在《常青评论》的创刊号里发表了这位从新奥尔良的河上来的鼓手的回忆录）挤在一个角落里演唱着优美的歌曲。狭窄的酒吧后头有一段楼梯，那天晚上，我看到一个迷人的女孩从卫生间的楼梯上走下来。

这个人就是琼·米切尔。我第一眼看到她就断定我要娶她，就断定她是能够熄灭我心里对南希可能还残存着的火花的那个人。那天的情景我已经记不清了，只记得我走上前去跟她攀谈。几天后，我开始跟她约会。

我从高中起就认识琼了，可是因为我比她大几岁，又一心都在南希身上，因此当时并未注意她。不过我欣赏她，关注她的滑冰比赛，知道她是一个画家。我跟她不算很熟，但是她一直都在我的生活里，在背景里。琼上十年级那年，我带她去看《公民凯恩》。我还试过让她接受激进的政治观点。

琼是一名运动健将，在她母亲的督促下成了一名花样滑冰运动员。她虽然没有芭蕾舞演员的优雅和敏捷，但还是成了能名列全国前三的优秀年轻花滑运动员。琼经常要到纽约的普莱西德湖村训练，因此在帕克念书时，她缺了很多课，让学校老

1　沃伦·多兹（1898—1959），被认为是前大乐队时代最好的爵士鼓手之一。

师很不满。

事实上，琼确实是个很难相处的人，帕克学校里几乎没有老师喜欢她。她对老师相当无礼，公开批评。她总是惹是生非，老师们想开除她。幸而有一位美术老师赏识琼的才华，认为她是一个优秀的美术学生，力挺她，强烈反对开除她，琼这才留在了学校。帕克学校里，我们的外语兼心理学老师艾尔弗雷德·阿德勒后来回忆道："她从帕克毕业去上大学后整个人都变了，变得更友善，更讨人喜欢。"

琼家离我家最后住的地方就隔两个街区，中间隔着雄伟美丽的天主教芝加哥总教区的主教座堂，两家门口的两条平行街道都通向北方大道以北的一个街区。她家住的公寓可以看到密歇根湖。琼后来说过："我走到哪里都没有忘记它。"她的画里充满水——时而平静时而狂暴的水，犹如她的生活。

米切尔家是一个富裕、有名望的家族。琼的母亲玛丽昂·斯特罗贝尔是著名建筑师查尔斯·路易斯·斯特罗贝尔之女。斯特罗贝尔连同路易斯·沙利文等人是芝加哥建筑界的中坚力量，率先在建筑中使用钢铁，引领了19世纪90年代在芝加哥崭露头角的新一代举世闻名的建筑师开始将钢铁和石头同时运用于建筑中，这种做法如今已经成为现代建筑的惯例。斯特罗贝尔对芝加哥体育馆的建设起到了至关重要的作用，这座体育馆使用了很多年，曾是芝加哥唯一的体育馆。[1]

玛丽昂·斯特罗贝尔是所谓上流社会的名媛，同时是一

1 该体育馆落成于1929年，曾是芝加哥冰球黑鹰队和篮球公牛队的主场，1994年公牛队与黑鹰队合资建设的现代化体育馆——联合中心球馆落成后，这座旧体育馆于1995年拆除。

位受人尊敬的诗人，《诗刊》杂志的编辑，还是《诗刊》创办人哈丽雅特·门罗的亲密同事。[1]她认识许多大作家和诗人，从威廉·卡洛斯·威廉姆斯（威廉写了一首诗献给她）到卡尔·夏皮罗（卡尔后来在她的力邀之下担任了一段时间的《诗刊》编辑）。卡尔是个犹太人，这点令我铭记，他还为《北回归线》写了序言。《诗刊》的另一名编辑、有美洲印第安人血统的威廉·杰伊·史密斯同夏皮罗一样后来都成为我的朋友。是他把让·热内介绍给我的，格罗夫后来还出版了他编辑的朱尔·拉弗格[2]选集。

琼的父亲詹姆斯·赫伯特·米切尔是来自伊利诺伊州一个小镇的一名皮肤科医生，在芝加哥地区混出了不小的名声。他在当时芝加哥最豪华的医院——长老会医院有很好的人脉关系。（他为阿尔·卡彭[3]治疗过梅毒。）他是个怪人，在很多方面都很讨人厌。琼说他常常用她的内衣带杜松子酒回家偷喝两口。尽管如此，琼经常和父亲在一起，很小的时候她父亲就带她去艺术学院，跟她一起画水彩画。他很冷淡，跟琼的母亲一样苛刻、好胜。我一直觉得琼的母亲不喜欢我，因为我是犹太人，是不受欢迎的人。

1942年，十六岁的琼进入史密斯学院，两年后进入芝加

1　1912年，女诗人哈丽雅特·门罗（1860—1936）在芝加哥创办了《诗刊》月刊，成为当时现代主义诗歌的主要阵地，为该杂志撰稿的有许多后来成名的现代派诗人。

2　朱尔·拉弗格（1860—1887），法国印象派诗人、抒情讽刺诗大师。

3　阿尔·卡彭（1899—1947），美国20世纪二三十年代最有影响力的黑手党领导人。1925至1931年执掌芝加哥黑手党，使其成为最凶狠的犯罪集团。

哥艺术学院就读。1945 年和 1946 年夏天，琼在墨西哥的瓜纳华托度过。她在墨西哥结识了画家戴维·阿尔法罗·西凯罗斯和何塞·克莱门特·奥罗斯科[1]。你可以从她那个时期的画作中看出他们的影响。1946 年，我开车去墨西哥载琼回家。我们沿着两车道的炽热的公路一路狂驶，在邋遢的汽车旅馆和昏暗的小酒馆停留休息，然后进入边境，穿越郁郁葱葱的美国中西部一路向北。

我对琼的爱与对南希·阿申赫斯特的爱不同。虽然我对琼没有疯狂的爱慕和强烈的渴望，然而琼是一个很有才华、令人兴奋的艺术家，一个性方面的老手、有为青年，一个我想一起生活的人。纽约是我们的理想目的地。琼想跟随汉斯·霍夫曼[2]学习抽象表现主义（后来琼去上了一节他的课，就再也没有回去过了），而我想搞电影。于是 1947 年 1 月，我搬到纽约。

我儿时的好朋友、美丽而又不幸的大里辉被诊断出癌症，只剩几周的生命。她问我愿不愿意接管她位于布鲁克林大桥附近、东河河畔的公寓。我马上说好，并叫琼从艺术学院毕业后，从芝加哥搬来跟我一起住。她答应了。我不晓得琼的父母对女儿的所作所为有多吃惊，她总是随心所欲。

（琼致巴尼，寄自芝加哥）

1947 年 2 月 10 日

1 戴维·西凯罗斯（1896—1974）、何塞·奥罗斯科（1883—1949）与第十五章提到的迭戈·里维拉（1886—1957）并称为墨西哥壁画三杰。

2 汉斯·霍夫曼（1880—1966），德国裔美国抽象表现主义画家。

我喜欢你和你的画和你的信。

……

我正在开始画一幅很棒的画，因为生活同样是如此美好。我每天晚上都梦到你，难以入睡——（我快把枕头当作你了，然后才发现那不过是个枕头）。我一直在想在1540的那个周六，我同样是半睡半醒，只不过你不是枕头，真奇怪，现在在我记忆中做爱倒成了其次——我太想你了——远不止两周又三天的思念，有时候我觉得整个人都被掏空了，没人能代替巴尼——那些张三李四都不能跟你比。

……

天啊，为什么你对我来说如此重要——不是为什么，而是我究竟干吗不跟你在一起。

……

我当然愿意做你的情人——贺卡很漂亮——但是我可不要单相思——你也得是我的情人……我想要真正的快乐——我不要天天这么想你——给我写更多的信——给我画更多的婳（原文为错别字），做我的情人。

1947年6月，琼从艺术学院毕业，获得了学校的一个出国奖学金。她打算去巴黎，但是要等到第二年再去，因为她要搬到布鲁克林来跟我住。她在艺术学院一个名叫芙朗辛·费尔森塔尔的朋友的帮助下，将所有行李装上一辆我从一个电影制片人那里借来的旅行车，搬到布鲁克林。

在纽约，琼的画风转向抽象表现主义，先是受到瓦西里·康定斯基和阿希尔·高尔基[1]作品的启发，而后又受到威廉·德库宁、马克·罗斯科、弗朗兹·克兰、杰克逊·波洛克等人[2]的作品的影响。她把大部分时间都花在参观美术馆和博物馆上，特别是非具象绘画博物馆（即后来的所罗门·R.古根海姆博物馆），还帮我制作我即将拍摄的电影《奇怪的胜利》。[11]

隔年即1948年6月，琼从纽约乘坐“厄尼·派尔号”自由轮[3]，经过十天的航行到达巴黎。她先跟艺术家朋友茹卡·奥马列夫和路易·米特尔伯格住在一起，然后寻遍巴黎，终于在第五区的嘉德兰街找到一间工作室。这间小画室位于塞纳河左岸，俯瞰希腊东正教的穷人圣朱利安教堂以及河对岸的巴黎圣母院。

（琼致巴尼，寄自巴黎）

1948年7月5日

亲爱的小笨蛋[4]——

1 瓦西里·康定斯基（1866—1944），俄国画家、美学理论家；阿希尔·高尔基（1904—1948），亚美尼亚裔美国画家，两人均对抽象表现主义绘画产生重要影响。

2 这些画家与第七章提到的罗伯特·马瑟韦尔等众多纽约画家都是属于纽约画派的美国抽象表现主义画家。

3 美国在“二战”期间大量制造的载重量约一万一千吨的货轮。

4 原文为意第绪语，下同。

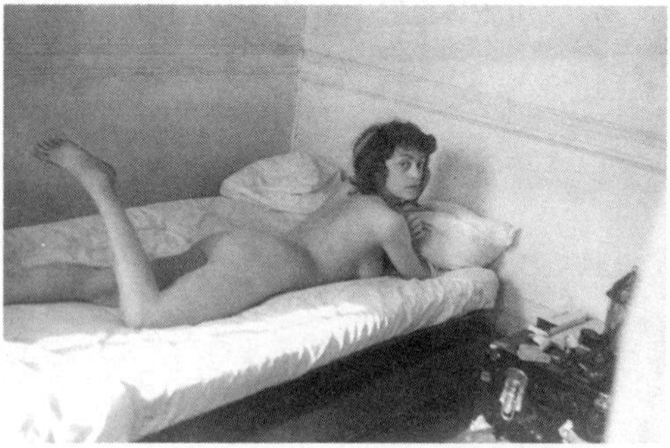

上：1947 年琼 · 米切尔在布鲁克林区富尔顿街的公寓里。巴尼 · 罗塞特摄。
下：1947 年巴尼 · 罗塞特与琼 · 米切尔在纽约布鲁克林区富尔顿街一号的公寓前。

上：巴尼·罗塞特，约摄于 1948 年。
下：1948 年巴尼·罗塞特与琼·米切尔在其共同居住的巴黎嘉德兰街 73 号的单间公寓里。

我在这里[1]非常困惑——非常孤独——非常迷惘——还有非常非常多的法国贵妇犬——各种大小的——

……

我的房间不大但是很漂亮——明天我要去找工作室——我筋疲力尽——昨晚没有睡觉——去参加了一个聚会或者说是“沙龙”。

……

一切都混乱不堪——除了你寄来的两封亲切的信——写信给我暂时先寄到这个地址（收件人写我）——我住在蒙马特尔——右岸——周围是阿拉伯人的黑市——

……

你的信——我能说什么呢——我爱你——我想你——也许我只是想家，也许我只是从来没有遇到过这种情况，也许这是好事——也许人与人之间的鸿沟很难跨越，也许我并没有自己觉得的那么笨——可是我想别人在这里没有自卑情结或者其他什么鬼情结，也不是我自己愿意做美国人的——

……

我得赶快学会法语——我得开始画画——我不能再觉得自己怎么这么没用——

……

1 原文为法语。

我想明天就会星光灿烂了——我想这应该只是第一天背井离乡的抑郁——这里很像墨西哥——勒阿弗尔市是我第一次亲眼目睹战争——黎明的时候太可怕了。

……

现在就是明天晚上了——即星期六，今天好多了——其实巴黎很美——我参观了所有应该参观的地方——

……

天啊——没有人知道奥罗斯科、珂勒惠支、波萨达——他们对克利略知一二——我觉得巴黎真是有点乡下[1]——

……

这里的性别沙文主义不易察觉但是很严重——说它不易察觉是因为这里的人觉得女人就应该有女人的样子——还有穿裤子、在街上吸烟什么的——在这里你把纽约当作艺术中心是一件很奇怪的事——但其实所有现代的东西都在纽约，另外克皮斯黄油和美式咖啡之类的也是生活必需品——这里的人真穷——出乎我的意料——你在哪里——我太爱你了——我想这里没有你比纽约还糟——巴黎不适合独处——我想我必须像所有其他人一样坚强——可是妈的——我讨厌看

1　凯绥·珂勒惠支（1867—1945），德国女版画家、雕塑家，其作品备受鲁迅推崇；何塞·瓜达卢佩·波萨达（1852—1913），墨西哥版画家，其在讽刺漫画里创造的骷髅人物已成为墨西哥亡灵节的标志性形象；保罗·克利（1879—1940），德国—瑞士现代主义先锋派画家。

到茹卡和路易在一起——我讨厌自己一个人睡觉——我还只能够走在街上抬头看着工作室（满大街都是工作室），满心希望我们能够一起住在其他一间——

……

稍微[1]想念一下我——我不能想象爱其他人——永远不可能——愿你能听到我的爱。

胡安娜

※※※

（琼致巴尼，寄自巴黎）

1948年7月9日

亲爱的小笨蛋

天哪，我太响念（原文即错别字）你了——真的——有时候在富尔顿街一号的生活就像做梦一样——格卢顿（我们的猫）——你还有那座桥——都好像不是真的——好像曾经发生过——你总是从你爱的人和周围的建筑开始编织对一个地方的印象。南希怎么样了——我怕她[2]——你懂的[3]——你们上过床——不，是拥吻——好吧，一点点——不不——这让我想到盖尔——想到纽约——想到你——奇胜（《奇怪的胜利》）什么时候能完成——你现在应该已

1　原文为法语。

2　原文为法语。

3　原文为法语。

经看到第一版拷贝了吧——拍得好吗？——当然好了——我想问的是你什么时候可以到这里来——我很孤独——给你写信让我感到更加孤独，而我不想去想这些，因为我根本不知道当初我为什么要来，我没有应该有的普罗米修斯的勇气，我猜想下周我就要开始画画了，可是我不知道要画什么，这里没有桥，天啊，我希望现在你躺在我身边，给我温暖（这里现在差不多是七度左右）——让我觉得真实。真的，巴尼没有你我感觉不完整，什么东西不见了，我在街上到处找——我想这是我或多或少做的事情——除了在一家又一家的咖啡馆重读你的信……我没能入选“动力”展，我并不感到意外。也许我的画还不够完善。我不知道——有时候我不确定自己是不是还会画画。

……

我现在好冷——你在哪里小笨蛋——为什么我没法把心里想说的写出来。我没有想你的时候就在想战争——想那些有勇气但没有袜子穿的人，想那些如今已经全都完蛋了的通敌的人，想战争的混乱。

……

有时候我担心你会出事，自己吓自己——有时候我想醒来的时候会发现你在身旁，抚摸你——然后做鸡蛋、培根、英式松饼——然后我想我被宠坏了——是的，被宠坏而又自觉有愧——可是当我想到没有事情让我有动力回家、没有人让我有动力洗澡、早上没有人当出气筒时，什么事的理由全都没有了。带毯子来。大家都好吗？塞格尔（克利福德·塞格尔医生是我多年的精神分析医师）、格卢顿和另外一只格卢顿——是不是软趴趴地在蓝色短裤的洞洞里睡觉——

我爱你亲爱的——别听上去那么垂头丧气的——赶紧把事情做完到巴黎来，我们一起到蓝色的大海里游泳——然后在黄色的沙滩上做爱——收不到你的信我会疯掉的——毛毛在哭泣——胡。

1948 年 8 月我去巴黎看望琼一个月。我把新买的吉普旅行车带上，折腾了一整天后终于装上飞机。然后我回到纽约开始《奇怪的胜利》坎坷的上映之路。

又一个阶段行将结束。我的电影做完了，琼开始了新生活，美国对亚洲宣战，冷战在美苏之间设置了一道屏障，全国笼罩在一片猜疑之中。每个有激进背景的人都有可能被揭发、迫害。现在离开正是时候。那年年底，我随琼的脚步去了欧洲。

07 分离和开始：

琼、汉普顿地区、早期的格罗夫

1948年年底我们到布拉格去卖《奇怪的胜利》的版权，这趟布拉格之旅并不愉快。回到巴黎后，我看着琼的绘画越来越抽象，越来越暴力。她在极其恶劣的条件下创作优秀的作品。我们的工作室冷得要命，没法儿采暖。我们俩都感冒了，琼的感冒发展成支气管炎。夏天的巴黎很美，到处是阳光、鲜花、绿叶；到了冬天就变成一间看得见风景的灰色、阴沉的牢房。唯一的温暖来自琼的画作：河流、桥梁、人物，还有工作室的内景。但我们的日子还是被咳嗽打断了。

琼的支气管炎越来越严重，最后我不得不带她去巴黎的美国医院。医生建议她搬到南方去。我很高兴。我们收拾行李。我知道我们要去哪里——直奔普罗旺斯，一个叫勒拉旺杜的地方，从朋友西德尼和琼·西蒙那里转租了一间别墅。

1949年春天，我们抽空去了趟西班牙，在我的一再坚持下，我们去参观了格尔尼卡，就是毕加索的名画的创作背景地。虽然我们早已有心理准备，可是看到这个国家在佛朗哥统治下的光景，还是感到心寒。到处都是国民警卫队，还有衣衫褴褛的农民、年老色衰的妓女、不务正业的青年和穿得花枝招展的上流人士。1939年西班牙共和派保卫马德里的时候我还太小，没法参加，可是现在我能够向当年参加过战斗的那些人，诸如欧内斯特·海明威和保罗·罗伯逊，献上我的崇敬之情，更要向我最崇拜的英雄——国际纵队献上我最衷心的爱意和哀悼。

我们在勒拉旺杜待了将近半年。琼不停画画，进入了自己的世界，作品的尺幅和才华都在不断增加。最后离开之前，我们决定结婚，然后回美国去。1949 年 9 月 10 日，我们在勒拉旺杜举行了婚礼，随后便坐船回纽约。居留法国的这段时间对我们两个人都是一个重要的转折点。

回到纽约，我们一下船就直奔切尔西旅馆住下来，同时找房子。切尔西旅馆是一栋漂亮的建筑，位置比较偏僻，在第七大道和第八大道之间的西二十三街，曾经是、当时也仍然是诗人、作曲家和各路艺术家生活、聚会、畅所欲言的地方。[1]

当时旅馆里还住着诸如纪录片制作人罗伯特·弗莱厄蒂[2]和作曲家维吉尔·汤姆森之类的人。后者向《奇怪的胜利》推荐作曲家和乐器演奏家，为电影提供了帮助。稍后独立电影制作人雪莉·克拉克在楼顶上一组以前女佣的房间里安顿下来，从太平梯进出。她将杰克·盖尔伯的剧本《毒品贩子》[3]拍成电影，由朱迪丝·马利娜[4]担任制片人，该剧本多年之后由格罗夫出版。还有法国出版商莫里斯·吉罗迪亚后来也成了这里的长期房客，此君日后将在我的生活中扮演重要角色。

1949 年年底，我和琼终于搬进我们在格林尼治村的第一

1　马克·吐温、欧·亨利等诸多文豪、歌手、演员、艺术家都曾入住该旅馆，有关这里的奇闻逸事非常多。

2　罗伯特·弗莱厄蒂（1884—1951），被称为纪录片和民族志电影之父，代表作《北方的纳努克》。

3　又译作《联系人》，有双关意义，被誉为美国的《等待戈多》。

4　朱迪丝·马利娜和丈夫朱利安·贝克于 1947 年在纽约创办了下文提到的生活剧团。该剧团是美国最早的实验剧团。

上：1948 年巴尼 · 罗塞特在纽约市格林尼治村西十一街 267 ½号下国际象棋。哈斯克尔 · 韦克斯勒摄。
下：1948 年西十一街 267 ½号的棋局间，巴尼的猫咪努卢什。哈斯克尔 · 韦克斯勒摄。

处住所，西十一街 267 ½ 号。从我们住的地方走到哈得孙街，穿过马路就是白马酒馆。几年后，那个地方因伟大的威尔士天才诗人狄兰·托马斯的夜访而名声大噪。托马斯因“大量酒精损害大脑”逝世于仅数个街区之外的圣文森特医院，他只差一点点就达到自杀的饱和状态。爱尔兰人布伦丹·贝汉，我认识他，出版过他的作品，对他真心敬佩，一步步追随托马斯的脚步，最后也死于跟其同行相同的死因。

我们的公寓是一栋只有一个房间的奇怪的小房子。在花园中央、一间褐石房屋后面挖了一个地下室，可能是要给女佣住的或者是小孩子的游戏室，不过现在成了我们的起居室兼琼的工作室。几个手巧的芝加哥来的朋友帮我们在地下室安装了隔热隔音设施，我们就在这里安顿下来。

从我们门口的小路走出去，在十一街左拐，走不到一个街区就是第七大道和前卫村爵士俱乐部。我们跟老板马克斯·戈登及其妻子洛兰混得很熟，经常跟皮特·西格及其民歌班之流在俱乐部里待上几个小时。一天晚上，刚刚从索韦托和约翰内斯堡[1]的黑人酒吧来到纽约的伟大的南非歌手米丽娅姆·马凯巴登台献唱。也是在前卫村，我们目睹悲剧的喜剧演员伦尼·布鲁斯警告我们说观众里有穿雨衣的条子；又有一天晚上，迈尔斯·戴维斯对着墙壁吹小号，因为观众惹恼了他；杰克·凯鲁亚克编造了一段奇怪的、不止微醉的长篇独白；还有刚从南方某监狱出来的“铅肚皮”休迪·莱德贝特，在艾

1　均为南非东北部城市。

伦·洛马克斯的陪同下，演唱了新歌《晚安，艾琳》。[1]

1950 年 4 月，我在美国联合国协会[2]当志愿者，一边尝试在联合国谋得一份工作，但是未果。同时我还为新创办的社会主义杂志《每月评论》做义工——你也可以说是实习。要不是我因为一时疏忽的举动丢了这份工作，很可能就没有后来的格罗夫出版社：我在联合广场附近的一栋楼向一些工人分发刚刚印刷出来的杂志时，我的车被贴了罚单。我自己交了罚款，可是左翼编辑利奥·休伯曼（他是个好人）认为，像我这种在送货时被贴罚单的中产阶级不是那种会帮助左派的人，于是我被解雇了。

1950 年夏天，我和琼去海地和古巴旅游，然后又去了尤卡坦和墨西哥城。回家后，我们得出结论：对于一个画布每周都变大的画家来说 267 ½ 号太小了，于是我们决定搬家。就在我们准备搬家前，一天凌晨四点，琼突然得了急性阑尾炎。戴维·巴尔斯基医生（他在那场永远没打完的西班牙内战中帮助

---

1 米丽娅姆·马凯巴（1932—2008），享有“非洲妈妈”“非洲歌后”之称，是南非第一位赢得国际声誉的黑人音乐家，也是一名反对种族隔离的斗士；伦尼·布鲁斯（1925—1966），美国著名单口喜剧演员，经常因表演中使用淫秽词语而吃官司；迈尔斯·戴维斯（1926—1991），美国重要的爵士小号手，一生都在追求创新，涉猎广泛的流派，因此能够在长达五十年的职业生涯中一直引领爵士乐潮流。1933 年，艾伦·洛马克斯（1915—2002，美国民族音乐学家）和父亲到得克萨斯州采风，在监狱中发掘了弹得一手好十二弦吉他的囚犯“铅肚皮”休迪·莱德贝特（1888—1949），录制了歌曲《晚安，艾琳》。铅肚皮是得州黑帮成员，因杀人斗殴两次入狱，却成了第一个被大多数白人听众接受的黑人歌手、20 世纪美国民谣第一人。

2 非营利性会员制组织，致力于在美国人中争取对联合国的理念和工作的理解和支持。

创建了第一批移动医院）将她急速送往贝丝以色列医院，进行手术。术后数个小时他来看望琼，接着便入狱服刑去了，罪名是拒绝回答众议院非美活动调查委员会的问题。

之后我们收拾东西，搬进西九街57号一栋漂亮的两层楼的褐石房屋。我们将顶楼的起居室改造成工作室，这是一间大房间，从内楼梯上去，有拱形天花板、巨大的壁炉、窗户和玻璃门，两端各有一个露台。但是没有暖气。

在芝加哥的时候，我总是从一间公寓搬到另一间公寓，却从没有住在一栋真正的房子里，直到来到格林尼治村。在我写这本书的时候，我已经在这里住了六十年了。格林尼治村有一种特别的氛围，有我芝加哥童年的影子，即爱尔兰人和犹太人占据重要的一席之地，还有稳固的意大利社区和文化。当然了，还有这些作家、艺术家和戏剧界人士，尤金·奥尼尔的剧作就在这里上演；真正的共产主义者在联合广场集会（参见电影《烽火赤焰万里情》）；三教九流聚集于此。我找到了我的家。

1951年，得益于《退伍军人权利法》，我进入社会研究新学院学习，学校距离我们住的公寓只有三个街区。我很用功，很享受在新学院读书的时光。给我们上课的教授有华莱士·福利、斯坦利·库尼茨、迈耶·夏皮罗、艾尔弗雷德·卡津等。[1]

1　华莱士·福利（1908—1998），法国文学专家；斯坦利·库尼茨（1905—2006），美国诗人，两度获颁美国桂冠诗人；迈耶·夏皮罗（1904—1996），美国艺术史家；艾尔弗雷德·卡津（1915—1998），美国作家、文学评论家。

正是他们的启发和格林尼治村的氛围激励我取得了文学学士学位，我在斯沃斯莫尔学院、芝加哥大学、加州大学洛杉矶分校都没能做到。

同时，我还帮生活剧团委员会和电影制片人莱斯特·考恩做事，撰写了有关斯特拉·阿德勒和桑福德·迈斯纳的表演学校[1]的报告。1951 年 12 月，在华莱士·福利的课上，我提交了根据亨利·阿兰－傅尼耶的小说《大莫纳》[2]改编的部分电影剧本。我还在向电影界进军的道路上努力前行着，浑然不知在不久的将来我的事业方向就将一百八十度大转弯。我的老朋友哈斯克尔·韦克斯勒已经移居好莱坞，正在慢慢蜕变成杰出的主流电影制片人——但是和我一样，他从未放弃自己的政治倾向，或者说至少未放弃其精神。

琼的努力终于有了回报。1950 年 10 月，她在明尼苏达州的圣保罗市举办了首次个人画展，展出了在勒拉旺杜和纽约创作的十三幅画。可是我们两个人也开始渐行渐远。她在西十二街租了另外一间仿照巴黎的很棒的工作室，把越来越多的精力用在那里。她开始结交其他艺术家，比如威廉·德库宁，与他们往来，不时参加大学城路的雪松街酒馆的聚会，所有艺术家都聚集在那里不停地喝酒、争论。

1　斯特拉·阿德勒（1901—1992），美国演员、表演教师。她先后于 1949 年和 1985 年分别于纽约和洛杉矶创办了斯特拉表演学院，其学生包括马龙·白兰度、罗伯特·德尼罗、马丁·辛、哈维·凯特尔等。桑福德·迈斯纳（1905—1997），美国演员、表演教师。他是美国“方法派”的三大代表人物之一，研发了一套称为“迈斯纳方法”的表演训练方法。

2　又译《大个儿莫纳》。

我记得有一次琼跟德库宁就不同类型的油画展开漫长的讨论。两个人的好恶都十分传统，都认为质量是最重要的。杰克逊·波洛克用商业涂料杜邦漆作画，这在他们看来简直不可思议，甚至是荒谬可笑。对于波洛克一切皆有可能，对于他们则不行。

我认为杰克逊·波洛克是一位优秀的艺术家。在我看来，他看似极其平静又紧张，几乎让人害怕。他很和蔼，但是我能感觉到他内心酝酿的暴力。他使用暴力都是对他自己或是对无生命的物体，那一天晚上，他在雪松酒吧里跟谁吵了起来，是弗朗兹·克兰还是比尔·德库宁。当时我就跟他们仨坐在一起，听他们讲话，突然他们就争吵了起来。波洛克气冲冲地走进男厕所，接着传来一声巨响。酒吧老板叫他滚蛋——不是永远不能再来，只是好像一个月内不要再来，就好像犯规的篮球运动员遭到处罚。大家看到波洛克在朝酒吧窗户里看，就都出去安慰他，不久便都愉快地互道晚安。即便是那次，波洛克也没有伤害任何人，只是厕所门而已。

我和琼的关系日益恶化，我还想跟她在一起，而她变得老爱跟我争吵、对着干。虽然有时候我们很亲近，但已不可能再继续维持亲密关系了。1951 年春天她最终悄悄离开了我，从我们住的公寓搬到西十街 51 号的工作室。那年她参加了利奥·卡斯泰利组织的“第九街展”，展览在东九街 60 号的一间空置店面里举办，还入选了惠特尼美术馆的“1951 年当代美国艺术年展”。

1952 年 5 月 8 日我在日记中写道：

我的胃不舒服又疲惫。昨晚跟琼在一起。我们作为夫妻好好度过的最后一个晚上。明天一切就都结束了。我们先跟鲍勃、霍华德还有艾尔弗雷德讨论出一本书，书的灵感来自鲍勃根据丢勒的木版画创作的电影《基督生平》。我感觉琼不合作，反对这个想法，不过也可能是因为我。几天前整个想法听上去好极了，可昨天晚上突然就崩了，最后我同意琼的观点。大家一起到“博切”意大利餐馆吃饭，然后我和琼去了一家酒吧，谈了好几个小时，争吵、指责、哭泣……最后我们回家，琼在门口说自己是个上流社会婊子，不过最后她还是进了屋，我们在床上开战，快到最后时我收起敌意，变得几近温柔。

当时是凌晨三点。现在是中午。琼还在睡觉。我八点就醒了，现在坐在楼下房间等她起来。整个早上我都惶惶不安，因为父亲的那通叫人不爽的电话。他提醒我 5 月 28 日我就满三十岁了。他说钱都是他赚的，是他的钱，我在里面的作用不过是减免课税。接着话题像以前一样转到别的地方去了，他说随便我好了，然后我们就挂电话了。他喝酒了，老样子，尽管现在芝加哥还是早上。

今天下午琼在看弗里德医生，我去找塞格尔。我俩加在一起总共花费四十美元谈了一个半小时左右。这件事情拖了这么久。开始的时候是在好几个月之前的某个时后（原文即为错别字），而结束的时候就真的结束了。

1952年我们离婚了，没有埋怨，没有啜泣，而是轻松了。现在我们可以做朋友了，我们后来一直是朋友。离婚尘埃落定后，我在巴黎给琼买了一只贵妇犬，寄回美国。我给小狗取名乔治·迪索莱伊。我带琼到机场见这个“小伙子”。小乔治极难对付，琼非常喜欢它。同一年，琼在“新美术馆”举办了在纽约的首次个人画展。我花了数小时请超现实主义作家尼古拉斯·卡拉斯帮她写图录，然后印出来。不管怎样，她都是我生命的一部分。

我和琼的关系慢慢疏远，不过最后也算是画上了一个圆满的句号，因为是琼和她艺术学院的朋友芙朗辛·费尔森塔尔鼓动我进入出版业的。她们共同帮助我迈出了第一步。

芙朗辛住在下东区的一栋无电梯公寓大楼的六楼，我们把墙敲掉后只剩一个房间。同一层楼隔壁的唯一另外一间公寓里住着一个女孩子，名叫苏珊·奈维尔逊，雕刻家路易丝·奈维尔逊是她的前任婆婆，同时可能也是她最好的朋友。漂亮的苏珊以给零售商店广告画时装模特儿为生。后来有一段很短的时间，她成了我的情人，不过后来仍然是我的好友。《常青评论》第6期的封面就是她给女儿拍的一张照片。

1951年年底改变命运的那一天，芙朗辛拿给我一家濒临倒闭的小公司——格罗夫出版社出版的三本书：赫尔曼·梅尔维尔的《骗子的化装表演》、理查德·克拉肖的宗教爱情诗新集、阿芙拉·贝恩（据说是第一位女权主义作家）的作品集。芙朗辛告诉我说，她的朋友约翰·巴尔科姆跟合伙人罗伯

上：20世纪50年代初，巴尼·罗塞特与古巴舞蹈演员诺拉·佩纳尔韦以及歌舞厅老板在巴黎方丹街42号的“古巴小屋”歌舞厅。
下：1953年9月，巴尼·罗塞特与第二任妻子汉内洛蕾（洛丽）·埃克特·罗塞特乘坐“弗朗德尔号”客轮度蜜月。

特·菲尔普斯成立了一家公司，出版了这三本书。公司的名字格罗夫出版社来自巴尔科姆住的西村的一条街。1949 至 1950 年间，他们出版了这三本书后就没钱了，停了下来。巴尔科姆的妻子辛西娅提供了公司的启动资金，后来便不愿意再投钱了。目前她正在和约翰离婚。

我看了这三本书，三本都吸引我。阿芙拉·贝恩的书里印着下面这段话："在我们看来，格罗夫出版社的职责是出版其他出版商不会出版的书籍——那些过去和现在的'沧海遗珠'，不因普通读者迄今为止难以觅得而无人问津。"扉页的背面写道："格罗夫出版社版本由约翰·巴尔科姆和罗伯特·菲尔普斯编辑，格罗夫出版社股份有限公司出版，地址：纽约市格罗夫街 18 号。"

格罗夫出版社出版的第一本书《骗子的化装表演》是最接近重印的一本，即并未增加任何新的内容，只是迪克斯－爱德华兹公司 1857 年版的平版印刷本，在他们再版之前已经绝版六十年了。

《理查德·克拉肖英文诗集》的勒口上写道，理查德·克拉肖"留下了堪称最得意的英文宗教诗歌……克拉肖的诗言尽而意不止，用最纯熟、华丽的巴洛克风格歌颂信仰"。

书套上，巴尔科姆和菲尔普斯以自己特有的风格继续写道："克拉肖的每一首诗几乎都留下了至少两个非常不同的版本。因此要确定一个'最权威的'文本实属极其荒谬之举。此版本结集了克拉肖生前和去世后不久出版的所有诗歌的初版和最末版的完整文本。"

第三本《天才作家阿芙拉·贝恩夫人作品选》有罗伯

特·菲尔普斯写的序言，其中引用了一段作者自述："倘若因为我的性别，我没有这个自由（成为一名作家），那么我就此搁笔，你们无须再听我说话，是的，连比较都不比较，因为我对那些文人弟兄比他们对一个手无寸铁的妇人仁慈，只因我不满足于只为第三日写作[1]。我重视名誉，犹如我生来是个英雄；若你们将其夺走，我将退出这个忘恩负义的世界，蔑视其反复无常的好恶。"[12]

菲尔普斯评价贝恩道："人们主要把她当作一位小说家，或至少是一位叙事作家，认识到她以公然宣称亲眼所见的第一人称直接表现现实的手法……她有讲故事的超凡天赋。"

我有没有兴趣见见菲尔普斯和巴尔科姆？当然有了。我乐意接受琼说的当出版家的想法。制作纪录片电影的职业生涯已经不再吸引我。电影业这条路不适合我。那个世界太大，太烧钱，有太多根深蒂固的"纯粹的商业"利益。我已经准备好从研究普鲁斯特、兰波等人自然而然地转到出版他们的和类似他们的作家的作品。既然现在格林尼治村是我的家，那它自然也是我的格罗夫出版社的家。

巴尔科姆跟他的导师埃兹拉·庞德一样是个满腹经纶的怪人。他的公寓里堆满一沓沓的报纸和杂志。我到他的公寓去见他，讨论入伙、让格罗夫出版社继续经营下去的计划。接着，我再去伍德斯托克找罗伯特·菲尔普斯，问他是要把他的股份卖给我，还是要和我们一起干。我们很快便达成协议，我

1　第三日可能是指《圣经·创世记》中神创造天地的记载，第三日神尚未造动物、人等。贝恩夫人的意思可能是自己不满足于只写当时人认为人畜无害的题材。

用一千五百美元买下他在格罗夫出版社的股份。就这样，在父亲的帮助下，我成了约翰·巴尔科姆的合伙人。我们开始干正事，协商从 1951 年 9 月一直进行到 12 月。

除了前面那三本书，巴尔科姆和菲尔普斯已经开始筹划第四本，马修·格雷戈里·刘易斯的哥特式小说《修道士》。他们已经排好版了——这在电脑出现以前的时代可是不小的工作量——但是因为缺乏资金而被迫中断。现在我们重启这个项目。不过我很快便发现我无法和巴尔科姆共事。他的性格太倔了，跟埃兹拉·庞德似的。我尊重庞德是一位敏锐的评论家和诗人，当听说他（“二战”时他制作了支持墨索里尼的广播节目）在意大利被美军逮捕、关押在一个简直如同笼子的地方，就好像他是一只危险甚至是得了狂犬病的动物，我由衷地替他愤愤不平。我可以忍受庞德，可是我无法忍受巴尔科姆先生。他有点任凭我处置的感觉，因为他已经没有钱继续独自经营出版社了。于是，我再次在父亲的帮助下，以跟菲尔普斯差不多的价格买断了巴尔科姆的股份。我不记得父亲叫我该这样那样做，我想他知道跟我说了也是白说。就这样，他出三千美元帮我买下了这家公司及其库存。

现在，我可以单干了。

我着实喜欢刘易斯的《修道士》。这是一个怪诞的施虐狂的故事，讲一个女孩子乔装打扮成修道士进入修道院，引诱修道院院长，院长在淫欲之下杀死了另外一个女孩子，等等。我对刘易斯本人（18 世纪出生于相当富裕的家庭的古怪英国人）的生平也很感兴趣。我决定继续将这本书付梓出版。

巴尔科姆已经请了一位教授来为这本书做一个集注版，即添加各种学术注释，介绍这些年来出版的不同版本和修改之处。这种学究式的做法我可不想干，不过最后还是出版了极少量的原版加异文的精装本。我还请了约翰·贝里曼为书作序。贝里曼是一位优秀的诗人和文学家[1]（还是个疯子，跟刘易斯一样），另写了一篇序言。他欣赏《修道士》一书的创作价值，并且能够将观点娓娓道来。

贝里曼写道，《修道士》是“正宗的英语神童小说之一，虽有诸多粗鄙之处，但仍不失为一部十分优秀的作品，即便已经问世了一个半世纪，仍称得上是一部跨时代之作。然而其始终未能成为经典小说，原因有若干：此书在市面上时有时无、此书有色情的恶名、此书不及刘易斯的其他富有想象力的作品出色，这些都使得这本书一直只能孤芳自赏”[13]。贝里曼接着又解释道，刘易斯还不到十九岁的时候，其父亲就为其谋得海牙的英国大使馆参赞一职。厌倦了荷兰生活的刘易斯开始写小说，并在极短时间内写就。

> 此书随即造成轰动……攻击、辩护、恶搞、抢夺、戏剧改编、歌剧改编、改写、翻译、模仿纷至沓来……1796 年 7 月成年后（刘易斯）回到议会……（接替《瓦塞克》的作者（托马斯·贝克福德）的席位，真是凑巧[2]），10 月当第二版准备面世时，他不仅在扉页上写上自己的大名，还加了“议员”二字。

1　原文为法语。

2　二者皆为哥特小说。

这无异于火上浇油。

刘易斯被送上法庭，被迫删改文本。贝里曼引用作者自己的话说："我为自己的轻率鲁莽而自责。然而，我想说，二十岁并非懂得谨言慎行的年纪。"

如此看来，买下格罗夫出版社还是有部分道理的。这是一家颇有个性的现成的小公司，而非乏味的商业投资，这符合我的思维方式。巴尔科姆离开之后，剩下我自己和我的第一本即将出版的"黄色书籍"《修道士》。

我加印的那最早的三本书和后来出版的这本英国进口书都放在西九街 57 号的公寓里。这些书跟我开始自己出版的其他书一起占据了大部分地方，而且很沉，一两年后地板就快要塌了。我从巴尔科姆和菲尔普斯手上买来的那些书都装在几个小行李箱和手提箱里，每本差不多各有几百册，而且还在不断增加。我把原来那些书拿到一家装订厂，装上硬皮封面。后来，我对它们的样子不满意，便把没有卖出去的那些硬皮封面撕掉，又变回平装本——还重新设计了封面。我深受詹姆斯·劳克林的出版社——新方向出版社的影响。巴尔科姆和菲尔普斯原来的封面既不漂亮也不统一，新封面是简单的黄底黑字——算是杂糅了本土的新方向出版社与法国的图书出版风格。

在格罗夫的早期，对我产生重要影响的另外一家出版社是贾森·爱泼斯坦创办的铁锚丛书——道布尔迪旗下的大众平装书品牌。我和贾森成了朋友，交流有关出版的看法。贾森因为道布尔迪拒绝让他出版纳博科夫的《洛丽塔》而出走后，我们决定搭伙，买下英国出版商企鹅及其美国子公司（当时总部在巴尔的摩）出版的大众平装书系在美国的特许经营权。法兰克福书展前，我和贾森去了英国，向出版社的所有者提出了要约，但被他们拒绝。

不久后，贾森去了兰登书屋，创立了另外一个大众平装书品牌——佳酿丛书，大获成功并延续至今。

《修道士》后我出版的第一本书是亨利·詹姆斯的《金碗》，请来著名的詹姆斯评论家理查德·布莱克默作序。出版《金碗》是琼的主意，那是她最喜欢的詹姆斯的作品。她在法国找到了一本《金碗》，发现这本书自1925年以来就没有再印行了。我们与仍然拥有该书版权的斯克里布纳出版社接洽，他们派了一个资深的老编辑惠特尼·达罗来到我的办公室，看我们的出版社是不是真的存在。琼给我的那本《金碗》就是我们后来影印胶版印刷的那本，芙朗辛为封面画了插图。我后来又相继出版了七八本詹姆斯的小说，在我准备出版的时候全都已经绝版。

因此，琼实际上与早期的格罗夫有着千丝万缕的联系。那时我还认识了霍勒斯·格雷戈里，一位詹姆斯研究者和相当优秀的诗人，他也对我产生了重要影响。

进入出版业的初期，我便意识到英国的出版商在出版很多没有在美国出版的书。我阅读、列出了一些我感兴趣的书和作家，然后前往英国，与费伯－费伯、查托与温达斯等出版社接洽，签下了一些英国作家。我当时并不知道我对英国出版社的主动示好是多么不同寻常。

1952年，我在哥伦比亚大学修读了一门出版课程。兰登书屋的前高级编辑萨克斯·康明斯是我们的教授。我学到了很多东西，但更主要的是我认识了出版界的人——每节课都请来一位优秀的客座讲师，每位都是其所在领域：广告、编辑等的佼佼者——如巴兰坦图书公司的伊恩·巴兰坦。我还结识了学员，其中唐纳德·艾伦后来成了在格罗夫与我共事的第一名编辑。唐纳德之前是伯克利的英语老师，“二战”期间担任海军情报处的日语专家。

一开始我觉得唐是那种典型的软弱的知识分子，尽管他确实非常聪明。然而随着我对他的了解加深，我开始欣赏他大胆、奇特的良好判断力。我很早便把他引入格罗夫，做我的重要副手。有一段时间，我们是一家只有我们两名编辑人员的出版公司。

1953 年，唐搬到了我隔壁，西九街 59 号的一间地下室公寓、后面有一个花园的褐石房屋。不久后我租下他住的公寓的楼上那层作为办公室。这是格罗夫离开家后的第一个新家。准确地说，只隔一扇门，上班近得很。

随着格罗夫的发展，我们的编辑和行政人员也在扩大。1957 年理查德·西弗从国外念书（还一面给《梅林》杂志[1]当编辑）回来后，先去了出版商乔治·布拉齐勒[2]麾下工作，1959 年我终于说服他加入格罗夫。在格罗夫的十二年里，迪克[3]利用其丰富的欧洲文学知识，为格罗夫做出了不可估量的

1　1952 至 1954 年在巴黎发行的先锋英语文学期刊，总共发行了七期。

2　乔治·布拉齐勒（1916—2017）于 20 世纪 50 年代中期创办的布拉齐勒出版社是美国硕果仅存的独立出版社。

3　为理查德·西弗的昵称。

贡献。法国作家的稿件，如玛格丽特·杜拉斯、阿兰·罗伯－格里耶、欧仁·尤内斯库、萨德侯爵等，都是他负责阅读。他还翻译了很多法语作品。我曾在一次演讲（我接受美国笔会事业成就奖时的演讲）中说过，如果我有一位兄弟，那么我希望他是迪克·西弗。日后，迪克将最终成为格罗夫的杂志《常青评论》的主编。

大约在这个时候，1956 年加入格罗夫的弗雷德·乔丹开始承担格罗夫的图书出版业务方面的更多编辑职责。跟迪克一样，弗雷德对格罗夫的发展也不可或缺。他懂德语（英语是他的第二语言），这点在处理诸如罗尔夫·霍赫胡特一类作家的作品时至关重要。霍赫胡特的剧本《上帝的代理人》探讨“二战”期间教皇庇护十二世在欧洲犹太人问题上扮演的角色。我从德国出版商朋友海因里希·莱迪格－罗沃尔特[1]那里拿到书和版权。纳粹占领维也纳时，弗雷德成功逃离出来，到了英国，战争期间，在英国陆军服役。我们是通过格罗夫的一名自由推销员费利克斯·莫罗介绍认识的。费利克斯认识弗雷德，跟我提起他。弗雷德与我联系后没多久便进入格罗夫，先做销售，而后做编辑，一待就是三十多年。离开格罗夫后，他经营另外一家出版社——万神殿出版社。

格罗夫的其他长期员工还有朱迪丝·施密特，担任我的助理多年。她能模仿我的语气写信，而且与格罗夫的许多作家结为好友，这是让作家们来到格罗夫办公室时有宾至如归的感觉

1 海因里希·莱迪格－罗沃尔特（1908—1992）继承父亲的罗沃尔特出版社，成为德国杰出的出版人，尤其是在“二战”困难重重的情况下，重启出版社的业务。

的原因之一。

格罗夫的另外一位编辑哈里·布雷弗曼参与了1965年格罗夫出版的一部重要作品《马尔科姆·X自传》。我记得当时我坐在车里，广播里传来马尔科姆·X遭枪杀的消息。第二天，我抓住机会，因为我听说道布尔迪已经签下了他的自传，却不打算出版。据说道布尔迪本人说，他怕公司员工会遭遇不测。我去找这本书的代理商，签下这本书，然后请亚历克斯·黑利（后来《根》的作者）赶紧为书稿做最后的润色，以便能够尽快出版。（黑利已经将他对马尔科姆·X的多次长篇采访进行了整理汇编。）书面世后产生了巨大的政治和社会影响。

《自传》出版后，我到儿子彼得的学校去演讲，讲述图书是如何出版的（我记得弗雷德·乔丹和迪克·西弗都跟我一起去了）。演讲结束后，我问大家有没有问题。一个学生、一个朝气蓬勃的大个子黑人小伙儿举手说："这是您出版的最重要的书，是吧？"

我并不打算回答是，所以我只是说："你这是要我在我的孩子之间选择。我做不到。"

事实上，时间证明，许多人认为我的一些"孩子"是我出版的最重要的书，包括（我敢说）那些色情图书。格罗夫的律师理查德·高伦曾说："巴尼的事业总是如履薄冰。没有人像他那样搞编辑。戏剧、欧洲文学、先锋文学、性挑衅文学，不管哪一种——在美国都没有人做。没有。"[14]

他说得太绝对了，还是有如劳克林出版了除《北回归线》外的亨利·米勒的其他作品，再比如艾尔弗雷德·克诺夫出版了 D. H. 劳伦斯的《查泰莱夫人的情人》，但是删掉了重要的一章。这些内容因为有面临牢狱之虞或者真的锒铛入狱而没能在美国出版，正如《马尔科姆·X 自传》差点儿因为道布尔迪的担忧而夭折。我从不让这些东西阻止我。

我一直对大家觉得危险的书情有独钟。1940 至 1941 年，我在斯沃斯莫尔学院念书时，叫父母给我寄了五十本书，全都是新方向和现代文库出版公司出的书。更早一些，在芝加哥念高中时，我就跑到马歇尔·菲尔德百货公司去买约翰·斯坦贝克、詹姆斯·法雷尔和其他被认为太过大胆、不适合年轻学生读的作家的书，如 I. F. 斯通、纳尔逊·阿尔格伦、赛珍珠、埃德加·斯诺、安德烈·马尔罗等。所以当日后我成为出版商、做出一些“危险的”决定的时候，我不过是在做我自己而已。

哈里·布雷弗曼在做马尔科姆·X 的书时，引入一个名叫吉尔伯特·索伦蒂诺的年轻编辑做助手——说白了，哈里利用这次机会训练、培养吉尔当编辑。吉尔还是一位勇于创新的诗人和小说家。1979 年他的精彩的滑稽小说《蔬菜烩肉》在遭到无数出版社退稿后，最终由格罗夫出版。

朱尔斯·盖勒是格罗夫的另外一名重要编辑。“二战”时他支持托洛茨基，还拒绝服兵役。后来有一群抗议人士要在格罗夫成立工会，朱尔斯成了与之对抗的主心骨，他高超的策略手段把工会的人逼疯了。不过那是很久以后的事情了。

很长一段时间里，格罗夫的宣传工作一直由莫里·戈德费希尔负责。他很称职，也是核心领导班子的重要成员。我们还有一名装帧设计罗伊·库尔曼，为格罗夫设计封面和书套多年，其独特、过目难忘的设计帮助格罗夫的图书脱颖而出。琼对他的工作的肯定极大地增强了我对他的才华的信心。当他入选艺术指导俱乐部名人堂时，我为他骄傲。

1967 年格罗夫上市，当时许多图书出版公司都上市了。20 世纪 60 年代末，格罗夫已经取得了长足的发展。刚开始时，格罗夫就只有唐·艾伦、我的第二任妻子洛丽（本名汉内洛蕾·埃克特）、霍华德·特纳、约翰·格伦和我五个人。不久，格罗夫便需要更大的地方和更多的编辑人手，特别是《常青评论》问世后。格罗夫的编辑、销售、行政人员增加到了三十五人左右，其中许多人都在格罗夫工作了很长时间。

1957 年《常青评论》创刊时是季刊，1959 年年底改为双月刊，1964 年 4 月变成月刊。《常青评论》主要在书店销售，也有订阅。后来我们创立常青读书俱乐部时，把它跟订阅《常青评论》捆绑在一起。

第 1 期《常青评论》有八篇文章，外加哈罗德·范斯坦的一组照片，用铜版纸印刷。撰稿人有些是格罗夫的固定作者，比如有塞缪尔·贝克特的短篇小说《但丁和龙虾》和诗歌《回声之骨》，有些则是我过去的老熟人，比如“宝贝”多兹回忆他的爵士鼓手生涯。（多兹是 1945 年年底至 1946 年我从战场上回来以后在芝加哥最喜欢的酒吧——锡盘巷酒吧的鼓手。）此外还有马克·肖勒的《论〈查泰莱夫人的情人〉》，这篇文章后来自然成了格罗夫出版的未删节版小说的序言。我希望把《常青评论》和格罗夫出版社尽可能紧密地联系在一起，日后这两个实体确实在无数方面对彼此均有助益。

唐·艾伦认识诸如城市之光书局（成立于1953年，1956年率先出版艾伦·金斯堡的《嚎叫》）的劳伦斯·费林盖蒂等人和以西海岸诗人为主的一大批诗人，直接导致第二期《常青评论》“旧金山文坛”的诞生，间接导致唐·艾伦编辑的、格罗夫的里程碑图书之一《1945至1960年美国新诗》的出版。诗选收录了《常青评论》第2期介绍的许多诗人的作品，如费林盖蒂、罗伯特·邓肯、迈克尔·麦克卢尔、杰克·斯派塞、加里·斯奈德、杰克·凯鲁亚克、菲利普·惠伦等，以及众多“垮掉的一代”和“纽约派”的代表诗人，前者如金斯堡，后者如约翰·阿什贝利、肯尼斯·科克、弗兰克·奥哈拉等。

《美国新诗》和其他许多图书获得众多大学课程的选用，开拓了格罗夫在教育领域的市场。我们甚至开始为这一市场推出专门的书目。纳特·索贝尔和莫里·戈德费希尔不遗余力的营销宣传也为政治诗歌和色情文学进入学术殿堂起到了巨大的推动作用。

我们的读书俱乐部稳步发展。1966年收购“世纪中叶读书俱乐部”后更加壮大了常青读书俱乐部，会员人数一度超过五万人。1969年是格罗夫最辉煌的一年，净收入超过一千四百万美元，比起1959年的不到一百万美元，无疑是巨大的飞跃。

除了一些作家的图书销量不断上升之外（如塞缪尔·贝克特，他与格罗夫的合作越来越密切，从《等待戈多》开始到其他作品），格罗夫的收益也在不断增加。并非什么书都在一开始就卖得很好，《等待戈多》就是其中之一。例如，格罗夫出

EVERGREEN REVIEW
VOL. 1 NO. 1
SARTRE BECKETT SCHORER MICHAUX
DODDS HAMBURGER PURDY FEINSTEIN
$1.00
No. 2
$1.00
EVERGREEN REVIEW
SAN FRANCISCO SCENE
evergreen
The Spirit of Che: Castro / Debray / Guevara / Karol
Roth / Bosquet / Plus: Kerouac / Rukeyser / Blackburn
evergreen
NEW FICTION FROM WILLIAM S. BURROUGHS

《常青评论》封面。

版了一位名叫埃里克·伯恩的精神科医师的一本书，卖了两千本左右。1964 年，我们出版了他的新书《人间游戏》，一度卖得极差，我打算放弃。我把这个想法告诉一同参加群体治疗的一个朋友，我们在那里结交了受训的年轻精神分析师，他说："别啊！坚持下去！"于是我开始在《纽约时报》等地方投放直邮广告，书的销量慢慢上来并最终爆发，在《纽约时报》畅销书榜上待了 109 周，累计销量超过五百万册。

格罗夫规模最大的时候拥有自己的仓库，在相隔甚远的曼哈顿西区。而读书俱乐部业务在另外一栋楼里。仓库加入了一个相对左翼的工会，跟我们关系不错。实际上，他们做出了相当大的让步，允许格罗夫必要时搬迁仓库。（工会一般不愿意公司搬离所在州或者美国，从而脱离工会的管辖。）所以 1971 年我们不得不将仓库、运输、销售、发行全部搬到兰登书屋去时，没有遇到任何问题。

我在格罗夫的那些年，格罗夫的地址从未距离其发祥地超过十个街区——格罗夫的家一直在格林尼治村。这些年来，格罗夫搬了几次家，先是从西九街搬到第九街和第十街之间的百老汇 795 号，我们的办公室面对一个服装热狗摊，同一栋楼里还有希德和沃德[1]、弗雷德·普雷格等其他出版商。我相信普雷格的公司跟中情局有联系，我曾和他讨论过此事，说到哈哈大笑。1959 年，格罗夫搬到大学城路 64 号（面对一间杂货铺），

1　希德和沃德出版社是弗兰克·希德和梅茜·沃德夫妇 1926 年于伦敦创建的天主教出版社，1933 年总部迁至纽约。

上：1953 年，常青丛书 / 格罗夫出版社的首个英文版的贝克特的《等待戈多》。
下：1954 年夏，巴尼 · 罗塞特在纽约市百老汇 795 号格罗夫出版社的办公室里。

上：1954 年夏，纽约市百老汇 795 号格罗夫出版社的前窗，面对恩典堂。
下：1960 年，巴尼 · 罗塞特与理查德 · 西弗出席生活剧团的演出。

后来又搬到大学城路 80 号（第十街和第十一街之间），1967 年迁往东十一街 53 号（我们在这里创办了黑圈酒吧和常青剧场，这可不是出版社常见的配套设施），1970 年花费两百万美元翻新默瑟街 214 号后入驻。1972 年 6 月，这栋楼被卖掉，格罗夫搬回东十一街，最终落户西休斯敦街 196 号，格林尼治村的最南边。这里既是我的家，也是格罗夫的办公室。

1985 年，在我因为资金短缺和债务负担不得不将公司卖掉后，我最后一次经手格罗夫的房地产事宜。我在普克大厦（一栋建于 1885 年的雄伟的罗马复兴式建筑，位于曼哈顿下城索霍区拉斐特街 295 号、百老汇的拐角处）给格罗夫找了个好地方，这里曾是早已停刊的《迫克》杂志[1]的印刷厂。不过格罗夫的新东家有别的想法，他们想把格罗夫搬到上城区去。然而格罗夫（随后与大西洋月刊出版社合并成为格罗夫 / 大西洋股份有限公司）最终又搬回格林尼治村的百老汇 841 号，距离第九街——最开始的地方只有几个街区。

除了格林尼治村，还有另外一个地方成了我生活密不可分的一部分，并且在接下来的许多年里成为格罗夫出版社大家庭成员温馨的工作避难所。

我第一次到东汉普顿是 1950 年跟琼一起，我觉得这里很漂亮，尤其是海滩。虽然琼逐渐淡出我的生活，但我还是想回那里去。东汉普顿斯普林斯社区的三里港路是纽约艺术家的活

1　美国第一本成功的幽默讽刺杂志，发行于 1871 至 1918 年。迫克是《仲夏夜之梦》里的小精灵。

罗伯特·马瑟韦尔位于东汉普顿的匡西特活动房屋，由皮埃尔·夏洛设计，1954 年售予罗塞特。1964 年贝克特来美国时居住于此。

巴尼与儿子彼得，摄于1955年。

动中心，这些艺术家不仅是美国，更是全世界的一代艺术领袖。马瑟韦尔、波洛克、克拉斯纳、克兰、德库宁、罗斯科，还有许多其他重要的艺术家都来到这里作画。

1953 年 8 月我与洛丽在纽约市政厅结婚，在那之前的一两年，我买下了位于乔治卡地区的罗伯特·马瑟韦尔的房子。这是法国建筑师皮埃尔·夏洛为马瑟韦尔设计的房子。当时我对夏洛一无所知，只是我和洛丽在《哈珀斯》杂志上看到这栋房子，准确地说是一间匡西特活动房屋[1]，设计于“二战”时期，建于 1946 年。如今马瑟韦尔准备搬家，于是我和洛丽去看房子。我们开车转了一圈才找到房子，正如我在《后形而上学》杂志 2001 年《盗版者》那期的采访中说的那样：“这个奇怪的东西就插在一堆沙子里。当初建造的时候，建的人压根儿没想到给这个地方做个遮掩，只种了一些小树苗。看上去真是糟透了。可我们一眼就喜欢上了这栋房子。”[15]

接着我又说，为了让我们看房子的里面，房产中介把窗户打破。我们为这个有创意的地方所吸引和称奇。我们问中介租一季要多少钱，主屋（这间匡西特活动房屋）加工作室（另外一间匡西特活动房屋）再加上一间煤渣砖屋，算下来是八九千美元。我们又问：“那买下来要多少钱？”他回答说：“一万两千美元。”包括离海边不远的两英亩土地。即便是在当时房地产泡沫早期的年代，这也是相当离谱的价格。同一年我带父母亲来看房子，他们都惊呆了——“你买了这个？你花一万两千美元买了这个？”没错，我们把这间匡西特活动房屋稍加改

1　商标名称，指由瓦楞铁预制构件搭成的半圆形活动房屋。

造，这里便成了我们可爱的家。

我从未去过巴黎的夏洛的“玻璃之家”，据说那是20世纪法国建筑最重要的代表作品之一，不过我看过很多它的照片。你也许可以从金属和玻璃在东汉普顿的这栋房子的设计中的运用方式看出两栋房子出自同一建筑师之手。房子里的家具则是另外一名现代建筑师弗雷德里克·约翰·基斯勒设计的。基斯勒身高一米五出头，我们都叫他“小天才”。我跟基斯勒很熟，我很喜欢他。基斯勒跟夏洛一样，都没能在美国干出什么大工程。不过在现代艺术博物馆展出着基斯勒的“无尽之宅”的等比模型。他设计的胶合板家具独一无二，很像让·阿尔普的绘画。在无尽之宅里，家具是墙壁的一部分。在马瑟韦尔的这栋房子里，把基斯勒的家具整个颠倒过来也没关系：桌子可以变成椅子，一样好使。我们搬进来的时候，客厅里还有基斯勒的作品，可是后来全都被马瑟韦尔拿回去了，太可惜了。

我想马瑟韦尔之所以要搬离这栋房子是因为不幸的私人生活。他的墨西哥裔妻子玛丽亚·埃米莉亚·费雷拉－莫耶斯离开他后，他娶了贝蒂·利特尔，听说是一个非常刻板、庸俗、保守的女人，这种人不适合住在这样的房子里。于是马瑟韦尔在纽约买了一栋褐石房屋。（后来他又娶了第三任老婆，画家海伦·弗兰肯塔勒。）

我们带着宝宝彼得刚搬到这里来住的时候，日子很不好过。当时下大雪，冷得要命。第一天晚上，连海面上都落了雪，我差点儿把车开海里去。到了夏天，开始有客人来访，每个人都说：“哦，天啊，受不了了。这里热得跟火炉似的。”房子周围全是热气腾腾的沙子，没有树荫，铁皮屋顶又吸热。我的解决办法是在屋顶上铺设渗水管，然后安装了两台排气扇——最简单、最经济的降温的东西。多年后，我和儿子彼得给铁皮屋顶加盖木瓦。有自尊的设计师是不会想到这个的，更别说这么做了。几年下来，我们种了一片草坪，原来的那些小树苗也逐渐长高，在屋顶上连在一起。这里变得很舒适，很漂亮，虽然有点另类。

马瑟韦尔对房子做了一些变动，削弱了原来的设计效果——比如在房间靠后、壁炉的地方弄了一个隔断，既丧失了设定的功能也破坏了大胆疯狂的设计。我一搬进去就把隔断从一楼的房间中央拿掉，放到另外一头去。

我对主屋隔壁、马瑟韦尔原来使用的工作室做了一些大改动，使其大为改善。原先的天花板没有隔热，地板是水泥的，实在不适宜居住。马瑟韦尔晚上画画，所以不太需要光线。工作室朝南，朝向并不理想。于是我们在屋顶上铺了些透明瓦楞塑料板，增加采光。住在这里的优秀建筑师罗伯特·罗森堡（后来成了我们最好的朋友）为工作室设计了扩建部分——围绕着一棵树的一个有顶小平台、照相洗印室（洛丽是一名摄影师）、厨房和浴室，以及主体区域的油毡地板。你可以住在这里画画：这里是一个独立自主的单元。

第三个单元，夏洛住的那间煤渣砖屋，我把一间长方形房间中央的浴室拆掉，弄了一个室内游泳池，很漂亮，四面都有窗户。我们还在天花板上、厕所的通风口弄了一个拱顶。煤渣砖屋的地板跟主屋一样，都是三英寸的圆木，从树干上锯下来，嵌在水泥里。房间的数量和大小可以改变，因为夏洛把木制屏风装在轮子上，所以墙是可以移动的。

要在原来的设计上做调整总是困难的决定。这些年来，每次我们需要改动，都要反复斟酌，努力保持夏洛原来的设计理念。我认为除了木瓦屋顶外，我们保持住了。

20 世纪 60 年代末，我们在这里拍了一部电影，诺曼·梅勒自编自导自演了一部混乱、暴力的电影《梅德斯通》[1]，于 1970 年上映。那段时间诺曼正为自己的掰手腕水平而扬扬得意，这是他当时的生活里除把人揍晕外最重要的事情之一。不过我们还有其他许多客人，都是比较平和的人，我们经常举行聚会，大家都喜欢这栋房子。

我设想让格罗夫的人都住在东汉普顿——而事实上确实如此或者说大部分人如此。我寻找废弃的房子，把它们买下来，用大滑动台架搬到我买下的另外一个地方进行重建。我甚至买了一座小教堂，整个儿拉到另外一个地方，改造成一座小剧场。我们把一面墙壁拦腰切开，做成舞台，外面是一个树木环绕的户外木头大广场。这就是常青剧场。

我在夏洛设计的这栋房子里住了三十年，房子成了我生活的一部分。直到 1980 年，我因为第三次离婚、觉得有必要改变一下等，把房子卖了。然而这是我这辈子做过的最愚蠢的一件事情。几年后，新主人就把房子拆了。我再也不忍开车从房子曾经矗立的地方经过。

搬到东汉普顿来住后，我和洛丽发现这里的社交圈子很

1 英格兰东南部城市。

棒，对艺术家呵护有加。在此前和之后，我都未曾遇到过。这里跟格林尼治村的雪松街酒馆不太一样，但好像是酒吧突然间一下子增加了好多新人物。

我们搬来这里没多久，就被请到一个叫阿方索·奥索里奥的、我们不认识的人家里参加为杰克逊·波洛克举行的聚会。当晚的“小溪”庄园里宾客如云。这位奥索里奥出生于费城，是一名令人敬畏的反传统画家，有很高的艺术鉴赏力，还很有钱，资助其他艺术家，尤其是波洛克。艺术家本身不会爱财，不过他们有些朋友可一点儿也不穷。当晚的宾客真是一群非常奇怪的人，几乎涵盖了所有的创作领域，有：波洛克和他的传记作者杰弗里·波特及其妻子彭妮、比尔·德库宁和妻子伊莱恩、作家哈罗德·罗森堡、画家沃伦·勃兰特、保罗·布拉赫、米里亚姆·夏皮罗、建筑师罗伯特·罗森堡、弗雷德里克·约翰·基斯勒、保罗·莱斯特·威纳和妻子英格博格·滕黑夫（本身也是一位十分优秀的画家）。美术馆老板利奥·卡斯泰利就住在我们家的街对面。宾客之中，《纽约客》杂志医学年鉴的作者伯顿·鲁谢、作家乔·利斯和妻子米莉后来都成为我的好朋友。这里有一种我不敢设想的大家庭的感觉。

波洛克给我感觉有点疏远，不像德库宁那样容易接近。其实我觉得跟波洛克的妻子李·克拉斯纳更亲近一些。不过我们都认为他是这个时代的伟大画家，无论有没有人懂得他在做什么。在琼看来，波洛克无疑是伟大的画家——他还有德库宁和克兰都是。当然了，不管我跟琼是不是夫妻，甚至不管我是不是在她旁边，我都是透过她的眼光看画。

我认为这些艺术家花了很长时间才意识到自己正走向成

功。我能想到的原因是，这跟大萧条有一定关系。老一代艺术家一辈子都没见过钱，不曾拥有汽车之类的东西。弗朗兹·克兰一直都没有车，直到 20 世纪 50 年代初，他住在布里奇汉普顿的“红屋子”（因为房子被涂成鲜红色）的时候，才花 150 美元买了一辆硕大的林肯折篷汽车，在我看来活像一辆蒸汽机车。我记得他和波洛克把车开上街，结果差一点迎头撞上第一辆朝他们开过来的汽车。那天晚上，另外一位画家路德维希·桑德（跟我一样是个退伍老兵）来到我家，跟我说克兰把别人的车撞烂了，得上法庭，车里大概有六个人，幸好都没有受伤。弗朗兹说那辆林肯是他的唯一财产，他怕被法院没收，于是我答应以原价 150 美元把车买下来。法庭上，法官只是警告了一下弗朗兹，就把他放了。连东汉普顿的执法人员对艺术家也很友好，杰克逊就受到了不止一次这样的宽恕。所以我把弗朗兹的豪车还给他，他用支票还了钱给我。

08 塞缪尔·贝克特

20 世纪 50 年代初的一天，邮差送来一封意外来信，寄信人是西尔维娅·比奇，说想跟我见一面。西尔维娅·比奇是巴黎传奇的英语书店莎士比亚书店的老板，是詹姆斯·乔伊斯的好朋友，1922 年出版了乔伊斯的《尤利西斯》，同时也与塞缪尔·贝克特相识多年。在我们的交谈中，她对贝克特极尽赞誉之词，称他为将来有一天必将成名的重要作家。她的话像魔咒一样吸引我。

当我在巴黎的欧仁·若拉编辑的文学杂志《转变研习班》[1]里读到贝克特的作品时，我还是新学院的学生。若拉把贝克特归类为“超神话”文学，归入这一类的作家还有：凯·博伊尔、欧内斯特·海明威、詹姆斯·乔伊斯、弗朗茨·卡夫卡、凯瑟琳·安妮·波特、格特鲁德·斯泰因、狄兰·托马斯等。当然还有亨利·米勒。

在与西尔维娅·比奇见面后，我读到一篇文章，说那年 1 月 5 日塞缪尔·贝克特的一出叫《等待戈多》的剧在巴黎首演。[2] 我设法弄了一本《等待戈多》来看——这本书当时只有法语版，即贝克特最初创作时使用的语言。我的第一反应是：“这是我从未见过的对人类的洞察。我要出版这本书。”于是

1 《转变》（1927—1938）是欧仁·若拉与妻子在巴黎创办的实验文学杂志，其中以连载詹姆斯·乔伊斯的《芬尼根守灵夜》最为出名。“超神话”文学是若拉杜撰的一个文学门类。

2 1953 年 1 月 5 日，《等待戈多》在巴黎先锋派小剧院“巴比伦”首演，很快就取得成功并引起强烈反响。

我马上去找贝克特的纽约代理人玛丽昂·桑德斯，签下了格罗夫出版社最早的一批合同。合同本身是同贝克特的法国出版商午夜出版社签订的，是双方日后更多合作的开始。合同要求预付一千美元的版权费。

就在那段时间，我读了《等待戈多》后，请新学院的教授兼朋友、法国文学专家华莱士·福利给我他对这本书的看法。他是一位比我保守得多的读者。不料他对贝克特的评价比西尔维娅·比奇跟我说的和我自己总结出来的还要高。他说贝克特将成为20世纪最伟大的作家之一。

我对于同一年格罗夫签下来的另外两位“法语”作家欧仁·尤内斯库和让·热内也有同样的感觉。

1953年6月18日　纽约

亲爱的贝克特先生：

在经代理人、出版社、朋友等充当中间人后，我想是时候给您写信了。随函寄去一份我社的书目，好让您了解纠缠您的是一家什么样的出版社。希望书目不会让您太失望。

很高兴收到午夜出版社寄回的合同，相信我，我们会竭尽全力让您的作品在敝国家喻户晓。

当务之急是翻译。我已经致函（《梅林》的编辑）亚历克斯·特罗基，说明这件事情至少在我们这里看来没有据说在他那里那样困难。

如果您能接受我的第一翻译人选，那么整件事情就简单了。而这个人选当然是您本人。就该剧本而言，这无疑是最合适的安排……

我跟特罗基详细地（也可能是啰啰唆唆地）说明了为什么我认为《梅林》不宜在书出版之前刊登其中的第一幕。在我看来，一整幕实在不能算是“节选”，还可能会对书的出版起到一定的反效果。我建议他们有写好的小说先出版小说的节选，等到准备就绪时，再与我一道出版这个剧本。我希望您赞同我的观点。《等待戈多》[1]应当完完整整地惊现于读者眼前。

至于小说的翻译，我想先听听您的建议，您是否要自己来做。如果您的决定为否（我诚然不希望如此），那么我们再讨论由谁来做合适。

您之所以将出现在格罗夫出版社的书单上当然得归咎于西尔维娅·比奇。我去见她时，心里想着您的作品，而在她谈到您之后……我立即决定在这个世界上格罗夫出版社最需要的便是塞缪尔·贝克特。我跟她这么说了，她建议我提出具体的要约。在她拿出纸和笔准备开始写条款的那一刻之前，我根本没想到这点。

第二个应归咎的人也很重要。他是华莱士·福利。他在我的要求下十分仔细地阅读了这部剧本和两部小说，然后恳请我签下您的作品。福利也是翻译的人选之一。他最新的译著兰波的《彩画集》[2]和一篇相

1 原文为法语。

2 阿蒂尔·兰波（1854—1891），法国天才诗人、象征主义大师。

关的长篇研究即将出版……

您的那本有关普鲁斯特的论著，查托与温达斯出版社一本都没有了。如果您手头刚好有一本可以借阅，我将不胜感激。普鲁斯特是我热爱的作家之一，我很想知道您（以前）对他有何高见……

此信繁言蔓词，已甚为冗长，不堪卒读，就此搁笔。不知能否告知您的私人地址，方便你我以后直接联络？

谨上

巴尼·罗塞特

※※※

1953年6月25日　巴黎第五区　钟爱街6号

亲爱的罗塞特先生：

感谢你6月18日的来信。上面为我的私人地址，请保密。重要事情请写信给我寄至此地址，公事请写给午夜出版社的兰东。

关于翻译，我今天或者明天把第一版的《等待戈多》寄给你……

至于小说，我的立场是烦请他人代劳，我保留修改译文的权利。然而据我的经验，我知道修改拙劣的译文比自己翻译辛苦得多……几年前我为乔治·迪蒂的《转变》翻译了两小段。要是我能找到是在哪一期，就寄给你。

我十分理解你质疑《梅林》刊登《等待戈多》第

一幕是否妥当一事，我相信特罗基也会理解。

我自己的那本《普鲁斯特论》已经找不到了，我也实在不知该建议你去哪里能弄到一本。那是一本很幼稚的书，虽或并非完全是胡说八道。书中的前提比结论可靠一些。

至于我的作品的总体情况，我希望你清楚你给自己招来了什么样的麻烦。我指的不是中心思想，那是完全人畜无害的，但是确有一些淫词秽语在法语里可能没有在英语里显得那么令人不适，而且坦白讲（我们开始之前最好先说清楚），我根本没有打算和谐。我自然是不了解美国在这方面哪些是允许的，哪些是不允许的。诚然就我所知这些章节若如实翻译，在英国是不被接受的。这点我想你会跟福利解释清楚。

西尔维娅·比奇对格罗夫出版社多有美言，还说你可能夏末会到法国来。希望如此。

谢谢你寄来的有趣的书目。以后我定会向您索要几本贵社出版的图书。

感谢你给我的作品一个出版的机会，预祝你我一切顺利[1]

谨启

塞缪尔·贝克特

1　此处原文即缺少句号。

※※※

1953 年 7 月 13 日　纽约

亲爱的贝克特先生：

很高兴收到您 6 月 25 日和 7 月 5 日的来信。

首先，我必须告诉您，我尚未收到您翻译的《等待戈多》。而我迫切希望看到它。我计划在 1954 年的上半年或者下半年出版该剧本，出版时间完全取决于翻译的完成时间。最理想的情况是剧本出版与剧作上演同步，不过这是可遇不可求的，我认为为了等待上演而无限期推迟出版并非明智之举。

关于小说的翻译，听到您说不愿意自己翻译，我自然很失望。不过我十分理解您的想法，再在自己以前的作品上花费那么多时间确实有些叫人不快，但我还是希望您能够重新考虑……

关于书中的淫秽语言，我的建议是等到有必要时再来担心。有时候这样的事情船到桥头自然直。

我希望您能找到有您自己翻译的片段的那本《转变》。

我确实计划在今秋前往欧洲，十分期待与您相见。

谨启

巴尼·罗塞特

※※※

1953年7月18日　巴黎第五区　钟爱街6号

亲爱的罗塞特先生：

……说到书中的淫秽语言的问题，我希望从一开始就说清楚，我只能接受不伤筋动骨的修改，即丛（原文为错别字）一种语言翻译到另外一种语言时必要的修改。因此问题很简蛋（原文为错别字），即：你准备好出版翻译出来的东西了吗？我确信你会同意在我们开始之前把这个问题说清楚，对于你、译褶（原文为错别字）和我本人而言同样重要。

随函附上《转变》，里面有我翻译的《莫洛伊》和《马龙之死》的片段。

谨启

塞缪尔·贝克特

※※※

1953年7月31日　纽约

亲爱的贝克特先生：

您翻译的《等待戈多》终于寄到了。我非常喜欢它，我认为您翻译得非常精彩。幸运儿的那段长篇演说尤为出彩，整个剧本读起来十分流畅。

若要我鸡蛋里挑骨头的话，就是可以看出此译文出自一个更习惯于使用“英式英语”而非美语的人之手。如“混账”等词语会让读者以为这个剧本原本是一个英国人用英语写的。这不是什么大问题，只是有些地方使用中性表达会比英语味儿十足的词语更能提醒美国读者这个剧本是从法语翻译过来的。除了这个技术性问题之外，我无其他话要说，除了我现在十分期待在舞台上看到这出剧——不管用哪种语言……

我读了《转变》里您翻译的片段，我要再说一次我非常喜欢——使我更加坚信您是（小说的）最佳翻译人选。不说别的，我实在不知道还有谁能达到这样的质量，不过我随时愿意改变我的观点。

译文的改动当然仅限于从一种语言翻译到另外一种语言时的必要修改。若有难以克服的困难，等困难出现再说。

我期待翻译有新的进展。

谨启

巴尼·罗塞特

※※※

1953 年 8 月 4 日　纽约

亲爱的贝克特先生：

我把今早收到的《瓦特》放到一边，写这封信。我已经一口气看了五十页，等一有空再马上接着阅读……

《等待戈多》的样书寄回给您后，《莫洛伊》的第一部分也寄到了，读过后我印象颇佳。我记得《梅林》第二期刊登过鲍尔斯的文章，他似乎对您的作品颇为赞同。若您觉得满意且愿意与他合作，那么我建议您就这么定了。既然您无法亲自来做，那么退而求其次就是您能够指导另外一个人做——而眼下似乎也找到了这么一个合适的人选。

另外还是词语的问题。美国人不晓得“下等女佣”（skivvy）“短管烟斗”（cutty）等这些词语，若文章中出现则必定带来英国色彩。若这是您想要的效果，那么一点儿问题没有。若您希望故事发生的地点模糊一些，那么最好换成在美国和英国都通用的词语。

我正在愉快地阅读《瓦特》，期待很快能读到《莫洛伊》的更多内容[1]

谨致问候

巴尼·罗塞特

※※※

1953年9月1日　巴黎第五区　钟爱街6号

亲爱的罗塞特先生：

感谢你8月4日和7月31日的来信，两封信均于昨日才收到，还有《等待戈多》的译文……

《等待戈多》的拙译得到你的认可，我很高兴。译文是为了方便奥拉姆先生谈判、仓促之间完成的，我自己并不十分满意，然亦未有勇气提笔修改……

1　此处原文即缺少句号。

我理解你说的有关英式英语的问题，你就这方面提出的任何建议我都乐意考虑。然而此处涉及的问题远不止于此。我修改的鲍尔斯的译文在语气语调上必定是不美国化的，仅仅是用一些美语词汇代替英语词汇并不能改善问题，而是相反。我们当然可以避免使用美国读者不理解的词语，比如“下等女佣”“短管烟斗”等，如能帮我们指出，当属帮了大忙。在《等待戈多》里，我尽量保留原来的法语语气，你可能已经注意到了，英国和美国地名的使用仅限于幸运儿，他的名字似乎就已经代表他可以这么做。

谨启

塞缪尔·贝克特

上面一番书信往来后不久[16]，我和妻子洛丽便前往巴黎，第一次见到萨姆[1]·贝克特（日后我们又多次见面）。我们乘坐不大但很优雅的法国客轮“弗朗德尔号”前往欧洲，还没出纽约港我就晕船了。

我在为 S. E. 贡塔尔斯基[2]的《塞缪尔·贝克特指南》所写的一篇文章里记述了这次会面。我们约在蒙塔朗贝尔街的皇家桥酒店的酒吧，隔壁几乎就挨着法国最大的文学出版社伽利玛出版社。“贝克特走进来，他高高的个子，面无表情，

1　萨姆是塞缪尔的昵称。

2　S. E. 贡塔尔斯基（1942—），佛罗里达州立大学教授，世界顶尖的贝克特研究学者，曾于 1989 至 2008 年担任《贝克特研究期刊》主编。

穿着一件军用雨衣。他说他还有另外一个约会，不能久留，只能匆匆喝一杯。洛丽回忆道：‘他来迟了，看上去很不自在的样子，一言不发，只说自己不能待很久。他的害羞叫人难受，跟巴尼一个样儿。我无计可施，只好说我有多喜欢读《等待戈多》。这下大家才打开话匣子，贝克特变得热情、开怀起来。’”[17]

另外一个约会被抛在脑后，我们仨一起共进晚餐，接着去了其他酒吧，最后到萨姆最常去的地方——蒙帕纳斯大道的圆顶咖啡馆一直待到凌晨三点，贝克特点了香槟。

1953 年 12 月 14 日　巴黎第五区　钟爱街 6 号

亲爱的巴尼和洛丽：

抱歉要否定你喜欢的设计。谢谢你问我的意见。不要觉得我是一个喜欢唱反调的人。这个主意不错，可我认为使用变化的符号是严重的错误，那一栏很难看，还破坏了页面的连贯。我不赞同用符号系统来表示人物的想法和做法。实在不行的话[1]，如果你觉得可以，就用单个的大写字母好了，E. 表示爱斯特拉冈，V. 表示弗拉季米尔等等，反正也不会混淆，说不定还省却了打字的麻烦。然而我更希望全名写出来。即便人物下面说的话只有一个音节，重复人名也是有它的作用的：强化重复的文字。符号是变化，而整件事

1　原文为法语。

情是单调乏味。另外一种方式是把名字居中，文字在下面，像这样：

爱斯特拉冈

我宁愿他跳舞；那一定更好玩。

波卓

不一定。

爱斯特拉冈

你说呢，狄狄，是不是更好玩？

弗拉季米尔

我宁愿听他思想。

爱斯特拉冈

或许他可以先跳舞，然后再思想，

要是他吃得消的话。[18][1]

然而我个人更喜欢午夜出版社的排版。伽利玛出版的阿达莫夫[2]的剧本（第一卷，刚出版）用的也是这种排版。当然，若你更喜欢单个大写字母，我没有意见。

你能不能把长条校样排版推迟到1月的第一个星期？到时你就能收到定稿。我做了好几处改动，特别是幸运儿的长篇议论。如果事情能够推迟几周，就可

1 本书中《等待戈多》的译文均来自施咸荣的译本。

2 阿瑟·阿达莫夫（1908—1970），俄裔法国剧作家，法国荒诞派戏剧奠基人之一，代表作品有《塔拉纳教授》《乒乓》等。

以省去很多的更正……

《等待戈多》的巴比伦巡演主要在德国（包括杜塞尔多夫市的格林德根斯剧场），也远赴米兰小剧院，反响似乎不错……在克雷菲尔德[1]拍的照片很棒，是表演的时候拍的，不是摆拍，比法国人拍的好多了。其中有一张特别好（第一幕尾声，弗拉季米尔拉着爱斯特拉冈走向有月亮和树的舞台边沿）。这张照片就是这出剧，做书的封面一定很棒。我今天下午去寄这封信之前先到剧场去一趟，把摄影师的地址给你，以便万一你想把这组照片买下来。

送上最诚挚的圣诞和新年祝福

萨姆

一年后，还是这个贝克特写信给我说："所有东西一写完、写的过程中，甚至写之前就被嫌弃和否定，我难以继续……我疲惫不堪、神思恍惚，但还不够疲惫和恍惚。我无法写作，但还不够。"正是这个可爱、彬彬有礼的贝克特写了：

爱斯特拉冈：我不能再这样下去啦。

弗拉季米尔：这是你的想法。

谁来把《等待戈多》翻译成英语是一个棘手的问题。也许贝克特用法语写作的时候，没有人站在背后看着，他更能够

1　德国北莱茵 – 威斯特法伦州的城市。

达到不带感情的纯粹。也许英国的出版商辜负了他，他耿耿于怀。他的小说《墨菲》和短篇小说集《徒劳无益》在英国没有引起关注。也许贝克特觉得自己的英语太抒情了。他不断在试图一件件扔掉他的写作工具，最后干脆就不写了——好比把一个想挖土的人的铲子给拿走。

而贝克特对他的英语翻译又没有一个满意的，所以我总是劝他自己来，因为我相信他其实一直想回到用英语写作，而事实上从那以后，他的大多数作品也确实都是用英语写的，只不过需要有人鼓励他。最终，他还是选择了唯一的办法，自己翻译《等待戈多》，把小说往后推。

“我们住的地方很棒——白雪覆盖、静谧清幽、没有煤烟，我想你会喜欢这里的。”1954 年 1 月我在东汉普顿的掩体似的匡西特活动房屋家里给作家写信，信的内容是关于《等待戈多》——这部将改变现代戏剧进程的作品的校样。

我们的通信起先很正式、客气，但很快便热络起来了。贝克特有时候在我的大胆请求下打字，有时候手写，他的字小得几乎看不清。在作家摇晃一下酒杯就更换出版社的年代，我们的跨洋通信犹如漂浮在平静、信任的海洋上。

1954 年格罗夫出版了《等待戈多》，还有让·热内的《女仆》和《高度监视》。

1956 年，我把贝克特介绍给琼·米切尔，两人一见如故。一个是满脸皱纹、古怪有趣的作家，一个是迷人的年轻画家。琼喜欢文学，尤其是诗歌（后来她为加里·斯奈德、詹姆斯·斯凯勒、弗兰克·奥哈拉[1]等许多诗人的诗集画过插画）。贝克特对艺术很感兴趣，有许多艺术家朋友。两个人还都爱喝酒。

琼在画画之余经常泡在雪松街酒馆里，聊天、醉酒、偶尔的肢体冲突是这里每晚的固定节目。看到奥哈拉和琼一起走进来，威廉·德库宁就朝奥哈拉大骂——艺术家多是大男人，这个圈子里女人很少，而这些少数的女艺术家却十分有竞争力，琼就是其中之一。她比很多男人都更能喝、更能说。琼已经成长为一名成熟的画家，不仅用的画布越来越大，而且找到了自己的抽象表现主义风格。她的画风越来越独特，不到三十岁就形成了自己的风格，既优美流畅又狂暴不羁，肆意流淌的颜料是主要特点。

我和琼一直保持联络；离婚后我们的友谊日久弥深。琼开始一年当中有部分时间居住在巴黎，也许是自我保护，也是为了远离纷乱侵扰的纽约艺术圈子。她在巴黎认识了画家让-保罗·里奥佩勒，两人保持了二十多年的关系。1959 年琼决定定居法国，但还留着纽约市圣马克街的公寓。她在弗雷米古街 10 号找到工作室，开始新一轮的创作高峰，探索忧郁、四分五裂的自然，探索自己的内心世界。她与里奥佩勒时常激烈争吵，甚至会互撕对方的画。

贝克特会在圆顶咖啡馆与琼、里奥佩勒、布拉姆·范费尔

1　加里·斯奈德（1930—）、詹姆斯·斯凯勒（1923—1991）、弗兰克·奥哈拉（1926—1966），均为美国诗人。其中斯凯勒和奥哈拉属于纽约派诗人，斯奈德是旧金山文艺复兴的重要诗人。斯奈德和斯凯勒均获得过普利策奖。

德、阿尔贝托·贾科梅蒂[1]聚会，还经常拜访琼的工作室，待上几个小时，然后一同到当地的小酒吧一醉方休。琼告诉我她和贝克特在讨论为后者的广播剧《余烬》做一个插图本。不过她画了几幅水彩画后放弃了这个想法，因为她觉得剧作本身就已经很完美了。贝克特逐渐依赖琼的陪伴和谈心，他们经常谈论孤独和死亡，忧郁的话题中偶尔带点幽默。

我在贡塔尔斯基的贝克特文集里说过，苏珊娜·德舍沃－迪梅尼1961年才与萨姆结为夫妇，但多年来一直是他最坚定的支持者。苏珊娜是萨姆的经纪人兼生活助理，照料他的一切需求，保护他不受这个世界的影响，不遗余力地帮助他的事业。苏珊娜个子高挑、容貌俊俏、不苟言笑，而且比萨姆更加离群索居，据我所知她从没学会英语，也不与贝克特的朋友往来。我记得我们初次见面的时候，她在贝立兹语言学校[2]试着学英语，但这似乎违背了她的本性，除了法语我没听她说过其他语言。

德国人占领巴黎期间，参加过抵抗运动的萨姆和苏珊娜为了躲避盖世太保的追捕，逃到法国南部，躲在沃克吕兹省鲁西永村附近的一座偏僻农场里，贝克特在《等待戈多》里特别提到了这里，还提到了当地一个农民的名字。在沃克吕兹省，空

1　布拉姆·范费尔德（1895—1981），荷兰画家；阿尔贝托·贾科梅蒂（1901—1966），瑞士—意大利雕塑家、画家。

2　1878年，马克西米利安·贝立兹在美国罗得岛州的普罗维登斯创立了第一所贝立兹语言学校，如今贝立兹已成为遍布70个国家的大型外语教育和培训机构。

虚无聊的日子日复一日，在贝克特看来漫长得像永远。

那三年，大部分时间就他们两个人单独在一起。我猜两人厌倦了彼此，不知如何打发时间，不知为何会在那里，不知何时能够离开那个鬼地方，永远不想再见到对方，却又无法离开彼此。《等待戈多》的核心必然与这一切密不可分。在剧中有次爱斯特拉冈离开、被打，回来的时候，两个主人公有这么一段对话：

> 弗拉季米尔：你又来啦！……过来，让我拥抱你一下……你是在哪儿过夜的？
>
> 爱斯特拉冈：别碰我！别问我！别跟我说话！跟我待在一起！
>
> 弗拉季米尔：我几时离开过你？
>
> 爱斯特拉冈：是你让我走的。

虽然贝克特明确指出《等待戈多》的所有角色均为男性（1973年他甚至拒绝由两位美国顶尖女演员埃丝特尔·帕森斯和谢利·温特斯演出该剧），但是我相信他将真实情况，即他和苏珊娜待在偏僻农场里漫无目的地等待，写进了剧本并转变为永恒的困境、普世的谜团。我认为这种潜在的性欲在1988年在纽约的林肯中心上演的《等待戈多》中体现得更加明显。由罗宾·威廉斯饰演的爱斯特拉冈和史蒂夫·马丁饰演的弗拉季米尔都着力突出角色中男性或是女性的一面。

贝克特和苏珊娜这种欲弃还留、若即若离的关系亦体现在他的其他剧作中。比如在《终局》里：

哈姆：为什么你要和我待在一起？

克劳夫：为什么你留着我？

哈姆：因为没别的人可留。

克劳夫：因为没别的地方可待。[19] 1

贝克特对于舞台指导要求十分具体，精确到布景的样子和大小。我相信贝克特对于布景如此精确的指示源于他和苏珊娜在巴黎的两间公寓的布局，都反映了两人日益加深的僵局。

两人的第一间公寓位于钟爱街6号一个相当热闹的街区里，是一间小小的毗连式住宅，有两个上下并排的小房间。下面这间里没放多少家具，只摆了几张椅子够给几个人坐，挂了几幅画。房间给人一种幽闭恐怖的感觉，不过至少出门就是亲切的餐厅和酒吧。我没有见过楼上的卧室，但是想想也知道不可能特别奢华。萨姆和苏珊娜逃离巴黎、躲避纳粹期间，纳粹无意中帮了他们一个忙。他们的公寓被锁着，关在那里没有人管，等到战争结束、他们回到这里来的时候，一切都原封不动。

他们还住在那里的时候，有一天晚上我跟萨姆在一起，我记得当时我在开车，开到弗雷米古街时，天破晓了。这时突然有情况：路灯全都熄灭了，不是因为天亮了，而是电力公司开始罢工了。在巴黎，至少在当时，你得按一下房子外面的按钮

---

1 赵家鹤译。

才能开门进屋。若开关[1]失灵，你就进不去，连告诉里面的人你在外面都没办法。

于是我和萨姆开车来到我住的皇家桥酒店。酒店大门开着，但是电梯不能用。我们气喘吁吁地爬上七楼，来到我住的孤零零的顶层房间，正好瞥见太阳升上巴黎的天空，然后爬上舒适的大双人床睡觉。现在我可以说我跟塞缪尔·贝克特睡过一张床。

两人的第二间公寓就更像贝克特剧本里的布景了。公寓位于健康监狱对面，俯瞰监狱的放风场。萨姆对囚犯有很深的共鸣，因此这间公寓正合他意。这一带靠近巴黎郊区，地铁从地下钻出来，行驶在圣雅克大道的中段（萨姆住在38号），跟贝克特剧作里的布景一样荒凉、死气沉沉。街道上没有什么酒吧、餐厅、小商店或是行人，这样的荒郊[2]在巴黎很少见。贝克特住的这栋楼有几个楼层、一个狭小的入口和一架常见的那种法国小电梯。到了他住的那层楼梯平台（平台不大）有两扇门，分别通往两间公寓，右转是萨姆住的公寓，他会开门让你进去，左转是苏珊娜的。萨姆住的这里有两个房间，一间是小书房，整整齐齐地堆放着许多书和报纸，一间是卧室，摆着一张单薄的折叠床和一个普通衣橱。公寓后头横着一间小厨房，很像是连接两间公寓的通道。如此一来，两个生活空间虽然是相连的，但只要把各自一边的厨房的门关上就可以互不打扰。她的朋友可以到她那边去找

1　原文为法语。

2　原文为法语。

她，他的朋友到这边来找他，而两人如果不想见面就用不着见面。这样的安排很特别，很冷漠。他们搬到这里以后我就再也没有见过苏珊娜。

当然，这还可能跟《终局》在巴黎首演那天，我坐在她旁边睡着了有关。那天我刚从纽约飞到巴黎，被时差搞得很疲劳——我听说她一直都没有原谅我。后来，据我所知，她生病了，变得越来越沉默寡言、难以相处，估计谁也不见。贝克特获得诺贝尔文学奖的消息公布时，两人正在突尼斯。

贝克特与苏珊娜在一起的时候，就我所知，至少还有另外一名亲密的女性朋友，一个叫作芭芭拉·布雷的英国女子，是伦敦英国广播公司的翻译，结过婚，有两个孩子，比贝克特小将近三十岁，20 世纪 60 年代初搬到法国后便定居下来。我印象中她身材苗条，头发乌黑，有英国女子特有的美丽。她很聪明，而且跟贝克特很像：对其他事情满不在乎，却很关心翻译是否准确。芭芭拉与贝克特关系很近，可以说是我认识贝克特那段时间里贝克特最坚定的追随者之一。我记得有几次我和贝克特一起出来喝酒喝到挺晚，但对我俩来说也不是特别晚——也就凌晨三点来钟，我要送他回家，他说“不用了，我想顺路去看看芭芭拉”之类的话。

这段时期，贝克特继续和苏珊娜生活在一起。当两人终于在英国的福克斯通结婚时，贝克特 54 岁，苏珊娜 61 岁。

而芭芭拉一直保持着与贝克特的亲密友谊。1965 年的一个晚上我印象尤为深刻，当时哈罗德·品特来到巴黎参加他的剧作《搜集证据》和《情人》的法国首演。芭芭拉、哈罗德、萨姆、我当时的女朋友妮科尔·泰西耶，还有我，我们来到蒙帕纳斯大道边上贝克特常光顾的一间酒吧。酒吧名叫福斯塔夫[1]，以啤酒为卖点。不过对我来说，除了名字以外，这里跟法国的其他地方没有两样。

我们围坐在一张靠墙的窄桌旁，芭芭拉和哈罗德相对而坐，萨姆和我女朋友相邻而坐，我坐在桌子的最末端。我开始注意到芭芭拉和哈罗德在谈论萨姆，钦佩之情溢于言表，说得好像萨姆是一件神圣的物品，他们在进行关于他的学术交流，把他晾在一边。我看得出萨姆越来越不高兴，最后将啤酒杯重重地砸在桌子上，酒洒了一些出来，然后起身，朝房间另一头走去，笨拙的步态好像他做白内障手术之前的样子，让人以为他是喝醉了，但其实是他眼睛看不清。我看着他慢慢爬上狭窄的楼梯进了男厕所。我们这桌人顿时鸦雀无声。待他从厕所里出来，看似要回到座位上来，不料却在二十英尺开外停住，在另外一张有两个人的桌子旁坐了下来。然后我发现，他根本不认识那两个人。他盯着我们看了几分钟才回到座位上来，没有说什么也没有道歉。那是他罕见的一次发脾气。

我在《格罗夫出版社文摘》一书中说过，贝克特作品的感性文字里时常出现类似的激动的时刻，突然得到又失去的刻骨铭心的爱情，字里行间先是充满激情，而后是泪水。这点我在《克拉普的最后一盘录音带》里感受最为强烈。这是贝克特1958年用英语写的一出长篇独白，是我最喜欢的贝克特的剧

---

1 约翰 · 福斯塔夫爵士，莎士比亚的《温莎的风流娘儿们》《亨利四世》等剧中出现的人物。

作。剧中风烛残年的老人克拉普不停重复播放年轻时候的录音带，想要寻找此生的意义。其中有一段感人至深，说到克拉普与情人的关系已经无可挽回。

> 我们随着流水漂进一丛鸢尾花丛中，船被缠住了。那些花叹息着在船头倒伏下来。（停顿）我伏在她身上，脸埋在她胸前，手放在她身上。我们一动不动地躺在那儿。可我们身下的一切都在动，也晃动着我们，轻轻地，上下、左右地摇晃……[20] [1]

然后倒回前面的录音。

我根据贝克特的指引，在19世纪德国小说家特奥多尔·冯塔内的小说《艾菲·布里斯特》里寻找这段描写的线索。最终，贝克特向我透露，这段描写来源于1929年他和表妹佩姬·辛克莱在波罗的海的一个小度假地度过的夏天，当时佩姬沉迷于冯塔内的小说，讲述一个年轻姑娘命运坎坷，最后死于肺结核。那年贝克特只有二十三岁，但是他对佩姬的感情和两人在一起的美好回忆，在佩姬与别人订婚，甚至1933年去世之后（无独有偶同样死于肺结核），一直留在心里。

这个故事在我心里产生强烈的共鸣，年轻时失去情人南希·阿申赫斯特的痛苦再次涌上心头。我依然会为她伤心，梦到她。这种早年痛失挚爱的共同经历让我发现在贝克特后来的

1 舒笑梅译。

其他作品里仍有佩姬·辛克莱的身影，其中《俄亥俄即兴作》尤为明显，这是一出格外抒情的短剧，收录于1981年格罗夫出版的短剧集《乖乖睡及其他短剧》中。剧中，主人公为了忘记“那张亲切的脸庞”而搬到一个陌生的地方，“回到屋内也没有什么是曾经共同拥有过的”。然而，主人公一直无法释怀，直到有一天“那个亲切的名字”差了一个男人来安慰他，给他不停朗读一本“破旧的书”里的一则“哀伤的故事”。最后送信人说他带了“那个亲切的名字”的话来，说他（送信人）不会再来了：

> 就这样那个哀伤的故事最后一次被讲起，他们继续坐着，仿佛化为了石头……天晓得什么样的思想。思想，不，不是思想。是头脑的深处。被天晓得什么样的头脑的深处遗忘了。[21] [1]

贝克特经常坐着“仿佛化为了石头”，久久地沉默不语。我记得他“被天晓得什么样的头脑的深处遗忘了”。

我认为贝克特1963年创作的一出异常痛苦的短剧《戏》，灵感很可能就来源于他与芭芭拉·布雷的友谊。该剧描写一个丈夫、妻子、情妇关在一口到脖子处的骨灰瓮里，陷于一个永无止境的三角关系之中，在刺眼、审判似的聚光灯的照射下，没完没了地重复丈夫与情妇偷情的细节。

完成《戏》（该剧由艾伦·施耐德导演，在格林尼治村的

1　刘爱英译。

樱桃巷剧场上演）后不久，贝克特来到美国。这是他一生中唯一一次踏上美国土地，时间是 1964 年夏天，目的是来纽约拍摄我委托他写的电影《电影》。

1962 年，我设立了一个全新的部门——常青剧场，负责制作电影。新部门独立于格罗夫出版社之外，但用的是格罗夫的人，主要是弗雷德·乔丹和迪克·西弗。只有艾伦·施耐德不是格罗夫的员工，他是我因为萨姆而认识的一个好友。[22]

我野心勃勃，在同事的帮助下列出了一份作家名单，邀请他们写剧本，我们来拍。名单上的第一人是塞缪尔·贝克特，接着是哈罗德·品特、欧仁·尤内斯库、玛格丽特·杜拉斯和阿兰·罗伯－格里耶。他们全都答应了，开始创作剧本。杜拉斯和罗伯－格里耶都写了完整的剧情梗概。我们设想贝克特、尤内斯库和品特的剧本构成一个三部曲。

这五人都是格罗夫出版社的作者。接着我又邀请另外三人，其中一人也是格罗夫的作者让·热内。我和弗雷德·乔丹前往伦敦邀请他，被拒绝了。另外两个人是英格博格·巴赫曼和君特·格拉斯[1]。我追巴赫曼追到苏黎世（我记得），结果是被她拒绝。我又到柏林去找格拉斯。我记忆中他住在一个差不多被夷为平地的地区的一栋摇摇欲坠的小楼里。如果他允许你上去，就会放下一架梯子让你爬上二楼，而不是走楼梯。格拉斯很迷人，很友好，但是他的回答与巴赫曼相同。

1 英格博格·巴赫曼（1926—1973），奥地利女诗人、小说家、剧作家；君特·格拉斯（1927—2015），德国小说家、诗人，1999 年诺贝尔文学奖获得者，代表作品有长篇小说《铁皮鼓》《猫与鼠》《狗年月》等。

遗憾的是，由于财力有限，在我们收到的五个剧本中，我们只能拍摄塞缪尔·贝克特的《电影》。

我着手组建一支制作团队将贝克特的剧本做成电影。这支团队中最重要的成员便是贝克特本人。他写剧本，指导电影拍摄，力保项目顺利进行。艾伦·施耐德之前没有电影方面的经验，但是成功导演了许多戏剧，其中包括品特、阿尔比，尤其是贝克特的剧作。在我看来这无疑不是问题。

制作团队中另外两名重要成员是西德尼·迈耶斯和鲍里斯·考夫曼。西德尼是备受推崇的资深电影制片人，1960 年凭借《野性的眼睛》(与约瑟夫·斯特里克和本·马多一同)获得英国电影和电视艺术学院颁发的弗莱厄蒂纪录片奖，凭借《缄默者》获得 1949 年威尼斯电影节金狮奖提名和 1950 年学院奖提名，同时还是一名纯熟的音乐家，为人谦虚持重、博学聪颖，而且与萨姆相处得十分融洽。更不用说他在我早年的电影项目《奇怪的胜利》制作后期，提供了无私的、重要的帮助。

鲍里斯·考夫曼以及哈斯克尔·韦克斯勒和海伦·莱维特[1]是我们的摄影师。鲍里斯是苏联著名导演齐加·韦尔托夫和米哈伊尔·考夫曼的弟弟。我不知道他凭借《码头风云》获得 1955 年的学院奖，但是我知道他是让·维果的杰作《尼斯印象》(1930 年)、《操行零分》(1933 年)、《亚特兰大号》(1934 年)的摄影师。这几部可以说是我最喜爱的电影。维果是我感觉最近似的电影制片人。至此制作团队的人都齐了。

1　莱维特同样是《野性的眼睛》的摄影师。

我们在东汉普顿开会、录音后，我那不可多得的助理朱迪丝·施密特将剧本重新录入。贝克特刚从巴黎飞来美国时，我们就安排他住在东汉普顿。他是晚上飞抵东汉普顿小机场的，飞机着陆时非常有戏剧效果，好几盏探照灯齐刷刷打开，让我联想到《卡萨布兰卡》。几天后，我们回到纽约市拍摄《电影》。

艾伦·施耐德建议由巴斯特·基顿担任主演，萨姆欣然同意。于是艾伦飞到好莱坞去找巴斯特谈签约事宜。他发现这位伟大的默剧演员生活得极其简朴。他到了以后，在另外一个房间里等基顿打完一场假想的（也可能是喝醉酒的）扑克牌，一同打牌的有早已过世的好莱坞传奇大亨路易斯·B. 梅耶和欧文·塔尔贝格[1]。基顿接受了这个角色。

《电影》拍摄完成、上映后不久，基顿和卓别林专家凯文·布朗洛就与基顿的此次合作采访了贝克特。贝克特说：

> 巴斯特·基顿是个很难接近的人，喜怒和思想都不形于色。我怀疑他有没有看过剧本——我想他可能并不认同也不喜欢这个剧本。但是他答应出演，而且演得非常之好。他并非我们的首选……是施耐德建议用他，他有空……基顿很有毅力，很能吃苦，而且可靠。最后当你看到那张脸——哦，终于看到了。[23]

1　路易斯·B. 梅耶（1884—1957），米高梅电影公司的创始人之一；欧文·塔尔贝格（1899—1936），好莱坞传奇制片人。

1964 年，巴尼·罗塞特与塞缪尔·贝克特在《电影》的拍摄现场。

布朗洛问贝克特有没有跟基顿说过这个电影在讲什么，萨姆回答：

> 没有，从来没有，我很少跟他打交道。他大部分时间都坐在化装间里玩牌……叫他时才出来。他唯一活跃的时候是兴致勃勃地讲述他们以前拍电影时的事情。很有意思。我记得他说他们先拍开头和结尾，中间就是边拍边即兴发挥……当然，他会试着加入自己的插科打诨……他的表演非常棒——遮盖镜子，放出动物——全都出色地完成。为了遮住镜子，他脱掉大衣，然后问我他里面应该穿什么。我没想到这个，就说：'同一件大衣'，他说好主意。他唯一赞许的一场插科打诨是他要丢掉动物的那场——他把猫放出去，狗回来了，把狗放出去，猫回来了——那是他唯一一个拍得很开心的场景。

布朗洛问贝克特这部电影是什么意思，在讲什么，萨姆回答："这部电影是讲一个人试图逃脱所有感知者（包括上天感知者）的所有感知。他可以撕下墙上的画，但是他无法逃脱自我感知。这个想法来源于爱尔兰哲学家、理想主义者伯克利主教的'存在即被感知'。一个人想要停止存在就必须停止被感知。如果说存在即被感知，那么停止存在即是停止被感知。"

贝克特接着说，如何区分被感知的不同方式是最大的技术障碍：

> 有一个大问题我们没有解决——即两种感知——一种是外部感知，一种是人物内心的强烈感知。追随的眼睛看到他和他对各种事物的模糊、犹豫的感知。鲍里斯·考夫曼想了一个办法来加以区分。外部感知没问题，但是我们没能解决人物的自体感知。考夫曼尝试使用滤光镜——人物的视线模糊不清。远景镜头可以，特写就不行了。除了这点以外，其他都做得很好。

除了如何拍摄两种感知的问题，还有另外一个技术问题。我们尝试在这个影片里使用“深焦摄影”。《电影》原本计划长约三十分钟，其中八分钟是一个很长的长镜头，众多演员在影片中唯一一次亮相。这个镜头采用的是塞缪尔·高德温和他的杰出摄影师格雷格·托兰发明的技术。（奥森·韦尔斯的《公民凯恩》使用这一技术营造出了惊人的效果，而该片的摄影师正是托兰。）采用“深焦摄影”，即便是摇动拍摄，在同一镜头里，几英尺内的物体与几百英尺外的物体能够看得同样清楚。托兰在《公民凯恩》中的作用重要到导演韦尔斯在主创名次中把摄影师列为与自己齐名。遗憾的是，我们尝试在《电影》里使用“深焦摄影”没有成功。尽管我们的团队都是专家，频闪效应还是使得画面一直在跳，拍不成这极难的镜头。

我们放弃这个镜头继续拍。贝克特把这场戏删掉，防患于未然。

艾伦·施耐德在自传《登场》中回忆道：

西德尼（迈耶斯）在萨姆回巴黎之前极快地剪了一个粗样给他看。结果那个粗剪跟后来我们看到的成片相差不太多。剪辑的过程很辛苦——也很痛苦。西德尼温和地不断想要打破我们拍摄时设定的模式，而我和萨姆温和地以不同方式想让他别这样。我们并未争论说谁有权粗剪或精剪什么的。我们讨论、争论、尝试不同的方法，从声画剪辑机到荧幕，再重来，尽可能做出萨姆原本设想我们能够做出的电影。[24]

在纽约期间，萨姆和艾伦与我和我的新任妻子克里斯蒂娜·阿尼尼一起住在格林尼治村休斯敦街的家里。拍摄结束后，贝克特一心只想尽快回到法国去。于是我们预订了一大早的航班，设了闹钟，我答应早上七点半叫他，准时送他到机场。结果早上九点，我和克里斯蒂娜醒来，惊恐地发现我们睡过头了。我们打开房门，又惊愕地一头撞到贝克特身上，他穿着大衣坐在房门外，当时可是 7 月。他把打包好的行李放在旁边的地板上，睡着了，都没想到要敲我们的房门。我改签了下午五点的航班，白天我们仨去逛了纽约世博会的法拉盛草地公园，徜徉在各种展览之间。途中我们不知怎么搞的把想家心切的作家弄丢了。我们疯狂地找他，发现他坐在长椅上，又睡着了。我们努力恢复他的游兴，最后他买了两个希腊针织钱包，一个给克里斯蒂娜，一个给苏珊娜。然后我们送他到机场（当时还叫艾德怀尔德机场），在机场的空调酒吧里喝饮料，等待登机。“不知为什么，这个国家不适合我，”萨姆在酒吧里对我们如是说，“这里的人太奇怪了。”接着又说：“上帝保佑。”便登上飞机离开了，再也没有踏上过美国的土地。

萨姆回到巴黎后，一切照旧——我又跟以前一样去巴黎看他。因为我俩在学生时代都热衷于参加体育竞赛，我是高中橄榄球队的副队长，他是板球队队长，体育成了我们另外一项共同爱好。我试了一把贝克特最喜欢的消遣——国际象棋和台球，发现这两项都需要极其精确的计算。贝克特则很喜欢我那不需要那么精确的乒乓球。至于观赏体育我们选择的是网球，我俩以前都打过网球，现在则经常一起去巴黎郊区的罗兰·加罗斯球场观看比赛。有一次我印象特别深刻，是美国名将潘乔·冈萨雷斯和当时的澳大利亚冠军卢·霍德之间的比赛，裁判是巴斯克人，是贝克特的崇拜者。他边爬上场边的高椅边热情地朝萨姆挥手。几盘过后，裁判对冈萨雷斯作出多次相当正确的不利判决，在观众的一片嘘声中，冈萨雷斯要求撤换裁判。出人意料的是，裁判被驱逐出场时还不忘过来寒暄片刻。

不过我俩作为作家和出版商的关系，更多的时候还是一同出去吃饭喝酒聊天。贝克特对于去哪里吃、吃什么有非常固定的想法。起初他的口味还是很广的，可是随着时间推移逐年缩小，跟他的写作一样，选择也就越来越少。刚开始贝克特很喜欢蒙帕纳斯大道的丁香园咖啡馆，这里也是以前海明威经常光顾的地方，餐厅桌子上刻着许多大文豪的名字。另外还有豪华的圆顶咖啡馆、一家名为玫瑰花蕾的小酒吧以及据说是英国酒吧的福斯塔夫。不过最愉快的去处还是要数位于附近混乱的夜生活区马克萨斯群岛的一家海鲜小餐馆。餐馆老板[1]很崇拜贝克特，把贝克特的照片和马塞尔·塞尔当（阿尔及利亚拳击手，世界中量级拳王，死于一场跨大西洋的坠机事件）、美国拳圣“甜甜”雷·鲁宾孙等其他各类名人的巨幅照片一同挂在墙上。贝克特的照片就挂在两名拳击手中间。

20 世纪 70 年代初的一年岁末，克里斯蒂娜和母亲，还有我们的女儿坦西和儿子贝克特（与萨姆同名）跟我一起在巴黎。贝克特和苏珊娜在摩洛哥度假。那天晚上，酒店房间的电话铃响起。打电话来的人是好莱坞著名经纪人马文·约瑟夫森。他说他的委托人史蒂夫·麦奎因很希望把《等待戈多》拍成电影。钱不是问题，而且贝克特可以全权控制电影、选择演员，他提到了劳伦斯·奥利维尔、彼得·奥图尔、马龙·白兰度这些名字。

我确认对方说的确有其事，而且改编版权的最高出价是五十万美元（这在当时是相当可观的数目）后，我写信给他，开价就是这个数额。约瑟夫森回信说他们报价三十五万美元，是实实在在、白纸黑字的报价。这件事情被搁置在一旁，直到圣帕特里克节[2]那天我跟贝克特在马克萨斯群岛吃饭。我很想为萨姆争取到一些钱，就把这个电影邀约告诉他，对史蒂夫·麦奎因和白兰度（我也不知为什么）大事渲染。贝克特问

1 原文为法语。

2 为每年的 3 月 17 日，纪念爱尔兰守护神圣帕特里克。

这个麦奎因长什么样，我抓住救命稻草，想起詹姆斯·加纳的样子，含糊其辞地说："他高大健壮，相貌英俊。"那马龙·白兰度呢？[1]"更加高大，是个大块头。"萨姆想了想，说："不，不行。我的人物都是影子。"

到后来，贝克特不再去以前常去的那些地方，只去公寓旁新开的一间丑陋的酒店里的一家代餐馆，名叫小咖啡。酒店原名 PLM，后来改成普尔曼圣雅克。酒店招牌小而花哨，很有拉斯维加斯的风格。一车车的德国和日本游客来回蜂拥于酒店大堂里长长的自动扶梯，就像改造升级版的高峰时段的火车站，只差一排自动售货机。下榻的运动员是这里另外一道独特风景。我记得有一次一支苏格兰橄榄球队，一群壮男，头戴苏格兰便帽，身穿苏格兰裙，喝得烂醉，在大堂里哄闹，吓坏了一支日本少女旅游团。我还记得另外一次大堂里摆了一个拳击台，扩音器里广播："澳大利亚蹦床队请到四楼报到。"贝克特对这一切视而不见，与四周完全格格不入，对周遭的异国逸事无动于衷。

我软磨硬泡，终于在 1979 年 4 月安排贝克特与摄影师理查德·埃夫登在小咖啡馆见面，这成了我人生中遭遇的最尴尬、最奇怪的会面之一。这位著名摄影师说他使用白布当作布景这一技巧是从贝克特那里受到的哲学启发，还说除了葛丽泰·嘉宝和贝克特，他已经为所有他想拍的人拍过照。我安排两人见面，但也跟埃夫登强调说不保证贝克特会真的答应拍

1　史蒂夫·麦奎因、马龙·白兰度、詹姆斯·加纳都是好莱坞典型的硬汉派演员。

照，要说服他不是一件容易的事。

埃夫登从东京，我从纽约，带着第四任妻子伊丽莎白（丽莎）·克鲁格、女儿坦西和当时十岁的儿子贝克特来到巴黎。萨姆还是老样子，静静地聆听。丽莎和孩子们也是一样。埃夫登显得有些紧张，滔滔不绝地讲了大约一个小时后，终于说："好了，咱们拍照吧。"他叫老贝克特和我的小贝克特跟他走，三人穿过马路，走进地铁立交桥的一条过道，不见了。他们去了大概半个小时，回来后，谁都没有说他们刚刚去干了什么，但我猜已经拍完了。

这件事没有下文，直到几个月后的一天，我收到两张贝克特和我儿子的照片，照片拍得很棒、很动人，还有埃夫登的精心装裱和签名。大约一个月后，贝克特本人问我照片的事情怎么样了，之前他对这件事情没有表现出丝毫的兴趣。我写信给埃夫登，得到的答复出乎我的意料，大意是说那天他没有单独为塞缪尔·贝克特拍照是因为作家好像"不高兴"，但是因为已经麻烦了我这么久，他就拍了几张两个贝克特的照片。

我儿子则说那天穿过地铁立交桥后，他们来到一堵墙前面，墙上已经钉着一块白布，一个助手在车里等着，一台大照相机架在三脚架上。他说埃夫登调整了一下镜头，用黑布盖住脑袋给相机对焦，然后走出来，按了几下快门，先是两个人一起，然后是萨姆一个人。那天的其他照片据说刊登在了法语杂志《唯我主义者》上，我没看过，不过 2002 年纽约大都会艺术博物馆举办的埃夫登回顾展上展出了一张萨姆的个人照。

后来在小咖啡馆又有了一次更加不愉快的会面，发生在贝克特与彼得·格蒂（著名女富豪安·格蒂之子）之间。1985年安·格蒂与乔治·韦登菲尔德勋爵一同从我手里买下了格罗夫，这件伤心事稍后再叙。（格蒂和韦登菲尔德答应让我留任董事长，但第二年就不客气地把我撵走了。）彼得·格蒂是个聪明伶俐的年轻人，经常管格罗夫的员工借钱买地铁票，去他位于第五大道的公寓。我被撤职后不久他听说我要去巴黎见贝克特，便求我引见，我同意了。格蒂飞到巴黎，入住里茨酒店的套房，带着他想要签名的书，乘出租车来到不像是贝克特会常来的“老地方咖啡馆”。

那是萨姆唯一一次对我介绍的人不友好。那次会面时间很短，气氛紧张。他在书上签了名后，盯着彼得问：“你们怎么可以这样对巴尼？你们打算干什么？”彼得十分尴尬，嘟囔着会与母亲商量之类的话。后来我听说贝克特对另外一位格罗夫派去求他的人说：“你们再也甭想从这块石头里榨油了。”从此他再没有允许他们出版他的任何新作品。

一次我们在圆顶咖啡馆向贝克特致敬，他当着我和其他人的面说：“一个作家唯一能为他的出版商做的事情就是为他写东西。”他说到做到，写了一本小书叫《静止的微动》。这是他的最后一个短篇，是献给我的。

《静止的微动》是一个老人对于死亡的沉思，让我想起小时候做的一个升天梦。我梦见自己灵魂出窍，看到自己像个东西似的一飞冲天，呼啸穿过一片黑暗的虚无，最后变成“一小块黑暗”。我知道我在体验自己的死亡的恐惧。那个梦一直在我心里挥之不去，我至今不敢在一片漆黑的房间里睡觉。我不知道萨姆在写《静止的微动》的时候有多少真的想到我，不过我想我知道他为什么要写这个。他在面对自己的死亡之梦，死亡已经离他越来越近，也可能他终于接受正在慢慢靠近的黑暗，不再觉得那么痛苦。

> 这一切以及远超这一切的如在他那所谓脑子里的嘈杂直到内心深处什么都没有留下除了那渐渐变弱的用以结束的唉。无论如何无论何处。时间和悲伤和所谓的自我。用以结束一切的唉。[25] [1]

20 世纪 80 年代中期，贝克特的健康状况开始显著恶化，我很难接受这个事实。我们只在小咖啡馆见面，这里成了他的“俱乐部”，旁人对他完全视而不见。我为了离他近点，就住在普尔曼圣雅克酒店，有时候自己一个人在大堂外面的快餐式咖啡馆吃饭。早餐时段，他们给客人一沓塑封照片，好像一副纸牌。一张上面画着一个蛋，另外一张是两个蛋，再一张是一片熏肉，等等。点餐时，你只要把挑选的卡片拿去给收银员就行了。

说来可笑，但这真是十足的贝克特做派。酒店把菜单完全省略，把词语和词语翻译全都省了；你可以一声不吭就完成点餐。同样，贝克特在作品中也越来越多地使用“停顿”“沉默”这样的舞台指示，越来越惜墨如金。

不知何时起，贝克特开始头晕，在公寓里昏倒；显然是因

1　龚蓉译。

为大脑血液循环不足。在几家医院短暂住院后，他住进一所养老院，离他住的地方只有几个街区。这下他更加没有继续下去的欲望了。他站不稳，而且比以前更瘦了（他以前就很瘦），结果看上去比以前高，而且更像他的朋友、意大利画家阿尔贝托·贾科梅蒂给他画的画像了。贾科梅蒂曾经给萨姆画了一幅画，画上是一个瘦瘦的、大踏步走的男人。萨姆将画转赠给我和克里斯蒂娜作为结婚礼物，后来我们把画用作《向着更糟去呀》的封面。如今他比画像还瘦。

养老院位于一条小路里面，跟周围的小楼没什么两样，只有一块不起眼的牌匾说明这里是一家福利机构。进门是客厅，家具不多，有两三台旧电视机，一群老妇人在看电视，有些拄着助行架。穿过小小的餐厅便来到一个丁点儿大的庭院，有一条通道和一些草。面向庭院有数间房间，贝克特就住在第一间，小小的房间里只能摆下一张床、一张书桌和两把木椅，隔壁是一间小卫生室。

我到养老院去探望了萨姆几次，感觉那里像间牢房，很压抑。我跟他的英国出版商约翰·考尔德一道想方设法要把他弄到舒适一些的住处去。可是要为贝克特做件好事总是很不容易。

连我们想改善一下他的生活条件，贝克特似乎也抗拒。在他的一意孤行下，他弄了台不能打越洋电话的电话，不要电视机，不要音响（虽说他喜欢音乐），不要书架，连打字机也不要。他用一贯的密密麻麻的小字把事情写在小笔记本上，一丝不苟地记录日程安排，手边似乎总有一瓶爱尔兰威士忌。

在贝克特这里，你要是以为问题会自然而然地解决或者

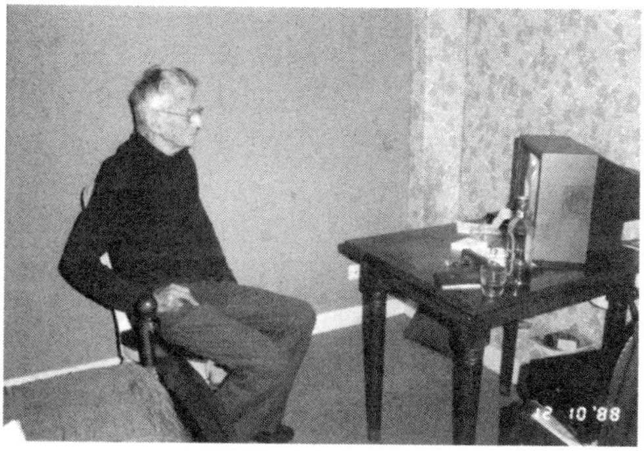

1988年，塞缪尔·贝克特在巴黎的养老院里，在巴尼·罗塞特带去给他的电视机上观看圣昆廷州立监狱囚犯表演的《等待戈多》。巴尼·罗塞特摄。

一件事必然引发另一件事，那就大错特错了。萨姆开始出去散步，还有点得意地跟我夸耀说——若你要说贝克特夸耀过什么事情——他可以走五个街区，比他住的公寓还远。一天，他跟我说需要公寓里的一些纸，我便问他何不让我跟他一起回家去拿。

他两手一甩。首先：他住的那条大道车流量太多，会让他头晕。我哪肯罢休，说那咱们坐车去。贝克特回答说他没有车。我说不用担心，我来弄车，咱们开车过去。我得到的回应是缄默，然后就没有然后了。

我想一个主要原因是苏珊娜还住在公寓里，贝克特拿不准要不要见她。这便是典型的贝克特式困局。又是《终局》。两人成了垃圾桶里的纳格和耐尔，无法接触到彼此。苏珊娜病了，实际上快不行了，不过我当时并不知道，而他也病了。两人仅隔五个街区，却不能见面。他需要公寓里的一些纸，却不能去拿，所有的出入口都堵住了。

我最后一次去看望贝克特时，带去了一台美国电视机（我特意带到巴黎来的，以防万一萨姆需要）和一盘录影带，圣昆廷州立监狱囚犯表演的《等待戈多》。我把这堆沉重的东西——电视机、变压器、录像机——装在一个硕大的购物袋里，从海关搬到普尔曼圣雅克酒店，以前贝克特常来我的房间。这会儿我把所有东西搬到养老院去。

萨姆显然被录影带感动了：囚犯们理解他的戏剧。于是我想我终于找到一件他在这个无趣的地方喜欢做的事情了——我们可以互寄录影带。离开前，我随口问贝克特要不要把电视机留在这里看。他回答："哦不不不，我用不着。"这个话题就此打住。

我吃力地抱起购物袋，萨姆说：“哦，巴尼，袋子太沉了，你拿不动。”说着他走过来，提起袋子，转向我说：“不，没事。你行。”

又来了：你没法继续，你要继续。

很显然，想到生活里出现安逸或者娱乐都会叫贝克特从已经在他脑子里开始的、更大的终局中分心。几个月后，他变成《不是我》，正如他的一出戏的戏名。最后终于成了《默剧》。

1989 年 12 月 22 日萨姆逝世，葬于著名的蒙帕纳斯公墓，葬在五个月前离世的苏珊娜身旁。

我听说芭芭拉·布雷是少数参加了秘密葬礼的悼念者之一。我收到她的一封信，信的开头一句是：“亲爱的巴尼，我能说什么呢？我们因痛失挚友而聚集在一起。”

My Life
in Publishing
and How I Fought Censorship

Rosset

09 格罗夫戏剧：
哈罗德·品特和其他剧作家

继塞缪尔·贝克特后，格罗夫继续开拓现代戏剧领域，出版了数量惊人的剧作。我们出版了哈罗德·品特、欧仁·尤内斯库、让·热内、乔·奥顿、汤姆·斯托帕德、弗里德里希·迪伦马特、布伦丹·贝汉、戴维·马梅特、勒鲁瓦·琼斯（阿米里·巴拉卡）[1]、安托南·阿尔托、杰克·盖尔伯、罗尔夫·霍赫胡特、罗纳德·哈伍德、伯纳德·波默朗斯、威廉·英奇、约翰·阿登、瓦茨拉夫·哈韦尔、阿尔弗雷德·雅里、希拉·德莱尼、斯瓦沃米尔·姆罗热克的大部分剧本和其他作品。另外，我们还再版了贝托尔特·布莱希特的剧作。

到 20 世纪 50 年代末，在剧作出版领域，已经没有其他公司能够与格罗夫匹敌了。我们出版的很多剧作家当时在美国的名气都还不大，但是他们的作品日后将对美国乃至全世界的戏剧产生重大影响。

此外，我们还做了一件很多出版社都没有做的事情——我们对作家的书不断再版印行。格罗夫有超过二十五种贝克特的作品在印行，品特、斯托帕德、尤内斯库的有十几种，马梅特的也有好几种。

然而并非一切都一帆风顺，布莱希特就是个例子。他违反了美国版权法的诸多规定，而我们想出版他的平装书。布

1　勒鲁瓦·琼斯（1934—2014），美国黑人作家、政治活动家，因不愿用白人的名字，在信奉伊斯兰教后，改名为阿米里·巴拉卡。

莱希特在受到众议院非美活动调查委员会的审问后，决定搬到民主德国去，在民主德国创立了柏林剧团公司。兰登书屋出版了他的作品的精装书。贾森·爱泼斯坦在道布尔迪一手打造了大获成功的平装书品牌铁锚丛书后，去了兰登书屋，他强烈反对格罗夫出版布莱希特的平装书。为此，本内特·瑟夫[1]约我们两个吃午饭，希望双方能达成妥协。饭局中途，贾森突然站起来说："你干脆把福克纳也给他好了！"——说完便离开了。不过我们最终还是找到了温和的解决办法，没有采取那么极端的方式。

我记得很清楚，我们签下品特的时候还没有看到他的一个剧作上演，然而他的剧本清楚地彰显了他的写作才华。他使用沉默的方法让我联想到贝克特——但又有所不同，弥漫着一种威胁的情绪。《送菜升降机》就是最好的例子，赤裸裸的威胁，静默无声的危险营造出可怖、精彩的戏剧。

品特的经纪人是吉米·瓦克斯，两人是好朋友。在纽约他们安排《回家》在百老汇首演，然而首演搞砸了，许多观众不喜欢。我记得我问吉米："你都邀请了些什么人来看首演？"我的意思是，一个已经成名的作家的作品首演，你可以选择邀请的观众——你有很多赠票。你至少应该请那些可能会喜欢这出戏的人。可是首演那晚，第一幕演到一半，一个女观众站起来大声说："咱们走吧，太可怕了！"

品特的言谈，甚至是举止都像他剧里的人。1965 年纽约大停电的时候，我、克里斯蒂娜及其姐妹，还有哈罗德一起

1　本内特·瑟夫（1898—1971），兰登书屋创始人之一。

在格林尼治村的一家饭店里。刚开始我们以为只是饭店和周围停电。我回到附近的家里把车开过来，面对饭店停好，打开车灯，这样我们就有亮光可以吃饭。饭店的人没意见。然后我们发现目光所及的市郊全都停电了。哈罗德沉默良久，突然问："纽约经常停电吗？"我停了三分钟才回答："不经常，大约二十年一次吧。"好像在演戏似的。晚餐结束后，哈罗德邀请我们去他下榻的豪华酒店卡莱尔酒店，同样一片漆黑。我们从后面的楼梯上去，一名警察拿手电筒给我们照路。在房间里，哈罗德就着烛光为我们朗读了他的一首新诗。真是一个难忘的夜晚。

品特请贝克特评论他写的所有作品，无论是作为朋友还是同行，贝克特都很欣赏品特，十分关注他和他的作品。反之亦然。

同一年的 12 月 6 日，我在给品特的信中说道："我见到萨姆了，（他）比预期的好多了。他跟我说芭芭拉·布雷告诉他你看了纽约的《等待戈多》，很喜欢——可你觉得萨姆可能会不喜欢。对此我持保留意见——没有哪个版本的《等待戈多》能够讨好所有人，然而每个版本——说不定尤其是这个版本，都能够给很多人带来巨大的愉悦——甚至是启发，包括萨姆。你何不亲自告诉他你看完之后的感受。我相信他会高兴的。"

哈罗德受罗思柴尔德家族成员之一的妮科尔·斯特凡娜之托，将普鲁斯特的《追忆似水年华》改编成电影剧本。他在芭芭拉·布雷和约瑟夫·洛西[1]的帮助下，花了一年时间创作，然而完成后遭到这位罗思柴尔德的亲戚拒收，还不允许他拍成电影，所有相关权利都在她手上。哈罗德跟瓦克斯来到纽约，打电话给我。品特很失望，感觉好像自己的身体给锯掉了一块。我安慰他说："至少格罗夫会出版。"

这件事让我想起芝加哥的童年，有些事情不管有没有成功的希望，关键是你去做了，即便只是象征性的。拥有普鲁斯特所有作品美国版权的兰登书屋的本内特·瑟夫说他不会阻挠我们。普鲁斯特的侄女的代理人、法国最后一位姓拉斐特的人、巴黎香榭丽舍大街的律师，也同意出版这一电影剧本。普鲁斯特的法国出版商伽利玛同样如此。于是我当机立断，明知不可能拍电影，还是出版了品特的剧本。

然而后来哈罗德却在贝克特的剧作《自由》一事上让我失望了。在格罗夫悲剧地被安·格蒂和韦登菲尔德勋爵收购后，萨姆答应让我出版《自由》。我请哈罗德为即将出版的书作序，他的回信只有两个字"不行"。我非常伤心，感觉遭到背叛。我引用了普鲁斯特的一段话回复他，讲的是斯万说："晚安，阿尔贝蒂娜。"第二天早晨，他问女仆："阿尔贝蒂娜呢？"女仆回答："哦，您不知道吗？她昨晚离开了。"

哈罗德叫我伤心极了。我没想到我们的关系如此疏远，他也没想到，至少我是这么想的。

1　约瑟夫·洛西（1909—1984），美国戏剧、电影导演。年轻时在德国学习戏剧，师从布莱希特，回到美国后，步入好莱坞。五十年代，他上了好莱坞黑名单，出走欧洲。六十年代，他开始与品特合作，开启了两人长久的友谊，两人共合作了三部影片：《仆人》、《车祸》、《幽情秘史》。

“后无来者。”这是贝克特对二十八岁的新人剧作家杰克·盖尔伯的剧本《毒品贩子》的评语。该剧于1959年在位于第六大道和十四街交叉口的生活剧场首演，由朱利安·贝克的妻子朱迪丝·马利娜执导。该剧打破了演员和观众之间的玻璃幕墙，带领观众——内心里而非真的——进入瘾君子们所在的房间，一边听着舞台上演奏的查理·帕克式的爵士乐重复乐段，一边等待“牛仔”带着毒品前来。要不是《村声》周报的赞美让这出戏坚持演下去，终于获得另外一部分周评家同样肯定的另眼相看，它恐怕早就被日报评论家的口诛笔伐扼杀在摇篮里了。格罗夫同样对其另眼相看并付梓出版。贝克特说得对，此后美国再没有出现这样的剧作。

1959年格罗夫还出版了希拉·德莱尼的《蜜的滋味》。作者写这出剧的时候只有十八岁，讲一个英国工人阶级女孩怀上一个黑人水手的孩子。格罗夫出版的另外一名剧作家乔·奥顿，也是英国人。其处女作《款待斯隆先生》在百老汇首演，得到跟《回家》非常类似的反响。1964年5月该剧在伦敦首演。后来奥顿又接连创作了一系列成功的剧作，如《人赃俱获》和《管家看见了什么》。

另外《常青评论》也介绍了许多其他优秀剧作家，比如1960年首刊了爱德华·阿尔比的首部剧作《动物园故事》。我应阿尔比的强烈要求，带萨姆·贝克特去蒙托克见了他。

1967年，格罗夫创办了自己的外百老汇戏院——常青剧场，剧场位于东十一街53号，就在百老汇的西面，有154个座位。剧场演出的第一出戏剧是迈克尔·麦克卢尔的《胡须》，关于比利小子和琼·哈洛的独幕幻想剧，由里普·托恩导演。这出惊世骇俗的精彩戏剧于1965年12月在旧金山的演员工作坊首演。1968年10月我们演出的版本里加入了灯光表演序幕，并配以幻灯影片。

关于这出剧及格罗夫对支持这出剧起到的作用，麦克卢尔在《当代小说评论》中说了以下这段话：

> 歌德说过："我可以保证诚实，但不保证公正。"说到巴尼，我没办法公正。他是个极好的人。因为他的所作所为——主要是因为他的慷慨大方和远见卓识，他的愿意接受建议和向对的人询问建议，他敢于冒险、敢于坚持政治信仰（他的信仰我基本上都认同）的巨大勇气，他的无所畏惧。想到巴尼，我脑海中浮现的是他对抗美国的审查制度，而且不是一次，而是三四次……《胡须》在旧金山上演后遭到起诉，由美国公民自由联盟[1]进行辩护。官司打了很久，不过最终我们胜诉了。[26]

《胡须》成了我最喜爱的作品之一，先在《常青评论》上刊登，而后由格罗夫出版成书。

格罗夫力推的另外一位作家是戴维·马梅特，我们的合作始于《美国野牛》。在我看来，马梅特身上有某种特别令人兴

1 1920年正式成立的一个无党派、非营利性组织，旨在为美国公民提供其使命范畴内的法律援助，致力于维护美国宪法和法律赋予所有公民的一切权利和自由，如言论自由、宗教自由、隐私权等。

奋的东西。更何况我们还是芝加哥的弗朗西斯·帕克学校的校友。然而除此之外，我看到了从贝克特到品特再到马梅特的清晰的一脉相承。品特的作品影响了马梅特，正如贝克特作品当中的某些元素（最明显的是时机的把握）启发了品特。马梅特的剧作同品特的一样弥漫着一种威胁的情绪，但完全是美国式的。我认为马梅特在《拜金一族》中达到最高水平，将所有的恐怖威胁化作他自己的语言，自己的视角。不是模仿品特，而是形成了自己的独特风格。

10 投入斗争：
《查泰莱夫人的情人》

1954年，格罗夫还处于初创阶段时，伯克利的知名文学学者、英语教授马克·肖勒写信给我，建议我们出版未删节版的《查泰莱夫人的情人》。D. H. 劳伦斯的这部最后的主要作品在英国遭禁多年，亦被美国邮政部列入“禁书”名单。如今，肖勒教授（我与他素未谋面）将这位“夫人”请到了我们家门口，“夫人”站在那里等待解放她的人。倘若我们能够成功向美国法院证明劳伦斯作为作家的艺术成就和《查泰莱夫人的情人》作为文学作品的独特价值，那么言论自由取得的胜利将是巨大的，是对死亡的狠狠一脚，对生命的甜蜜一吻。更重要的是，这给了我出版自斯沃斯莫尔学院的大学时代起就真正想要向公众出版的书《北回归线》的机会。[27]对于格罗夫，这无疑是特洛伊木马。假如我能让劳伦斯进来，那么想必亨利·米勒便能紧随其后。

1928年，劳伦斯不顾其英国代理人柯蒂斯·布朗和英语出版商马丁·塞克的反对，与其意大利出版商朱塞佩·奥廖利一道，在佛罗伦萨私印了一千本签名限量版第三稿暨最终稿的《查泰莱夫人的情人》。可惜奥廖利的努力大多付诸东流。这个深紫色纸板包装的版本只有一小部分流入市面，其余的在英国和美国都被没收、禁售。

1930年劳伦斯去世，年仅四十四岁。1932年英国的塞克和美国的艾尔弗雷德·A. 克诺夫出版了“删节”版的《查泰莱夫人的情人》，此乃这本书遭遇的真正不公待遇。

这两位出版商的这番“净化”是何目的？是否干净的生活和干净的阅读应画等号，皆值得称赞？而克诺夫和他的英国同行又究竟选择了谁来做清除这位“夫人”的肮脏思想这件脏活？这些指定的无名操刀手如何选择将哪些单词、短语、段落从书中阉割？任何合格、“正派”的出版人都必会参与挑选自己的主队净化者，毕竟这是他（克诺夫）的团队。而“删节”若不是指删掉被政府认定为非法、视为危险的内容（就像苦艾酒[1]），那又是什么呢？克诺夫的“删节”版《查泰莱夫人的情人》是对原文的解构，跟为私立预科学校的拉丁语学生出版阉割版的奥维德[2]如出一辙，都是先于时代的美沙酮[3]。想到这至今还令我气愤。

在我看来（我现在仍这么看），克诺夫对《查泰莱夫人的情人》开膛破肚无异于做了邮政部的得力帮凶，留下一具漂亮的尸体，但是身体里的内脏、心脏、头脑，还有灵魂都不见了。D. H. 劳伦斯在这部十分特别的作品中渴望呈现、努力想要表达的东西统统被扔掉了。

劳伦斯的遗孀、改嫁了的弗里达·劳伦斯·拉瓦利一直支持劳伦斯，包括出版《查泰莱夫人的情人》。然而劳伦斯死后，她似乎招架不住不得不与之打交道的出版商和代理人这帮

---

1 苦艾酒因含有一种有毒化学物质侧柏酮，可致人产生幻觉而被美国在内的许多国家长期定为禁酒。

2 古拉丁文教育是西方古典教育的重要组成部分。然而古拉丁作家均为异教徒，他们作品中的异教思想如何与基督教教义共存？于是历史上便出现对经典作品加以基督教的道德阐释，即进行所谓的道德化、寓言化，使古拉丁文学为基督教的道德观服务。

3 常供试图戒除海洛因者使用的药物。

人的施压，各种删改本纷纷问世。也许如果夫人的远房堂兄弟、牺牲的德国战斗机飞行员曼弗雷德·冯·里希特霍芬男爵——“红色男爵”，堪称“一战”最著名的王牌飞行员——还在的话，这一幕肯定会发生：再对这些审查官来一两个桶滚式俯冲！

艾尔弗雷德·克诺夫并不热衷于挑战审查制度，他觊觎的是绅士出版商桂冠，因此自然而然地追随英国贵族同行的领导。而我，我没有贵族假面具需要维护，我已经准备好被人骂作出黄书牟取暴利的黑心商人。亨利·米勒及其出版商巴黎方尖碑出版社的杰克·卡亨已经领教过了其中的厉害，塞缪尔·贝克特也刚刚写信给我，警告我他的作品可能面临的审查阻碍。

如果我认为有合适的书和作者为之斗争，我随时准备斗争。现在，感谢马克·肖勒的建议，我找到了。是时候挑战邮政部来与我们过招了。如有必要，也可以由我们向他们发起进攻。将《查泰莱夫人的情人》拒之门外，审查制度这堵墙上便无意间出现了一个漏洞。倘若资金充足、文学品位高雅的大公司不愿意出手向那个暴露的漏洞发起攻击，那么我们乐意取而代之。

审查官的魔爪伸向未删节版的《查泰莱夫人的情人》是因为劳伦斯犹如火山喷发的岩浆无法遏止，想让两性关系回归更加自然——抒情美好——的状态。他试图消除对人际关系的错误限制，坚持毫不掩饰地描写性爱经历，还下定决心赋予古老的盎格鲁－撒克逊四字经在文学中应有的地位。当劳伦斯的书在英国遭禁、在美国落入一个叫“美国违禁商品收缴部”的机构的手中，艾尔弗雷德·克诺夫并未准备营救，还在一群大学教师中找到了志同道合者。他们认为他们自己阅读《查泰莱夫人的情人》没有问题，而对于水平较低的人就太危险了。其假设是我们大多数人皆容易受到腐蚀，而少数特别的人不会。

《查泰莱夫人的情人》里触怒审查官的不仅仅是四字经和详细的性描写。这些自封的卫道士觉得这本书写得相对易读，通俗易懂。他们不仅不希望，还害怕这本书拥有广大的读者。想到书中的那些下流思想会侵蚀这么多乐于接受的美国人的灵魂，特别是那些因收入微薄、教育糟糕而贫苦的人，他们就心里打战。

正如联邦检察官小哈泽德·吉莱斯皮后来在一次起诉格罗夫时说的，小说的男主人公梅勒斯是一名狩猎场看守，而女主人公是一位上流社会的夫人。这着实惹恼了道德和阶级特权的卫道士们。我从一开始便觉得如果是反过来，一个庄园主与一个漂亮女仆有染，便什么事都没有。再者，劳伦斯小说里的这对男女太享受性爱了。这绝对不行，可能会传染。

为了打响战斗，1954 年 3 月 31 日，我写信给琼·兰迪斯。20 世纪 50 年代初，还是本宁顿学院学生的琼曾在格罗夫实习，十分能干而且亲切可人[1]。起先是华莱士·福利建议我找她的，她当时与她的美国丈夫住在巴黎。我叫她买四本未删节版的《查泰莱夫人的情人》寄到纽约给我。书于 4 月 22 日寄出，为了确保书不会被粗心的海关人员遗漏，我写信给纽约海关（现在的美国海关和边境保护局），通知他们这批书在路上了。若

1　原文为西班牙语。

想要决斗，你就得告诉对手日期。

一个月过去，杳无音信。据说海外包裹拖延一个月左右是很正常的事情。可是又过了一阵子书还是没有收到，我便想书是被没收了，不过我并未得到任何官方消息。于是我叫琼再寄一本给我。

我收到邮寄的书后，再次写信给纽约海关，告诉对方他们漏掉了《查泰莱夫人的情人》，还说他们应该感到羞耻。随后我马上把书寄回海关的纽约办事处，要他们知道这本危险的书确确实实已经入境。

纽约海关不想自己让自己出丑。或许他们不想冒险与格罗夫出版社打官司或者以其他方式出洋相。这个自视甚高的官僚机构决定：把这件事情送交上级才是审慎的做法。于是他们把书寄到华盛顿，交由违禁商品收缴官——美国政府中较神秘的部门主管之一——来裁决。我想象他安坐在美国邮政部大楼最深处的地下室里，那里就相当于梵蒂冈的遭禁文学和艺术地下图书馆。

直到 8 月 11 日，违禁商品副收缴官欧文·菲什曼才做出官方表态：

> 根据《1930 年关税法》第 305 条，该书属于淫秽书籍。因此，我们将根据法律适时对该书予以扣押和没收。

天皇莅临官邸了！最高行刑大人准备开始表演了！我花了数月的时间让勇敢的查泰莱夫人惹上官司，现在我终于有控告联邦政府、质疑其拘禁她的权力的依据了。挑战已经发出，不久后便可看出，邮政部不想被吉尔伯特和沙利文[1]比下去。

从一开始我们反对禁止这本书的理由——这在日后《北回归线》的出版斗争中将派上用场——便是基于“文学价值”这一概念。我采用这个概念有图方便的嫌疑，但不管怎样，这是我们手上最管用的武器，也是我们的法则。

下一步，我请马克·肖勒为我们要出版的版本写序，进一步阐明文学价值这个概念。在我看来，肖勒写的序至今仍是此书最卓越的研究之一。肖勒应我们的要求前往新墨西哥州的陶斯县拜访弗里达·劳伦斯，夫人把《查泰莱夫人的情人》三个版本的手稿都拿给他看。肖勒记叙了最终未删节稿的成稿过程，阐明劳伦斯如何苦心经营，努力完善这部小说，使之成为艺术品。肖勒为我们的版本提供的学术工具日后在法庭上有重大帮助。要说肖勒有任何想借此发财的打算，恕我从来不知。我发现的马克的唯一缺点是他对哈佛俱乐部的钟爱。当时这个酒吧只接待男性，光是这点就叫我不会进去。不过为了迁就他和我的律师查尔斯·“赛”·伦巴（其在日后米勒的诉讼中至关重要），我去了这间亵渎神明的老窝不止一次。（需要指出的是，开始阶段我的律师是伊弗雷姆·伦敦。）

1　指维多利亚时代英国幽默剧作家威廉·吉尔伯特（1836—1911）和作曲家亚瑟·沙利文（1842—1900），两人合作长达二十五年，共同创作了十四部喜剧。《日本天皇》是其中最著名的剧目之一，主角被授予秩父市最高行刑大人一职，嘲讽了英国官僚制度。

我写信给诸多评论家、学者、律师，请他们支持我们的主张，即：此书具有极高的文学价值，丝毫不淫秽。并非所有人都接受请求，但许多人欣然同意了，帮助我们构建基础防御。

这些人中兰登书屋的创办人之一本内特·瑟夫的答复出乎我的意料。他打赢了具有重大意义的詹姆斯·乔伊斯的《尤利西斯》的淫秽诉讼案。他是出版界的泰斗之一，却平易近人，而且在我看来似乎有些脆弱。然而在《查泰莱夫人的情人》这件事上，他差点儿搅了局。他在回复我的请求时写道："时至今日我觉得已无甚必要出版未删节版的《查泰莱夫人的情人》。在我看来，这本书就是一个十分愚蠢的故事，远低于劳伦斯的一般水平，而且似乎是故意卖弄色情……我不禁认为，谁在1954年想要争取出版《查泰莱夫人的情人》，是在把大笔的赌注押在出售一本黄书上以制造噱头、博取眼球。"[28]尽管如此，我仍然喜欢瑟夫，基本无视他的讨厌的回复。瑟夫虽然一开始反对，但是后来在保卫《查泰莱夫人的情人》的战斗中成了我宝贵的好朋友。

且不管本内特·瑟夫，我得到了继续进行下去的足够多的支持。文化历史学家雅克·巴尔赞写道：

> 我可以毫不犹豫地说我认为劳伦斯的小说并非色情书籍。其宗旨与他的其他作品并无二致，皆是艺术的，道德的，是作者怀着一腔热忱、想以他认为能够带来更大的和谐、幸福、道义的方式革新我们的文化而创作的。

阿奇博尔德·麦克利什[1]回复如下：

> 只有那些认为语言文字本身是不纯洁的，那些认为“某些主题”不能出现在印刷品里、但是在生活中却经常提及，那些认为人类生存的根本和动人事实“肮脏”的人，才会从文本本身得出结论，觉得劳伦斯写的《查泰莱夫人的情人》是淫秽的。[29]

《查泰莱夫人的情人》的初版没有版权。就美国的出版权而言，当劳伦斯和奥廖利将其印刷出版时，此书就已立即成为公共财产。而且我记得 1932 年克诺夫在美国出版删节版时，并未去注册版权，更加证明：任何人想出版这本书都不会遭到版权局或者其他出版商的干涉，只有因出版淫秽书籍罪名被逮捕的危险。

我希望以最佳方式呈现这本书。尽管伊弗雷姆·伦敦跟我保证《查泰莱夫人的情人》属公有财产，即不受版权保护，任何人都可以出版，无任何限制，但出于情感和务实目的我还是想跟弗里达·劳伦斯签一份协议。我请马克·肖勒代为转达，说我愿意为卖出去的所有书向她支付百分之十的版税，尽管我没有这个义务。

弗里达对于法律上的技术细节相当困惑，这可以理解。她

1　阿奇博尔德·麦克利什（1892—1982），美国诗人、作家，三度获得普利策奖。

在信中写道："我有版权，可是出版权在克诺夫那里……"

我写信给她解释说，法律上这本书没有版权，但是我希望得到她的"同意和大力支持。"

她所能做的只有祝我好运。愿上帝保佑她。

弗里达在英国的代理人是劳伦斯·波林格，曾经是柯蒂斯·布朗手下的一名文学代理。不过他与布朗不同，他支持劳伦斯出版私人限量版的决定。当时波林格已经自立门户，能够左右弗里达，控制着劳伦斯的文学财产，更不要说还有弗里达的收入。当他得知格罗夫想要在美国出版未删节版的《查泰莱夫人的情人》，尽管他知道法律上没有人能够阻止我们，但还是坚决反对此事。是不是又是阶层歧视和阶级忠诚在作怪？我不得而知。

除此之外，还有其他阻碍。克诺夫的一名主管威廉·科什兰（此前我一直把他当朋友）写信给美国代理艾伦·科林斯，要他向格罗夫传达克诺夫的意思。科林斯打电话给我说，克诺夫认为自己是美国版《查泰莱夫人的情人》的唯一授权出版商，而该版本现在由平装书出版社新美国文库出版公司获得出版授权。科什兰还说，倘若格罗夫在审查制度一案中赢得了有利判决，那么克诺夫将是未删节版的出版商。艾尔弗雷德·克诺夫透过文学代理向我们表明他的立场。一方面他觉得未删节版不可能在美国出版，另一方面可以的话又想自己出版，从格罗夫高昂的法庭诉讼中渔翁得利。远没有克诺夫那么财大气粗的格罗夫陷于经济困难，岌岌可危。尽管后来克诺夫并没有这么干，但是新美国文库和其他人还是利用了格罗夫为这本书进行的法律斗争。克诺夫的立场预示了将来发生的事情，他无法阻止格罗夫，但感谢他，也没有实施他说的威胁。不过这仍是相当不厚道的胁迫。

有关《查泰莱夫人的情人》的版权的谈判主要在 1954 年的春夏两季进行。当时我的手头并不宽裕。父亲 1954 年 9 月去世之前一直在帮我，不过他赞助的金额有限，包括买下原来的格罗夫出版社及其约一千本平装书的库存（这些书存放在我住的格林尼治村西九街的褐石房屋的三楼）的那三千美元。我不能叫他替我为一本书（书的版权还不是我的）打漫长的官司——这么一场不知输赢的赌博——出钱。父亲去世后，母亲愿意帮我，可是我发现自己卷入与父亲遗产的指定共同执行人——大陆银行面对面的斗争之中。父亲的钱将放在母亲的信托里，直到她去世，到时信托中剩下的钱便归我。这种局面显然不利于将钱拿出来打《查泰莱夫人的情人》的官司。

我和芝加哥最大的银行是父亲遗产的共同执行人。现在回头看，我做的事情相当不靠谱。我接管了父亲的银行——大都会信托公司，将其并入格罗夫出版社。可以说一夜之间，格罗夫拥有了精装书、平装书和九十天的美国政府债券！二者都是纸张做的，但这也是两者唯一的相似之处。这自然遭到遗嘱共同执行人大陆银行的反对。

突然之间我两线作战——卡尔·马克思曾经教导我要尽可能避免这种情况。有些人可能觉得大陆银行比美国邮政部还难搞、还危险，必须通过法庭诉讼和游击战双管齐下才能解决。确实如此。

我虽然没有输掉战斗，但也使得母亲，到头来也是令我自己，损失掉了相当大一部分的遗产。遗产是留给母亲的，假如格罗夫出版社与大都会信托公司的合并以悲剧收场的话，遭受最大损失的很可能也是她。然而，具有远见卓识、令人敬佩的母亲却大力支持我向法院提出最荒唐的请求——解雇遗嘱共同执行人大陆银行。

时间一天天过去，格罗夫的其他图书一本接一本地出版，《查泰莱夫人的情人》却毫无进展。1955 年，无奈之下，我决定再次向艾尔弗雷德·克诺夫让步。尽管截至当时格罗夫已经为这件事情投入了相当可观的费用，但是我决定将整本书让给克诺夫，条件是他们一字不删地出版这本书，且倘若由此引发诉讼，他们将把官司打到底。另外一个办法是，我愿意跟他们合作。倘若我们打赢了官司，我建议由克诺夫或者格罗夫出版这本书，成本分摊，利润共享。

弗里达·劳伦斯对此十分热心。她写道："这很令人兴奋。我认为这场重要战斗不仅仅是为了这本书，也是为了将来其他人。我很想知道克诺夫的答复。"

艾尔弗雷德·A. 克诺夫（我无缘结识他，连跟他讨论这件关系重大的出版事件的机会都没有）选择退出，但不出所料是按照他自己的条件。他透过同事威廉·科什兰写信给我说他们将"把这件事留待你和劳伦斯·波林格去解决"。波林格坚决反对格罗夫出版此书，我们试图达成和解的努力告吹。伊弗雷姆·伦敦再次重申了我们的法律地位：

> 波林格、科林斯、弗里尔（属于海涅曼公司，一家英国出版社，有兴趣出版自己的版本）对于格罗夫

出版社出版此书的反对无关紧要，因为在美国无人对该作品的第三种版本拥有任何权利；没有人有此权利，因为此书属公有财产，即不受版权保护，任何人都可以出版，无任何限制。

尽管如此，我仍然处于困境。没有庞大的资金，还要面临克诺夫可能接踵而至的竞品，我怎么出版这本书？波林格迟迟没有音信，我只得决定将这个计划暂时搁置，此时是 1955 年 3 月。1956 年 8 月，弗里达去世。《查泰莱夫人的情人》的出版计划一直搁置到 1959 年。

审查制度斗争搁置期间，我作为一个出版人也没闲着。我们的出版书目快速增加。为挑战淫秽法做准备的同一年，我们出版了首个英文版的塞缪尔·贝克特的《等待戈多》，这是格罗夫出版的最重要的一本单册图书。那段时期格罗夫出版的其他书和作家还有：让·热内的《女仆》和《高度监视》，可爱的尼日利亚作家阿莫斯·图图奥拉的两本小说《棕榈酒鬼》和《我在鬼林中的生活》。我们还发行了伦敦国家美术馆出版物系列的二十种世界美术图书，他们对我们可没有波林格那样的敌意，著名英国公司查托与温达斯或 T. S. 艾略特的出版商费伯—费伯也没有。1955 年，我们出版了唐纳德·基恩精心编辑、翻译的《日本文学选集》，此书获得联合国教科文组织资助，还有贝克特的小说《莫洛伊》，以及许多已经绝版的经典名著，如简·奥斯丁、勃朗特姐妹、马克·吐温等。但同时我也极其愚蠢地拒绝了费伯推荐给我的两本书：J. R. R. 托尔金的《霍比特人》和劳伦斯·达雷尔的《贾丝廷》。

1955年，法语电影版的《查泰莱夫人的情人》上映后，立刻在纽约遭到禁播。已经成为劳伦斯专家的伊弗雷姆·伦敦对此提起诉讼，一路告到美国最高法院。案件定于1959年1月开庭审理，伦敦跟我说他保准能打赢。这样的判例对于格罗夫出版此书（假如我们能够出版的话）可能引发的任何诉讼无疑将有巨大帮助，对我来说这是重启出版计划的好时机。

1958年12月，我告诉马克·肖勒格罗夫准备出版《查泰莱夫人的情人》了，要他将未删节版的文本进行排版准备印刷。有很多准备工作要做：要核对劳伦斯的笔记和更正之处，要尽可能保证我们的版本真实可信。我请阿奇博尔德·麦克利什允许我们使用他1954年为《查泰莱夫人的情人》辩护的精彩回信作为书的前言，他欣然同意，重写了信，把日期改为1959年。书套上是埃德蒙·威尔逊[1]和雅克·巴尔赞对劳伦斯的专题推荐，二人的精彩点评令人过目难忘。肖勒还添了一段生平介绍，用恰当的文学和历史资料完善了此版本。我们尽全力呈现尽善尽美的《查泰莱夫人的情人》，至少我认为我做到了忠实于劳伦斯。

我给《纽约时报》寄了一份新书预告，刊登于1959年3月19日，声明格罗夫出版社准备出版未删节版的《查泰莱夫人的情人》。预告中说：

1　埃德蒙·威尔逊（1895—1972），美国作家、当代重要的文学评论家。他的文学批评深受马克思和弗洛伊德的影响，对美国文学批评传统的确立以及欧美一些现代主义作家经典地位的确立影响甚大。

无论是文学上还是法律上均已无理由再不让美国大众阅读这部现代经典。此书讲述了一则浪漫优美的爱情故事，在现代英语文学中享有崇高地位。

书的广告采用跟新书预告一样低调但有些历史感的风格，由“我们的”广告代理，萨斯曼和休格负责。我们还精心策划了广告宣传活动，挑选几家日报和周刊，详尽、及时地跟踪报道我们为争取自由地发行这本书所进行的斗争。

我们与堪称当时最大的文学图书俱乐部“读者订阅”签约，向其会员推介此书，收效斐然。俱乐部负责人阿瑟·J. 罗森塔尔后来成了哈佛大学出版社社长。向会员发售不仅增加了书的整体销量，俱乐部的法律事务所还在法律辩护中助了我们一臂之力。阿瑟是个完美的合作伙伴，为人高尚正直，毫不势利。他不愿乘坐岳父的大型私人飞机，觉得白白地搭便车没面子。（我就不一样了，要是有从东汉普顿到纽约的免费舒适便车可以坐，我肯定毫不犹豫！）

《纽约时报》的预告刊登之后，订单蜂拥而至。然而有些书店显得很紧张，这是情有可原的。我们向他们保证如果当地执法部门找他们麻烦，格罗夫将承担律师费——这在当时，乃至其他时候都是相当具有创新性的举措。

媒体对我们为《查泰莱夫人的情人》进行的广告宣传反映相当不错，大多数杂志都接受了我们的广告。《新闻周刊》和《时代》周刊在1959年5月4日（刚好是我们宣布的出版日期）刊登了友好的专题报道。《纽约时报》起先拒绝了我们的广告，但后来发表了重要的文学评论家、劳伦斯和审查制度专家哈里·T. 穆尔的高度肯定的评论。知名电视新闻记者本·格劳尔就这本书采访了阿奇博尔德·麦克利什；迈克·华莱士就此书电影版的诉讼案采访了伊弗雷姆·伦敦，那是华莱士在哥伦比亚广播公司的王牌节目《60 分钟》出现之前的事。媒体对整件事情表现出由衷的关切，让人不由得觉得言论自由的障碍着实受到了极大挑战，甚至是瓦解。

然而就在这时发生了一场小冲突，我解雇了伊弗雷姆·伦敦。事情是这样的：那天，伊弗雷姆跟我们一群人——肖勒、哈里·T. 穆尔、我的第三任妻子克里斯蒂娜及其姐妹路易莎，可能还有其他人——到波士顿参加格罗夫出版的哈罗德·品特的剧作《生日晚会》首演。大家一起坐在剑桥市一家酒店的餐厅里，伊弗雷姆开始侃侃而谈他打算如何打《查泰莱夫人的情人》这场官司。我不记得在哪个问题上与他意见相左，他立马数落我，简慢地说："要么照我说的做，要么干脆甭做。"我的条件反射是告诉他这个案子不需要他了。我记得当时我想也许这是不可避免的，我可不想在我为言论自由而战的时候却被自己的律师堵上嘴巴。诚然伊弗雷姆是一名杰出的律师，曾为阿尔杰·希斯[1]和伦

1　阿尔杰·希斯（1904—1996），美国国务院前官员，曾以美国总统罗斯福顾问的身份出席了雅尔塔会议，卸下公职后担任卡内基国际和平基金会主席。1948 年 8 月，《时代》周刊编辑、前美国共产党员惠特克·钱伯斯（1901—1961）向非美活动调查委员会举报希斯是他的党内同志，是华盛顿特区美国共产党间谍网成员，曾向苏联提供国务院机密文件。这一大胆"举证"在美国引起轩然大波。由于诉讼时效、证据不足等原因，希斯最终因伪证罪被判刑五年。希斯始终坚称自己无罪，这起间谍案至今仍是一个疑案。

上：格罗夫出版社的第一版平装本《查泰莱夫人的情人》（1959 年）。

下：巴尼·罗塞特与格罗夫的《第一修正案》律师查尔斯·伦巴。

尼·布鲁斯辩护，帮助罗塞利尼[1]的电影《奇迹》解禁，还与我一同深入参与了处理父亲遗产的案件。然而，这件事情涉及我所有的出版努力，甚至是我的自由，我希望在辩护过程中有发言权。

我需要一名新的辩护律师代表格罗夫出席即将到来的诉讼案，于是我聘请了东汉普顿的邻居赛·伦巴。说归说，做归做，我觉得赛打这场官司的方法方式与伊弗雷姆计划的没太大区别，可是他至少让我觉得我参与了决策过程的每一步。幸运的是，他同样是一名异常聪明能干的律师。后来他成了《宪法第一修正案》方面的案件的权威。

截至 3 月 2 日，我们预售了七千本书。从 3 月 17 日的首个订单，到布赖恩法官撤销对这本书的淫秽指控的隔天的 7 月 22 日的最后一个订单，《查泰莱夫人的情人》一共印刷十四次，共计十六万一千册。

1959 年 4 月 30 日，美国邮政部正式采取措施，禁止邮寄该小说，纽约市邮政局长罗伯特·K. 克里森伯里没收了 164 本书。5 月 6 日，局长发布正式通告，声称此书“内容和人物

1 《奇迹》是意大利导演罗伯托·罗塞利尼（1906—1977，代表作品有《罗马，不设防的城市》《德意志零年》《罗维雷将军》等）1948 年拍摄的一部短片，讲述一个牧羊女在牧羊时偶遇一个迷人的陌生人。虔诚而单纯的牧羊女认为陌生人就是她最崇拜的圣人约翰。陌生人用酒将她灌醉，玷污了她。事后单纯的牧羊女对诱奸一事概不记得，发现自己怀孕后，她深信这是圣灵受孕，她的孩子是新的弥赛亚。该片引进美国后引发巨大争议，许多基督教徒认为这是对童女生子说的大不敬。经过漫长的法庭辩论，法院最终于 1952 年判决：电影作为一种表达形式受到《宪法第一修正案》保护。

淫秽色情、下流猥亵、低俗不雅……根据《美国法典》第 18 卷第 1461 条不得邮寄。此书的主要效果是引起淫欲”——此即邮政部意欲维护的法律标准。

格罗夫遵守邮政部的规定，案件审结之前没有再邮寄此书，同意 5 月 14 日在纽约举行听证。邮政部的禁令更像是审查官声明，而非警察行动，但是如果禁令承受住了我们的法律挑战，就将禁止这个版本。禁令本身对格罗夫发行《查泰莱夫人的情人》影响不大。禁令生效前，我们已经邮寄了约三万册，而且还在继续用卡车把书运给批发商。对于小订单，格罗夫采用铁路快运发货，与书店一起分摊成本。我们继续为这本书做广告、发行、辩护，通过媒体保持话题热度。合众国际社、美联社、《纽约时报》《时代周刊》《新闻周刊》《出版人周刊》等媒体一直在关注、报道此事。多说一句，在这件事情中媒体至关重要，对于向邮政部施压、影响公众起到了关键的作用。

赛在他的书《淫秽的终结》中说道：“邮政部和其他政府机构隶属于行政部门，但也具有立法权和司法权。他们在颁布条例时即是行使立法权，决定条例如何运用于争议情况时，即是行使司法权。”[30] 5 月 14 日的邮政部听证会在我看来倒更像是审判，审判长查尔斯 · D. 阿布拉德表现得很像法官。邮政部长阿瑟 · E. 萨默菲尔德提起此项诉讼，任命了审判长和检察官，对此案采取“理论上的司法态度”[31]。听证会要求我们提交《查泰莱夫人的情人》并不淫秽的证据。格罗夫出版社、读者订阅俱乐部、美国邮政部均派辩护律师出席。

邮政部官员借用最高法院最近一次，即 1957 年的罗斯案判决中关于淫秽的表述，认为《查泰莱夫人的情人》的文学价值“不及其淫秽水平；此书总体而言的主要效果是引起淫欲”[32]。其观点依据是劳伦斯选择了性作为中心思想，还公然讨论性交过程以及使用四字经，更是罪加一等。邮政部的立场是此书“根据当代社区标准，对于普通人而言”是淫秽的。[33]对方还驳斥了我们认为他们在扮演审查官的说法，说他们只是在执行法律，他们没有颁布预禁令，而是等到此书出版后才采取行动。

我选择出版《查泰莱夫人的情人》以挑战审查制度。我和伦巴都不会满足于只是打败邮政部，让这本书得以销售。不，我们想要通过争取出版这本书的权利，论证该权利受到《第一修正案》的保护，从而“缩小反淫秽法律的范围”[34]。伦巴的开场白是，虽然邮政部拒不承认，但是其确确实实是在扮演审查官的角色。伦巴不是傻瓜，他知道要想打赢这场官司，只有到邮政部的管辖权之外的更高一级的法庭，才更有胜算，他的辩护便是基于这一点。

伦巴以事实和雄辩证明格罗夫出版社是一家合法的出版社，以适当的方式向公众传播一部文学杰作。他出示了格罗夫的宣传材料，说明这家公司“并非是想通过一本重量级黄色书籍一夜暴富的投机商”[35]。他引用我们刊登的广告、新闻报道、社论、书评等，强调舆论已经确立了认定《查泰莱夫人的情人》为“重要文学作品”的“社区标准”。[36]接着，他又请专家来证明这部小说的艺术技巧。伟大评论家马尔科姆·考利（此前他恢复了威廉·福克纳的声誉和事业）[1]谈论了“劳伦斯小说力求达到的文学和劝解目的以及当前文学越来越直言不讳的趋势”[37]。伦巴又传唤另外一名当时的权威评论家艾尔弗雷德·卡津出庭探讨（用伦巴的话说）“过去三十年，普通读者的容忍范围发生的变化”[38]。我在总结陈词中说，我“作为自由市场的一个出版商”的目标是“（寻找）充满刺激、富有挑战、最好还是有利可图的出版好书的机会”，如今的公众已经超出了现有法律管辖的水平：

> 我想，我相信许多其他出版商也是这么想的：自此书 1928 年问世以来，美国人的心智成熟程度发生了巨大变化……我认为假如这本书出版于今天，公众不但不会震惊、生气、抗议，反而会欢迎这么一部名著重印、重新焕发生机。于是我便着手将其付梓出版。到目前为止，我预期的想法均得到兑现，事情皆如我所料，除这场听证会外。[39]

听证会进行了整整一天。伦巴要求法庭判决解除禁令，然而阿布拉德审判长裁定这不在他的管辖权范围内。

两周后的 1959 年 5 月 28 日，我三十七岁生日那天，阿布拉德做出他所谓的判决，即没有判决。阿布拉德似乎对我们报以同情，把球踢给邮政部长萨默菲尔德，说解禁《查泰

1　马尔科姆·考利（1898—1989），20 世纪美国影响力最大的评论家之一。1946 年考利为维京出版社编辑了袖珍本《福克纳文集》并亲自为之作序，极大地提高了福克纳的社会知名度，成为福克纳声誉的关键转折点。

莱夫人的情人》将令“享有共同管辖权的行政部门的裁决产生疑问”[40]。我们再次要求解禁，但是没有收到任何答复。1959 年 6 月 10 日，我控告没收了书的纽约市邮政局长罗伯特·K. 克里森伯里，可就在第二天邮政部长萨默菲尔德的判决下来了。

根据长期有效法律，认定《查泰莱夫人的情人》为淫秽书籍，格罗夫的证词没有被采纳：

> 此书充斥着对主人公进行或者讨论性行为的详细描写。此类描写使用下流、侮辱、冒犯性的措辞。书中的色情、猥亵段落和词语远甚于此书的任何文学价值，因此整体而言，此书是一部淫秽、下流的作品。[41]

我竟不禁对查尔斯·阿布拉德感到巨大的同情。我们别无选择，只能通知媒体，邮政部全然不顾专家的文学意见和《第一修正案》的保障，做出了这个蛮横的判决。随之而来的社论和报道为伦巴增添了在法庭上驳斥此书冒犯了“有关荒淫的社区标准”这一观点的证据。

庭审定于 1959 年 6 月 30 日，主审法官是弗雷德里克·冯·佩尔特·布赖恩。法院审阅了前次听证会的记录，没有新增证人。纽约南区联邦检察官 S. 哈泽德·吉莱斯皮代表邮政部出庭。格罗夫出版社认为，《查泰莱夫人的情人》的出版受到美国宪法的保护；此书并不淫秽，而且即便有明文规定此书属于淫秽书籍，其仍受到更大的宪法的保护。这是我们的新策略，这一策略在日后的审判中将得到进一步运用。伦巴回忆道："我请法庭忽略各项法规有关淫秽与否的界定，因为无论国会或州立法机关意图为何，《第一修正案》都极大地限制了他们的立法权限。"[42]

这次不在其管辖权范围内的邮政部提醒法庭，他们有权禁止邮寄图书；且不言而喻，无论出版商能不能，邮政部都有能力鉴别出淫秽书籍。他们承认劳伦斯的文笔优美，但也警告说"劳伦斯的描写越是精彩越应该禁止这本书"。这样的话真叫人瞠目结舌，写得越好罪越重？吉莱斯皮当庭高声朗读了小说中的一段性描写，然后对法庭说："法官大人，倘若您在一本书中发现通篇都是这种段落，而这本书正是描述一个这种品质的女人的堕落，那么问题就严重了。"[43]

吉莱斯皮还试图要求法庭维持萨默菲尔德的原判，因为邮政部拥有司法权，"除非有足够证据证明判决没有根据、明显有误，否则邮政部长的判决是终局性的"。所幸布赖恩法官并未采纳这一观点，于 7 月 21 日裁定"邮政部长在此问题上并不具备特殊能力或技术知识，使其能够作出在法庭上享有特殊分量的准确判决"。邮政部越权行事，淫亵案件的"酌处权"超出其权力范围。布赖恩驳回了萨默菲尔德的判决，将由其裁定"依照法规的定义《查泰莱夫人的情人》是否淫秽，是否受到宪法保护"。

布赖恩根据此书的价值和社区标准的概念，作出有利于格罗夫的判决：

> 材料必须根据其对可能接触到的、被视为是有正

常性冲动的普通人的影响进行判断，而不是对不负责任、不成熟或是满脑子下流思想之人的影响……

材料还必须超过现行社区标准在性与性关系问题上的言论自由的容忍限度。

布赖恩的结论是:《查泰莱夫人的情人》并不淫秽，因此受到《第一修正案》的保护。邮政部应交出没收的图书，不再干涉此事。邮政部的权力被完全重新定义。我们取得空前巨大的胜利。“严肃出版社发行图书而不用担心遭到没收和起诉”的权利得到支持。

1959年12月2日邮政部提起上诉，1960年3月25日再次败诉。布赖恩的判决成为未来所有淫秽案件判决时的具有划时代意义的判例。我们成功地消除了书店的法律风险，有关淫秽诉讼的报道加上我们的广告宣传引发大众争相购买此书。不过当然了，我们没有《查泰莱夫人的情人》的版权，波林格拒绝与我们合作，因此我们对于这项文学遗产没有更多的义务了。

截至1959年7月21日布赖恩宣布判决那天，格罗夫已经售出十一万册《查泰莱夫人的情人》。9月6日，这本书在《纽约时报》畅销书排行榜名列亚军，此后销量开始逐步下滑。这本书的需求仍然旺盛，但是我们的市场垄断地位消失了，各种盗版的平装本扼杀了我们的精装本的销量。

1946年克诺夫授权新美国文库于该年出版删节版的平装本。事后我们才知道，法庭审理期间，新美国文库与波林格签署了一份单独协议，出版审查过的平装本，布赖恩的判决一出，立马上市销售。新美国文库凭借其与克诺夫和波林格的协议，在广告宣传中声称他们的版本为正版。克诺夫发表了一份声明，澄清其只授权新美国文库出版删节版，他跟新美国文库与波林格签署的协议毫无瓜葛，并且收回对双方的支持，此举令人钦佩。

口袋图书公司则成了我们的另外一个竞争对手。1959 年 5 月，我与他们谈判平装书的重印权。双方协商一致后起草了一份合同，可是当他们把合同寄回来要我签字的时候，做了我们不能接受的改动，交易告吹。我继而与戴尔出版公司签约，让他们发行再版平装本。口袋图书公司搞了个自己的版本，没有与格罗夫签署协议便自行出版。

到 1959 年 9 月 10 日，市面上已经有五个版本的平装本《查泰莱夫人的情人》。格罗夫只与其中一家即戴尔签订了发行协议，而当时我们已经印刷了一百七十五万册的平装本。此外我们还与兰登书屋签约，做了个“现代文库”版。我们不得不以特价把精装本处理掉：买十送一。《出版人周刊》评论道：“‘查泰莱夫人’的混战拉低了整个图书行业的公众形象。”到头来，我们把《查泰莱夫人的情人》从审查官手里救了出来，却跟 D. H. 劳伦斯一样，还要与盗版做斗争。

11 重返电影：

《电影》《我好奇之黄》及其他胶片冒险[44]

1963 年，我决定再次尝试电影制作，成立了另外一个独立的部门——常青剧场股份有限公司，负责创作、制作电影。常青剧场的团队成员包括格罗夫的编辑理查德·西弗、弗雷德·乔丹、我自己，以及戏剧导演艾伦·施耐德。艾伦导演了舞台版和电视版的《等待戈多》，还制作了在百老汇轰动一时的《谁害怕弗吉尼亚·伍尔夫？》。

我把常青剧场定位为“出版了诸多当代一流的剧作家和小说家作品的出版社的合理业务延伸”。战后好莱坞走下坡后，观众对于智力品质更高的电影的需求日益增长，这与格罗夫出版的文学作品不谋而合。

开路的是外国影片。到 20 世纪 60 年代初，国外电影发行量与国内制作量的比例接近四比一。而且很多新引进的影片的导演都是之前的作家、剧作家、记者转行过来的，如让-吕克·戈达尔的《筋疲力尽》、格罗夫作家阿兰·罗伯-格里耶的《去年在马里昂巴德》、米开朗基罗·安东尼奥尼的《奇遇》、费德里科·费利尼的《甜蜜的生活》以及弗朗索瓦·特吕弗的《祖与占》和《射杀钢琴师》。新兴的“风格导演”[1]概念凸显了文学与电影艺术之间的联系，这一概念与其倡导者法国新浪潮导演一同在美国流行起来。

这便是常青剧场成立的背景。我们在兰登书屋的贾森·爱

1　原文为法语。

泼斯坦的大力帮助下，与四星电视公司达成协议，制作由格罗夫和《常青评论》的作家提供的原创剧本。

我前面提到过，1963 年秋，在我们的邀请下，我们获得了五位作家的电影剧本，这五位作家分别是：贝克特、尤内斯库、品特、罗伯－格里耶、杜拉斯。我们还邀请了其他人，包括让·热内，但是遭到拒绝。热内在当时及以后一直是格罗夫的作家，但仍然气愤地拒绝了我和弗雷德·乔丹的要约。他拒绝的方式颇有些喜剧效果，他在伦敦的一间酒店客房里，把电视机当作道具，跟我们——或者说至少跟他自己——解释屏幕里的那些小人儿并非真的在那里。为了证明这一点，他走到电视机后面去。人在哪儿呢？他要的是“真实的演员”。不过日后我们还是发行了热内导演的唯一一部电影《情歌恋曲》，那是他在 1950 年拍摄的一部二十六分钟的黑白影片，一部优美、异常感人的作品。

1963 年 9 月，《纽约时报》刊登的一篇文章透露了这些委托创作的剧本的一些基本情况。品特介绍他的剧本“可以说是发生在英国地下室里的一个三角故事”。文章接着说尤内斯库的剧本跟他的《犀牛》一样，“借由将间谍惊悚片和喜剧效果融入一场冒险”达到讽刺“从众心理”的目的。文章把我的名字写成“巴尼·格罗塞特”，引用我的话说杜拉斯的剧本是“使用了《广岛之恋》的意识流效果，但是背景设在法国乡村”的爱情故事，而罗伯－格里耶的《弗兰克归来》是背景设在加勒比地区的一场奇异冒险。其实我们原本打算让罗伯－格里耶与我的朋友哈斯克尔·韦克斯勒合作，由哈斯克尔担任摄影师和副导演，把故事背景设在讲葡萄牙语的巴西。[45]

我们设想将贝克特、尤内斯库、品特的三部短片合成一个长片，三个部分三个导演。正如我前面提到过的，贝克特的《电影》是最先，也是五个剧本中唯一一部最终由常青剧场制作完成的影片。该片于1965年的威尼斯电影节首映，同年秋天在纽约电影节上初登美国，之后游历了无数的国际电影节，在威尼斯、奥伯豪森等不少电影节上斩获奖项，但是票房并不成功。

杜拉斯、罗伯－格里耶、品特、尤内斯库也完成了各自的剧本。品特的剧本最终由英国广播公司制作，尤内斯库的《硬煮蛋》多年后由詹姆斯·福托普洛斯拍成电影，2006年在现代艺术博物馆放映。杜拉斯的剧本我们没有资金拍摄，后来改编成小说《劳儿之劫》，1966年由格罗夫出版。

1967年，我们宣布以将近五万美元的价格收购阿莫斯·福格尔的电影俱乐部“16放映室”[1]的影片库。俱乐部于1963年就已经停止定期的电影播放，变为主要面向大学的非影院发行商。影片库里有两百部短片和试验电影，包括乔治·弗朗瑞、斯坦·布拉哈格、卡门·达维诺、彼得·魏斯、阿涅斯·瓦尔达、肯尼思·安格、米开朗基罗·安东尼奥尼等人的作品。如此一来，我们便有了许多精品前卫电影的发行权，与我们越来越长的书单互为补充。

同一年，我们租下了东十一街的一间空剧院，租约十年，

1 阿莫斯·福格尔和妻子于1947年创立的电影俱乐部，主要放映16毫米实验电影和纪录片、教学片等非剧情片。

这我前面提到过了。我们对剧院进行了一番改造，安装上先进的电影设备，重新开张，命名为常青剧场，既演戏剧也放电影。我们还在剧场前面开了一家三十年代风格的酒吧，名字叫作黑圈酒吧，把日益扩大的办公室搬到剧场楼上。

大约也是在这个时期，我们开始购买长片在其他商业电影院播放。第一批包括几部与文学相关的影片：阿兰·罗伯-格里耶的《不朽的女人》、诺曼·梅勒的《法理不容》、玛丽·埃伦·比特的《芬尼根的守灵夜选段》；纪录片：艾伦·金的《沃伦代尔少年疗养院》、弗兰克·西蒙的《变装皇后》、弗雷德里克·怀斯曼的《提提卡失序记事》；和国际影片：让-吕克·戈达尔的《周末》。

1968年《法理不容》和《周末》在纽约电影节上亮相时，我们为影片举办了一个宴会，吸引了不少关注。我们租了一个大夜总会，阿莫斯·福格尔发出邀请函，只有在他的邀请名单上的人才能进去。三个壮汉不请自来，说："我们要进去。"阿莫斯说不行，三人便强行闯入。当时我就站在门口，不等我反应过来我已经坐在地板上、眼镜歪了，那样子还颇有些搞笑。我问他们要干什么，他们说："哦，你们全是一群保守派。"我说："看看墙壁上！"屋子里贴满布莱希特的海报，三人看了看四周围后道歉离开。宴会上梅勒跟妻子大吵了一架，戈达尔没有出现。《生活》杂志刊登了宴会的照片，《纽约时报》则撰文说，宴会上人实在太多，像弗朗索瓦·特吕弗、让娜·莫罗这样的人都只能站在外面的人行道上，跟电影票房形成鲜明对比。

前面我提到过我们在汉普顿拍摄了诺曼·梅勒的电影《梅

德斯通》。电影的故事前提很有看头。有两队中情局的人，一队想要暗杀梅勒扮演的总统竞选人，另一队则不想他被杀、希望他当选。我们给每个演员发放一个筹码，代表他是哪一队的，而且不能告诉别人。剧情发展到某个地方，坏的一边试图杀死诺曼，而好的一边要保护他。

其中有个叫埃尔韦·维尔谢兹的演员，日后因出演电视剧《神秘岛》而名噪一时。一天晚上，剧组离开我家后，我的岳母走出去，然后尖叫着跑回来，大喊："游泳池里有一个侏儒！"只见埃尔韦平躺着浮在泳池里，不省人事。我和妻子克里斯蒂娜把他拖出泳池，安顿在一旁，然后飞奔至布里奇汉普顿，找到诺曼，说："快去接你的侏儒！"他去了，然后带埃尔韦去洗胃。

第二天晚上，饰演钢琴家的埃尔韦在影片中的一场宴会戏上举办了一场音乐会。那场戏的主演喝醉了，诺曼命他从那个大房间滚出去。我就跟他和他的女友一起在外面的石头露台上；我坐在他俩旁边，无意间听到那个主演说："一会儿诺曼出来，我要杀了他。"诺曼出来时，那人便从身后扑上去。诺曼转过身来，用拳头猛击对方，把他撞倒在树丛里，然后径自走开了。那人慢慢爬起来，抱住诺曼，抓住诺曼的头往石头露台上撞。此时前轻重量级拳击世界冠军、诺曼的好友何塞·托雷斯从旁边经过，克里斯蒂娜说："何塞，快救救诺曼！"何塞说不行，因为他是职业拳击手，会被抓。于是我朝那个主演扑过去，掐住他的喉咙，把他跟诺曼分开。那人站起身来了，我和克里斯蒂娜仍然紧抱住他不放。这时几个人走过来，我印象是黑豹党的，其中一人手里拿着一瓶威士忌，朝主演的脑袋猛砸。克里斯蒂娜溜到那人后面，从其手中夺过酒瓶。主演跑了，不料绊到几块大石头，最后被送到了医院。就一个晚上！之前我让在东汉普顿的人都把房子借给诺曼拍电影。那晚之后，我成了大家不欢迎的人。

第二天，演员里普·托恩（他原是这部电影的助理导演，但是理所当然地觉得自己没有用武之地）对迈克尔·麦克卢尔说："跟我来。咱们今天在加德纳斯岛把诺曼给杀了。"迈克尔决定不去，我和克里斯蒂娜也不想去。里普带了把小锤子上岛。我们在电影里看到他拿锤子猛敲诺曼的脑袋，但实际上的伤势比那严重得多，没人前去帮忙。诺曼的妻子大叫起来："他要把诺曼给杀了！"这时诺曼开始咬托恩的耳朵，咬到托恩不得不去医院，而诺曼回家去了。这段五分钟左右的电影看上去像是设计好的，但实际上是真事。[46]

诺曼一定是自己剪辑了电影，因为电影最后差不多只剩下他自己。那些疯狂的行为——把侏儒扔进游泳池、差点儿被演员打死等——都不见了。

有一部长片给格罗夫电影部门带来了远超出我预期的关注和收入。1968 年 9 月我参加法兰克福书展时，在《卫报》上读到一篇报道，介绍一部叫作《我好奇之黄》的瑞典电影，直觉告诉我这部电影非常适合我们。我当即联系瑞典最重要的出版公司邦尼集团的负责人，他们帮我们接洽上了拍摄这部电影的基金会。我派了我们的两位作者菲莉丝和埃伯哈德·克龙豪森[1]到瑞典去看片子。两人喜欢这部影片，于是我亲往瑞典，以十万美元的价格买下电影在美国的播放权，这在当时是一笔不小的数目。《我好奇之黄》由英格玛·伯格曼的门生维尔戈特·斯耶曼导演，由桑德鲁斯电影戏剧公司的约兰·林德格伦领导的一个非营利性基金会出资拍摄，讲述一名真诚的年轻准记者女孩莱娜的觉醒历程。电影融合纪录片片段和街头采访，透过莱娜的眼睛，审视瑞典的阶级斗争和妇女权利。影片中还有一些短暂的性爱镜头，将性解放与政治解放联系在一起。

按照今天的标准《我好奇之黄》算不上露骨，但是当时一到美国便引起了震惊，在机场即被美国海关人员以淫秽罪名没收。这情况显然与我对抗书籍审查制度的斗争十分相似，当时我便断言《我好奇之黄》或许能够为电影业争取到《查泰莱夫人的情人》为文学争取到的自由。我的预言成真了，但代价是在地方和联邦法庭打了一年多的官司。跟打图书的官司一样，我们请来名人做证人为我们辩护，有诺曼·梅勒，还有电影评论员斯坦利·考夫曼、约翰·西蒙、霍利斯·阿尔伯特。陪审团判定这部电影淫秽，但后来被美国上诉法院推翻，宣称根据最高法院对该术语的定义，《我好奇之黄》并不淫秽。这几乎史无前例。

1969 年 3 月 10 日，《我好奇之黄》终于在纽约格罗夫自己的常青剧场和五十七街的相约电影院上映，在纽约和全国都

1　这对夫妇是美国性学家，活跃于 20 世纪六七十年代，出书办展、收集色情艺术品。

获得广泛关注。几乎所有评论员都加入到对《我好奇之黄》的讨论，可是许多记者和专栏文章不实地称这部影片有大量的“露骨色情”。《纽约时报》的文森特·坎比则指出《我好奇之黄》并不比安迪·沃霍尔的多部新作露骨，而后者上映后并未引发争议。区别就在于沃霍尔的电影无须经过美国海关。我们用印有大量文字的平面广告冲淡《我好奇之黄》的性吸引力，迅速风靡一时，电影台词把相约电影院包裹了数周。

亚里士多德·奥纳西斯和妻子杰奎琳[1]在观看《我好奇之黄》时发生的争吵为影片助力不少。杰奎琳讨厌这部电影，坚持要走，亚里士多德坚持要留，还把保镖留在自己那儿。杰姬走到街上拦出租车，一名摄影记者跟着她。杰姬把对方撞倒，因此收到了传票，这是美国狗仔队闹剧的开始。当时这部电影在纽约已经开始走下坡，这件事却赋予了其新生，不只在纽约，而是全美国。

我们精心策划《我好奇之黄》在纽约之外的放映，这是我们首次尝试大规模全国放映。在有些地方，我们走标准的提成协议，在另外一些地方，则自己租电影院。在明尼阿波利斯市，我们甚至买下一座电影院专门放映这部电影，放完后就卖掉！由于各州和市政府仍可以阻止影片放映，我们的律师爱德华·德格拉齐亚想出了一个创新策略，在各个市场聘请当地知名的民权律师，酬劳是那个地方票房收入的部分提成。如此一来，我们不仅打赢了这部电影引发的数十场官司中的大多数，

1 亚里士多德·奥纳西斯（1906—1975），希腊船王、世界公认的海运巨子，希腊人，发迹于美国。1968 年娶了约翰·肯尼迪的遗孀杰奎琳·肯尼迪为妻。

还避免了像《查泰莱夫人的情人》和《北回归线》案那样差点儿压垮我们的巨额诉讼成本。《我好奇之黄》总共为格罗夫带来六百万美元的收入，只差一百五十万元左右就把当时总收入最高的外语片《甜蜜的生活》[1]拉下来。

在《我好奇之黄》获得的广泛关注的带动下，格罗夫的电影事业进入巅峰时期。到1969年年底，我们的电影部门经手四百多部片子，以短片为主。1968年《常青评论》改为月刊，杂志新增的内容多与电影有关。自1969年年初起，《常青评论》开始刊登翻译自法国赫赫有名的电影杂志《电影手册》的文章，收录了对英格玛·伯格曼、约翰·卡萨维茨、雅克·德米、罗曼·波兰斯基、格劳贝尔·罗恰、米克洛什·扬乔等的采访。我们还请日后的好莱坞编剧L. M. 基特·卡森、评论员纳特·亨托夫、记者多森·雷德定期撰写电影报道。电影同样成为图书部门新的重点业务，我们出版了伯格曼、安东尼奥尼、贝克特、戈达尔、黑泽明、特吕弗等人的一系列剧照插图版电影剧本，主攻日渐增多的高校电影课程，还出版了帕克·泰勒的《地下电影批评史》。

因收购“16放映室”而与格罗夫结缘、成为长期盟友的阿莫斯·福格尔于1969年正式加入公司，担任非常特别的“电影顾问”和《常青评论》的电影编辑，负责扩充后的电影板块。阿莫斯在新闻稿中对新工作有这样的计划：

> 我加入格罗夫是因为我相信其具有成为美国现

1　意大利导演费德里科 · 费利尼1960年的作品。

代电影中坚力量的潜力。这场运动——囊括从戈达尔到布拉哈格，从先锋电影到独立电影，从年轻的政治电影制片人到新美学的探索者——需要新的发行、展映、制作、宣传形式，需要有乐于使用新技术工具的意愿，需要有“颠覆”业已僵化的既有准则和技术的胸襟。格罗夫的资源和对现代性、非传统、艺术自由的偏爱（这种偏爱有目共睹）提供了这种可能。我愿意助其一臂之力。[47]

我们派阿莫斯前往各种国际电影节物色新电影，用《我好奇之黄》赚来的钱购买影片。在捷克斯洛伐克，阿莫斯和格罗夫编辑弗雷德·乔丹被联邦调查局和捷克秘密警察跟踪。尽管如此，阿莫斯还是买到了年轻东欧导演（比如亚罗米尔·伊雷什）的电影。

《我好奇之黄》取得的热烈反响催生了一个领先时代多年的理论计划——家庭影音版的《常青评论》。当时，摩托罗拉、索尼、哥伦比亚广播公司等公司都纷纷忙着为消费者市场开发独立的家庭影音系统。我觉得这是新商机，便编辑了一个16毫米的“常青电影院”雏形，在高校校园里播放。《综艺》杂志头版文章《常青影音杂志磁带试播，全是电视不准播的》认为这是个革命性的想法：

一种为高雅家庭制作的没有尼尔森的收视调研、没有赞助商、没有电视网、没有电视台、没有哔哔声的电视节目正在开发中。如此大规模地解放电视后果

> 不堪设想。成人电视、抨击电视、淫秽电视、卖国电视……试想一下你在哥伦比亚广播公司的《60分钟》或者全国广播公司的《第一个星期二》的晚间新闻上（看到的）不是持双重观点的惊人斯坦，而是激进的自由派戈达尔之流。[48]

可惜再次因为资金受限，这个计划并无任何实质性成果。

格罗夫的另外一项重大计划是格罗夫出版社国际电影节，1970年3月在纽约三个地方播放了十二部格罗夫发行的长片，配以《常青评论》专门的一期节目指南。电影节放映的影片有：乌斯曼·塞姆班的《汇票》、大岛渚的《少年》、格劳贝尔·罗恰的《职业杀手安东尼奥》、玛格丽特·杜拉斯的《毁灭，她说》等。电影节启动了一套全新的发行方案：所有影片在艺术影院进行影院放映的同时还在大学和中学进行非影院放映。（比如我们在纽约的公立高中放映《汇票》，作为向学生介绍现代非洲的教学工具。）电影节获得了大量关注。文森特·坎比在1970年3月29日的《纽约时报》上撰文道：

> 可以想见，倘若新线、格罗夫（目前有十二部电影正在格罗夫出版社国际电影节上放映）、两面神影业和其他发行商能够为不太受普通影院待见的电影找到受众，那么他们必将为拍摄这类大多数制片人无法驾驭的电影带来更多动力。[49]

电影节虽然获得评论界的好评，随后的放映策略收到的成效却有好有坏。但是我们没有回避继续做左派社会电影。1970年，就在一个妇女解放组织占领格罗夫办公室后几天，让－吕克·戈达尔和让－皮埃尔·戈兰来到格罗夫。二人共同建立了“济加·韦尔托夫小组”，拍摄了《真理》和《不列颠之音》两部试验长片，由格罗夫发行，又利用我们提供的资金拍摄了另外两部济加·韦尔托夫小组的电影。这两位电影制片人与格罗夫员工肯特·卡罗尔一道展开美国高校校园巡回。不出所料，他们高度理论化的作品没有获得良好反应或吸引大批观众。

差不多在这个时候，一件进行中的《我好奇之黄》诉讼案到了最高法院。1971年春天，在控告马里兰州（当时唯一一个还有自己的审查委员会的州）一案中，最高法院的裁定出现四比四的僵局，因此维持下级法院禁播电影的原判。出现平局是由于威廉·O. 道格拉斯法官没有参加投票，因为他的出版商将他的书《反叛的意义》的一篇节选卖给了《常青评论》（刊登在1970年4月第77期上）。尽管最高法院未作出判决，围绕《我好奇之黄》的许多诉讼案还是极大地缩小了电影审查制度的范围。格罗夫的法律顾问爱德华·德格拉齐亚后来写道，这部电影的诉讼“被普遍认为打破了政府对荧幕上出现性交场面的干预”[50]。

到20世纪70年代初，格罗夫的财务状况开始每况愈下。一方面，尽管《我好奇之黄》大获成功，审查制度诉讼案还是拖垮了格罗夫。另一方面，我们赚了大钱后，买进了大量外国片，但是这条路已经行不通了，因为1970年许多艺术影院一夜之间关门大吉，转而开始播放限制级的色情电影。美国原本巨大的外国片市场突然不见了。我们成了扼杀自己市场的帮凶。

尽管“钱景”日益黯淡，格罗夫的电影部门作为当时最重要的影片库之一已然名声在外。1972 年，位于华盛顿特区肯尼迪中心的美国电影学院从 1 月 19 日到月底，举办了一场格罗夫电影的回顾展以示表彰。1973 年，在伯克利新成立的太平洋电影资料馆举办了一场更加全面的回顾展，表彰我们“在最具挑战性的独立电影领域——美国地下电影、欧洲和第三世界的政治电影、东欧的个人表达电影方面”取得的成就。

太平洋电影资料馆的回顾展展出了一部我们与戈达尔“合作”的电影，据我所知，那是该片唯一一次放映。1971 年，戈达尔和戈兰提交了另外两部济加·韦尔托夫小组电影的其中一部《弗拉基米尔和罗莎》。这部电影格罗夫投资了两万五千美元。之前戈达尔说这将会是一部政治幻想作品，讲述 1968 年巴黎学生运动期间，列宁与罗莎·卢森堡会面。可结果他交来的是一部芝加哥七君子审判的虚构故事，由法国演员扮演根据博比·西尔、威廉·孔斯特勒、杰里·鲁宾、阿比·霍夫曼改编的角色。电影纯属胡编乱造。我请鲁宾和霍夫曼到办公室来看片子，二人从第一帧起就开始破口大骂。碰巧我的老朋友哈斯克尔·韦克斯勒路过，找来一个业余摄制组，把我们仨对影片的冷嘲热讽拍了下来。然后我们把其中一些片段拼接到原电影的胶片里去，把新剪的片子叫作《弗拉基米尔和罗莎和杰里和阿比》，在纽约放映。对此戈达尔没有回应，后来胶片就不见了。

到 1971 年，格罗夫的影院放映基本停摆，几乎成了专门的教育发行商，为大学课程设计了长长的电影、图书清单。这个时期，我们的发行清单中有不少独具特色、难得一见的政治电影，我们还引进了大量的非裔美国人的电影，有威廉姆·克莱因关于穆罕默德·阿里的纪录片《蝶舞蜂刺》、阿涅斯·瓦尔达的《黑豹党》、托马斯·赖克曼的《明格斯》[1]、莱昂内尔·罗戈辛的反种族隔离的长片《回来吧，非洲》(该片背景设在南非的索菲娅镇，开启了米丽娅姆·马凯巴的生涯)等。

1973年《常青评论》停刊(但是1984年又发行了单独一期)。1973年的最后一期即第97期，我们做了一期贝纳尔多·贝托鲁奇的《巴黎最后的探戈》专刊。该片尚未在美国上映，但是据说有露骨的色情内容，已经引发争议。我叫我们的编辑肯特·卡罗尔把诺曼·梅勒、阿达尔贝托·莫拉维亚、约翰·西蒙等人的专题文章整理在一起做了一期专刊。影片的发行商联美公司拒绝在电影上映之前刊登宣传照，于是肯特叫他认识的一个巴黎的电影放映员将还在巴黎放映的电影胶片剪下几帧，然后由肯特当时的空姐女朋友把这些偷来的影像偷偷带回来给了我们，用在这期专刊里。这期杂志以报纸的形式发行，是所有《常青评论》里比较罕见的。

1 查尔斯·明格斯(1922—1979)，美国著名的爵士乐演奏家、作曲家。

12 亨利·米勒与《北回归线》

1962年1月，一场战役在多条战线上同时展开。全国二十一名律师在将近六十件不同的诉讼中作战。仅在新泽西州，一名律师就同时应付二十六件刑事案件和一件联邦诉讼。在伊利诺伊州，一名律师最终将十六件不同的案件提交至州最高法院。在最后到美国最高法院对簿公堂、展开决战之前，又有四个州的最高法院加入进来，即马萨诸塞州、纽约州、加利福尼亚州、威斯康星州。[51] 作为格罗夫出版社的负责人、这些诉讼案的核心——亨利·米勒《北回归线》的出版商，我最终只在其中的两件诉讼中出庭作证，证词的要义却是我二十多年前写的有关这本书的论文。我在论文中说："作家需要自由的社会——否则就会窒息。"

我的一生注定了我会走到这一步：我的爱尔兰祖先面对残暴的英国政府时的奋起反抗，我在芝加哥进步的弗朗西斯·帕克学校度过的岁月，西班牙内战期间我对共和派的狂热支持——过往的一切都在这一系列的审查制度战斗中显露无遗。敌人负隅顽抗、步步紧逼，然而他们是不会得逞的。

我第一次见到亨利·米勒是在1959年，我飞到加利福尼亚的大瑟尔去拜访他。大瑟尔是位于太平洋边上的一个不可思议、奇特而美丽的地方，一边是崎岖的山脉，一边是陡峭的悬崖，悬崖下是惊涛拍岸的太平洋。我刚刚在伦敦结识的一位新朋友瓦莱丽·德斯莫尔与我一同前往。事情是这样的：在伦敦的一天晚上，我同塞缪尔·贝克特的英国出版商约翰·考尔德一起参观蜡像馆。从许多方面看来，约翰就是英国的我，他的出版社与格罗夫一样具有先锋的审美观，我们旗下有很多相同的作者。那天晚上，约翰带了瓦莱丽一起来。瓦莱丽是一名年轻画家，曾在意大利师从于奥斯卡·考考斯卡[1]。一见到她，我立即为她的美丽和光彩照人所吸引。她让我联想到《呼啸山庄》里饰演女主角的梅尔·奥勃朗，两人都有一些亚洲、印度、南非血统。而且我还得知瓦莱丽相当了解亨利·米勒的作品。

从蜡像馆出来，我们打车先送瓦莱丽回去，她就坐在我的大腿上。我从约翰那里要到了她的电话，几天后便从纽约打电话给她，请她跟我一道去加州。她愉快地答应了。我到爱德怀德机场去接她，取行李，然后狂奔去赶到旧金山的飞机。我们其实根本还不熟，只是有一个共通点，即：对亨利·米勒的无比崇拜。

到了旧金山我租了一辆车，然后直奔大瑟尔。当然了，这路一点儿都不直，我们沿着盘山公路驱车前往亨利的位于山坡边缘的房子，一栋半像农民的茅草屋、半像堡垒的奇怪建筑，我头晕目眩。上山之前先来到一间相当简陋的小屋，既是边防站，又是纪念品商店，里面陈列着各种歌颂作家生涯的物品。我们事先从山脚下的小屋打电话通知主人我们的来访，然后进入亨利·米勒的地盘。

亨利碰巧不在家，他去精神病院看望前妻的女儿了。现任

1　奥斯卡·考考斯卡（1886—1980），奥地利表现主义画家。

妻子、可爱的伊芙·麦克卢尔独自在家，热情地接待了我们，倾听我们的来意。我跟她说明我们大老远跑来是想在美国出版亨利的未删节版的争议小说《北回归线》。伊芙警告我说："他回来后听到这件事情不会很高兴。我赞成出版，但是我要假装反对，因为我说什么他都唱反调。"

亨利终于回来了。他态度冷淡、暧昧，不过我看得出他对出版这本原先于1934年在巴黎出版的、挑战世俗、不肯妥协的小说势必引发的问题兴趣索然。我使出浑身解数说服他考虑考虑，可是他近乎敌对的缄默很难打破。伊芙如她承诺的那样开口，然而她的策略也未能如她期望的那样奏效。亨利更想聊他正在与美国画家亚伯拉罕·拉特纳一同创作的新书《梯脚下的微笑》，后者碰巧跟当时的我一样都住在东汉普顿。这次会面无疑不是很成功，我和瓦莱丽郁闷地告辞。

回到山脚下，我们得找个地方过夜。大瑟尔显然不是一个灯火通明的地方，我们找到一家介于废弃或者可能压根儿没有开张过的汽车旅馆与半废弃的路边餐馆之间的地方。想象一下汉弗莱·博加特和劳伦·白考尔演的《化石森林》，不过少了酒吧。房间墙壁是光秃秃的板条，一只孤零零的黄色灯泡晃来晃去，十分简陋，甚至有些瘆人。

晚上我们无事可做，只能上床睡觉。那晚大瑟尔的悬崖绝壁遭遇了历史罕见的暴风雨，我浑然不知这是将来的预兆。我和瓦莱丽本来各自睡在双人床的一头，后来便紧紧抱住对方，手脚缠绕在一起。清晨，我们沿着海岸边危险的公路驱车下山，回到洛杉矶，然后各走各路。我失败了，但这只是暂时的。

从我第一次读到亨利·米勒的作品起，我便笃信他是一位伟大的美国作家，用独特的方式将自己的感受和盘托出，用新颖的美国俚语表达自己的观点。亨利的名声有部分是因为他被视为禁书作家，然而于我，他是当代版的沃尔特·惠特曼——是敞开心扉的声音，对自己所处的社会爱之深责之切。他自由不羁、极具挑衅又充满诗意的态度影响了日后的杰克·凯鲁亚克、艾伦·金斯堡、劳伦斯·费林盖蒂等人。这些人是第一批如是说的，但亨利一直不以为然。这群不同寻常、但都拥有巨大创作力的新生代作家无疑是美国文学的新鲜血液，这股血脉从惠特曼流淌至米勒，又涌入日后被称为“垮掉的一代”的心、脑、手里。

我前面说过，我第一次读到《北回归线》是 1940 年在斯沃斯莫尔学院念书的时候，在米勒自己的书、1939 年詹姆斯·劳克林的新方向出版社出版的《宇宙哲学的眼光》里知道这本书后，从哥谭书店买了本走私版。除了赤裸裸的坦白，我如此钟爱《北回归线》的另外一个原因是它用一种不可思议的方式，将法国超现实主义的诙谐聪明与我们自己心灵的粗糙原创结合在一起。米勒在小说中讨论了普鲁斯特和 D. H. 劳伦斯的《查泰莱夫人的情人》，他喜欢这两个人的原因跟我一样。劳伦斯的文字十分浅显，前面几章还有些难看、愚蠢，然而读着读着一种近乎神秘、超自然的感觉油然而生，而且随着故事的发展愈加明显。亨利也是一样。米勒和劳伦斯都阐述、传达了一种强烈、呼之欲出的信念，即：我们应该过我们想要的生活——两人要我们大家都相信这点并付诸实践。

至于审查制度，亨利还颇有些为《北回归线》是禁书而自豪。在给我的一次信中，他说不希望自己有太多读者：

> 老实说，我开始怀疑自己是否想看到这些禁书在美国出版。似乎根本不值得为此搞得自己声名狼藉、心情不快。我在内心深处始终觉得：别指望美国能有大变化——不论是立法者还是法官。至于大众，在我看来则是漠不关心。我指的是大多数人。我不急着让自己去给一件注定失败的事当替罪羊。

在我看来，这俨然是一副失败主义者的论调。不过等到我尝试说服亨利允许格罗夫出版社出版他的小说的时候，格罗夫出版的《查泰莱夫人的情人》已经战胜了好些审查制度的法律。我们用行动证明，只要下定决心就能实现真正的改变。我深知格罗夫出版社是米勒和《北回归线》的不二之选，我不能接受被拒绝。于是我给他回信，劝说道："您说会搞得声名狼藉、心情不快，对此我必须说我完全不能苟同……"

1960 年夏，亨利回复道：

> 我之所以不愿意与美国政府公开宣战的原因之一是我看不出我们的人民会真正反抗。美国没有真正的激进分子，没有哪个男人和女人想要彻底改变我们的价值观或生活方式的欲望、勇气或权利……只是赢得自己想读什么书就读什么书（通常都是些垃圾）的特权……是不够的，更重要的是获得阅读不仅令大众更

> 令当权者觉得讨厌反感、危险有害的书籍的权利。当我们的人民从不曾怀疑自己生活在一个被征服的国度、自认为是一个“自由的民族”，如何能够指望他们从他们自己任命的代理人手里夺取这种权利和特权？打赢几场官司，即便轰动一时，也是毫无意义的。这些戏剧式的胜利并不能带来真正的自由……我想说的是，被没有思想的大众拥护和认同、当作我们时代的佩特罗尼乌斯[1]，并不能让我感到满足……我要成为淫词秽语之王，要能够随心所欲地叫大众或兴奋或开心或震惊，而非教诲、教化大众或鼓励反抗。

好一番强有力的慷慨陈词。但同时米勒也承认害怕自己的书会被改编进大学课本，强迫不感兴趣的学生阅读，然后惨遭嫌弃。

我向他保证“别担心，绝不会有这种事情发生”。但是我没有告诉他我在很久以前就下定决心要出版《北回归线》，并有策略地一步步朝着这个目标前进。就是亨利本人也无法阻止我。

大瑟尔之行后，这件事情一直没有什么进展。直到 1961 年年初，我收到莫里斯·吉罗迪亚和海因里希·莱迪希－罗沃尔特从汉堡发来的电报，说：“过来，亨利·米勒在这里！”

吉罗迪亚是巴黎奥林匹亚出版社的出版人，跟约翰·考

1　盖厄斯·佩特罗尼乌斯·阿尔比特（约 27—66），古罗马朝臣，据说是讽刺小说《萨蒂利孔》的作者。

尔德一样，这家出版社的出版书单跟格罗夫意气相投。吉罗迪亚的父亲雅克·卡安的方尖碑出版社在阿娜伊斯·宁[1]的帮助下，出版了首本《北回归线》。当时还是个孩子的吉罗迪亚为这本书绘制了封面图片，成为经典。罗沃尔特是米勒的德国出版商，出版了《北回归线》和《南回归线》。两人帮我游说米勒，在他们的大力劝说之下，米勒才同意跟我再见一面。

我立刻登上飞机，可是跟在大瑟尔的那晚一样，恶劣天气再次从中作梗，我坐的航班改降苏格兰，我不得不从格拉斯哥坐火车到伦敦。最终我花了差不多三天时间才到汉堡——不过我终于再次见到了亨利。

这次他跟上次很不一样，情绪好多了。我们一起打乒乓球，聊人生，变得热络起来。亨利很喜欢罗沃尔特，罗沃尔特对他影响极深，吉罗迪亚也是。在两人的鼓励下，在汉堡待了几天几夜后，亨利终于与格罗夫签订合同。我们预付了五万美元，这在当时是一笔大数目。亨利的代理人迈克尔·霍夫曼也在场。他不是特别友善，但至少做了他该做的事情，协议达成了。

现在我可以开始干了。将书付梓出版并非难事，格罗夫要面对的更艰巨、更紧迫的任务是挑战美国的审查官。我们需要制定一个策略，同时与禁止这本书入境的美国海关和禁止这本书通过邮政系统发行的美国邮政部展开较量。

很快我就发现，尽管在作品里毫不畏惧，亨利在现实中对法院却害怕得不行，并非是个有魄力的改革家。书准备好出版

1　阿娜伊斯·宁（1903—1977），古巴裔美国人，日记作家、小说家，亨利·米勒的情人。

的时候，他人在瑞士，隔着那么远，仍然紧张得要命。

书商同样紧张。为了鼓励他们存货，我坚持如果他们因为出售这本书而遭到起诉，格罗夫保证赔偿他们的一切法律费用。这是一笔相当大的负担，但是在禁令未撤销之前，书商需要这样的保证。

第一波攻击来自邮政部，1961 年 6 月 12 日他们没收了精装本的《北回归线》，开启了针对此书的首场法律诉讼。听证会的日期确定了，可是邮政部欺作邮件分理处的法律顾问助理急不可耐，很快便指控这本书“内容淫秽色情、下流猥亵、低俗不雅”。我们立即回击，发表了如下声明：

> 我们推测此前邮政部已经犯了一次严重的错误，幸而得到法院的纠正，应该不会再重蹈覆辙。鉴于邮政部有关《查泰莱夫人的情人》一案的决定是前邮政部长作出的，这一推测似乎更加合理。我们相信现任的邮政部长十分清楚，严肃、受尊重的文学作品不会被宪法排除在邮政系统之外。[52]

这迅速打响的法律攻防战叫亨利招架不住，总体上他还是别掺和进来为好。不过 1961 年 6 月 26 日他必须来纽约在邮政部的听证会上出庭做证。我在巴黎给他发电报告知此事，还说政府“保证不起诉你，除非你说不，盼望出庭”[53]。

然而不等亨利决定是否接受我的建议，邮政部突然就退却了，采纳了司法部的法律意见，取消了听证会。后来《华盛顿邮报》披露道，邮政部的律师们感觉“许多人觉得米勒的书……令人作呕、震惊，但并不会激起性欲。加上其他原因，大家出人意料地一致认为，假如以淫秽罪名起诉米勒的书，政府赢不了”[54]。《纽约时报》也写道：

> 官员称这是一种策略。他们解释说，测试根据法律定义这本小说是否淫秽的诉讼案还在进行，最好先等待结果。然而据悉，司法部是因为另外一个原因而建议邮政部撤销起诉——他们在法庭上很可能会输。[55]

两条战线中的一条就这样几乎不费一枪一炮取胜了，但是我们面前还有一个敌人：美国海关。海关和邮政部之间完全没有协作，结果闹出了一个相当可笑的异常现象。厄尔·哈奇森在《〈北回归线〉的受审》一书中写道：“从 1961 年 6 月 13 日到 8 月 10 日……一个人在入境时被没收《北回归线》后，可以走进候机楼，在书店里买到一本美国版的《北回归线》。”[56]

8 月 10 日，政府采纳法律意见，解除了对《北回归线》的海关禁令。当时我们有十三万册书在印行，一切准备就绪。

表面上看，我们无罪脱身，可是我们的律师赛·伦巴对这场胜利却十分谨慎。他认为，虽然邮政部认输了，但是由于联邦法院并未对这个案件作出裁决，因此全国各地的下级法院仍有可能对审查制度提起诉讼。

与此同时，我们的重要合作伙伴，曾经发行了包括《查泰莱夫人的情人》在内的多种格罗夫平装书的戴尔发行公司临阵退缩了。1961 年 5 月 17 日，戴尔的执行副总裁小威廉·F. 卡拉汉通知我说："我方行使拒绝经手任何我方认为不合适之格罗夫出版社图书的特权。因此，我方特此声明拒不承担销售或发行格罗夫出版的《北回归线》引发的任何责任。"

这是一个打击。令我失望和不解的是戴尔在两边的听证会都还没开始之前便早早退出。麦克法登出版公司接替了戴尔。虽然两家公司日后都发行了《北回归线》，但是戴尔的紧张是接下来发生的事情的预兆。各地的压力日益增加，好像笼罩在大瑟尔上空的暴风云——有两场恶战在等待着我们，最糟的事情即将上演。

出版第一周，《北回归线》卖出了超过六万八千册精装本，到第三周已经登上《纽约时报》《纽约先驱论坛报》等全国畅销书榜。到 1961 年年底，《北回归线》以十万册的销量在《出版人周刊》的书店畅销书（非平装本）榜上位列第六，位于哈罗德·罗宾斯的《外来投机商》之后。

尽管销量喜人，但麻烦也在悄然酝酿。距离出版日期 1961 年 6 月 24 日前一个月，纽约市大型连锁书店布伦塔诺书店的执行副总裁警告我们的广告代理负责人阿龙·萨斯曼（此人很有才华，而且对我们忠心耿耿）说："我们的律师强烈预感销售这本书会有危险，一直建议我们不要销售此书……我对这一情况非常不高兴，希望你了解。"[57]

不久，道布尔迪出版社、斯克里布纳出版社、梅西百货皆拒绝接受《北回归线》，8 月《芝加哥论坛报》宣布不再将"淫秽"图书——即《北回归线》——列入畅销书榜。

1961 年，亨利·米勒的《北回归线》。

这些榜单很有影响力，但也存在先天不足。我在7月写给《纽约先驱论坛报》书评负责人贝尔·罗森鲍姆的信中指了出来：

> 我很高兴你对我们面对的与众不同的问题感兴趣，这种情况在出版史上还从未出现过。我们联系了贵社上周（即7月9日）的畅销书榜单“人们在读什么”汇总的四十三家书店中的多家，发现了一些惊人又不得不说是令人灰心的事实：这四十三家书店中有至少十一家并未出售《北回归线》，另有六家是暗中销售。我相信你明白这对于畅销书榜的准确性的影响……
>
> 整件事情中有件趣事，虽然上述数字表明贵社汇总的书店中有26%并未出售《北回归线》，可是我们的销售报表显示全国只有10%的书店未销售《北回归线》。从中可以明显看出是“小”书店在经营这本书。我不知道为什么会这样。可惜畅销书榜单并未汇总这本书热卖的这些小书店，因此无助于解决这种不公平的局面。[58]

此时，各种书评也已跟进。许多评论家都把《北回归线》看作严肃作品，虽然有些章节令人厌恶，但总体上并不淫秽。《时代》周刊却认为《北回归线》是“一本肮脏不堪的书”，是“手指肮脏的作者为脑袋肮脏的读者在臭水沟里写的”众多图书之一，而《生活》杂志则预测：“《北回归线》，支持它的评论家会夸它是部腐蚀性、破坏性的惠特曼式杰作（它确实是），贬损它的人则会骂其是本赤裸裸的淫秽图书（确实也是）。这本书可能能卖出上百万册。凭借《北回归线》的文学价值？同样只能猜测。”[59]

马萨诸塞州的总检察长小爱德华·J. 麦科马克则没有这般模棱两可。他直言此书“着实令人厌恶”，是“对人类道德的践踏”，还说“我这辈子从未读到过如此令人羞耻、痛心，如此兽性到厚颜无耻的东西”。他请求州淫亵书刊管理委员会将这本“下流……败坏透顶的”书列为禁书。[60]

我回击他道：“马萨诸塞州的市民先辈们艰苦斗争才争取到了今天的宪法及其修正案，看来又要遭受固执的犀牛的痛击。若委员会支持总检察长，我们随时准备用尽一切资源在法庭上抗争到底。”

既然我们已经选择做这件事情，再多的困难也阻止不了我们。7 月 20 日，委员会一致建议总检察长采取法律措施，在马萨诸塞州禁止《北回归线》。8 月 15 日，得克萨斯州也禁止了这本书，达拉斯警察局局长批评此书“语言粗俗、邪恶、下流”[61]。

越发严峻的法律形势已经在极大地消耗格罗夫的资源，然而我们却面临其他更加紧迫的问题。七块五的精装本卖得很好，可我们清楚平装书才是《北回归线》的真正市场。我们的当务之急是，由于美国政府不会授予被视为淫秽的作品版权，这本书实际上等于没有版权，其他出版社已经排好队准备在格罗夫辛勤开垦的地方大把捞钱。

9 月我发现美国最大的印刷厂之一——芝加哥的霍尔印刷

公司已经为环球出版公司印好了一批售价 75 美分的《北回归线》。这家公司的名字听上去野心很大，实际手法却不怎么样。10 月这批书便能上市，因此，阻止他们迫在眉睫。

我们意识到版权问题是令人头疼的大问题，便采取能想到的一切法律措施——外加一些法律以外的手段——阻止霍尔公司和环球公司，对另外一个发行商凯布尔新闻公司亦是如此。同时我们向零售商店分发了这封信：

致各书商：

我们刚刚得知一件应该令所有有责任心的图书业从业人员感到愤慨的非常事件：另外一家出版社不顾亨利·米勒的多次明确抗议，此刻正在准备出版、发行一版未经授权的平装本《北回归线》。

亨利·米勒已向有关各方严正声明：格罗夫出版社为《北回归线》的唯一授权出版社。然而，仍有人不顾警告，动手筹备非经许可版。

我们自然希望能够继续销售精装本，然而这一非常事件迫使我们别无选择，不得不加紧推出我们自己的授权版平装本《北回归线》。我们会尽快将书送到各位手上……此版本是：

一、亨利·米勒唯一授权的平装本；

二、唯一向亨利·米勒支付版税的平装本（预付款和版税数目可观）；

三、冒着被起诉和高昂的法律诉讼的风险、只为争取《北回归线》……能够在美国销售的著名精装本的唯一平装再版；

四、下重金做广告宣传、从而在全国畅销书榜单上名列前茅的格罗夫出版社著名版本的唯一平装再版。

任何未经授权或许可的版本都明显是想搭格罗夫出版社的便车，利用我们代表《北回归线》所做的努力。同时，未经授权版是在利用全国各地的书商的勇气，因为没有各位的帮助，争取引进此书的斗争无法取得胜利。

这一非常事件很像两年前一些出版社试图利用我们为《查泰莱夫人的情人》所做的努力。当时我们向各位求助，各位的反应令人称赞。如今，我们再次向各位求助。请各位订购并在显眼处陈列授权版的平装本《北回归线》。

谨上

巴尼·罗塞特[62]

经过激烈、艰苦的谈判，我们最终同意向环球公司买下霍尔公司已经印好的四十万册图书，并立即支付三万美元的现金。我们把封面撕下来扔掉，重印前面三十二页，加入卡尔·夏皮罗的充满激情和思考的题为《最伟大的在世作家》的序言。环球公司承认我们对这本书的版权，承诺不再盗版。我们以前的敌人现在成了我们的证人甲，即此书应当受到版权保护。

承印格罗夫的平装本《北回归线》的位于威斯康星州的西

方印刷公司同样担心惹祸上身。我收到西方公司的马克·莫尔斯的一份请求，大意是说对于因印制《北回归线》所导致的任何索赔、要求、诉讼、起诉、指控或判决，格罗夫出版社同意赔偿西方公司，确保其免于承担任何责任。我签字同意。

接替戴尔公司的麦克法登出版公司在接手这本书之前亦要求免除一切责任。双方合同中包含如下条款（我们接受了）：

> 若贵方或贵方的高管因销售或发行我方出版的亨利·米勒的《北回归线》而遭到起诉或指控，原因是此书淫秽，我方将为其辩护，费用由我方承担，前提是我方有权指定律师，且（书款已付）若此书因涉嫌淫秽而被政府机构收缴、没收，我方将归还贵方为被收缴、没收的图书已支付或者已向贵方收取的价款。

自1939年开始流行以来平装书已经成为巨大的市场。1960年，美国人每天从五千多个报刊亭、雪茄店、超市、药店、书店、大学、学校购买一百万本平装书。如此巨大的销量对出版业产生了重要的推动作用，也是格罗夫未来的关键所在，可我们得先有自己的平装书。

1961年10月10日，我们推出售价九十五美分的《北回归线》平装本，并以此为契机，推出格罗夫自己的平装本“袖珍书”黑猫书系。我们已经做好被讨伐的准备，然而反对的声势之浩大还是出乎了我们的意料。情况前所未有，诉讼案在全国各地接二连三地涌现，赛·伦巴为这些诉讼案做例行辩护，格罗夫承担诉讼费。

我们的辩护状的开头一般都是这样的：

> 该起诉讼涉及解决一项宪法争议问题。美国宪法《第一修正案》保护言论和出版自由，因此也保护亨利·米勒的《北回归线》的出版和销售，除非能够证明此书是一无是处的垃圾，不受《第一修正案》的保护……
>
> 我们主张，此书是获得认可的文学作品，并非一无是处，因此根据宪法，此书的出版和销售不应受到禁止或阻拦。

我们以最高法院宣布的《第一修正案》保护"具有哪怕最微不足道的社会重要性"的言论或写作为依据，进行言论自由辩护。

我们觉得已经准备妥当，可还是没能阻止控告我们的官司在全国各地雨后春笋般冒出来。美国公民自由联盟在 1961 年 11 月 27 日的《每周公报》中写道："目前针对《北回归线》的审查运动在全国上下全面展开。"[63] 我们要么投降要么反击。我想起了西班牙内战时期的著名口号"战斗到底"[1]，我们决不会将马德里拱手让出。

1 原文为西班牙语，直译为"不准敌人通过"，是表示誓死抵抗、战斗到底、宁死不屈的决心的口号。在西班牙内战的马德里保卫战中，西班牙著名的国际共产主义运动活动家伊西多拉·多洛雷丝·伊巴露丽·戈麦斯以这一口号为标题发表演讲，号召人民誓死保卫家园，不让法西斯通过。

格罗夫里我最信任、最有才华的编辑之一弗雷德·乔丹给《哈珀斯》杂志寄了一封信，写道：

过去数周警方的恐吓，有威胁也有真的逮捕，造成《北回归线》在美国大部分地区被迫下架……

即便是通过正常法律程序，事情已经够糟糕的了，尤其是司法部已经宣判这本书无罪，可以通过海关和邮局，更何况事情还并非通过正常程序。

在得克萨斯州的阿马里洛市，被吓坏了的批发商纷纷退还此书（有的已退，有的正在退），县治安官没收了一家州际运输公司的上千册图书。当地报纸称县治安官打算把书烧了，有这种可能。

在新泽西州，州总检察长称此书不能被依法起诉。就在此番声明后的隔天，其下属三个县的检察官批准了数件刑事公诉案件，此书在全州遭到没收……

在芝加哥郊区，有十一个社区通过警方行动收缴了这本书，未经任何正常法律程序。还有很多其他类似的例子。

据我们了解，目前已有五十多人被捕。据言在芝加哥，一名探员来到灰狗巴士总站，询问是否有销售《北回归线》。工作人员告诉他没有，但是若探员不反对，他们愿意卖。探员说他不反对。一名店员卖给他一本，随即就被逮捕了。这名店员不仅面临审判，还因此遭到其居住地的基督教青年会的驱逐，他们不再欢迎他。

> 当然，我们正在全力为他和其他人进行辩护。截至目前，我们有十四件法院诉讼等待审理。通常我们聘请当地的律师事务所代表我们辩护。而有三个案件（芝加哥、克利夫兰、新泽西州）是我们自己将警方告上法庭。当我们决定出版《北回归线》的时候，我们预知到会有麻烦，已经做好迎接困难的准备。联邦法院的诉讼案以我们的胜利告终。随后，我们的书在马萨诸塞州遭禁。审理结束后，法官花了六周时间考虑，最后作出负面的判决，宣判此书猥亵、下流，而且缺乏情节。
>
> 麻烦自此开始……[64]

在这整场法律战争中，还是有一些亮点的。一些书商拒绝向恐吓威胁低头，令我感到无比欣慰。罗德岛州的布朗大学将州总检察长告上法庭。克利夫兰市的一家律师事务所主动请缨，对抗当地的警方查禁。

然而即便如此，局势正如《出版人周刊》指出的那样，1962 年格罗夫面临“星星点点的小规模审查战役冲突，大多数都无视正当法律程序，却十分有效”。伦巴这样形容当时的情形：“就像在打仗，你知道有人朝你开枪，却不能确定子弹是从哪个方向射过来的。”[65]

恐慌在整个图书行业蔓延开来。我们的销售报表显示，当时全国有至少五十七个城市禁止了《北回归线》，公开销售此书的只有纽约、明尼阿波利斯、旧金山和华盛顿特区。我们估计 75% 的美国经销商慑于当地警方实际或似将采取的行动，要么拒不经销此书，要么在书运抵后将书退回。

这些小独裁者正得意一时。

“《北回归线》在全国范围内遭遇到前所未有的审查压制，其规模超过以往任何严肃的出版投机，”1962年1月安东尼·刘易斯在《纽约时报》上如是说，“虽然这本书印了二百五十万册，但是在全国大部分地方却买不到。这本书在马萨诸塞州、罗德岛州，以及洛杉矶、芝加哥、费城、克利夫兰、亚特兰大、迈阿密、达拉斯、休斯敦、西雅图、哈特福德、威尔明顿（特拉华州）、印第安纳波利斯、得梅因、圣路易斯、特伦顿、布法罗、菲尼克斯、俄克拉何马城、伯明翰等多个城市均未销售。”[66]

不可思议的是，1962年至1963年，《北回归线》一直停留在平装书的畅销书榜单上。不过虽然《北回归线》卖出了两百多万册，还是有七十五万册被害怕遭到起诉的书商和发行商退回。

争议仍在继续——此书已经成为“高雅书刊公民协会”（一个成立于辛辛那提的全国性组织）[1]的眼中钉，地方集团施压劝说公共图书馆不要收藏此书——是销量使我们得以支撑下去。收入流负担了因争议而越滚越多的诉讼费和诸多其他费用。现在回头看，倘若1961年环球公司的《北回归线》盗版得逞，对于格罗夫无疑将是致命的打击。幸而事情并未发生，显然我们的保护神在每个关键时刻都眷顾着我们。

1　罗马天主教活动家查尔斯·基廷于1958年创立的一个反对色情、支持审查的民间组织，后来发展成为美国最大的此类组织。

这些事情进行的同时，1962年9月我们着手准备出版《北回归线》的姊妹篇《南回归线》。同年11月，埃尔默·格茨负责的伊利诺伊州的十六起诉讼案移交州最高法院，又一场旷日持久的围攻即将发生。然而《南回归线》虽然同样遭到海关禁止，却并未引起太大波澜，这很出乎我的意料，更让我大大地松了口气。书出版后的头三个月售出了两万五千册的精装本。

与此同时，对于《北回归线》的起诉仍在马不停蹄地进行。每个案子需要花费约四周时间审结，而结果，用厄尔·哈奇森的话说："每个案件中的法官和陪审团不同，判决也不尽相同。"1962年3月5日的《出版人周刊》评论道："这本美国出版史上受到最大规模审查的书既未被依法全部宣判无罪，也未全部被判有罪。"[67]

现在，我比以前更加坚定要继续斗争下去。《北回归线》的淫秽案在五个州被移交至州最高法院。判决大致上势均力敌，但我们在马萨诸塞州、加利福尼亚州、威斯康星州、伊利诺伊州（该州先是作出"淫秽"裁决，后来撤销）还是都打赢了，却意外地输掉了纽约。

在我看来，伊利诺伊州的斯科基村案是转折点。伊利诺伊州是我的家乡所在州，我之前做的所有斗争在这里汇作一处，我亲自披挂上阵并最终圆满收官。芝加哥郊区的警察为了阻止《北回归线》的销售，采用的恐吓威胁手段令我深感不安。《芝加哥太阳时报》报道这一案件的著名记者霍克·诺里斯撰写了一篇文章详谈此事，刊登在《常青评论》第25期（1962年7、8月刊）上。

芝加哥事件似乎是始于……在加拿大的蒙特利尔市举行的国际警察局局长协会年会……来自芝加哥郊区芒特普罗斯佩克特的警察局局长乔治·E. 惠滕伯格也参加了该会议。他……在与东部一个城市的警察局局长的交谈中第一次听说了《北回归线》。“那位先生问我有没有见过或读过这本书，我说没有，我没听说过。”惠滕伯格局长在审判前的证词中如是说。“接着他说之前这本书在东部给他们惹了不少麻烦，说据他了解现在这本书又重新上市了。”

10 月 9 日芒特普罗斯佩克特的一名警佐弗雷德·赫德伦告诉惠滕伯格说，他接到查尔斯·利维发行公司的司机报案，这家公司负责该地区的大部分平装书的发行，说：“有一本叫作《北回归线》的书，他（司机）认为是一本淫秽书籍。”

惠滕伯格接着说，他与这名警佐来到“北大街一号，他（警佐）把书指给我看……他抽出一本，我站在那里快速地一页页翻看了四五分钟。”

格罗夫的律师埃尔默·格茨问他：“您读了第五页？……还有其他地方？”

“是的，先生。”[68]

第五页（以及第六页的大部分）似乎是警方特别偏爱的地方，其中写道：“啊，塔尼亚，你那热乎乎的窟窿眼儿如今在哪儿呢？那副又宽又厚的吊袜带，那两条柔软而又丰腴的大腿又在哪儿？我的胯下有一根六英寸长的骨头。塔尼亚，我要抚平你那充满精液的眼儿里的每一条皱纹……跟我干过以后，你尽可同公马、公牛、公羊、公鸭子或是圣伯纳犬干。”[69]

这种断章取义的文学和司法判断贯穿整个案件，不仅是警察，报纸专栏作家、牧师、写愤怒的投诉信的那些人亦是如此。惠滕伯格局长走访了六家药店，发现其中五家备有《北回归线》。在发现这本书的第一家药店，局长向经理马克斯·乌尔里克指出这本书。局长说："我请乌尔里克先生在把叫作《北回归线》的书上架之前先查看一下……他从包装中取出一本……翻看起来。他感谢我的走访，说他不会把这本书上架销售。”

我们的律师问："您有没有叫他特别注意哪几页？”

“有的，第五页。”

接着惠滕伯格打电话给其他局长，继续对这本书的“人身迫害”。他打给了德斯普兰斯、奈尔斯等地的警察局局长，警告他们当心这本书。其中一位局长又打电话给斯科基村的代理局长罗伯特·莫里斯，告诉他这本书。“莫里斯队长把第五页拿给斯科基的少数警官、村长助理、市政法律顾问看，大家一致认为这本书‘淫秽低俗’。”

诺里斯在《常青评论》上还指出：

> 奇怪的是，整个行动中芝加哥郊区只有一人被捕。事情发生在梅伍德市……（一名警官称）“我们走进店里，我（把书）拿给（老板）彭尼先生看。我

快速翻了翻书，顺手翻到第五页，于是我把第五页拿给他看。我说：‘我们不希望镇上的孩子买到这种东西，这种书。’他说：‘那又怎么样？’我说：‘所以我希望你不要在店里陈列这本书，孩子们会进来买。’他说：‘你试试看。’我说：‘听着，你要是不合作，我们就把你带走去见法官，让他来裁定你可不可以卖……’他说：‘你不敢。’我说：‘我就敢，你得跟我们走一趟。’于是我们把书全部下架，把店关了，把人带走（去见法官）。”

诺里斯接着写道：

“首先对郊区警察提出指控的是莫顿格罗夫的一位家庭主妇伊莎贝尔·康迪特太太，以及西北大学小组沟通教授、美国公民自由联盟北海岸分会主席、美国大学教授协会西北分会主席富兰克林·S. 海曼。二人要求对警察局局长颁发限制令。”美国公民自由联盟聘请了律师。康迪特和海曼“指控警察局局长越权干涉《北回归线》的销售”。

接着，埃尔默·格茨及其同事西德尼·Z. 卡拉西克代表格罗夫出版社和亨利·米勒加入诉讼，事情升级。此海曼诉斯科基村代理警察局局长莫里斯案定于 1962 年 1 月在芝加哥举行听证会，法官是塞缪尔·B. 爱泼斯坦。在整个争议事件中，除接受布鲁克林大陪审团的讯问那次外，这次是我唯一一次被传唤出庭做证。

霍克·诺里斯在《常青评论》上的文章总结了芝加哥这座城市的心态和案件的争议焦点：

> 在这座最清教徒也最邪恶、最开明也最受蛊惑、最娱乐也最肮脏腐败的城市，在这座既可以让白雪一夜之间变黑，又可以听到你从未听过的最好听的音乐的城市——无疑从一开始审的就是书本身。起诉书中也提到其控告重点不在警方行动本身，而在别处。芝加哥及其周边一些郊区的警察干涉书的销售，出版社和其他一些人要求法院颁发禁令，命警察放手。然而在决定是否禁止警方之前，我们得先知道这是一本好书还是坏书，是一部文学作品还是色情读物……
>
> 曾供职于芝加哥《每日新闻报》的马布利先生说《北回归线》“就像一个荡妇走在小区里，衣冠不整，朝靠近她的人口吐脏话”，此书“大量描绘肉体经验、性变态、人类的脏话和大便”。

这为法庭辩论定下了主要基调。

第一位证人是西北大学的英语教授理查德·埃尔曼博士。埃尔曼在耶鲁大学取得博士学位，著有若干本书，其中詹姆斯·乔伊斯的大型传记获得1960年的非小说类国家图书奖。埃尔曼称《北回归线》是“批判当时的巴黎生活，推而广之也是批判当时整个世界的生活”，称这本书是一部“具有文学价值和重要地位的作品”。

接着基尔加伦问:“书中一个角色使用的自慰方法，挖掉苹果的果心，涂抹上冷奶油，然后就这么用。”

埃尔曼回答:“是有点恶心，不过这是《北回归线》所描绘的令人作呕的社会的基本，这是一种病态文明。只能用病态描写病态。”

基尔加伦接着问埃尔曼博士，米勒在书中描绘一幅图上“一个裸体女人微微从沙发上抬起屁股准备放屁”和一个女画家“画了一幅裸体画，却画不好阴部，因为画笔一脱手掉进去就再也捞不出来了”。这些段落不色情吗?

“不。”埃尔曼博士回答，“联系上下文，这些段落并不色情。”

基尔加伦接着又问:“您会向青少年学生推荐《北回归线》这本书吗?”

埃尔曼说:“我告诉他们我要来出庭作证的时候，他们都暗暗高兴……我的回答是会，我会把这本书作为优秀读物推荐给学生。”

这时法官插进来。“您是否建议把这部分(臭名昭著的第五页)和书中其他部分删除，而不严重影响这本书的文学价值?”

埃尔曼回答:“不，我认为整本书的文学价值就在于这些对有几分夸张的感受直言不讳、开诚布公的描写……”

1月12日星期五，我是下一个出庭作证的证人。格茨后来写道，我“是个争强好胜的人，有时候对讯问他的人很不耐烦”。也许他说得对。

真正触怒“社会公德卫道士”的是我们出了这本书的平

装版。《北回归线》的出版一路走来历经考验，然而只有当书的平装本面市时，才开始动真格的。我说过，我们未曾预料到这场法律战会升级到这个地步，但是我们很快便明白了大家对待平装书和精装书的态度截然不同。威廉·B. 洛克哈特和罗伯特·C. 麦克卢尔撰写的发表于 1954 年的《明尼苏达法律评论》上的《文学、淫秽法和宪法》一文，言简意赅地总结了平装书被列为打击目标的理由：

> 平装书的销售量、发行方式、低廉价格、公众唾手可得的特性、一些书套和简介具有的挑逗意味，以及一个全国性组织（即全国高雅书刊组织）已经在漫画书和杂志方面初战告捷——种种这些都是这种形式的文学作品成为审查制度的主要打击对象的原因。[70]

换句话说，“比较不富裕的人不如富裕、受过教育的人那样具备抵抗图书中的性诱惑所需的智力”，这种执迷不悟、精英主义的假设着实叫我愤怒。我认为民主社会不应该是这样的。

《芝加哥太阳时报》的电视广播评论员保罗·莫洛伊在 1962 年 3 月 16 日撰文道：

> 据称出版这本书是为了教诲那些愿意花 7.5 美元在米勒的臭水沟里打滚的成年人。诚然如此——只不过 7.5 美元的精装本出版后不久平装本就出来了。爱波斯坦法官能在许多药店里看到，就在汽水柜台旁

边——青少年花两份香蕉圣代的钱就能买一本。[71]

诚如我在证词中说的那样，“我们原本确实是想晚些时候再推出平装本”，然而由于一家竞争对手试图出版未授权版本，格罗夫不得不匆忙出版平装版，“以保护我们在这本书取得的相当、相当丰厚的利润”。我在法庭上还说：“假如我的子女想要读这本书，我随时欢迎他们读。如果别的家长有不同意见，我也不反对。”而且我“不认同二等公民这一理念”，尤其是在阅读的权利方面。

地方检察官转向证明我出版《北回归线》的动机纯粹是为了赚钱，试图把我说成一个目不识丁、财迷心窍、贩卖“文学”色情商品的商人。这时我从外套口袋中掏出我于1940年在斯沃斯莫尔学院写的题为《亨利·米勒对抗“我们的生活方式”》的学校论文，大声朗读起来。我大学还没毕业就对这部小说做了研究，他怎么能说我对其文学价值一无所知呢？他匆匆叫我停下来，把我请出证人席，再也没有叫我上去。

罗伯特·莫里斯的律师马尔温·格林克问《北回归线》是不是自传，考证起小说中描写的事实来。1962年1月11日，格林克盘问埃尔曼博士，问道：“博士，我给您读下第一页：‘昨晚鲍里斯发现身上生了虱子，于是我只好剃光他的腋毛，可他还是浑身发痒……’请问这个真实可信吗？”得到肯定的回答后，格林克问：“您1937、1938年在巴黎的时候，遇到过生虱子的人吗？”

法官打断他说某一具体表述真实与否无关紧要。格林克解释道：“法官大人，我将要举出一项事实，说明这种说法完全不可信。”

“好吧，那我们来看看哪些部分是真实的，哪些是虚构的。”

格茨先生插话道：“我可以告诉你芝加哥哪里有害虫。”

格林克接着问下一个问题：“博士……那个时候控制虱子的办法不是通过剃毛而是药膏，是不是这样？”

“这超出了我的专业范围。我不是虱子方面的专家。”

爱泼斯坦法官再次对这一荒唐的问法提出反对，将其从庭审笔录中删除。在接下来的讯问中，当被问及当时是不是用弱蛋白银治疗淋病，是不是用硝酸银来保护新生儿的眼睛，埃尔曼博士再次表示自己并非医学专家。接着格林克又问小说主人公在第戎[1]上的是什么课，埃尔曼回答说是动物的爱情生活。

格林克问：“大象的通奸，对不对？”

埃尔曼说：“我想大象不会通奸……它们有性关系。”

真是荒唐至极。

案件审理过程中，私底下，发生了一件出乎意料但极其重要的插曲。一天，一个年轻人朝我走过来，说他是法官的儿子。之前我并未见过他或者他父亲。年轻人悄悄告诉我他父亲跟他说只要我们稍微调整一项法律策略，就可能得到好结果。他详细地跟我说了该怎么做，涉及一些法律程序细节，具体我已经不记得了。我猜想他跟我说这些是以为我知道我父亲跟爱泼斯坦法官是朋友。我把他的话转述给格茨和伦巴，我们按照年轻人告诉我的调整了辩护策略，接下来的

1　法国东部城市，在巴黎东南 270 公里。

事情大家都知道了。

1962年2月21日，爱泼斯坦法官宣布判决。判决中写道：“此书是一部具有社会重要性、为诸多杰出评论家所推崇的文学作品。其对孩子的影响与本案无关。”

这是整场米勒革命中我的高光时刻。警方立即被责令停止干涉《北回归线》的销售。我的父亲已经去世多年，然而与法官儿子的遭遇让我觉得好像他或者说他的灵魂参与到了这起案件中。再加上我的证词，整件事情变得更加有特殊意义。我欢欣鼓舞的心情不言而喻。

法官宣布判决的那天，我预感战斗已经临近尾声。无论接下来会发生什么，我知道《北回归线》已经从庸俗之辈手中获得了自由。事实上，在所有判决中，爱泼斯坦法官是唯一一个触及了比单纯的淫秽问题更深层次的内容的。他说：

> 文学品位是一个教育问题。反对此书的人大可以自由地谴责，甚至劝别人也拒绝此书……自觉的抵制与法律规定的、所有读者都只能迁就于相对少数人的口味的审查制度大不相同……让父母监管孩子的阅读材料；让读者的品位决定他们读与不读的内容；让每位读者做自己的审查员；但不要让政府或法院规定一个自由的民族的阅读材料。法院应努力守护言论和出版自由的宪法权利。[72]

198名美国重要作家、评论家和64名出版公司的负责人联名签署了一份声明，支持爱泼斯坦的判决，呼吁取消对《北回归线》的禁令。我们将判决和支持名单刊登在《常青评论》第 25 期的封面和内页的前两页。那期的封面和那两页让我的神圣感跃然纸上。

爱泼斯坦法官因判决饱受指责，伊利诺伊州最高法院驳回了这一判决，不过在当时已经不重要了。不久后，美国最高法院作出了有利于我们的判决。

我另外一次出庭作证的原因，用厄尔·哈奇森的话说，亨利·米勒成了“他的老家布鲁克林的通缉犯”。在最高法院作出裁决之前，大陪审团指控他、我、格罗夫出版社“密谋制作淫秽图书”。除金斯县的地方检察官外，每个人都看出这项指控极不公正，但我们还是不得不为自己辩护。还有比这更好的反击机会吗？

亨利，还有我、格罗夫出版社以及三家发行商被列为被告。布鲁克林的大陪审团于 1961 年秋天首次讨论此案，于次年夏天决定考虑根据纽约《刑事法》第 1141 条提起控告，该条规定“出售……或持有意图出售的任何淫秽色情、下流猥亵、低俗恶心图书的个人……犯有轻罪”。

我们猜想到了在法庭上我们会被拘捕。出庭之前，我和米勒还有赛·伦巴和其他几个人在第六大道的艾伯特餐厅吃午饭。大家计划毅然前往法院准备被逮捕，可是吃完饭，亨利不去了。于是我和赛独自前往。

他们果然将我拘捕、按手印，赛说服他们放我走，无须保释金。罪名是我在布鲁克林委托亨利·米勒写作《北回归线》，可是 1934 年《北回归线》初版时，我还没来过布鲁克林，而且我当时才十二岁！我的意思是，这样的指控有何可担心的？再说，《北回归线》显然是在法国创作的！

听证会如期举行。当我被带到大陪审团面前时，我觉得他们看上去是一群善良、正常——甚至可能是富有同情心的人。

地方检察官爱德华·西尔弗问我："你知不知道（大陪审团的）这些人有孩子在布鲁克林上学，而就在学校旁边就有一个书摊在出售《北回归线》？你知不知道这样多不好？"

我立即简明扼要地回答："假如这些孩子买了这本书，而且从头到尾认认真真地读了，那我要向他们的父母表示祝贺。"

陪审员听了好像给逗乐了。地方检察官叫我大声朗读第五页，我读了。这下陪审团当真笑出来了，最后决定不起诉我。

地方检察官不肯罢休，只得单干，制作了一份"检察官起诉书"，即当地方检察官无法说服大陪审团寻找继续进行审判程序的诉因时可以通过检察官起诉书起诉，罪名仍旧是违反州反淫秽法。这个罪名属于轻罪，不是重罪，但最高可判处三年监禁。在我看来，这不过是个恐吓战术，可亨利真的给吓着了。我们其他人都把这件事视为一场闹剧，但因为还是有可能给我们造成伤害，所以我们不能掉以轻心。

起诉书提出两项指控——预谋犯罪和实施犯罪。别忘了，我们的罪名涉及"上述淫秽色情、下流猥亵、低俗恶心的图书"。

伦巴替我做无罪辩护。地方检察官把我的保释金定为五百美元，但是我获得具结释放。亨利则区别对待。刑事法庭签发了对他的逮捕令，然而布鲁克林的地方检察官一直没有将他从加州引渡过来。也许检察官看到加州最高法院判决《北回归线》不淫秽后失去了信心。1964 年年初听证会的陈述准备就绪，然而布鲁克林案不可能无视别处的最新法律进展。

1964 年 6 月 18 日，伊利诺伊州最高法院推翻了爱泼斯坦法官的判决。格茨和伦巴认为这下我们终于有机会告到美国最高法院去了。我们的策略是申请调卷令，即最高法院可以审查下级法院的裁决是否与宪法权利或州法规的合宪性不符。然而此时事情出现了意想不到的转机：佛罗里达州的一个中级法院根据地方法规同样作出禁止这本书的判决，这又给了我们申请调卷令的一个好机会。我们对伊利诺伊州案的把握很大，没想到首先传来好消息的是佛罗里达州案。美国最高法院法官以五比四多数同意签发调卷令，审查“格罗夫出版社股份有限公司诉州检察官格斯坦案”，五名法官均撤销了原判决。没有提交文件也没有进行辩论，1964 年 6 月 22 日，最高法院引述同一天早些时候宣判的另外一起淫秽案（“雅各贝利斯诉俄亥俄州案”，雅各贝利斯是一家电影院的老板，因“持有和放映淫秽电影”路易·马莱的《情人们》而被捕）作出判决：两起案件均告无罪。

威廉·J. 布伦南法官对此案的判决广为人知，而且遵循的是我们一直采用的辩护策略。

> 我们认为，以鼓励思考或具有文学、科学或艺术价值或任何其他形式的社会重要性之方式描写性的材料不应被扣上淫秽的帽子，而拒于宪法的保护之外。此类材料的宪法地位亦非取决于其社会重要性与性吸引力之间的“权衡”，因为除非一部作品“完全”不

具有社会重要性，否则我们不能加以禁止。[73]

我们终于清白了。最高法院的判决后又过了几个月所有事情才尘埃落定。1964 年 10 月 2 日，布鲁克林的刑事法庭批准了金斯县地方检察官的动议，驳回对我们的检察官起诉书。对亨利的逮捕令也撤销了，亨利·米勒和他的书终于不用再躲躲藏藏了。《北回归线》在美国遭遇艰难险阻的紧要关头，以我们所有人：亨利、我、格罗夫出版社、我们的律师、我们这片土地上的法律、我们的人民以及我们的宪法的大获全胜告终。我出版《北回归线》的决心与我一直以来坚持的信念一脉相承，即：作家应当有写作其想写的任何东西的自由，读者有阅读任何东西的自由，出版商有出版任何东西的自由。任何东西。

My Life
in Publishing
and How I Fought Censorship

Rosset

13 莫里斯·吉罗迪亚

从许多方面看来，奥林匹亚出版社的莫里斯·吉罗迪亚就是法国版的我，我们的品位相似，合作的作家有很多是相同的。我们第一次接触是通过苏格兰作家亚历山大·特罗基牵线搭桥，此人是亨利·米勒的朋友，时任巴黎文学杂志《梅林》的编辑。1953 年 5 月 13 日，吉罗迪亚写信给我：

敬启者：

想必亚历山大·特罗基先生已经告知您我们的业务了。我司新近出版了亨利·米勒、萨德侯爵、纪尧姆·阿波里奈的几部作品，随函附上的书单中有作品介绍。

此外，我还另函寄去刚刚出版的上述前两册图书的样书各一本，分别是亨利·米勒的《情欲之网》和萨德侯爵的英语未删节版的《闺房哲学》。

我们想贵方可能有兴趣在美国出版发行上述作品，（不过）其中可能会涉及贵方不愿意处理的特殊问题。

但是不管怎样，诚望告知贵方对这些图书的印象，盼复为感。

我司还与《梅林》合作出版塞缪尔·贝克特的《瓦特》的英文版，也想寻找该书的美国发行商。这是完全不相干的另外一件事情，我想知道贵方对此书是否感兴趣。此书将于6月初出版，售价在八百至一千法郎之间。

敬上

莫里斯·吉罗迪亚

我于5月21日回信：

亲爱的莫里斯·吉罗迪亚：

感谢您5月13日的来信。我已从特罗基先生处了解了贵司的业务。

如您信中所言，贵司的图书可能会带来我司无法处理的问题，不过我要读过书后才能确定。有些可能会有问题，有些可能不会。我看到书后，就能给您答复。

我司对《瓦特》（十分）感兴趣，如能航空邮寄一本给我，我很乐意尽快答复您我司是否有可能在美国发行此书。

另函寄上我司的出版书目。您将看到我司出版了一本萨德侯爵的作品选，附有西蒙娜·德·波伏瓦写的一篇文章。因此可以说我司是目前美国最了解萨德侯爵的。

格罗夫很快与法国的吉罗迪亚和英国的约翰·考尔德过从甚密，后者也是一位与我品位相似的进步出版人。1958年2月17日我在给贝克特的信中向他推荐约翰。我说："我建议你和兰东尽快签下考尔德作为英国出版商。他这人有点奇怪，不过我很喜欢他，我们合作了不少事情。他很喜欢你的作品，虽然选择他有一定的风险，不过他也有可能成为比费伯之类更适合你的出版商。”

格罗夫出版社、奥林匹亚出版社、约翰·考尔德图书公司——我们这三家公司有某些精神契合之处。考尔德在发表于《当代小说评论》的采访中如此描述我们三家公司之间紧密关系的形成过程：

> 格罗夫出版社、奥林匹亚出版社和我自己的英国公司约翰·考尔德图书公司——我们这三家出版公司经常互相联系，交换版权、合同和信息。巴尼推出常青丛书“书呆子”平装书系列……我同意将其引进英国，在英国和英联邦市场销售……后来我们给格罗夫的付款速度变慢了，而巴尼因为他自己的资金问题也开始寻求别的解决办法……虽然多年来多有懊恼沮丧，有时候很想讨厌他，可是每当有新的合作机会出现，我还是不由自主地想与他继续合作。我们的合作经常遇到困难、挫折，甚至是失败，但从来不乏味。[74]

约翰·考尔德曾欠我们钱，后来在参加法兰克福书展时，通过玩游戏的方式解决了。这个游戏是我们是在电影《去年在马里昂巴德》里看到的：把火柴在桌子上铺成金字塔的形状，拿到最后一根火柴的人算输。约翰赢了，欠债一笔勾销。我们是在一家夜总会里玩的，想必我们叫其他人觉得很不舒服，因为我们都不看女孩子。迪克·西弗也在场，在一旁老说我会输。我不在乎，我只想把债务清理掉。

既然说了考尔德对于我的看法，那就不得不提到吉罗迪亚在其自传《地球上的一天》[1]第二卷中说到我的部分：[75]

> 我在法兰克福书展上……见到巴尼，这个书展我每年秋季都会参加。他的个性与这个超级专业的环境格格不入，而且他的脾气喜怒无常，对不小心得罪他的人翻脸无情，瞬间变得很讨人厌。我起先只见识到他的魅力和幽默，当他突然从杰基尔博士化身成海德先生[2]时，着实把我吓了一跳：他变得很坏，对无法忍受他的无辜的人表现出完全无谓的恶意。然后突然之间，当气氛紧张到快要崩溃的时候，海德先生的狰狞面具突然消失不见，善良的杰基尔博士又回来了，和蔼可亲，开着善意的玩笑。这种捉摸不定的反复无常虽然挺叫人讨厌，但丝毫没有减损巴尼的吸引力。
>
> 自巴尼结识我的旧情人莉莉娜·迪埃姆后，我们之间的关系发生奇怪的转折。莉莉娜是扎齐（雷蒙·克诺的小说《扎齐坐地铁》[3]里的年轻女主角，后来由路易·马莱改编成电影）的原型。她纵容自己，

1 原文为法语。

2 来自名著《化身博士》。

3 原文为法语。

决定接受纽约之旅的邀请，甚至是追逐一场美国婚姻梦？天晓得。他们二人的关系在我看来很不可思议，却加深了我和巴尼的关系，近乎亲人一般的纽带，像极了黑手党家族之间的联姻……

我邀请莫里斯来纽约，1959 年 4 月他来了：

很快我便发现，纽约不仅仅是一个越狱犯的城市；在这里奢侈与肮脏并存，正如稍后我们在一家伪法国餐厅里老友重逢、共进盛馔所展现的那样。莉莉娜也在场，见到老伙计们十分激动，其中包括前未婚夫（即莫里斯本人）……她的出现颇为讽刺。看见她仍然在寻找白马王子，我很是惊讶，勾起无限往事，但是看到巴尼扮演我曾经扮演的角色，实在超出了我的承受范围……难道除了作者，我还要献上自己的回忆作为礼物？

在纽约的数日节奏异常快：每天开会八至十二个小时、鸡尾酒会、采访、晚宴、午宴，当然还少不了早餐会。拜会乔治·普林顿[1]的俱乐部，接受《村声》的采访，采访进行得不愉快，采访我的那个人连欧洲都不知道……拜访位于大学城的格罗夫出版社，大学城其实不是一个“城”，只是一条街。得见弗雷德·乔

1　乔治·普林顿（1927—2003），美国记者、作家、文学编辑，《巴黎评论》的创办人之一。

> 丹，还有巴尼的秘书朱迪丝·施密特。我与她密切通信了很长时间，多亏她，至少在行政层面上，我与格罗夫打交道颇为顺利。在一间人人说话时都看着窗外的屋子里，能够遇到一个直率、忠诚的人实为幸事。

吉罗迪亚在上述回忆中提到我与雅克利娜交往的事情。他管她叫莉莉娜，两人差点儿就结婚了。当我和雅克利娜逐渐疏远时，吉罗迪亚出面调停，1959 年 10 月 3 日他写信给我道：

> 我刚刚与深感苦恼的小朋友雅克利娜进行了伤心的交谈。但愿我替她说一两句话，不会叫你不高兴。即使她应该比现在这样子优秀，她仍是一个难得的人；并且我很爱她。看见你们两个人要好我很高兴。现在我发现她很不好受，我知道她不是在装腔作势。所以，原谅我说这些肉麻的话；无论你做什么都没关系，但不要让她这么一直惶惶不安，不清楚未来。她也许有些铁石心肠什么的，但我认识她到现在还没见过她这样。

我与雅克利娜的问题之一是她在巴黎，我在纽约，我很难无视身边的女人。1960 年 7 月 29 日，她写信警告我说："别当个花花公子，印证了萨姆（不是贝克特）的话。你远非那种人。你心里清楚，我也清楚。想想我们，想想你的生活。我衷心希望你快乐，希望你信任我，让我帮助你快乐，希望你不要浪费自己的才华。小天鹅绒耳朵，别跟我说只要能够，你随时愿意帮助我。唯一的办法是在一起，真的。”[76]

不过更早的时候，她已经一针见血地指出我们两人难以作出长期承诺的根本原因所在。她爱巴黎，我爱纽约。她在1960年12月6日的信中写道：“我很想你。我的心应该跟你一起在纽约。为什么你是美国人？我没有爱美国爱到想住在那里，不过美国教会了我很多东西。你可爱的小脑袋瓜子里在想什么？你对事情是怎么看的？跟你在一起，事情都那么快，那么独出心裁，那么匆忙，难以预料。”

几天后，她继续这一主题：“我希望你能亲眼看到这些，希望你跟我一起在这里。可我不喜欢美国的生活节奏。跟你的朋友贝克特一样，我喜欢住在巴黎。真希望我是琼，这样我们就可以一起住在巴黎……二月份的时候来滑雪吧，五月份再回去，然后我可以去东汉普顿。你愿意的话，我可以照顾咱们的两个孩子。一年很快就过去了，我知道你跟我一样，不想再不快乐了。咱们用不着马上结婚。咱们应该做的是了解对方、建立自信，这样才能够适应彼此。在咱们这种年纪这是比较困难的，咱们不再年轻也还不老，处在中间。可是我爱你，我根本不想再爱其他人。”

这是一段注定有缘无分的感情，假如真的有过。

说起我与吉罗迪亚在文学业务上的往来，我们的品位各异。《北回归线》最早是由吉罗迪亚的父亲雅克·卡安的方尖碑出版社出版，当时还是个孩子的吉罗迪亚为这本书的国际版的封面绘制了一幅抽象画。我和吉罗迪亚有许多共同点，但并非大多数人所以为的那样。他认为的色情与我认为的大相径庭。我们没有对哪本书是意见一致的，只有一本除外：爱尔兰革命家罗杰·凯斯门特的《黑色日记》。[77]莫里斯为凯斯门特打造了一本好书，大半本书是他亲自写的。我们在这本书上意见完全一致。书的主人公是一个爱尔兰同性恋。

凯斯门特是英国外交部的领事，因在刚果和秘鲁从事人道主义活动而出名。然而1913年他辞去职务，并与英国人决裂，称自己是爱尔兰人，而非英国人。“一战”爆发后，他前往德国，为爱尔兰独立和释放爱尔兰囚犯争取支持。德国人站在英国人一边，用潜水艇将他遣送回爱尔兰。1916年4月24日，也就是复活节起义那天，凯斯门特被捕，仅四个月后，8月3日，被英国人绞死。

英国人说凯斯门特是同性恋，爱尔兰人说不是。事实上他是。他在刚果时记有日记，主要记录当地人所受的虐待，也说到了他的情史。英国人拿出日记证明，爱尔兰人说是伪造的。最后的事情是英国人跑到美国来，要求天主教会制止爱尔兰天主教徒支持凯斯门特，教徒为凯斯门特的辩护四处募捐。吉罗迪亚得到日记原稿，将其中一部分付梓出版，把凯斯门特塑造得十分令人同情。我在美国也出版了这本书，获得保罗·奥德怀尔[1]的精彩点评，称凯斯门特不是同性恋。他一望而知凯斯门特的重要性。不把人惹急了，就没人会听。这全是因为莫里斯，他想让全世界知道凯斯门特是一名为亚马逊和刚果人民争取权利的政治叛徒，而且碰巧是一个同志。

1　保罗·奥德怀尔（1907—1998），爱尔兰裔美国政治家、律师。

格罗夫饱受财政问题之苦，可只有莫里斯成功做到在纳粹统治时期的巴黎破产——那个时代可是什么都能卖。当时纸张短缺，印出来的东西马上就销售一空，唯一的问题是你能印多少本书出来，而吉罗迪亚居然能破产。他是生活在纳粹统治下的犹太人，破产后也没有进监狱，我至今都没搞明白他是怎么做到的。

吉罗迪亚的许多作者认为他骗取他们的版税（姑且不论是真是假），因此与他素来不和。弗拉基米尔·纳博科夫就是不待见吉罗迪亚的人之一。1959 年 11 月 25 日吉罗迪亚在给我的信中写道：

> 对了，我有没有告诉你纳博科夫最近在巴黎？伽利玛为他举办了一场鸡尾酒会。发请帖之前，董事会为了要不要邀请我，万一闹出个丑闻，他们敢不敢冒这个险，展开了激烈争论。最后他们决定不邀请我；可是负责发请帖的那个姑娘违背她收到的命令，寄了张请帖给我。收到请帖时我拿不定主意，后来我想：即便在两百号最爱看别人出丑的人面前被扇耳光是对我的侮辱，可至少能够帮助增加销量，于是我决定出席……我出现的时候果然引起一阵骚动，摄影机全都各就各位什么的。纳博科夫的巴黎经纪人、善良的埃尔加夫人主动说要把我介绍给“主人”[1]，脸上明显写满担忧。我们跟大家一起

1　原文为法语。

排队，等了足足二十分钟才见到这位温文尔雅的大人物[1]；我们握手，想不到彼此脸上都带着假惺惺的微笑，他问我希望他讲法语还是讲英语，他两种都会，他觉得我的英语说得跟我弟弟一样好，说不定我们可以讲俄语，哈哈哈；然后他突然转身，几秒后轻盈地走开，假装站在附近的妻子在叫他，躲开了……就这样，没有言语或肢体冲突。第二天，埃尔加夫人打电话给我，说后来她看到纳博科夫时，当着数人的面问他跟我见面有何感想。他回答："吉罗迪亚？他来了吗？我怎么没见到！"厉害，是吧？纳博科夫式的老奸巨猾……

1959 年 11 月 30 日我回信说道：

你与纳博科夫见面的描述十分有趣。要是能够亲眼得见这次著名的会面，花多少钱我都愿意。说不定我会在你们两个走近的时候绊他一跤，在文学史上留下一件大事。可惜你们法国人对这种事情缺乏想象力。他问你要讲法语还是讲英语的时候，你应该说你很高兴知道原来他还会说话。

战争结束后，吉罗迪亚重启在纳粹时代破产的公司，然而到了 20 世纪 60 年代，又面临有关审查制度的全新法律问题。

1　原文为法语。

他在 1963 年 4 月 11 日写给我的信中说道："这里的情况实在是太糟糕，太恶心了。我每个星期，或者说几乎每个星期都会被判一次刑，判刑的理由都十分荒唐。看来在法国搞出版越来越难了，我正在尝试设立一个——说不定是几个海外分公司。"

我提出从他那里没有在美国出版的图书中选取章节，做成一个选集的想法，吉罗迪亚欣然同意，1964 年 5 月 20 日来信说道："老伙计，能够与你合作开展这样一个激动人心、拯救灵魂、刺激神经的极好的总结性项目，我十万分地乐意。"于是他负责做书，格罗夫负责出版，这就是后来的《奥林匹亚文摘》。

然而这一切都无法挽回莫里斯的颓势。那年年底，莫里斯再次宣告破产。他因出版淫秽图书被起诉，法庭裁定他败诉，判刑入狱，罚款两万美元，并且二十年内不得从事出版行业。

我就这一事情写信给劳伦斯·费林盖蒂："莫里斯通知我们说他的刑期减少到了两年，出版暂禁令减为三年，罚款减至五千美元；但都还（在）上诉中。这是莫里斯自己说的，语气十分乐观。你可能还注意到，我们正在从奥林匹亚出版的图书中选取章节，做成一本叫《奥林匹亚文摘》的书。"

除对抗审查制度外，我和莫里斯还面临一个共同的困扰。此人名叫瓦莱丽·索拉纳斯。[1]

1968 年 6 月 3 日，索拉纳斯射杀安迪·沃霍尔那天，她

1　瓦莱丽·索拉纳斯（1936—1988），激进女权主义者。

原来的目标是出版了她的《将男人碎尸万段协会宣言》的莫里斯。莫里斯不在办公室，于是索拉纳斯去了沃霍尔那里，将其射杀。枪杀案发生后，莫里斯到医院去看望索拉纳斯，给了她钱。1971 年索拉纳斯出狱，开始骚扰格罗夫出版社。

1971 年 8 月初，索拉纳斯不停地往格罗夫办公室打电话。8 月 4 日她又打电话来，弗雷德·乔丹在公司内部备忘录中写道："她问如果她被绑架，巴尼是否会感兴趣。我说巴尼对你一点都不感兴趣，就这样。她问他对谁感兴趣。我说巴尼对他打交道的人感兴趣，他连你都不认识。最后我说她这样不停打电话来，我们开始生气了，而且我们与她毫无瓜葛。"

1971 年 9 月 11 日，索拉纳斯因寄信和打电话威胁我的家人而以严重骚扰的罪名被捕。她获得具结释放，但是庭审当日没有现身，之后出现在格罗夫办公室外，身上带着要逮捕她的法院拘票，口袋里有一根碎冰锥。那天她就被拘留了。娜奥米·戈尔茨坦医生负责检查索拉纳斯的精神状况。正如我的律师沙德·波利尔在给医生的信中说的那样："虽然完全有理由相信她打算用那根碎冰锥攻击罗塞特先生，但是地方检察官认为，没有足够的证据表明其蓄意攻击，以持有危险武器的罪名逮捕的依据不足。换言之，只有索拉纳斯小姐真正试图进行攻击，才有足够的证据定罪。"

一天晚上，我和电影导演、沃霍尔的同事保罗·莫里西一起跟踪索拉纳斯。我们猜想，假如我们跟踪她，她就没办法杀我们，因为我们有所警惕。有人看见她上街，可是负责盯梢她的两名警探堵在路上，过不来。之前索拉纳斯说过要杀我。果然，当我们转过街角走向大学城路的时候，她朝我们走过来，刚好一名警察看到她手里拿的碎冰锥，将她缴械。

1972 年 1 月 5 日，索拉纳斯被确诊为患有精神病。差不多一年后她越狱了，我和莫里斯马上接到警告。第二天，我们就雇用平克顿私家侦探公司的保镖在格罗夫办公室执勤。2 月 23 日，索拉纳斯打电话到格罗夫来问我们有没有报警，要求我们给她的医生写信，说格罗夫有一份工作在等她。她寄了很多封信来，其中 1973 年 3 月 5 日的信中写道："对了，当我带着碎冰锥出现在格罗夫办公室面前时，我没有打算伤害任何人"，"你还是在试图让我认为你——罗塞特——怕我。想必你一定知道，如果我真的想伤害你，在我有机会下手之前，我根本不会警告你或者自找麻烦写这些信"。

3 月，索拉纳斯回到纽约东埃尔姆赫斯特的拘留所，仍旧继续给我们写信："怎么可以因为我患精神病时写的一封信起诉我呢？"4 月 17 日，她又来信对我们提出"要求"，包括"把《将男人碎尸万段协会宣言》的正确版本印在英语世界十大周日报纸的头版……以往版本的《宣言》的版税我估计这本书卖了有几百万册（究竟是几百万册我还没确定），我要毛利的 10%"以及"由我和你们中的一人共同撰写的公开供述"。

从那以后，索拉纳斯逐渐变得默默无闻，在精神病院进进出出，最终于 1988 年在旧金山的一家福利旅馆去世。

无论现在或将来，吉罗迪亚的一生总是充满矛盾，因为他本就是一个十分矛盾、谜一样的人。我认为莫里斯是一个非同凡响的人，一位极其重要的严肃出版人，有一种难以言传的文学鉴赏力。他还是个爱打扮的人，但我要说他的品位叫人看不

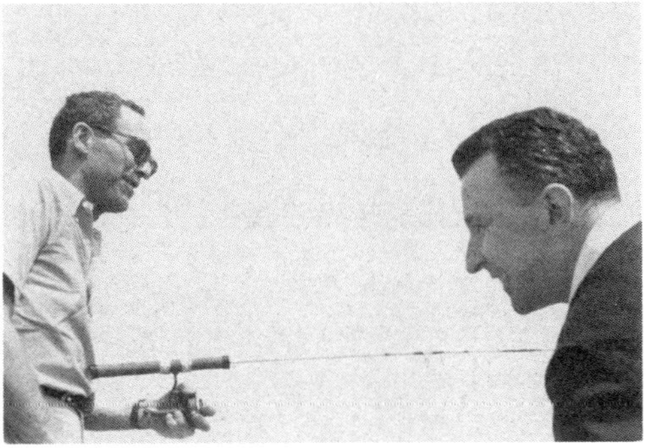

1960 年，巴尼 · 罗塞特与莫里斯 · 吉罗迪亚在纽约东汉普顿。

懂。他跟凯鲁亚克一起在路上时，一定要系领带。莫里斯有一点神秘主义，跟亨利·米勒一样，米勒算是他的导师。他至少去过一次印度，经由印度南端到达本地治里区的法国聚居地，下了最后一程火车后再坐两天的计程车，去找那里的一个古鲁——一位人称“母亲”的法国女人。[78][1]

我和莫里斯还有另外一点命运的偶合：我们俩都生于犹太和天主教家庭，都从未听到对方说过一句对任何官定宗教的好话。此外，我们俩都爱、珍惜雅克利娜，却并不争风吃醋。

1959年，我最钟爱的书《人的境遇》的作者安德烈·马尔罗谴责莫里斯出版在其本国遭到禁止，但在法国不受禁止的图书。这一指控实在相当荒谬，再看提出指控的人就更加匪夷所思。马尔罗当时是戴高乐政府的法国文化部长。这位伟大的作家、活动家，在西班牙内战期间全心全意帮助西班牙共和派空军、在印度支那因为抢劫了一座寺庙而遭监禁，在他和莫里斯看来这并非犯罪行为，这个人怎么会因为莫里斯在法国出版了一些好书（包括亨利·米勒的），就因为这些书在美国遭到禁止，而把他关进监狱呢？

我写了一封信给马尔罗，请他释放莫里斯。他敷衍地回复了我。然而不久后，莫里斯就被释放了。我想当然地认为在这件事情上我至少发挥了一点作用。

---

1 即米拉·阿尔法萨。她生于巴黎中产阶级家庭，1914年随第二任丈夫来到印度东南海滨当时的法属殖民地本地治里市，结识退隐在这里的室利·奥罗宾多，成为其崇拜者和灵性协作者。室利奥罗宾多（1872—1950，“室利”是尊称，意为大师）是印度现代著名哲学家、思想家、民族独立运动领袖、诗人，被誉为“圣哲”，与“圣雄”甘地、“圣师”泰戈尔并称为印度“三圣”。

14 垮掉派与《裸体午餐》

格罗夫出版社几乎是从创办伊始就出版“垮掉的一代”，并最终将威廉·巴勒斯付梓出版。而就我个人而言，事情始于1940年我首次读到亨利·米勒，至20世纪50年代初期唐纳德·艾伦加入格罗夫达到高潮。

如前所述，我和唐[1]是在哥伦比亚大学的出版课程上认识的，当时我俩都是已经老大不小的退伍军人。我很崇拜唐，欣赏他的判断和学识。我们创办《常青评论》的时候，唐正痴迷于这群主要居住在旧金山、相互间结成一个松散联盟的特别的作家。我们称这群垮掉派奇才为“旧金山文坛”，结集他们的作品编成1957年《常青评论》第2期，这期杂志为随后吸引这些诗人和作家选择格罗夫出版他们的作品起到了重要作用。

为什么是旧金山呢？正如肯尼思·雷克斯罗特在这期杂志中说的，在这里容易对东海岸的当权者进行狂轰滥炸，“为何会以旧金山为中心，这很好理解。旧金山远离阿斯特坊广场[2]……”（碰巧当时格罗夫的办公室就在相距只有三个半街区的西九街59号。）我和唐编辑的这期杂志收录了安托尼努斯弟兄（俗名威廉·埃弗森）、罗伯特·邓肯、劳伦斯·费林盖蒂、杰克·凯鲁亚克、迈克尔·麦克卢尔、约瑟芬·迈尔斯、

1　唐纳德的昵称。

2　阿斯特坊广场是位于纽约曼哈顿下城区的一个颇有历史底蕴的街区，1848年以当时美国首富的名字约翰·雅各布·阿斯特命名。曾是纽约最富有之人的聚居地，如今也是纽约的戏剧文化中心。

杰克·斯派塞、加里·斯奈德、菲利普·惠伦等作家，当然还有艾伦·金斯堡和他那划时代的《嚎叫》。最后，我们还把亨利·米勒收进来，在我看来，米勒是垮掉精神的先驱，这点也为其年轻同人欣然接受。这期杂志成为独树一帜的里程碑，是《常青评论》唯一有过重印的一期，而且重印了不止一次。

劳伦斯·费林盖蒂说这期杂志“主要是唐纳德·艾伦的功劳”，这话说得很对，不过他还说“艾伦·金斯堡告诉（唐）要出版什么，（他）几乎照单全收。艾伦建议他应该把谁放进去”。

就这样，《常青评论》永远地照亮了这群旧金山作家以及费林盖蒂的耀眼夺目的城市之光书局。随后格罗夫为他们当中的许多人——如凯鲁亚克、麦克卢尔等出了书，这些人在日后唐主编的、格罗夫的里程碑选集《美国新诗》中自然也占据了极其重要的地位。

垮掉派带有强烈的政治含义，而 1968 年在芝加哥举行的民主党全国代表大会[1]我认为是着实重要的催化剂。这场“偶发艺术”——骚乱的街头抗议——极具战场的味道。《常青评论》上刊登的一张照片就确确实实是在交战场上拍摄的：威廉·巴勒斯、让·热内、迪克·西弗、艾伦·金斯堡在一同游行，真是绝妙的组合。虽然他们自己未必这么认为，但在我看

1　除前文提到的芝加哥七君子审判外，此次大会最终提名未参加初选的时任副总统休伯特·汉弗莱为总统候选人，进一步引发场外人士不满，认为选举不公正，进而在芝加哥酿成长达一周的骚乱，也导致民主党人推选总统候选人的方式从此发生改变。此次大规模骚乱因美国大选而起，后来杂糅了反战、嬉皮士、雅皮士、白左等，成为美国大选史上最大规模的骚乱之一。

来，垮掉的一代作家必定也代表一场勇敢的政治运动，代表令人骄傲的捍卫言论自由的偶像。这是历史事实，也是我生命的一部分。

现在看来，我认为艾伦·金斯堡是垮掉的一代的领袖，带领其他人的标志性人物。这个星球上有哪个地方出现道德战争，比方说捷克斯洛伐克或印度或古巴，往往都能看到他的身影，时刻准备着在黑暗中投下光明，念诵咒语，为争吵送来祝福与和平。威廉·巴勒斯是垮掉的一代的头脑；垮掉派里的明星杰克·凯鲁亚克是其心脏，而艾伦便是其灵魂。我绝无贬低劳伦斯·费林盖蒂、迈克尔·麦克卢尔、格雷戈里·科索、加里·斯奈德或其他诸位的意思，只不过艾伦和杰克在我心目中一直占有特殊的地位。我与艾伦认识足有四十年，深感彼此在解放文学，也就是解放美国人的思想的战斗中并肩作战。1997 年艾伦去世的时候，我致信一家报纸，肯定艾伦的地位："在'二战'后十年左右的光景，艾伦·金斯堡从当年给予沃尔特·惠特曼鼓舞的地方汲取到力量和灵感。从布鲁克林和其他地方传来疯狂和自杀的呐喊，然而这些呐喊再次唤起同情和爱。"信的结语仅适用于这位伟大的垮掉派诗人："他的一代即'垮掉的一代'。"

格罗夫与垮掉派有一个共同点，即热衷于对抗审查制度。费林盖蒂为《嚎叫》而战，麦克卢尔的戏剧《胡须》在洛杉矶遭遇了各种侮辱和麻烦。二人都毫不畏惧，出色地完成了自己的使命。格罗夫大家庭与垮掉派紧密团结，对抗审查制度的人都是格罗夫的同道中人。

尽管我对垮掉派崇拜有加，但是事情并非总是一帆风顺。

上：1957 年艾伦·金斯堡、格雷戈里·科尔索、巴尼·罗塞特在纽约市的华盛顿广场公园。伯特·格林／马格南图片社摄。
下：艾伦·金斯堡为巴尼·罗塞特拍摄的照片，附有金斯堡的题字："出版英雄巴尼·罗塞特特（原文如此），格罗夫出版社的法律斗争解放了美国文学和电影——1991 年 6 月 20 日于塔楼图书举办的新九十年代审查政治纽约研讨会。"2010 年艾伦·金斯堡有限责任公司版权所有。

我必须承认，允许唐·艾伦编辑凯鲁亚克的《地下人》是一个错误，惹得杰克很不高兴。唐将杰克的十分与众不同的语言和句子结构予以“拨乱反正”。凯鲁亚克回应说：“搞什么鬼，你以为你在干什么？我是故意那么写的。”结果唐又全都改了回去。不过，两人后来还是成了好朋友。《地下人》是格罗夫出版的凯鲁亚克最成功的书，当然后来我们又出版了凯鲁亚克的其他作品，包括《萨克斯医生》和《墨西哥城布鲁斯》（均在 1959 年），《巴黎之悟》（1966 年）也很成功。

凯鲁亚克在 1958 年 5 月 15 日给我的信中写道：

亲爱的巴尼：

抱歉自除夕以来，我跟你只有匆匆一见。很高兴《地下人》进展顺利。

听说你已经准备好做下一本《萨克斯医生》，我十分高兴。这本书声誉颇高，讲一个发生在新英格兰的自传体哥特神话故事。雷克斯罗特 + 金斯堡（原文如此）都觉得很棒。故事主题将带我们暂时离开“时髦”的路子。

告诉我你的想法，+ 到时候我会很忙 +（原文如此）得用新买的打字机为印刷厂重新打印誊清的《萨克斯医生》书稿。

不过还是给我写封短信吧。

友

杰克

1961 年，我前往米兰，为意大利出版商詹贾科莫·费尔特里内利出庭做证。费尔特里内利因出版凯鲁亚克的《地下人》而被起诉，公诉人认为此书系色情作品。我是辩护方的唯一证人。

我和费尔特里内利是 1959 年在纽约认识的，当时我们在格罗夫制作一档电台节目，我被叫去采访他。在表达了对垮掉派的崇拜之情后，费尔特里内利称他们是“新一代强硬作者、作家，用刺耳的语言，把他们看到的生活现实说出来，用粗俗的语言说出来”。他认为这样的作品是有教益的。“每个国家都有问题，都有好有坏，唯一的解决办法就是直言不讳地写出来或者讲出来。”[79]

日后费尔特里内利手上还会有一堆其他格罗夫图书译本的审查官司，包括塞尔比的《布鲁克林黑街》、亨利·米勒的“回归线”系列。然而凯鲁亚克的《地下人》是真正触到了敏感问题。书中一个白人男子与一个黑人女子之间的跨种族爱情就极可能挑起法官的神经。

安·查特斯在《垮掉到灵魂》一书中敏锐地指出许多垮掉派成员对黑人的关注。她说：“（约翰·克莱隆·）霍姆斯和凯鲁亚克将游民和（黑人）爵士乐手的生活浪漫化了。”又说：“詹姆斯·鲍德温明白，这些当代白人作家是在盗用他们想象的、黑人生活特有的伤感情怀来武装自己。”接着她引用了鲍德温的原话：“我试着告诉（垮掉派）身为黑鬼是何感受，可是没有人听，他们只想要自己的浪漫故事。”[80]

《地下人》的译者费尔南达·皮瓦诺在意大利版的序言中写道：“垮掉派使用的俚语通常都很暴力、尖锐、简短，多

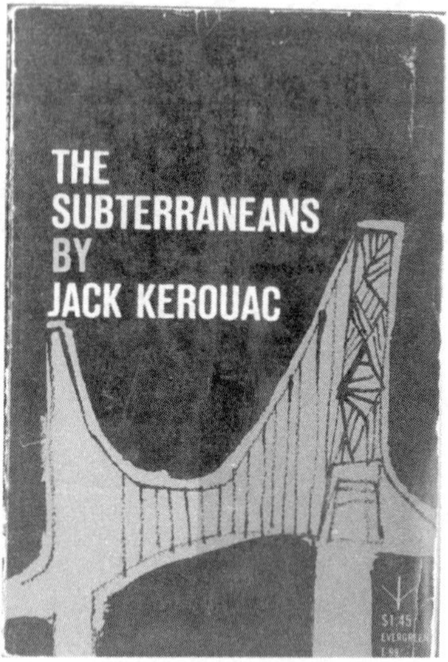

上：1964 年，小休伯特 · 塞尔比的《布鲁克林黑街》。
下：1958 年，杰克 · 凯鲁亚克的《地下人》。

选用单音节词语。”而凯鲁亚克又将这种语言融入从爵士乐借用来的即兴创作方法，“先是各种转调离调，而后再回到主旋律”。凯鲁亚克受博普爵士乐的影响尤深，皮瓦诺接着说：“博普爵士乐的特点是脱离了传统旋律，传统旋律按照预定句法规则进行演奏，而博普采用即兴形式，即兴本身即是目的，以便吸收现有的旋律。”[81]

另一位对凯鲁亚克在《地下人》中的艺术目的给予支持的，不是别人，正是亨利·米勒。米勒在序言中写道：

> 我们说诗人或天才总是走在他所处的时代前面。没有错，只不过是因为他看透了时代。他大声疾呼：“大步向前！”……然而守旧派听不进去这样的话……那他们怎么做呢？他们把他拽下神坛，叫他忍饥挨饿，把他的牙齿打进肚子里去。[82]

米勒几乎预见了这本书在意大利的命运，“守旧派”试图阻止此书发行。法院将费尔特里内利的公司告上法庭，援引书中段落，证明《地下人》是色情作品。1961 年 6 月，米兰检察院没收了所有的《地下人》，并对出版商提起诉讼。

凯鲁亚克给此案的意大利主审法官写了一封信，此信刊登在《常青评论》第 31 期。凯鲁亚克出人意料地将自己的写作风格与其天主教成长经历作了一番文采飞扬的类比。他说“根据《地下室手记》[1]的忏悔形式”，自己的写作形式是“严格的忏悔；目的是把最近告一段落的事情和盘托出，至少把不伤害文明社会的某些基本情感的部分和盘托出”。在回答他是怎么想到为此创作小说这一问题时，凯鲁亚克说：“先生们，坦白说，天主教童年在忏悔室里的经历锻炼了我的叙述技巧。当时我便相信，向神父隐瞒任何可以合理、正确解释的细节都是一种罪行。”[83]就这样，凯鲁亚克把自己的创作与天主教扯上边，取悦了法庭，消除了对方的敌意，因为法庭必然受教会影响。而我在法庭上与法官单独对峙时，则尽我所能强调凯鲁亚克的创作的宗教渊源。

在10月举行的听证会上，法庭宣判出版商无罪，归还没收的图书。据我收到的报告，法官的判决结果如下：“《地下人》并不色情，因为总体而言，此书并非只是单纯的性描写的工具，除非将所引书中片段从全书中单独抽取出来，否则其不仅仅是使人感到性兴奋。因此，根据本法第528条此书并不淫秽。”

1997年冬季我在接受《巴黎评论》肯·乔丹的采访时[84]，讲述了我与垮掉派之间发生的一件不怎么愉快的、冒失的事情——1960年年末的一天，艾伦·金斯堡和彼得·奥尔洛夫斯基带着蒂莫西·利里来到我位于第十一街的住处，之前我并不认识利里，连听都没听说过他。利里给了我和我女朋友安·霍尔特一大把我们没听说过的药丸——麦角酰二乙胺。我心想我

1 俄国作家陀思妥耶夫斯基（1821—1881）发表于1864年的长篇小说，主要讲述主人公“地下室人”的内心思想活动。

们不一定非吃不可，但是利里是哈佛大学的，看上去是个可敬的人。我告诉你，那药丸的劲儿不小。我的公寓有两层楼，他们仨上楼，放起非洲音乐翩翩起舞，我和安待在楼下，开始产生幻觉。我们缩在房间角落里。琼·米切尔的画不停从墙上出来，我不停把它们推回去！这时艾伦下楼来，教了我一件我终生难忘的事情：如何呕吐。太奇妙了。我向来对呕吐十分恐惧，但打从那以后就不怕了。艾伦教我放轻松，教我呕吐不是什么坏事。他耐心地哄劝我把部分迷幻药吐出来，这奏效了。

第二天我去了办公室，待我回到公寓，发现安在客厅里，躺在血泊之中，昏迷不醒。她用刮胡刀割腕自杀。谢天谢地，她还有呼吸。出版人兼朋友，还是中情局探员（他自己承认的）的弗雷德·普雷格是我的房客，住在这栋楼的另外两层楼。他给了我一条手帕，我为她扎了止血带。圣文森特医院就在一个街区之外。感谢上帝，经过三个小时的抢救，安脱离了危险。

事后，利里说这件事全都是我的错，我没有 72 小时看护安。后来他把安带到马萨诸塞州，要安嫁给他。我收到他的一封信，上面全是有关麦角酰二乙胺的问题："服用麦角酰二乙胺之后，你的感觉变好了：A. 10%；B. 20%。"诸如此类。我一怒之下，把信拿给在弗朗西斯·帕克学校认识，现在是哈佛医学院的精神科医生的一个熟人看。他说："看了信以后，我以身为哈佛人为耻。"不久之后，哈佛把利里开除了。

1961 年 1 月 5 日，利里写信给我：

我觉得你有点小题大做了。你服用的剂量很小，不足以产生真正的幻觉。我估计安的幻觉程度比你深，因为她服用了约二十个致幻蘑菇——即三倍于你的剂量。

……因此，我对你的反应——服用时和服用之后，非常感兴趣。还有安的。1月13日至16日我会在纽约。到时可以共进午餐、交换意见吗?

1月24日，我回信道:

感谢你寄来的巫医[1]问卷，十分有趣，可惜我回答不了。比如，我始终无法判断我觉得陷入亢奋很容易还是有困难。不过还是祝你的问卷进行顺利。

我在《巴黎评论》的采访中还说道，威廉·S. 巴勒斯是一个特立独行、自成一派的人，在文学上十分与众不同。一天，金斯堡拿着巴勒斯的《裸体午餐》的书稿来到格罗夫办公室。我认为这是一部天才作品，尤其是本韦医生这个角色。这本书现在读来可以说是连贯的，然而在当时却像在看一幅抽象画，谁都没见过这样的东西。巴勒斯将语言和观念全都颠覆了，使用一个好人、一名医生来揶揄整个社会。当然巴勒斯熟知各种毒品，深知这些毒品是好是坏和如何戒掉这个恶习。

金斯堡擅自做主，将《裸体午餐》的书稿拿去投稿，却吃了两年的闭门羹，连奥林匹亚、城市之光这类以捍卫言论自由

1　原文为西班牙语。

著称的出版社也不接受。当特里·萨瑟恩和梅森·霍芬伯格把《裸体午餐》拿给莫里斯·吉罗迪亚看时，他一口回绝了这本“禁忌”书。接着艾伦把书稿拿去城市之光，费林盖蒂对这样一本杂糅了性、暴力、精神病理学的书不感兴趣。

下一站金斯堡转向芝加哥大学的文学杂志《芝加哥评论》。他把《裸体午餐》寄给他认为可能会接受书稿的学生编辑，结果证明他是对的。巴勒斯反传统的讽刺手法吸引了保罗·卡罗尔和欧文·罗森塔尔。1958 年春季号的《芝加哥评论》上第一次刊登了《裸体午餐》的节选。虽然有芝加哥大学的教员理查德·斯特恩抱怨这本期刊成了“旧金山弃儿的杂志”，因为该期还刊登了罗伯特·邓肯、迈克尔·麦克卢尔等加州作家，但总体并未掀起什么风浪。见未引起反响，罗森塔尔和卡罗尔斗胆在 1958 年冬季号上刊登了篇幅更长的节选，这期里面还有凯鲁亚克、巴勒斯、爱德华·达尔伯格。

这次，媒体终于听闻这本杂志的动态。杰克·马布利在《芝加哥每日新闻报》上发表了一篇头版专栏文章，痛斥《芝加哥评论》内容“庸俗和猥亵”。文章里并未指名道姓地批评某个作家。芝加哥大学校长罗伯特·梅纳德·哈钦斯得知此事后，禁止《芝加哥评论》刊登巴勒斯和其他垮掉派作家。此前哈钦斯是有名的开明自由派支持者，如今一改立场，钳制文学言论自由。罗森塔尔和卡罗尔等人辞职以示抗议，并决定创办自己的独立杂志《大桌子》，由私人捐款和广告赞助。然而该杂志的一期刊登了《裸体午餐》的另一段节选后，被邮政部以淫秽名义没收。

1959 年 6 月 27 日诗人约翰·查尔迪在《星期六评论》

发表了一篇社论，谴责芝加哥邮政局，指出“其关心的不是法律，而是以自己的方式骚扰公众”。他还提供了《裸体午餐》的一种解读：“经历一开始的震惊后，你方才领悟巴勒斯描写的不仅仅是堕落的人被毒瘾摧毁，还有全人类被消费成瘾摧毁。”[85]

《裸体午餐》被提交芝加哥法庭，由朱利叶斯·霍夫曼法官审理。该法官即日后审理雅皮士涉嫌破坏芝加哥民主党大会一案的著名法官，另外还审理了一件历史上不那么有名的案子：我和琼·米切尔的离婚案。法官裁决为“无罪”。他在判决意见书中写道：“《裸体午餐》虽然并非完全是一次凯鲁亚克式的狂野散文野餐，但是整体而言同样不会引起淫欲。书中有关丑化、病态、反常的性的描写并不能引起普通读者的相应欲望。”[86]

与此同时，这场风波和全国范围的媒体报道，以及《大桌子》的稳定销量，都令那些以前对巴勒斯的小说不屑一顾的出版商重新考虑自己的立场。罗森塔尔移居纽约，但仍与卡罗尔和芝加哥的旧故保持联系，之前刊登在杂志上的《裸体午餐》节选都是由他精心编辑的。格罗夫出版社聘用了他，他开始与巴勒斯一同编辑书稿，却发现自己被人捷足先登。之前对《裸体午餐》嗤之以鼻的吉罗迪亚向巴勒斯出价八百美元买下此书。奥林匹亚只对书进行了极少量编辑加工，便迅速赶印出了一个版本。此时巴勒斯开始重视在《芝加哥评论》节选中被删除掉的更加凌乱、拼贴画式的风格，要求格罗夫的版本必须与奥林匹亚的版本一致。这便限制了罗森塔尔塑造文本的能力，导致后来巴勒斯、罗森塔尔、格罗夫三方之间的矛盾。

1960年7月29日艾伦·金斯堡出面干预，劝说巴勒斯采纳罗森塔尔的建议：“欧文花了很多工夫在细节上，可是你的上一封来信中却想把所有新增细节统统抹掉。看一眼他做的修改花不了你太多工夫。我认为改过之后书变得更好，更容易阅读。”但是收效甚微。（艾伦也参与了文本编辑，最近我发现他提交的一张八小时的文字编辑的支票复印件，每小时2.5美元，共计应付20美元。）巴勒斯有所让步，接受了部分建议，但是他对于这本书的完整性有自己的想法。他写信给金斯堡，同意罗森塔尔的某些修改建议，如添加章节标题，还说道：“请再寄些墨斯卡灵[1]过来。我会很快寄更多的钱过去。”

另外，1959年8月12日我打电报给吉罗迪亚道：“莫忘我想在美国出版裸体午餐你有合同权吗在我到之前别喝死。”[2]

罗森塔尔开始编辑之初，巴勒斯曾写信给他说道：

> 首先是《裸体午餐》的总原则声明。除去真的印刷错误，奥林匹亚版本是这本书构思、成形的样子。改变这种形式就会伤筋动骨……我故意要这本书从头到尾一气呵成，没有空间中断或是章节标题。我认为有页边标题就够了。这书不是小说。所以不应该看起来像小说。[87]

1　一种致幻剂。

2　原文即如此，无标点。

现在巴勒斯十分坚持“剪裁法”的写作手法，说这是他在《裸体午餐》里无意中使用的。巴勒斯在收录于《“垮掉的一代”论集》的《布里翁·吉森的剪裁法》一文中解释说，这一技巧源于达达主义作家特里斯坦·查拉，“在二十年代的一次超现实主义集会上，查拉提议用随机抽到的词语当场即兴作诗。随后的骚乱摧毁了剧院”[88][1]。换言之，查拉认为，可以通过或多或少的随机行为来创作艺术作品。巴勒斯说他自己的做法是把《裸体午餐》的各个部分顺序打乱，随机寄给印刷厂，如此一来，各章节本身是连贯的，但是全书的最终编排是随机的。

巴勒斯还想在格罗夫版本里增加一段导论，说明此书的创作背景源于他已经戒掉多年的毒瘾，作为对批评者的回应。他的理由是这么说的：“我听腻了别人跟我说他们读了我的《午餐》以后把他们的午餐吐出来。”

除了编辑方面的问题，从奥林匹亚那里弄来一本《裸体午餐》（编辑此版本比编辑原稿容易些）也因为美国政府不停没收寄给我们的图书而变得困难重重。诚如我的助理朱迪丝·施密特所言：“等咱们的版本出来的时候，现在海关手上的《裸体午餐》，够开一家书店跟咱们抢生意的了。”

其实我还收到海关总署的一封信，信里头把作者的名字都

---

1 布里翁·吉森（1916—1986），加拿大画家、诗人，巴勒斯称剪裁法是从他那里学来的；特里斯坦·查拉（1896—1963），出生于罗马尼亚的法国作家，达达主义创始人之一。骚乱指1923年查拉的先锋戏剧《气动之心》在巴黎米歇尔剧院上演时，与他在创作上意见不合的法国作家安德烈·布雷东（1896—1966）大闹现场、殴打演员、破坏剧院。次年，布雷东等人同达达主义决裂，创立超现实主义。

拼错了。信的日期是1960年8月29日，其中写道：“特此通知你，从________寄来的包裹邮件中发现以下列出的商品违反了《1930年关税法》第305条的规定，兹予以没收：威廉·巴勒斯著《裸体午餐》一本。”

1959年11月我们从吉罗迪亚那里买下《裸体午餐》的版权，甚至书已经印出来了，我却犹豫要不要发行，因为此时我已经深陷《北回归线》的审查审理。米勒的案子还悬而未决，这个时候又出一本争议的书火上浇油，实非明智之举。

我给吉罗迪亚写信道：

> 眼下《北回归线》在全美国各处都在打官司。我们在差不多十个城市聘请了律师事务所，其他地方还在等着。这本书在美国大部分地区已经下架了……书被没收了，很多地方的批发商把书收在仓库里没有发行。目前最大的问题是警察威胁批发商和最终的零售商。除非警察的威胁涉及审查，否则我们很难回击，因为在很多地方你甚至没办法证明威胁是确有其事。
>
> 这个时候出版《裸体午餐》无异于自杀——巴勒斯应该很清楚这一点。

事实上，吉罗迪亚寄了一本巴勒斯的书给米勒，希望米勒美言几句。1960年12月，米勒回复道：

> 这是我第三次想把这本书读完，但最后还是坚持

> 不下去。说实话，这本书叫我觉得没劲……然而，对于巴勒斯的才华，我丝毫都不怀疑。他的文字里有一种狂暴，在我看来，只有塞利纳[1]能够与之相提并论。我知道的作家当中，没有谁比他更加大胆地使用语言。至于法律问题，我认为巴勒斯的书对于普通读者的影响——假如真的得以出版的话——会与审查官们担心的恰恰相反。只有脑子有病的人才会读得下去。读这本书是在治疗。[89]

尽管《芝加哥评论》掀起了一场风波，但威廉·S. 巴勒斯仍旧只是个无名小卒，无法获得像米勒那样的关注和（相应的）尊敬。吉罗迪亚迫切希望我的美国版赶紧出版、大卖，他好抽成。他寄来巴勒斯的一篇文章，叫我们刊登在《常青评论》上，说："我们必须尽快让巴勒斯在美国享有严肃作家的声誉。"我们马上刊登了文章，可莫里斯还是继续抱怨。

他还对推迟出版将带来的经济后果不满。1961 年 2 月 21 日他来信说："你当然有正当理由这么做（即推迟发行这本书），但却会给我和巴勒斯造成不堪设想的后果。我指望着《裸体午餐》在美国出版，来挽救我现在岌岌可危的财务状况，这是我目前能想到的唯一办法。"

7 月 21 日，吉罗迪亚又寄来一封急不可耐的信："关于《裸体午餐》，我必须再次要求你让我知道你的决定。我可不

1　路易·费迪南·塞利纳（1894—1961），法国小说家，现代法国文学奠基人之一，代表作有《茫茫黑夜漫游》《长夜行》《死缓》等。

想等你出版一本书等上一年半，到最后一刻才知道你最后决定不出了。”

我回电报说：“按计划于今秋出版午餐。”

然而，得知这本书即将付梓出版的吉罗迪亚没高兴多久，又来抱怨了。巴勒斯允许我刊登《裸体午餐》的续篇《软机器》的节选，正在巴黎做这本书的莫里斯听闻后大为光火，说我这是在抢他的风头，因为他已经签了这本书，还在他自己的杂志上刊登了节选。1961年11月13日我回复道：

> 通常出版商很高兴自己的书摘有机会出现在杂志上，即便是一本发行量不大的杂志。通常做广告是要花钱的，免费的宣传推广机会得来不易。在这件事情上你显然是在维护你自己的杂志，而不关心这本书的利益。再者，我觉得你很愚蠢，因为虽然我自认为《常青评论》是全球发行，但其实恐怕不然。另外我还觉得如果你以为区区的《软机器》节选能让整件事情一飞冲天、大红大紫，那么你可能高估了自己的杂志了……只要你认真想想这件事情，我想你会同意我和巴勒斯的观点的。你不能把他当作奴隶，只能在你的杂志上出版。

不过为了安抚吉罗迪亚，我还是把节选拿掉了。另外，由于《北回归线》案件的审理久拖不决，我不得不再度推迟出版《裸体午餐》，这显然非我的本意。吉罗迪亚发火了，扬言要把我已经印好的书回购，转卖给日晷出版社。1961年11月13

日，我去信说明格罗夫在审查制度官司中面临的艰难处境：

> 当我们把书（即《北回归线》）卖给全国各地成百上千个大大小小的书商时，随书附有一份赔偿声明，保证将为任何被逮捕的批发商或零售商提供辩护。你可能有所不知，这个罪名是刑事犯罪，一旦被判有罪就可能坐牢——就算不用坐牢，也会因为这项犯罪记录而终生遭遇各种麻烦。诉讼费用很高，这些经销商负担不起。假如我们不给他们保证，根本没人敢卖。因此，倘若你下决心要出版这本书，那么诉讼投入是无奈之举，而非草率行为。这个问题同样适用于《裸体午餐》。
>
> 目前有五十多人正在等待刑事审判。

当时，为巴勒斯辩护比为米勒辩护难得多。你有充分证据证明亨利·米勒是 20 世纪重要的作家，可是正如我前面说的，没人听说过巴勒斯。劳伦斯为米勒铺路，米勒为巴勒斯铺路。签下《裸体午餐》的时候，我们还一个官司都没打赢，还在艰苦诉讼之中。倘若这个时候我们贸然出版巴勒斯，那必将是火上浇油，因为我们手上已经有一堆官司要应付，而《裸体午餐》将证明我们就是一家色情出版社，出一本黄书还不够——瞧，又出了一本！

然而即便如此还是没能叫莫里斯停止抱怨和威胁说要去找其他出版社，于是 1961 年 12 月 13 日，我愤怒地回信道："我再说一遍，《裸体午餐》由我们出版。行行好，别再想卖给其他人，也别再告诉我们在美国要怎么出版、何时出版。你处理你在法国的问题，我们尽力处理我们在美国的问题。我说得够不够清楚？”

1962 年 1 月我又去了一封措辞温和些的信：

> 审查问题毫无进展——说不定还会变得更糟才会出现转机。今天纽约这里的两家书商要接受大陪审团的审问。我们在心里默默祈祷……
>
> 芝加哥的一桩案子已经审理了三周，洛杉矶也有一桩差不多时间的。只有想找死的疯子才会在这种时候贸然出版《裸体午餐》——至少我交谈过的每个人都是这么认为的，包括巴勒斯。我们不会把一万册书拖着不发来故意跟你作对，相信我。

而巴勒斯本人也写信给我说：“假如他（即吉罗迪亚）真的采取行动把《裸体午餐》交给其他美国出版商，我向你保证那绝对是没有经过我的同意。”

促使我们最终决定加快出版《裸体午餐》的是巴勒斯获得文学界大腕的好评。在勤勤恳恳地帮助巴勒斯扩展知名度和认可的英国出版商约翰·考尔德的推动下，巴勒斯受邀与亨利·米勒、诺曼·梅勒、玛丽·麦卡锡等一同参加 1962 年 8 月的爱丁堡国际作家大会。巴勒斯不仅备受好评，还获得梅勒和麦卡锡的极力称赞，被称为天才作家。加上我的律师爱德华·德格拉齐亚保证能够战胜对《裸体午餐》的任何起诉，于是我下定决心出版这本书。

1964 年，巴尼·罗塞特与塞缪尔·贝克特在《电影》的拍摄现场。

我们宣布1962年10月30日出版《裸体午餐》。

书一上市，负面评论和新一轮的审查审判便接踵而来。最不公正的评论之一出现在《时代杂志》，文章对作者大加诽谤。[90]我们就此咨询了律师约翰·V. 朗，他来信建议我们寻求法律帮助，因为这篇评论错误地“一、说他（即巴勒斯）以前坐过牢；二、说战时他为了逃避兵役，自残而得以退伍”。朗还对评论怀疑作者是否爱国表示愤慨，认为这种说法有不实之嫌：

> 他（即巴勒斯）的不循规蹈矩的履历，与他应该因质疑他战时是否爱国的虚假陈述而受到多大伤害毫不相干。不能因为一个人是或者曾是瘾君子，就说他可能不爱国，好比不能说一个不爱国的人就可能是瘾君子。

我们为审查审理召集了诺曼·梅勒和约翰·查尔迪等文学专家做证人。1965年1月的波士顿庭审，我们让巴勒斯自己出庭作证。我们的律师爱德华·德格拉齐亚事前对他说了这席话：

> 艾伦（·金斯堡）认为你可以说说这本书是怎么从你对脑中所想做的详细笔记，从你的回忆，从接受阿扑吗啡治疗，从“隔离”和“异化”元素在其中的影响，甚至是从适应外部世界的过程等中形成的。我则认为你可以说这些素材起先是无意识的，创作这本

> 书的时候才意识到，等等。其他人（我们的精神病学证人）可以证明这些“可怕”或“猥亵”的无意识素材与大多数人的相似。你还可以将这个个人创作过程与你个人的毒品“问题”联系起来。其他人则可以像你建议的那样说说“毒品”（是）合法的美国商品。梅勒跟查尔迪一样想谈谈地狱般的痛苦，但愿你不介意没有人谈论天堂般的快乐。

然而，波士顿的审理没有按照州政府只是没收其认为淫秽的图书这个常规模式来，而且还以储存、销售此书的名义起诉了书商西奥多·马夫里科斯。德格拉齐亚向法庭提出抗议说，马夫里科斯出售的图书在其他书店公开出售，甚至公共图书馆都有馆藏，偏他遭到起诉实在是不公平，这话说得相当有道理。最终对马夫里科斯的指控撤销了，但是马萨诸塞州仍旧指控此书淫秽。

1965 年 1 月 12 日，波士顿的审理终于开始，我们请来一众文学名人为辩护方作证。针对有些人认为巴勒斯不是非得使用如此重口味的语言不可，查尔迪一针见血地指出，当但丁写到大便里的罪恶时，他并没有使用“固体排泄物”一词[1]。当你讨论堕落的主题时，你必须运用粗俗化语言。

其他作家则发现了这部小说与宗教的联系。文学评论家诺曼·霍兰说：“《裸体午餐》是一部关于原罪的宗教小说……倘若圣奥古斯丁在今天写作，那他很可能写出类似《裸体午

1　出自但丁《神曲》第一卷《地狱篇》第十八章。

餐》的东西。”诺曼·梅勒也是同样的论调。他说：“我认为威廉·巴勒斯（无论他本人的意图何在）是一个宗教作家……（这本书）是想象人类完全脱离永生时将如何行事。”

尽管检控方没有证人，但法官仍认为这本书淫秽，称这本书是“硬性色情作品”，作者是“精神病患者”。

1966 年 7 月 7 日，波士顿审判后一年半，我们向马萨诸塞州最高法院提起上诉。法院没有马上审理，而是在等待最高法院对几桩未决案件的判决。之前马萨诸塞州的另外一起淫秽诉讼，州最高法院判定《芬妮·希尔：欢场女子回忆录》淫秽，如今在联邦最高法院的待审案件名单中。联邦法院推翻了此案的淫秽裁决。鉴于此案和其他新近裁决，马萨诸塞州法院宣布《裸体午餐》不淫秽，判决胜诉。

然而，《裸体午餐》的法律纠纷还未就此结束。以《北回归线》的经验来看，根据美国的司法体系，各州有权自行决定内容是否淫秽。我们在波士顿脱身了，在其他司法管辖区仍旧受到起诉。例如，在洛杉矶，书商再次遭到审判。这次，检控方同时起诉了两本书，《裸体午餐》和蒙特·斯蒂尔的《性学者》。我猜他们将巴勒斯的艺术成就与乏善可陈的性书籍相提并论，是想通过连坐给垮掉派作家定罪。不过本案法官能够甄别好坏，对《性学者》的起诉继续，对《裸体午餐》的起诉撤销，他认为整体而言，巴勒斯的小说不能说没有“可取的社会价值”。

就在这一系列审理进行过程中，我发现巴勒斯（他等书出版等了很久）的部分版税（似乎）被吉罗迪亚克扣。1964 年 3 月 6 日理查德·西弗（当时他和弗雷德·乔丹仍旧是我的两名主要编辑）写信给巴勒斯问："听说你在收取我们付给吉罗迪亚的美国版《裸体午餐》的版税时遇到了一些麻烦。是真的吗？"又说："老实说，我想不出你的版税跟吉罗迪亚的法国公司有什么干系，因为我们的版税不是直接付给他，而是付给一个瑞士代理。"西弗是从在丹吉尔[1]见到巴勒斯的保罗·鲍尔斯那里听说这件事的。

巴勒斯回信说吉罗迪亚确实拖欠了他一些钱，不过吉罗迪亚的财务状况岌岌可危，估计一个子儿都付不出来。巴勒斯说："请律师去跟他讨债是不现实的，等待时间很长，钱包还是空的。显然他把钱拿去解决他认为更紧迫的燃眉之急了。从他那里我连够我回丹吉尔的路费都榨不到。"

尽管如此，巴勒斯对吉罗迪亚还是宽宏大量：

> 生气归生气，但我还是十分同情莫里斯的处境，真是糟得不能再糟了。法国政府越来越爱找他麻烦，缓刑越积越多，二十年的出版禁令，投资餐厅不幸赔惨（吉罗迪亚开了一家小餐馆），欠员工工资，欠政府社保，罚款，诉讼，等等。

《裸体午餐》的诉讼胜诉后，我们又陆续出版了巴勒斯的其他好几本书。如今头痛的事情不再是诉讼，而是与其他出版商的版权纠纷和巴勒斯的过于一丝不苟。比如说我记得 1964 年年底的时候，《软机器》都已经排好版了，巴勒斯在最后一

1　摩洛哥北部港口城市。

刻突然说想要对文本进行大改。我们很是不满，但还是答应了他的要求。12 月 20 日西弗语带幽默地给巴勒斯写信道：

比尔[1]，我不想听起来像一个老圣路易斯传道人，但是我得说，有时候你必须一本书写完就是写完了。离开美国之前，你把小说大范围重写了一遍，把我们所有的问题都解决了，书才开始排版。可等你收到校样时，你又大改一遍（尤其是你决定把原稿里足有几百字的大写字母改成小写字母），害我们不得不把初排统统扔掉，重排一次。

可惜后来的其他书，巴勒斯照旧认为最后一刻的改动至关重要。1966 年，我们把《爆炸的车票》的校样寄给他，他叫我们暂时把这本书停下来，他正在进行修改：

这本书照现在这样出版真的很有问题。我现在在做的修改会让这本书从失败之作变成赚钱的书……我想你也认同：要不是那些修改和改动，奥林匹亚原来那个版本的《软机器》肯定会卖得很惨。

好不容易等到所有改动都完成并最终敲定，1967 年 4 月，巴勒斯对《爆炸的车票》提出最后一点要求："一切都没问题，就是我一直不喜欢这张照片……我有几张在这里的照相馆拍

1　威廉的昵称。

的照片，周末一块儿给你们寄过去。”十天后我们收到新的照片。巴勒斯说这张照片里他看上去像个 20 世纪最初十年的金融家，但还是要求今后所有的重印都用这张照片。

最后，巴勒斯是在我失去对格罗夫出版社的控制权时支持我的作者之一。1986 年，我被赶出公司，巴勒斯通过秘书詹姆斯·格劳尔霍尔茨发表声明：“我们对于你的遭遇感到震惊和愤怒。”还说：“在我为威廉工作的十三年里，没有哪个出版商比格罗夫出版社付款更及时、做事更诚信、价钱更公道。此外格罗夫还有一点区别于威廉的其他早期出版商，即与奥林匹亚不同，格罗夫没有任何经济欺诈的不良记录。”

15 革命者：

《常青评论》、切·格瓦拉、格罗夫爆炸案

我们经常在《常青评论》上推出格罗夫签约的新作家，如约翰·雷奇、休伯特·塞尔比等，后来也能加入一些非格罗夫独家的作家，比如让-保罗·萨特、艾伦·金斯堡、特里·萨瑟恩、诺曼·梅勒、苏珊·桑塔格、切斯特·海姆斯、爱德华·戈里、查尔斯·布考斯基、伍迪·艾伦等。唐·艾伦甚至弄到了阿尔贝·加缪写的、原先发表于《新法兰西评论》的一篇有关死刑的文章。我买下这篇文章后不久，加缪就获得了诺贝尔奖。

《常青评论》是格罗夫的一个绝好平台，在很长一段时间里一直办得非常出色。其中有好几期有特定主题，比如第 2 期“旧金山文坛”，如前所述，大获成功，为撰稿人成功吸引了全国读者的注意。再比如第 7 期“墨西哥之眼”（1959 年冬季号）是唯一一期像图书一样享有书评待遇的《常青评论》，《纽约时报书评》对其评价颇高。

我会做这么一期《常青评论》一点儿也不奇怪。1940 年，为了拜访迭戈·里维拉，我与一位朋友驱车前往墨西哥城，第一次从芝加哥来到墨西哥。结果我们见到了托洛茨基，还有弗里达·卡洛[1]，而里维拉则到纽约去了。

第 13 期（1960 年 5、6 月刊）是著名的“何谓啪嗒学？”

1 弗里达·卡洛（1907—1954），墨西哥女画家，里维拉之妻，画得最多的题材是自画像。

那期。啪嗒学一词是阿尔弗雷德·雅里杜撰出来的一门想象答案的科学[1]，或者用《纽约时报》的话说，是“有意义的胡说八道或胡说八道的有意义的科学”[91]。这期收录了欧仁·尤内斯库、雷蒙·克诺、米歇尔·莱里斯、鲍里斯·维昂以及雅里本人的文章。“啪嗒学不将每个事物和每个事件与任何普遍性相联系（普遍性不过是给例外涂上一层灰泥），而是与使其成为例外的特殊性相联系。因此啪嗒学不试图治愈，不展望进步，不相信有关事物状态‘改善’的所有说法，不传递任何信息。”这一期的特邀编辑、专门研究法国文学的学者罗杰·沙特克如是说。

20 世纪 60 年代初还有其他重要的几期《常青评论》。第 21 期“德国文坛”收录了乌韦·约翰逊、英格博格·巴赫曼、君特·格拉斯、海因里希·伯尔等人的作品。这期的主编是格罗夫的编辑弗雷德·乔丹。第 23 期（1962 年 3、4 月刊）是“亨利·米勒受审”，解释我们因出版《北回归线》而面临的法律问题和由此而来的芝加哥审判。第 25 期接着这一主题，刊登了芝加哥记者霍克·诺里斯的报道《〈北回归线〉芝加哥案》。

改成大开本后的第一期、总第 32 期的《常青评论》给我们惹了麻烦。1964 年 4 月 24 日，拿骚县警察缉捕队的警探在

1　阿尔弗雷德·雅里（1873—1907），法国超现实主义剧作家，被视为超现实主义戏剧的鼻祖、欧洲先锋戏剧的先驱，对后世的达达主义、超现实主义、荒诞派戏剧、残酷戏剧等产生深远影响。雅里自创的“啪嗒学”（Pataphysics）一词是对形而上学（metaphysics）的戏弄和超越，用于讥讽技术神话。

我们位于纽约市贝思佩奇市希克斯维尔路的印刷厂没收了两万一千册尚未装订的杂志。《常青评论》的装订厂珀伽索斯出版社的一名女员工向地方检察官小分队的警探告密，警方以拥有和发行淫秽文学的罪名逮捕了装订厂老板乔治·哈拉兰普迪斯。那期里有几张埃米尔·卡杜[1]的所谓的裸体彩色照片，但其实如果你看那些照片，很难判断里面的人是不是裸体。那都是些很美、很有创造力的照片。地方检察官威廉·卡恩认定整本杂志为下流书籍，因为其中包含“挑衅和性怪异的姿势”和“一则下流的故事”。据《纽约时报》报道：“警方还发出了逮捕令，要逮捕《常青评论》的社长兼主编巴尼·罗塞特以及秘书兼副主编理查德·西弗。”[92]

我们向布鲁克林联邦法院提起上诉，控告警方查禁杂志的行为违宪。1964 年 6 月 12 日，三名联邦法官下令归还没收的杂志，理由是没收行为违反了《第十四修正案》。法官没有裁定杂志内容淫秽。失去杂志后，拿骚县地方检察官无法再对我们立案，一个月后所有指控撤销。希克斯维尔路名副其实。[2]

《常青评论》第 77 期（1970 年 4 月刊）刊登了威廉·O. 道格拉斯法官的《反叛的意义》一书的节选《修正与革命》。这不仅导致道格拉斯法官为避免可能被视为利益冲突而在最高

1　埃米尔·卡杜（1926—2002），美国摄影师。因其作品中含有裸体和同性恋主题而在 20 世纪五六十年代的美国备受争议，但在巴黎却颇受欢迎。

2　“希克斯维尔”原文为 Hicksville，有“落后、偏远、死气沉沉的地方”的意思。

法院对《我好奇之黄》作出裁决时，取消自己的裁定资格，还给了当时的国会议员杰拉尔德·R. 福特于 1970 年 4 月 16 日弹劾这位最高法院自由派法官的把柄。一百多名民主党和共和党议员要求弹劾道格拉斯法官，罪名之一是“通过著书撰文煽动叛乱，为色情杂志撰稿，(以及)与赌徒和黑社会人物来往”[93]。

2006 年《华盛顿邮报》在福特总统的讣闻中道出了当年企图罢免道格拉斯法官未果背后的一些政治动机：“表面上，福特弹劾道格拉斯的理由是这位法学家所著图书的节选出现在福特认为印有色情内容的《常青评论》上。然而，福特在当选总统后承认得到过约翰·H. 米切尔的帮助，米切尔是第一届尼克松政府的司法部长，对参议院否决了尼克松最高法院的两个提名一直怀恨在心。”[94]

1984 年我们出版了最后一期的《常青评论》，即第 98 期。这期刊登了费林盖蒂、贝克特、杜拉斯、麦克卢尔、凯茜·阿克等人的文章，致敬了一些对我们来说最为重要的撰稿人。

1998 年《常青评论》在互联网上重获新生，直至今日。

1967 年 10 月 9 日埃内斯托·切·格瓦拉在玻利维亚遇害，1968 年 2 月《常青评论》第 51 期刊载专栏纪念他的生平。

纪念专栏的头篇文章是菲德尔·卡斯特罗 1967 年 10 月

18日在革命广场[1]发表的演讲《切·格瓦拉万岁！》[2]的译文。卡斯特罗在演讲中说道："切为捍卫利益、捍卫这片大陆上受剥削、受压迫的人民的事业倒下了——切为捍卫这个地球上被剥夺权利的穷苦人民的事业倒下了。"卡斯特罗说，虽然切的死是反专制运动的不幸损失，但是杀死他的帝国主义者是目光短浅的。"他们以为，消灭一个人的身体，就消灭了他的思想；消灭他的身体，就消灭了他的理念，消灭了他的美德，消灭了他的榜样。"恰恰相反，卡斯特罗最后说道，"从长远来看，他的死将会像种子一样，激发许许多多人决心仿效他，决心以他为榜样"。

切把自己参与推翻古巴腐朽的富尔亨西奥·巴蒂斯塔政权的经历写入《古巴革命战争回忆录》一书，《常青评论》刊载了节选。1955年切在墨西哥结识卡斯特罗，加入了他正在招募的重返古巴的游击队。1956年11月25日，八十二人组成的卡斯特罗的游击队登上漏水的格拉玛号小艇，缓慢地朝古巴岛进发。12月2日，这支饥肠辘辘又因晕船而筋疲力尽的队伍登陆沼泽似的拉斯科罗拉多斯海滩。然而这支湿漉漉的武装部队最终取得了胜利，把腐败的独裁者赶下了台，革命派由此上台。

待卡斯特罗的左派政府站稳脚跟，切便渴望另谋高就，于是他离开古巴前往玻利维亚，加入了那里的游击队。1965年4月1日，切写信向卡斯特罗告别，《常青评论》亦收录了这封

1　原文为西班牙语。

2　原文为西班牙语。

信。切说："我觉得我已经完成了我在将我束缚在其领土上的古巴革命中的使命。我向你、各位同志、你的人民（现在也是我的人民）道别了。"

向切致敬专栏的下一篇文章是业余摄影师乔治·安德鲁·罗斯的有关切在玻利维亚领导的游击队发生的事情的报道。罗斯先是跟着政府军一同搜寻游击队，搜寻一个礼拜未果后，他买通一些农民，带他到游击队的大本营去。切在罗斯的笔记本里写下对自己的采访，自问自答。然后，他让朋友塔妮娅（不久后两人就不只是朋友了）带领罗斯和两名自己找到营地来的记者（其中一人便是雷吉斯·德布雷）出山。

罗斯、德布雷和另外一名记者被玻利维亚军方视为革命者逮捕入狱，两名记者被判监禁，其中德布雷被判刑三十年。不过1970年，在教皇保罗六世和其他头面人物向玻利维亚政府施压下，德布雷获得释放。德布雷坐牢已是十分不幸，但等待切的是更加不幸的事情。来到玻利维亚两年后的1967年10月9日，切受伤被俘。而后，受到看管的切还是难逃一劫，被射穿心脏。军方对此做了周密计划。

切·格瓦拉对我而言是一个非常重要的人物。格罗夫出版了数本有关他的书，其中包括路易斯·J. 冈萨雷斯与古斯塔沃·A. 桑切斯·萨拉萨尔合著的《伟大的反叛者：切·格瓦拉在玻利维亚》，详细讲述了切试图在玻利维亚制造叛乱时所经历的危险和紧张局势。我们是怎么签下这本书的，故事还得从我们试图从玻利维亚政府那里弄到切的日记说起。

1968年3月，我委托好友哥伦比亚广播公司新闻部高级记者乔·利斯，到拉巴斯去见一位我们之前接洽的、要帮我们从玻利维亚政府那里弄到切的日记的联系人。利斯后来在写给我的题为《玻利维亚之行每日笔记》的未公开报告中说道，当他到我办公室来拿机票时，“想不到巴尼竟递给我一沓五十和一百美元的现金，总共八千五百美元，吩咐我说，我要拿着这笔钱中的大约六千美元，尽可能地去买切·格瓦拉的日记当中我可以弄到的部分。”

由于玻利维亚政府似乎已然不愿再透露关于这位被谋杀的游击队员的消息，所以这项任务是秘密的。利斯假装此行是为了他在写的一个有关切的电影剧本。他甚至请他认识的一名电影制片人打电话给他，假装问他剧本写得怎么样了。此外，为了进一步安全起见，我与他之间的所有通信都通过他妻子转交。

利斯与一名叫作胡安·托雷斯的神秘高级将军电话联系后，发现对方不会说英语，于是雇了一名翻译，约他见面。利斯在报告中说道：“我跟他解释说，我是纽约和伦敦的电影编剧，急于想看到切·格瓦拉的日记，为电影取材。”

托雷斯确实有办法弄到日记，不过他告诉利斯，另外一家美国出版公司麦格劳－希尔已经抢先一步向他出价，甚至暗示他已经跟他们谈妥了。

我告诉利斯我得到另外一位联系人的姓名，《每日新闻报》[1]的古斯塔沃·A. 桑切斯·萨拉萨尔，此人可能知道切的日记的一些事情。利斯飞到科恰班巴省首府科恰班巴市去见

1　原文为西班牙语。

桑切斯。虽然桑切斯没有日记，不过他与另外一名记者路易斯·J. 冈萨雷斯在写一本有关切的书。我们瞥了一眼两人对切在玻利维亚的生活和死亡做的有趣而深入的研究，便请他们书完成后让格罗夫出版，他们同意了。

这个时候桑切斯和冈萨雷斯似乎可以帮助我们找到部分日记，而且两人也下决心要去拉巴斯寻找，然而此时，新的危险出现了。这两人带了一名激进的牧师去见利斯，此人不知从何处听说了利斯与那位将军见面的事，便指责利斯是中情局派来的。利斯说什么都没办法让神父打消怀疑，这笔交易眼看就要告吹。好在这位牧师到过纽约，听说过格罗夫。“我跟他说了格罗夫出版社办公室的很多事情，我想鉴于我对格罗夫的了解，不久他便渐渐相信我不是中情局的探员，而是格罗夫出版社的代表。”利斯在报告中写道。

就在利斯在玻利维亚经历这场冒险时，我拐弯抹角地告诉他有个人要去找他。我想他以为是他妻子要去，我没有告诉他我用他妻子的名字做幌子。因此几天后，我出现在他面前时，他整个人都惊呆了。

我用罗杰·坦西的假名，与弗雷德·乔丹一同到了拉巴斯，因为与身处玻利维亚的乔联系愈发困难，我开始十分担心他的安全。我们见了桑切斯和冈萨雷斯，就他们的书达成交易，即后来的《伟大的反叛者：切·格瓦拉在玻利维亚》。除了从两人那里买来而且已经拿到手的六页日记以外，利斯还帮我们买到了十一幅切的照片。我们得知其他的日记散落在几位玻利维亚将军手里，便决定让桑切斯帮忙弄到手，寄给我们。

最后一道障碍是怎么将这些照片和日记带出境。结果容易得很。就像利斯说的："弗雷德·乔丹把它们装在口袋里，就这么简单。"

最终我们未能弄到切·格瓦拉的全部日记，不过还是将我们得到的那几页刊登在《常青评论》第57期（1968年8月刊）上，并附了一篇插图专题文章《切的日记中的人物一览》。

1968年7月26日，刊登了那几页日记的《常青评论》摆上报刊亭的那天，一群古巴流亡分子用枪榴弹发射器轰炸了位于大学城路的格罗夫办公室。据住在隔壁的一名男子描述，一伙人开着一辆皮卡车驶过大楼，发射了一枚枪榴弹，炸弹直奔二楼正面的大窗户而去。砰！——比在猪湾[1]干得好！幸好当时是深夜，没有人在办公室里，无人受伤。爆炸发生后不久，我随即得到消息，凌晨3点41分，我接到格罗夫优秀的办公室经理劳拉·马丁的电话，她是第一个赶到现场的格罗夫员工。她发现1968年2月第51期《常青评论》的封面海报、保罗·戴维斯制作的切·格瓦拉的经典标志性肖像上有刀子的划痕——海报给人捅了。有意思。劳拉到办公室的时候，楼里除了警察，没有其他人。

目击了爆炸的邻居告诉我，警察没花多少工夫在现场搜寻证据。他还说最近他的电话一直有毛病，声音很差。他请了一个当工程师的朋友来检查，朋友发现有人"不小心"窃听了他

1　指猪湾事件。1961年4月17日，在中央情报局的协助下逃亡美国的古巴人在古巴西南海岸猪湾，向菲德尔·卡斯特罗领导的古巴革命政府发动了一次失败的入侵。该事件标志着美国反古巴行动的第一个高峰。

的电话线，影响了电话的音量。他还说他能听到我用办公室专线打的每一通电话，这才是真正的窃听对象。

那段时间，纽约的其他一些地方也遭到轰炸。比如他们计划轰炸古巴驻联合国代表的寓所，结果误炸了别人的公寓；再比如加拿大领事馆和日本航空——古巴反卡斯特罗组织臆想的敌人——也遭到轰炸。

当时在格罗夫担任编辑的小说家吉尔伯特·索伦蒂诺在1990年《当代小说评论》秋季号中回忆了爆炸事件后的情形："有一间办公室整个给炸烂了，俯瞰大学城路的窗户炸飞了，一片狼藉。格罗夫因为这件事情名声大噪，'出版色情左翼激进古怪难懂前卫图书的出版社遭到炸弹袭击！'……现在回头看这个事件，似乎对我们没有多大影响。我是说，我们来上班，看了看办公室遭到的破坏，跟警察聊了聊，然后就干活去了。"[95]

《常青评论》第60期（1968年11月刊）我们刊登了一篇专题文章《塔妮娅的故事：切·格瓦拉在玻利维亚的女人》，作者仍是冈萨雷斯和桑切斯。这次他们写的是艾德·塔玛拉·邦克·比德（后来改名塔妮娅）的故事，正是她带领罗斯、德布雷和另外一名记者离开切的营地。塔妮娅1937年出生在布宜诺斯艾利斯的一个为躲避纳粹而逃到阿根廷的德国家庭。战后，他们举家回到德国，当时还未改名的塔玛拉在德国上大学，加入社会党。但她念念不忘自己出生的地方。1960年塔玛拉遇到与一个古巴贸易代表团一同来到民主德国的切。第二年她便去了古巴，改换名字，投身教育和妇女事业，后来与切一起走遍整个拉美地区。

1967年8月31日塔妮娅在与其他八名成员渡过里奥格兰德河时，被玻利维亚士兵杀害。作为在玻利维亚与切并肩战斗的唯一一名女性，塔妮娅成为女权主义者和革命者的英雄。1974年帕特里夏·赫斯特在被共生解放军绑架后加入他们时，便改名塔妮娅。[1]

1 帕特里夏·赫斯特（1954—），美国出版大亨威廉·赫斯特的孙女。1974年，就读于伯克利的19岁的赫斯特遭到共生解放军绑架。共生解放军是20世纪70年代活动于旧金山的美国左翼恐怖主义组织。1974年，同伙因谋杀罪被捕后，其便策划绑架，以交换同伙自由。赫斯特在绑架期间被洗脑，加入该组织。

My Life
in Publishing
and How I Fought Censorship

Rosset

16 内外夹击

1970年4月13日，位于默瑟街214号的格罗夫办公室被八名女权分子占领，抗议格罗夫解雇支持成立工会的员工。其中带头的是格罗夫前员工罗宾·摩根。她是著名的女权支持者，在格罗夫担任了约两年的编辑，其间有传闻说格罗夫将组建工会。

办公室被占领之时，我和弗雷德·乔丹、赛·伦巴正在丹麦筛选电影，对发生的事情一无所知。我打电话回办公室，找到助理，问："都还好吗？"

她回答："呃，今天有点特别。我现在在五楼。"我们的办公室在六楼。

我问："为什么？"她说："呃，有其他人在你的办公室。"然后解释说一个妇女解放组织占领了我的办公室。

我所有的私人信件和业务资料都放在那群女人霸占的那间办公室里。我说："叫她们出去！"

助理说："不，她们不出来。"我说："去把她们赶走。"她回答："没人要去。"

我意识到她说得对。这个时候，我心急如焚。她们在里面干些什么？

我说："好吧，要是你们没人敢去赶她们走，那就叫警察。"于是他们报警了。可是那群女人要求女警察来逮捕她们。找半天找不到女警察，最后男警察进去，把她们带出来，逮捕并立案。

就我所知，那群女人并没有从我办公室拿走任何文件，不过她们砸东西，在窗户外悬挂旗子，就好像她们占领了格罗夫出版社似的。而此时我人在丹麦。

罗宾·摩根在她的书《星期六的孩子回忆录》中描述了那个星期一早上八点，她如何进入格罗夫所在大楼。她跟保安说，上周五她刚被解雇，她和一群朋友过来收拾她的办公室。摩根在书中写道："上楼后，我切断了几根电梯的电缆，在楼梯上撒上涂了凡士林的图钉，锁上门，往门锁上洒胶水。然后我把我们的'妇女解放'旗帜挂到主管的办公室窗户外面。"[96]

这群人还制作了一份传单，写明她们的要求，归纳起来大意就是："把颐指气使的罗塞特和他手下那些唯唯诺诺的马屁精赶出长岛的大厦，这些种族隔离的大厦是用销售《马尔科姆·X自传》所得的暴利建造的——这本畅销书卖了好几百万册，让罗塞特发家致富，可是没有一个领救济金的黑人母亲的生活有半毛钱的改善！"

我从丹麦回来，发现整个公司陷入混乱，而一项在格罗夫出版社成立工会的计划正在紧锣密鼓地进行。正如几年后我在《烟雾信号》杂志的采访中说的那样，人群在格罗夫办公楼外游行示威，高喊："你靠淫书赚钱；把这些钱都给美国黑人妇女和贝蒂·沙巴兹。"[97]沙巴兹是马尔科姆·X的遗孀，是我们的朋友，对我们为她做的事情似乎颇为满意。

这群人还要求一个全天候托儿中心。我说："好，街对面有一块空地，是纽约大学的，四周围着篱笆。我带你们去，咱们在那里搭个帐篷。"没人愿意跟我走。我们在大楼前面恶言

1965 年，《马尔科姆·X 自传》。

相向了一整天。

我雇用埃米莉·古德曼担任格罗夫出版社的辩护律师，原本是希望格罗夫能带头聘用女性法律工作者，谁料她竟成了这群占领格罗夫办公室的女人的律师。我向来视自己为妇女解放的捍卫者，现在却被骂作格罗夫的“富裕资本家、肮脏的白人老直男”之一，干些“拿妇女作替罪羊的勾当”，这真令我错愕。

5 月初，我参加那群被逮捕的女人的庭审。她们想坐牢，铁了心要被关起来。我们来到法官面前，埃米莉·古德曼要求法院归还当事人的指纹。她对法官说：“你采集我们的指纹是违法的，我们要求归还指纹！我们还要求一个全天候托儿中心，在法庭里，现在马上就要。”她们带着几个小孩子，罗宾·摩根的孩子又哭又闹。

法庭内闹哄哄的时候，我在法庭外的走廊拦住负责逮捕的年轻警官，问他如果我们撤销指控，是否会影响他今后的逮捕。他说不会，不过地方检察官坚持认为我们撤销指控会是一大悲剧。我们的律师赛·伦巴继续跟进这一问题，他在证人席上还是问这位警官，撤诉是否会对他今后履行类似职责有任何影响，警官重申不会。古德曼一直在冲法官嚷嚷，罗宾·摩根的孩子闹个不停。于是法官看了看拥挤不堪的法庭，说“本法庭批准伦巴先生的请求”，驳回此案。

我认为，当少数人反对他们认为性别歧视和色情的文学作品，这是女权运动的一个悲哀。在我看来，这些人不理解想象力和创造力的本质，政治上更是完全不开窍。倘若禁止色情艺术以及一切可能被视为过于性感的事物，并从多个方面将这种趋势与对妇女的普遍歧视捆绑在一起，则无异于奔着法西斯主义去了。几年前，我受邀与当时著名的妇女权利支持者贝蒂·弗里丹，就色情、淫秽等话题进行辩论。辩论前我们聚在一起聊天，聊着聊着发现我们之间没有矛盾，我们的观点一致。我们成了朋友，我们的辩论变成对社会现状的讨论和分析。

除了妇女解放组织，我们还被一个有"左倾"历史的工会盯上，它们共同加剧了外部对格罗夫出版社的沉重打击。我深信都是联邦调查局和中央情报局在背后暗中支持，这一切都与格罗夫的反战立场有关系。然而我认为这些女权分子并没有参与阴谋，或是意识到自己在被利用，但是她们的行为还是给了格罗夫沉重的打击。我们赢得了战斗（如果可以管这叫赢的话），但输掉了战争。我们被打垮了，很难跟外人解释其中的缘由，总之从那以后格罗夫出版社无法再正常运作，我们失去了我们的主要员工。

而工会，我坚信他们是政府打击格罗夫的帮凶。工会的头儿是毛皮、皮革、机械工人联合委员会的亨利·福纳，隶属于北美混合切肉和屠宰业工人工会。这是一个左翼工会，在麦卡锡时代被迫害到几近消亡。他们试图在格罗夫出版社成立工会，而其他出版公司没有一家有工会的（唯一的例外是哈珀与罗出版公司，他们有一个"公司"工会，不隶属于任何独立团体）。倘若不是受人唆使，他们为什么要拿我们开刀呢?

我记得他们的工会章程里有一条，规定相信暴力或反政府者不得入会。我认为这条是麦卡锡那些人强加给他们的，否则这个工会就会被端掉。这不是我们的错，可他们就要攻击我们，于是我们只好反击。我们有一名员工叫作朱尔斯·盖勒，参加过“二战”，是个托洛茨基分子，很聪明，很有破坏力，深知如何挑拨可能支持工会的群体。

不允许成员加入黑豹党，这样的工会你想加入吗？我们甚至都不用明说，只需把工会章程分发给在格罗夫工作的每个人。有好些年轻黑人在我们的图书俱乐部工作——我们的办公室人员经理雇用了很多年轻人，尤其偏爱雇用年轻的激进分子，其中很多是黑人。当时正值黑豹党的鼎盛时期。经理对待手下的员工不好，克扣工资就是其中一条。可我还是听到有人说：“他们在对我们做什么？我们怎么能加入一个不相信革命的工会呢？”

那段日子真是活受罪。每天，大楼都要因为炸弹威胁和火警警报而进行疏散。这个工会难道认为他们靠这样就可以在格罗夫组织工会、取得什么成果？我们从头到尾都不清楚谁可以在工会选举中投票，只知道管理层不能投票。有一次，他们在格罗夫召开一场大型工会会议，我也去了。其中一小群比较民主的人呼吁反对派也有参与会议的权利，于是他们允许我发言。我站起来说：“无论你们是赢是输，我要把你们统统解雇了。”因为我们已经快没钱了。我搞不清楚这些员工想要什么，与女权主义者不同，这群工会组织者永远不会明白地告诉我，我从未收到过任何要求。

事情持续了两三个月，选举终于进行——这群人被赶走了！几乎没有人投票给他们。我原以为我们输定了，把接受工会的发言稿都写好了：“我们顽强斗争，但最终还是输了。欢迎……”我把发言稿撕了。然而与此同时，格罗夫出版社受到了重创。

在那之后我们彻底破产了。当时，也就是 1970 年，我们花了一大笔钱翻建默瑟街的一栋七层楼高的老建筑，而不是将这些钱投入到图书上面。我们有一个称得上蓬勃发展的图书俱乐部，电影发行业务逐步扩大，图书销售额也在不断增加。可是银行向我保证，房地产是更好的投资。吉尔伯特·索伦蒂诺在 1998 年 5 月 9 日给我的信中回忆了这段时期：

> 看了你在《巴黎评论》(1997—1998 年冬季号，第 145 期）上的采访，让我想起我们从大学城路搬到默瑟街的时候，我得了流感，没有去上班。病好后，我到默瑟街来上班，被带到新办公室。那地方差不多有原来的三倍大，角落里摆放着巨大的盆栽、沙发什么的，我的第一反应是:“这些谁来埋单?”墙上的字迹似乎就是答案。

最后，我们不得不搬回到第十一街，后来又在休斯敦街我的家里落脚。从那以后格罗夫一直在拆东墙补西墙。有几年我们确实赚了些钱，不过都不足以偿还我们欠的债。我们花了十二年才还清债务，一个月还一次。公司没有倒闭，但只是在勉强维持而已。

我请了一支又一支的会计团队来审核账簿，每个团队都说:“你破产了，你没钱了。”我不相信。我们以半破产状态维持了好多年，公司能够继续经营下去真是个奇迹。在很长一段时间里，你每赚一美元就得付给所有人十美分。十二年的债权人委员会，想象一下这要耗费多少精力，你哪里还有时间去找要出版的书呢？

1971 年，我们与兰登书屋签订经销协议，由兰登书屋负责替我们销售、运输图书，接管与书店和批发商的结算。如此一来，我们便可以关闭仓库，减小公司规模，维持下去。但是我们仍在不断萎缩。1971 年，我们有三十五名员工。1972 年，变成二十四名。到了我们与兰登书屋签订协议七年后的 1978 年，只剩下九名员工。

我们差点儿就与电影导演弗朗西斯·福特·科波拉达成收购格罗夫出版社的交易。他出了一个价钱，我接受了，时间就在 1979 年 8 月《现代启示录》上映之前。我认识弗朗西斯是在 1973 年到旧金山伯克利去与太平洋电影资料馆的人见面的时候，当时他们正在筹备一个向我们的电影部门致敬的活动。资料馆的负责人说："我带你见见弗朗西斯·科波拉，他是我的朋友。"于是他把我、克里斯蒂娜和她姐姐路易莎带到科波拉的办公室，在一座漂亮的铜顶塔楼里。没有通报，我们直接上楼到办公室。科波拉正在一个画架的黑板前面写《教父》第二部的音乐。

起先我发觉科波拉十分冷淡。之前我听人说科波拉曾是旧金山歌剧院交响乐团的圆号手，于是过了一会儿我说："科波拉先生，您知道吗？克里斯蒂娜和路易莎的父亲是旧金山歌剧院的创办人之一。"他说："什么？咱们回家吃饭吧。"他带我们到他家，做了意大利面。

我们在科波拉家相谈甚欢。他的父母在吵架，妈妈对爸爸说：“你这个该死的墨索里尼法西斯支持者。”爸爸矢口否认：“我不是！”

1973年4月科波拉写信给我道：

> 谢谢你给我的《美国风情画》和格罗夫出版社的目录。我看了目录。我知道这听起来很疯狂，不过我决定要把整个资料库买下来。我指的当然是书，不是电影拷贝。方便的话，请把账单……和书（寄）到我家。

一天，科波拉事先没说一声就跟他的制片人弗雷德·鲁斯，带着他哥哥奥古斯特写的厚厚的书稿到格罗夫来找我，当着我把他兄弟数落一通。我压根儿没听过这个奥古斯特，却跟科波拉花了数个小时讨论这个该死的稿子。弗朗西斯对奥古斯特不好；奥古斯特对弗朗西斯也不好，可是他得照顾这个哥哥和上帝，所以就找我来了，我们能不能出版这个书稿？奥古斯特在加州的某间学院当教授，在一家博物馆里头又开了一家博物馆，叫“感觉屋”还是什么来着。我猜参观者就是走进去感觉各种质感吧。

我读了奥古斯特写的这部小说《亲密》。这是一个非常奇怪的故事，讲述一名男子为了试验自己的感觉，给自己蒙上眼罩。其间他遇到一个女孩，不过他不肯把眼罩摘下来，自然也就看不见这个女孩。两人一起住在旧金山的一间寄宿舍里，但并非恋人。女孩遇到了大麻烦，男子救了她。我们花了数月时间加工这份书稿，于1978年付梓出版。这书再怎么改也改不好，不过比原来好了很多。整件事情弗朗西斯没有给我们一分钱或者其他酬劳，到最后……我居然有点喜欢这本书。

后来我终于得见奥古斯特本人。他长得十分英俊。在小说中他说自己有个长得很丑的兄弟，是个电影导演。起先我没发觉，后来才意识到他在说弗朗西斯的坏话。奥古斯特还在弗朗西斯的房子里开了一所面向年轻女子的学校，招收些强壮、漂亮的法国或英国女子，没有美国人。学校里在进行教学，甚至请了阿兰·罗伯－格里耶来上课，他在那里很合群。他就是一幅坏蛋的漫画像，迷人的坏蛋。

之后科波拉对格罗夫公司本身出了一个价钱，我接受了，交易似乎就这么定了。大家听说我要搬到旧金山去都说我疯了。与此同时，为了有更大的地方，弗朗西斯买进临街店面。之前弗雷德·鲁斯带我和我儿子彼得去看洛杉矶的一家大制片厂，很久以前珍妮特·麦克唐纳等明星曾在这里拍电影，科波拉准备把它买下来。一切顺利，直至《现代启示录》上映。我陪科波拉出席了纽约的首映式，跟他约了第二天早上在荷兰雪梨酒店见面。这时问题出现了，首映一败涂地。

第二天早上我们如约来到酒店，所有制片人和马屁精都对我说："你来这里做什么？他一毛钱也不会给你。"我说我要走了，已经愤慨地转身准备离开，这时弗朗西斯穿着睡衣和睡袍出现了。

他坐下来说："我破产了，巴尼。我现在一无所有了。"

据我所知，《现代启示录》确实耗尽了弗朗西斯的身家。他向我道歉，事情就此完结，我们友好地道别。科波拉花了数年时间才脱离财务困境，而我继续深陷其中。

我经常去欧洲。到欧洲必到巴黎看望贝克特，当然也会到韦特伊[1]看望琼·米切尔。1967年琼的母亲去世，琼从祖父那里继承了一笔信托基金，她用这笔钱买下了一栋漂亮的石头房子。房子位于巴黎以北约三十英里处，坐落在一个小山坡上，周围是两英亩的土地，俯瞰塞纳河和一片片郁郁葱葱的田地、一排排的杨树、村里的哥特式教堂。画室在房子后部，莫奈曾在这里作画，园丁的小屋就是他的家，死后葬在这里的公墓。河流、花朵、树木、庭院入口处的椴树都被琼画进画里，如同当年的莫奈。

琼一直想在乡下有个自己的地方。由于阿尔及利亚的反法斗争蔓延到法国，琼在巴黎市区越来越不安全。她在美国的处境也不顺心，20世纪60年代初的繁荣安定过后，暗杀、越战、种族骚乱，就算是对于对政治不感兴趣的人，美国也不再是好的选择。1963年琼的父亲去世，1967年琼的母亲去世。1966年，抽象表现主义的捍卫者弗兰克·奥哈拉在法尔岛被一辆吉普车撞到，不幸身亡，对琼来说，与他的友谊和通信无人可以代替。琼患上严重的抑郁症，她与让－保罗·里奥佩勒吵吵闹闹的关系对她也没有多大帮助。

琼在韦特伊并不孤独。朋友时常来看望她，里奥佩勒的画室（里面收集了很多汽车）也离这里不远。不过他总是与琼

1 韦特伊位于巴黎西北约六十公里，塞纳河在这里拐了一个大弯。1878至1881年莫奈在这里度过了三年多的时光，创作了约一百五十幅优美的画作。葬于韦特伊的是莫奈当时的妻子卡米耶，1879年卡米耶病逝于此。莫奈本人1926年病逝于吉维尼。

保持距离，很少留下来过夜，而且他出现好像就是为了来吵架的。两人的关系维持了二十四年，于 1980 年结束。琼虽然不开心，但是比以前自由了。

20 世纪 80 年代，琼的健康状况日益恶化，1982 年她的姐姐去世，两个好朋友也死于艾滋病，这让她十分消沉。两年后，琼被诊断出患有颌骨癌。1985 年，琼做了髋部的手术，在住院间隙创作了“间隙”系列作品。她的画记录了她的快乐、抑郁、疾病和爱。我亲眼看到这些画时，被画的尺寸和复杂程度震撼了。琼在生命的最后几年虽然为疾病和孤独所困扰，却以惊人的精力和创造力工作着。

琼身上那种运动员式的、粗犷、淘气的美一直都在。她为迷人的风景、动物、花朵和各种美丽所围绕。韦特伊的房子总是乱糟糟、好像刚搬进去似的，却给人感觉惬意，鉴于琼的性格，这是有逻辑的混乱。我们的婚姻没能持续，分开后友谊却历久弥深。琼一直像家人一样，对我的孩子疼爱有加，在我偕妻子洛丽、克里斯蒂娜、丽莎或阿斯特丽德到访时，也对她们热情欢迎。

经历 1971 年的惨败之后，格罗夫可以说是在黑暗中继续前进。20 世纪 80 年代初，我回到休斯敦街租住的房子里上班，这样做一是图方便，二是在这个堡垒一样的房子里更有安全感。我们继续出版图书，不过处境愈发艰难。这十年间，我们确实在财政上取得不小的成绩。最重要的是，我们再版了约翰·肯尼迪·图尔的《笨蛋联盟》。

这是出版业的一次令人惊艳的胜利。这本书最后获得了普利策奖，成为畅销书。其作者毫无名气且已于1969年去世，当初要不是1976年在洛约拉大学任教的沃克·珀西禁不住一位坚持不懈的访客的纠缠，同意阅读这份脏兮兮的打字稿，这部小说恐怕永远没有机会出版。珀西说服路易斯安那州立大学出版社于1980年将其付梓出版，立即风靡一时。不久后我们买下版权，作为格罗夫图书出版。这本书妙趣横生、不同寻常、精彩绝伦，我们很喜欢，但是没想到它会如此受欢迎。

1984年，我们出版了另外一部喜剧佳作，凯茜·阿克的《野蛮的高中生活》。弗雷德·乔丹一直是阿克的拥趸。不过当年真正引发轰动的书是《中央情报局：自由斗士手册》。这本书是在尼加拉瓜发现的，详细阐释了中央情报局制定的、颠覆不与美国合作的外国政府的策略。这本书并没有让情报部门对格罗夫出版社或是巴尼·罗塞特的态度有所改观。

1979年科波拉的收购要约告吹后，我陷入绝境，到1985年，格罗夫迫切需要筹集新资金。每个月我们都要开会讨论怎么发工资。想要收购公司的要约不少，可是每个都因为这样那样的原因，不甚满意。G. P. 帕特南父子出版公司来找过我，被我拒绝了，因为我想保持编辑独立。因此，当英国出版商乔治·韦登菲尔德勋爵来找我，大意是说："我认识世界上最有钱的女人，她能给我所有我想要的，而我想要你。你可以做任何你想要的事情，我给你钱经营公司。"我上钩了。

这个女人就是安·格蒂，戈登·格蒂的妻子、格蒂石油公司的继承人。我与韦登菲尔德认识三十年，正如我在1986年《小出版社》的采访中说的[98]，我"认识他"，我们只是相处和睦的泛泛之交，并非朋友。1984年9月韦登菲尔德来到纽约，跟我说他正与安·格蒂这个了不起的女人合作，她有花不完的钱，有意进军美国出版业。我不清楚收购格罗夫是韦登菲尔德还是安·格蒂的想法，我猜是韦登菲尔德的，而安·格蒂同意。我猜测她的主要目的是想获得一种荣誉感，吸引她的是成为贝克特、斯托帕德、品特、尤内斯库、马梅特等人的出版商。我敢肯定格罗夫出版社绝非他们的唯一目标，但是我有可能获得一大笔钱来做好事。

初次见面时，我给安·格蒂带了一本拉美系列的书，名叫《天堂的另一边》，由我当时的妻子丽莎·克鲁格编辑，讲述美国大型联合企业在百慕大、海地和整个加勒比地区的统治地位。我问安："你知不知道自己买下了一家什么样的公司？"

她回答："哦，知道，我不介意。我们的石油都卖给德士古。"

这话我喜欢，书里对德士古不无微词。那天我还给了她一张订购单，单子里有我们的维多利亚文库的色情书籍。

她注意到其中一本书，说："哦，我的天啊，上面有《鞭笞出欲望》[1]。我最好别把这个拿给孩子们看——不然他们全都会去买。"

我认为她的这两句话都既真诚又友善，而且她明白格罗夫一直以来代表的两件事情——政治和战胜对色情的恐惧，甚至可以说是歌颂色情。

我们在卡莱尔酒店签署了两百万美元的协议。1985 年 3

1　1899 年英国维多利亚时期声名狼藉的色情出版商查尔斯·卡林顿出版的一部佚名小说。

月 5 日的《纽约时报》报道了详细情况：

……昨日韦登菲尔德勋爵在伦敦接受电话采访时说，其与格蒂夫人（此二人是老朋友）将致力于扩大格罗夫的作家名单，“保持这家文学出版社的特色”。

韦登菲尔德勋爵还称，这是他在美国的首次投资，是格蒂夫人首次进军出版业。

罗塞特先生……称公司长期资金不足，格蒂夫人和韦登菲尔德勋爵的收购既给公司注入新的资金，又能够不丧失独立。罗塞特先生是这家上市公司的社长兼出版人，他称根据与新东家签订的为期五年的合同，其将继续担任上述职务。[99]

1985 年 12 月 20 日，我写信给安·格蒂：

此次去巴黎看望萨姆·贝克特我十分高兴，我觉得有必要写信给你，让你知道我多么感激你给予我的这个机会。同样多亏了你，我才能够当面向他还清近五万美元的选集销售和演出等的欠款。单是能够把这笔钱给他这件事，这趟巴黎之行就够有意义的了。

希望下次去巴黎的时候，有机会把你引见给贝克特。相信这对我们仨都会是十分愉快的一件事，我个人必将十分高兴。此外，如果你想跟我讨论此事和格罗夫的其他事宜，我很乐意与你见面。

> 如你所知，格罗夫的业务有一群能干的人在处理，但是我们的血液是你给的，有时候我在想你是否记得我们。我随时准备向你汇报公司的一切情况。

情况看似大好。我以为这下我终于可以松一口气，不用再成日操心资金周转，公司有钱开展新的项目，扩大原有基础。格蒂公司将承担格罗夫的债务、买下格罗夫的库存，而我继续担任公司负责人。

不久后我便发现事情并非如此。我有意与刚刚加入格罗夫的年轻人约翰·奥克斯和安的儿子、当时还在念哈佛大学的彼得·格蒂联手，重启《常青评论》。彼得是个阳刚的孩子，其审美兴趣在于朋克摇滚、战争英雄、各种三流作家，还是个偏执的反马克思主义者。身为巨富之家的继承人，他怪可怜的，他母亲在买喷气式飞机的时候，他却在管别人借车费或饭钱。[100]

韦登菲尔德是只大口抽着雪茄的吓人河马，两脚小巧，双眼圆睁，身穿考究的定制西服，说话带着令人费解的奥地利口音；安·格蒂身材苗条，头发火红，卖弄风情，宛若少女，这俩人真是一对奇怪的组合。1985 年的美国书商协会年会与贸易展览会，我们布置了一个引人注目的展位。韦登菲尔德坐在一把摇摇欲倒的老式折叠椅上发表长篇大论；安则忙着到处搜寻著名作家，打情骂俏。这实在不是一场格罗夫一贯风格的活动。

格罗夫和韦登菲尔德早期还有其他一些有意思的亮点。安·格蒂在格蒂公馆举行宴会，献上美酒佳肴和一番演讲，盛赞这两家出版社，期待出版业的未来欣欣向荣。台下掌声四起。在宣传经理、威廉·巴勒斯的老朋友艾拉·西尔弗伯格的组织策划下，我们以庆祝公司图书出版的名义举办疯狂的夜店派对。我与实际管理出版社的董事会则越来越不愉快，矛盾越来越多，嗓门越来越高。这些人没有一个了解格罗夫在美国出版业所代表的东西，亦毫无创新意识，他们想要的是稳妥的做法、公认的出版标准、赚钱的品牌。

我就住在格罗夫办公室所在排屋的底下两层楼，很多时候我在不停来回跑，试图挽救这越来越不堪的局面。连酒精也无法减轻我的痛苦，我预感大限将至，果不其然。

1986 年 4 月，我被客客气气地请下了总编辑一职。五年期限戛然而止，违反销售合同中的约定，我被开除了。对此我不应该感到惊讶。韦登菲尔德是个催眠大师，十分擅长哄骗你，引你上钩，让你放下心防。他如实告诉我他要对每个人怎么样，然后在我身上应验，一言以蔽之就是这样。仅仅一年时间，这桩公司联姻就告吹了。1986 年 4 月 10 日的《纽约时报》报道如下：

格罗夫出版社的人事变动激怒作家

近日，巴尼·罗塞特被免去格罗夫出版社的社长兼董事长的职务，其于 1951 年在格林尼治村创办了这家前卫出版公司。这一消息立刻引发作者和文学代理人的不满。

韦登菲尔德勋爵表示："作出这一变动是因为我们正在合并两家出版公司的服务部门。"去年这位英国出版商与其美国合伙人安·格蒂买下了格罗夫出版社。两人还创办了韦登菲尔德与尼科尔森出版公司，与韦登菲尔德勋爵的英国出版公司同名，新公司将于今年9月出版首批图书。

韦登菲尔德勋爵表示他们聘请罗塞特先生担任高级编辑，以便专心负责采购新书。然而罗塞特先生昨日表示，他“十分震惊和受伤”，不晓得是否接受这项任命。

昨日，罗塞特先生被撤职的消息传开后，一些作者和文学代理人联名签署抗议书，谴责作出这一决定的“没有人情味的公司一把手”，呼吁恢复罗塞特先生的职务，如若不行，格罗夫的新老板应“允许更感兴趣的所有者购买公司”。

……韦登菲尔德勋爵还表示，那些认为他在利用公司权力向格罗夫施压，或正在考虑改变格罗夫的独特个性的说法“荒谬至极”。

“此事与公司权力无关，”他说，“我们希望通过合并销售队伍和经销渠道，提高两家公司的效率，我们还希望让巴尼有机会物色新作者，做他一直最擅长做的事情。”

现年六十三岁的罗塞特先生在上周四下午召开的、韦登菲尔德勋爵和格蒂夫人出席的董事会会议上得知自己被罢免一事。他说他当即表示要以四百五十万美元回购格罗夫，得到的回答是公司恕不出售。[101]

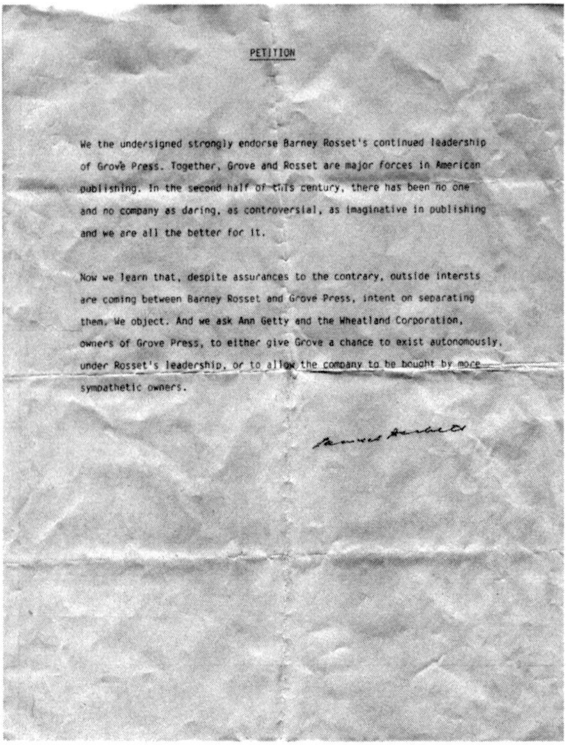

PETITION

We the undersigned strongly endorse Barney Rosset's continued leadership of Grove Press. Together, Grove and Rosset are major forces in American publishing. In the second half of this century, there has been no one and no company as daring, as controversial, as imaginative in publishing and we are all the better for it.

Now we learn that, despite assurances to the contrary, outside intersts are coming between Barney Rosset and Grove Press, intent on separating them. We object. And we ask Ann Getty and the Wheatland Corporation, owners of Grove Press, to either give Grove a chance to exist autonomously, under Rosset's leadership, or to allow the company to be bought by more sympathetic owners.

1986 年，塞缪尔·贝克特签署的为巴尼·罗塞特发起的请愿书。

当我在会议上得知我被开除时，我转向坐在旁边的格蒂公司的员工马克·利兰，说："我不明白。我是不是听错了？我不再掌管格罗夫出版社了？"

我记得他大概是说："哦，你知道的。打从签合同那天起你就知道我们一有机会就会把你踢掉。"没人给我一个解释，不过我知道他们认为我太过于反传统，不适合继续掌管公司。合同中有一条规定他们可以免去我的社长职务，降职为高级编辑，这一职务拥有很大的权力。然而他们并没有给我这些权力。我被免去社长职务后发生的第一件事情就是我被告知我不能参加编辑会议，不能再买新书，不能签支票，最后甚至不能代表格罗夫参加美国书商协会年会。

弗雷德·乔丹负责在其办公室召开的会议上告知全体员工我被撤职的事，并且说明由他接替。他与董事会见了面，他们任命他为格罗夫的董事长。我不可能管住自己不发脾气，但就算我怒不可遏，也根本无济于事。

韦登菲尔德把西蒙与舒斯特公司的丹·格林挖过来管理日常经营。格林得知我汉普顿的家中有格罗夫出版社出版过的所有图书，便派来一辆卡车和工人，要把我的私人书库打包搬走。这是目中无人而且违法的行为。一场战斗已经在所难免。

格罗夫的一些员工来跟我吃饭，决定发起请愿，请业内编辑和格罗夫的作者——包括塞缪尔·贝克特、威廉·S. 巴勒斯、罗伯特·库弗、约翰·雷奇、休伯特·塞尔比等——签名，表示没有我，格罗夫出版社将不复存在。请愿由我的妻子丽莎和热心的约翰·奥克斯组织，他们打了很多电话，收集签名。请愿书刊登在《纽约时报》上，还对事件做了报道。然而结果很快便清楚了，与大金主对着干是注定要失败的。

6 月，我们对韦登菲尔德和格蒂提起七百万美元的诉讼。两个月后他们反诉，极尽拖延之能事。显然他们准备好打持久战。他们有一大群优秀律师，可以在这样一场官司上耗个数月，甚至数年。《查泰莱夫人的情人》的官司花了我们大约三万五千美元的诉讼费和律师费。到了亨利·米勒的官司时，我们同时面临六十起不同的法庭诉讼，因为我承诺会为每个因销售《北回归线》而遭到起诉的人提供辩护。最终在美国最高法院裁定我们胜诉之前我们花了二十五万美元。米勒案叫格罗夫差点儿破产，迫使我不得不认真考虑出售公司。这次情况可能更加糟糕，我负担不起旷日持久的诉讼案的律师费，数百万美元，会耗光我这辈子的积蓄。对此韦登菲尔德和格蒂心知肚明。

数月后，韦登菲尔德任命阿龙·阿舍为格罗夫新的出版人，无缘无故便把弗雷德·乔丹给排挤了，令后者怒不可遏。阿舍是个冷淡、专业、追求效率、自以为是之辈，在多家出版社干过，很快便全面主持工作：每周召开编辑会议，所有事情严格按照程序来，别说废话。

格蒂团队不敢疏远格罗夫的知名作家——这点完全可以理解，他们是公司的命脉。阿舍甚至飞到巴黎去见贝克特，回来后详细描述了两人的会面。据弗雷德说，阿舍管贝克特叫“萨姆”，详细转述了两人的谈话。贝克特对他说：“我没法再为你们写东西了。”阿舍以为贝克特是说他无法再写作，然而他真

上：约 1970 年，巴尼·罗塞特与弗雷德·乔丹在格罗夫出版社办公室。鲍勃·阿德尔曼摄。
下：1985 年 5 月，巴尼·罗塞特、弗雷德·乔丹、乔治·韦登菲尔德勋爵在新奥尔良参加美国书商协会年会。阿恩·斯文森摄。

正的意思是他没法再为格罗夫出版社写东西了。阿舍不明白贝克特和我是多年好友。

我得到承诺，格蒂公司进来后，将带来大笔资金购买新的书稿、图书等等，我将得到留在公司的一纸合同，条件看似相当诱人。然而我错了，我离开后，他们开始向格罗夫大量投钱。韦登菲尔德和格蒂看似赢了，但是最终他们将明白，格罗夫出版社是依靠再版书创立和维持的，然而他们不可能永远吃老本。

不知从何时起，美国的出版业突然进入大型联合企业时代，尤其是德国企业。他们进入这一领域时即瞄准有稳定市场的类型化图书，不碰任何“非主流的”——激进的、有争议的或风格新颖的——东西。他们在销量有保证的成名作家身上大量投钱，再从畅销书赚取的利润中拿一部分钱出来出几本好书，也并不怎么花钱宣传，只是为了显示自己有文化。规模较小的出版社（包括格罗夫）越来越难与之抗衡。这实际上是另外一种审查制度，基于金钱的审查制度，比对所谓淫秽的审查和打压程度更甚。大多数优秀作家，以及更多数的二流作家都去搞学术了，连写作这门技艺也变得越来越工业化。

当然，格罗夫的这一系列变故不会改变我对图书本身的感情。我还跟以前一样喜欢格罗夫的书，但我仍然感到非常失望。贝克特在《静止的微动》中写道：“手撑着头既希望当他再次消失后他便不会再次现身又害怕他真的不会。”[102][1] 也许萨姆不只是在说他自己，也是在说我。无论如何，我不会放

1　龚蓉译。

弃，更不会消失。

必须重新开始了。1986 年我深吸一口气，然后创办了罗塞特公司。1987 年 3 月 10 日蓝月图书公司开业，主要以经典小开本出版普通色情小说，同时也出版极具文学价值的作品。公司蓬勃发展了好几年，我感觉自己在迈入一项了不起的小众事业，成为美国出版业史上一个即将过去的时代幸存的遗老——奋斗终结，名字逐渐被淡忘。

1990 年，格蒂和韦登菲尔德对美国出版业的投资逐渐收缩，格罗夫出版社被拍卖。据我所知，我们——由我信任的其他几家小出版社和一个外国投资者组成——的出价是其他人的四倍多。比方说，格罗夫值两百万美元，我们出一千一百万美元。西蒙与舒斯特公司是唯一另外一家出高价的公司，我想他们出了八百万美元，但是要求查看格罗夫的财务明细，这个要求也是合情合理的。当时我便笃定西蒙与舒斯特最终必会退出，果不其然。因此只剩下我的出价——这个出价是公司实际价值的六倍——却仍旧遭到拒绝。最后没有买家了。他们无论如何无法容忍我拿回自己的老公司。

1991 年 10 月 30 日琼在经过漫长的病痛和抑郁之后，于巴黎病逝。萨姆·贝克特和琼都走了，丽莎与我离婚——她与我和格罗夫出版社一同经历了那么多事情。我再次深感一个时代过去了。不过也有一些其他事情补偿我个人生活方面的悲伤和减少的职业活动。我与大江健三郎互相关怀的亲密友谊就是一大亮点，而贝克特的《自由》的版权之争也在逐步逼近。

17 我的汤姆·索亚：大江健三郎

在弗朗西斯·帕克学校念书时，我们阅读了当时已经名声在外的赛珍珠的《大地》和其他作品，赛珍珠是生长于中国的美国作家，也是最早向美国人介绍亚洲文学和文化的文学家之一。我们还阅读了同时代，甚至是有史以来最伟大的中国诗歌翻译家阿瑟·韦利翻译的作品。还是在弗朗西斯·帕克学校，八年级老师萨拉·格林鲍姆给我们介绍中国历史，比如明史。后来，我又阅读了安德烈·马尔罗的《人的境遇》和埃德加·斯诺的《西行漫记》，这些都增强了我对亚洲文学和文化的兴趣和迷恋。

在 1893 年的芝加哥世博会，日本天皇捐建了美轮美奂的日本馆。到了 20 世纪 40 年代，当年的许多建筑已不复存在。我在弗朗西斯·帕克学校的朋友大里辉和母亲帮忙看管日本馆，才使展馆没有败落下去，而此时辉的父亲正被关押在芝加哥一个类似拘留营的地方。

两次世界大战期间亚洲文学的翻译作品不多，直到“二战”美国对日宣战后情况才有所改变。美国军方展开了一项大型翻译计划，作为战时情报工作的重要组成部分，这一举措加上其他原因，最终将战后派作家带入美国人的视野。当时，艾尔弗雷德·A. 克诺夫是美国最大的亚洲文学出版商。

唐纳德·艾伦把我介绍给他在参加美国海军某课程学习时认识的朋友，唐纳德·基恩，日后他成了西方日本文学的最高权威。1955 年，我们出版了他的一本小书《日本文学：西方读者入门》，此书原系英国出版商约翰·默里的东方智慧系列丛书之一。

我们委托基恩编辑一套日本文学选集，选集最终分两册出版：《日本文学选集：最早期至十九世纪中叶（1955年）》（此书献给阿瑟·韦利）和《现代日本文学：1868年至今（1956年）》。该项目得到联合国教科文组织的支持，这点对我们帮助很大，让我们的书沾了他们的光，另外我们还得到福特基金会的资助。

不过，直到1965年，著名翻译家托马斯·菲茨西蒙斯才来找我，向我推荐年轻诗人兼作家大江健三郎。后来大江不仅成为格罗夫最具影响力的作家之一，还成了我的好朋友。菲茨西蒙斯建议我联系约翰·内森，认为此人是翻译大江作品的不二人选。内森是一名靠奖学金生活在日本的哈佛学生，是日后最伟大的现代日本文学翻译家之一。

我写信给内森，他很快便回了信。1965年5月7日，他写道：

> 我很愿意将大江健三郎的小说翻译成英文。《死者的奢华》就是他写的，想必您已经收到这本书了。在我看来，大江是当今日本最激动人心的小说家，其最新也是最棒的一部小说《个人的体验》必定也会为美国读者所喜爱，不知贵社是否有意一试？如有任何方面的兴趣，我很乐意提供有关大江及其作品的更多信息。

我当然有兴趣了，便请内森联系大江，询问他是否同意由格罗夫翻译、出版，具体的协议条款待定。经过一番通信往来，事情最终敲定。

1965 年 6 月 15 日

亲爱的罗塞特先生：

……您可能听说了我在一月份的时候完成了三岛由纪夫的一部小说（即《午后曳航》）的翻译，将由克诺夫于九月出版。几个月前哈罗德·斯特劳斯就一直要我再做三岛由纪夫的另外一部小说，我还没有答应他。这本书我不是很感兴趣，可是鉴于我与三岛的私交，又不好回绝。我多次在信中询问克诺夫为何不愿出版大江健三郎，均得到各种不甚满意的回答。三岛的书，我搪塞了哈罗德·斯特劳斯数月，最后我生气了，便问您格罗夫出版社对《个人的体验》是否有兴趣。当时我并不抱太大希望，因此当我收到您的回信说想出版这本书时，我很惊讶，也很高兴。随后，在 5 月 14 日，出乎我的意料，哈罗德·斯特劳斯来信说倘若我选择大江而非三岛，那么克诺夫愿意出版大江……

就这样我在两天之内收到了两个肯定的答复，便不得不面临选择，显然应该由大江本人来做决定。我向他保证，不论他选择谁，我都将尊重他的决定。最终大江选择了克诺夫。我想主要是因为其他日本作家，譬如安部公房，提醒他克诺夫是对日本作家最友好的美国出版商。不过大江坚持《个人的体验》必须做同系列的头一本书，我同意了。我写信给克诺夫，告诉他们大江的决定，同时也提到贵社也有意出版《个人的体验》。哈罗德·斯特劳斯回信说他们接受大江提出的条款。我把我们的决定告诉您，事情似乎就此告一段落。

接着，6月9日，大江拿着您的电报来找我说他改变主意了。我再次表示同意。而且老实说，岂止是同意，我真是太高兴了。不管怎样，您现在肯定已经收到了大江接受要约的电报；而我自作主张地认定，除非我收到其他消息，否则贵社将出版我翻译的《个人的体验》。我对这本书的兴趣极大，希望您能够在这个月底前开始着手准备。

盼复。

谨上

约翰·内森

大江的信紧随内森的信后到达：

（1965年）6月22日

巴尼·罗塞特先生：

您的第二封电报于今日收到。我欣然接受您的要约。身为常青丛书之杰作《萨克斯医生》的崇拜者，接受您的要约是我莫大的荣幸。

收到您的第一封电报时，我回了一封电报说“同意”。我想那封电报的发送可能出了点问题。今夏我将受邀参加哈佛大学的夏季研讨会，将在美国停留四个月……我将于7月5日从日本出发。

谨启

大江健三郎

《萨克斯医生》当然是指我们在1959年出版的杰克·凯鲁亚克的小说。

我完全没想到大江健三郎最终会放弃克诺夫，转而选择格罗夫。我以为事情就这么定了，虽然对结果很失望，但我也已经做好另做打算的准备了。签下大江后，我深知格罗夫的名单上又多了一位伟大的作家，然而，当时我不会想到这位作者会对我个人如此重要，仅次于塞缪尔·贝克特。

1965年，大江受邀来到美国，与时任哈佛国际研讨会主任亨利·基辛格一同切磋学习，也就是他在6月22日的信中提到的研讨会。1999年在接受加州大学伯克利分校的采访中，大江说："我曾经与基辛格先生一起参加一个研讨会。在送别会上，基辛格先生面带坏笑说：'大江先生的坏笑就像漫画中那只非常坏的兔子笑了笑。'……我不是坏人，不过对决策者，我有时候会露出坏笑。"[103]

研讨会期间，大江多次给我写信：

（1965年）

巴尼·罗塞特先生：

我于周一抵达剑桥。离开前，我与尼森（即约翰·内森）和唐纳德·基恩先生共度了几个美好的夜晚。特别是唐纳德·基恩先生，得知我接受您的要约非常高兴，令我备受鼓舞。亨利·米勒全集[1]现在在日本备受推崇。我深受他的影响。我与他在日本的众多崇拜者一样，都认为他是这个时代最伟大的散文作家。

您在对抗审查制度方面的所作所为令我十分钦佩。在日本，我们深受审查制度与出版商的内部审查之苦，尤其是在性和天皇的问题上。

从现在起我将在哈佛停留两个月。而自九月初起，我打算在纽约停留几周，希望到时能够拜会您。这样的计划真叫人激动……

谨上

大江健三郎

※※※

1965 年 7 月 18 日

罗塞特先生：

……我在哈佛国际研讨会上，与东西方的四十位参加者一同阅读“哈克贝利·芬”和“看不见的人”等。我们讨论“小说在冲突时代的作用”和“冲突”本身。不过由于我的英语太差，我都自己看自己的，不发言。

谨上

大江健三郎

1　原文为法语。

哈佛研讨会结束后，大江到纽约市来。我说我想给他录像，录像在当时还是新鲜玩意。结果索尼的创始人之一兼社长盛田昭夫双手抱着巨沉无比的机器走进位于第九与第十街之间的百老汇的格罗夫办公室。那便是录像机的原型，盛田亲自搬上楼梯，真是难以置信！后来大江说他们这样做是因为怕他。索尼是一家十分反对工会的公司，而大江在日本是出了名的工会组织人。大江叫妻子伊丹缘，即导演伊丹十三（主要作品有《蒲公英》《葬礼》《查之女》等）的妹妹，打电话给索尼，再三要求给我弄台机器来。我猜他们觉得还是给他好了。

1999年在接受加州大学伯克利分校的采访中，大江说：

> 1935年，我出生在日本列岛的一个小岛。我必须强调，六岁那年，日美战争爆发。到了十岁的时候，战争结束。我的童年是在战争时期度过的。这点很重要……九岁之前我都没看过什么书……突然有一天，我母亲和祖母两人商量着什么。第二天早上母亲一大早就起来了……穿过林子，到岛上的小镇去，很晚才回来。她给我姐姐一个小洋娃娃，给我弟弟一些蛋糕，然后拿出两本袖珍书……我一看是马克·吐温的《哈克贝利·芬历险记》。马克·吐温、汤姆·索亚、哈克贝利·芬，这些名字我统统不认识，可是母亲说——这是我与母亲第一次谈论文学，也可以算是最后一次。她说：“你父亲说这是

给小孩子看，也是给大人看的最好的故事书……我给你弄了这本书来，不过拿书跟我换米的那个女人说：‘当心。这个作者是美国人。美国和日本现在在打仗。老师会把你儿子的书没收的。（告诉他）要是老师问你作者是谁，你得说马克·吐温是一个德国作家的笔名。’”[104]

健三郎在一封信中说我是他的“哈克贝利·芬”，后来又多次如是说，叫我喜不自禁。单凭这句话就能让我永远爱他。

1965年12月18日

亲爱的巴尼：

想起你和你可爱的家人，我心里就觉得暖洋洋的。我以后不可能再遇到一个跟你一样真诚以待、善解人意的出版商。在日本，我也算是个备受奉承的作家，可我总觉得跟出版商相处不是很友好。因此，当我在你家里和办公室里感受到真正的轻松自在和高兴开怀，这完全出乎我的意料。我看着你、克丽丝廷（即克里斯蒂娜）和彼得（还有我们的狗苏基）的照片，总是不禁生出感叹自己最好的青春年华已经逝去的那种悲伤。这个夏天是我度过的最愉快的夏天。我衷心感谢你，感谢你的可爱的家人。同时，我也为我的出版商拥有像乔丹先生和西弗先生这样的极优秀的员工而感到无比自豪。

回到日本后，我继续一项反对《日韩合并条约》的活动，为此写了一篇长文，然而我们这些日本左翼人士照例再次遭受挫败。我为我们和韩国人的未来深感忧心忡忡，但也（自觉得）做了一件好事。我就审查制度写了一篇短文，提到你对抗审查制度的事迹。我试着翻译了一段：

“格罗夫出版社孤身打响这场没有把握的战斗，在这场孤独的战斗中却志在必得，不轻言放弃。巴尼·罗塞特先生及其员工对于‘禁书’态度坚决，立场坚定。想到我的书将由他们出版，我深感自豪。”

……我与内人热烈欢迎你们全家来日本……

大江健三郎

1966年3月，我和克里斯蒂娜在东京待了三周，见到三岛由纪夫及其妻子杉山洋子，拜访了大江及其家人。三岛向我们介绍了他创作和共同导演的电影短片《爱与死亡的仪式》（即后来的《忧国》）。电影根据他的同名短篇小说改编，讲述一名禁卫步兵中尉不服从天皇命令去讨伐发动了军事政变的战友，而与妻子一起剖腹自杀。这成为三岛导演的唯一一部电影。我们在《常青评论》第43期（1966年10月刊）上刊登了电影剧照和小说，在第45期（1967年2月刊）刊登了大江的短篇小说《饲育》。我还安排出版三岛的剧作《萨德侯爵夫人》，由唐纳德·基恩翻译。1966年4月24日三岛来信讨论项目细节，结尾说了这样一句不祥的话：“自你来过之后，我在东京的生活依旧如你想象般忙碌至极。这里的人都是在人吃人。”四年后，他自杀了。

我们还在东京第一次见到了译者约翰·内森。内森小时候得过小儿麻痹症，但如今看上去身材高大，精神矍铄。他结识了可爱又有才华的日本画家小田真由美[1]，结为连理。二人都成了我的好朋友。

回到纽约两个月后的5月3日，大江写信给我说：“你离开后，我十分苦闷，发现自己逐渐有了日本老人的那种把每次道别看成一种生离死别的心情。不过感谢飞机把你和克莉斯蒂娜（原文拼写错误）平安送回家，我现在复原了。你来日本是这几年我最开心的事情之一。”

待格罗夫出版大江的小说《个人的体验》、刊登短篇《空中怪物阿贵》于《常青评论》第54期之时，他已经因《万延元年的足球队》一书荣获日本最负盛名的文学奖项之一谷崎润一郎奖。1967年，大江与朋友兼同行、小说家安部公房共同获得这一殊荣。

1968年6月16日

亲爱的克里斯蒂娜：

昨日收到你的来信，说巴尼得了肝炎以及罗伯特·肯尼迪的不幸消息。听说巴尼生病了，我很难过很伤心。我等到午夜，打了两通电话到纽约，找罗塞特先生或夫人，但是你们俩我都联系不上。我想到两

1 音译。

种可能。

1）巴尼病好了，人在东汉普顿；

2）巴尼病情加重，人在医院。

我想尽快知道巴尼现在如何。昨夜我无法入睡，喝了很多酒，独自一人在房间里，看着《纽约时报》上巴尼的迷人照片如见其人。现在我发现自己在东京时常模仿巴尼的言谈举止……走路的样子……说话的样子……或高兴或悲伤等等。我已经把巴尼当成为数不多的、对我真正重要的人之一。读了你的信令我十分不安。

克里斯蒂娜，老实说我觉得没有什么活下去的意义。日本的政治局势让我失望透顶，我是一个十分悲观的人。“阿噗”（大江的儿子）很重要。文学也很重要，尤其是当我在创作新小说的时候。可是我没有什么真正重要的朋友。因此我不会忘记最后一天晚上巴尼在黑圈酒吧对我说的话。我感到自己就要心潮澎湃，于是约翰和真由美准备离开时，我也跟巴尼和克里斯蒂娜道别。

我真心需要巴尼，一个健康、战斗不息……保持本色的巴尼。

谨致爱与祝福　大江健三郎。

我为你、坦西和彼得（向温和的左派神明！）衷心祈祷巴尼早日康复，也为我自己（向神明，我不反对神明）祈祷他早日康复，不仅因为他是我的出版商，也是我的朋友。我需要他。

上：1997 年 5 月 21 日，大江健三郎在纽约市获授美国艺术文学院外国荣誉会员。阿斯特丽德·迈尔斯·罗塞特摄。

下：1994 年，巴尼·罗塞特与阿斯特丽德·迈尔斯·罗塞特在瑞典斯德哥尔摩参加大江健三郎的诺贝尔奖颁奖典礼。维尔戈特·舍曼摄。

1994 年 10 月 14 日瑞典文学院宣布大江健三郎获得诺贝尔文学奖，他成为第四位获此殊荣的格罗夫作家（前三位分别是巴勃罗·聂鲁达、奥克塔维奥·帕斯、塞缪尔·贝克特，2005 年又多了哈罗德·品特）。健三郎对《纽约时报》说得知这一消息他十分惊讶，而我对此却一点儿也不感到意外。

此时，格罗夫的管理层已经易主，当时的出版人摩根·恩特雷金听到这一消息后打电话给我，再三感谢我给格罗夫留下了一笔宝贵的遗产，即之前我出版的、现在的格罗夫和大西洋公司仍在印行的大江的三本书。恩特雷金对我向来十分友好。他给了我两个十分诱人的要约。一是邀请我参加两个月后在斯德哥尔摩举行的诺贝尔奖颁奖典礼。二是问我有什么尚未翻译的大江的小说，我们可以一同出版。同年的 10 月 24 日，我写信给大江告知这两项要约，并回忆了三十年来我们在一起的一些点滴：

> 收到这项要约我感慨万千——我相信你一定理解。其在某种意义上意味着重拾过去的美好——大江在纽约，大江在东汉普顿，咱俩一起为讲述切·格瓦拉之死的电影潸然泪下，在去大阪的火车上用小小的奥林巴斯相机为彼得、阿噗和伊丹缘拍照。那个我喜欢得不得了的迷人的小旅馆，可我却被奇怪的热水澡给吓到了。大江的“动物”现在还立在阿斯特丽德（我的最后一任妻子）的草坪上。

10 月 30 日大江回信说："我深深感谢你的感人至深的来信。这是来自地球另一边的最美好的声音。假如你能够再出版约翰·内森翻译的我的小说，那便是获得这个奖的最大收获。期待很快能在斯德哥尔摩见面。"

就这样，我与妻子阿斯特丽德，还有大江的译者约翰·内森以及格罗夫的两名高管恩特雷金和琼·宾厄姆，于 12 月 6 日晚抵达斯德哥尔摩，参加诺贝尔奖的庆典。

一整周都是各种午宴和聚会。颁奖典礼前两天，健三郎的瑞典出版商卡尔·奥托·邦尼尔为其举办了一场午宴，我终于在午宴上见到健三郎。第二天，我和阿斯特丽德受邀前往健三郎下榻的酒店房间，与其共度更多美好时光。现场还有一支日本的摄制组，我和约翰·内森一同接受了采访。我们在酒店里度过了愉快的两个小时，听健三郎给一群洗耳恭听的听众讲故事。

正式的颁奖典礼于 12 月 10 日在斯德哥尔摩音乐厅举行。我录了像。大江在获奖演说中说："从艺术的这种不可思议的治愈力中，我找到了相信这一切的依据……我还在考虑，作为一个置身于世界边缘的人，如何……对全体人类的医治与和解作出高尚的和人文主义的贡献。"[105][1] 颁奖典礼结束后，所有人乘坐巴士前往宏伟的市政厅参加晚宴，之后是官方举行的舞会，舞会上有一支三十五人的大管弦乐队。真是激动人心的四天。

格罗夫兑现了摩根·恩特雷金给我的要约，在诺贝尔奖

1　出自许金龙译《我在暧昧的日本》。

后，他们出版了三部大江的小说。还有一名叫卢克·范豪特的荷兰译者来找我，说想要翻译大江备受争议的小说《十七岁》。这是一部以 1960 年刺杀日本社会党委员长的十七岁右翼少年为原型创作的中篇小说，在日本的文学杂志《文学界》上发表后，引发右翼团体的强烈抗议。

《十七岁》从未单独出版成书，大江不希望这部作品完完整整地翻译出版，不过同意将这个故事的前半部分与另外一部名为《性的人》的中篇小说合在一起出版。我的新公司福克斯罗克于 1966 年将两部作品合为一册出版，译者就是范豪特。《洛杉矶时报》评论员理查德·埃德准确地指出这两部作品的情节是"物质、腐朽的社会如何引发怪诞的极端行为"的典范。他总结说大江传达的信息"绝不简单"，有着"既美好又阴暗的联系"。[106] 1

我与大江的友谊同样"绝不简单"，因为其中交织着诸多的共同兴趣、互相尊重和发自内心的慷慨——而且我们的友谊持续了许多年。

1 此处引自《洛杉矶时报》评论员理查德·埃德的文章《悬于一线的炸药：大江健三郎的〈十七岁〉和〈性的人〉》，这条尾注应为有误。

18 《自由》

1986 年 5 月，塞缪尔·贝克特八十岁大寿之际，朋友们在巴黎为他举办了一场致敬活动。贝克特向来对参加此类纪念活动或者作品朗诵会没有兴趣，但还是到 PLM 酒店的酒吧与包括我在内的一群老友相聚。结果我忍不住告诉大家自己刚刚被格罗夫出版社扫地出门的窘境，扫了大家的兴。

萨姆说他替我感到难过，问我下一步有什么打算。我告诉他我可能会考虑创办一家新的出版公司。他认为我的每一位作者都应该给我一部尚未发表的作品。接下来的数周，我俩又见了几次面，讨论要给我哪部作品。一种选择是尚未发表的早期小说《梦中佳人至庸女》，然而萨姆重新考虑后觉得这本书是一部影射小说[1]，书中的一些角色影射的人物尚在人世，还是不适合发表。相反他决定把自己的第一部戏剧《自由》给我，而且立即动笔翻译。大约两天后，玛格丽特·杜拉斯也仿效萨姆给了我《坐在走廊上的男人》，我于 1991 年将其付梓出版。最后萨姆和玛格丽特是仅有的两位给我作品出版的作者，这项计划也就到此为止。

然而事实证明翻译四十年前的旧作对萨姆来说太吃力了。1986 年 6 月，他来信说自己完全没有力气翻译这部戏剧，还说他讨厌这部作品了："我已经把《自由》全忘了，不得不重读了一遍，深感厌恶。我翻译不了，更甭说出版了。又是一个

1　原文为法语。

1986 年，巴尼·罗塞特与塞缪尔·贝克特于巴黎。鲍勃·阿德尔曼摄。

轻率的许诺……我会试着写点有价值的东西给你。”

《自由》一直命运多舛。[107] 早在 1948 年，萨姆写信给朋友托马斯·麦格里维说：“《自由》一直在犹豫，犹豫，开始有一些人关注提及。我想它会有机会搬上舞台，即便只演几晚。”1949 年 3 月萨姆再次提起《自由》：“我完成了第二部戏剧《等待戈多》，正在打成文字……我把第一部戏剧《自由》拿去参加里瓦罗尔奖评选，据我所知，目前尚未得奖。”

萨姆的妻子苏珊带着《自由》和《等待戈多》在巴黎各个剧院东奔西走，希望其中一部能够获得上演的机会。1950 年，她把两部戏剧都拿给导演罗歇·布兰看。起初，布兰倾向于演出《自由》，奈何制作经费不允许。《自由》有十七个角色，大量情节，需要一个一分为二的复杂舞台；而《等待戈多》只有四个角色，其中两个还是流浪汉，不怎么需要化装。《等待戈多》大获成功后，《自由》被束之高阁，然而万幸的是没有给毁掉，萨姆一直留着原稿和手稿笔记，去世后遗赠给了几所大学。

多年之后《自由》再次被搁置一旁，萨姆告诉我他写了另外一个短篇代替这篇，即我前面提到的、送给我的《静止的微动》，我于 1988 年将其付梓出版。

贝克特协会的罗伯特·斯坎伦从哈佛来信，告诉我萨姆临终时交代他的事之一是：“对巴尼好一点。他在格罗夫出版社一直过得很艰难。”

收到《静止的微动》这份大礼后，我把《自由》抛在脑后，直到萨姆去世后的四年，文学专家斯坦·贡塔尔斯基开始不断催促我出版这部戏剧。我俩都认为这部作品是贝克特全集[1]的重要补充，应当发表，并最终搬上舞台。我以为出版问题不大，1993 年便写信给萨姆的遗嘱执行人热罗姆·兰东。

我知道兰东把《梦中佳人至庸女》给了拱廊出版公司的理查德·西弗在贝克特死后出版。书中描写的人物也已经跟萨姆一样离开了人世，因此兰东认为是时候出版了。问题是他连把书给我看一眼的机会都没给我。

1993 年 3 月 2 日我给兰东去信说道：“我不解……为何没有人告诉我这件事情……更甭提问我要不要出版这本书。”更加无礼的是，约恩·奥布赖恩在小说前言中暗示萨姆曾经“考虑如何帮助一位朋友，希望给他文本发表”。文本即指《梦中佳人至庸女》，这个未提名字的朋友指的当然就是我。把小说交给别人自然可以理解为是背弃萨姆。我在信中还说：“奥布赖恩的前言的结论不言而喻；一旦《梦中佳人至庸女》的出版时机成熟，就应当把书交给 1986 年萨姆亲自指定的美国出版商。这无疑是萨姆的意思。”

接着我叫兰东在《自由》这件事上别再犯同样的错误。他说我不能出版这部作品，这样做违背萨姆遗嘱的字面意思。他自己在《梦中佳人至庸女》一事上公然无视萨姆的遗嘱，这种说法实在是空洞乏力。

萨姆的继承人、侄子爱德华·贝克特与我一直关系很好，1993 年 4 月 21 日他写信给我说道：“我觉得局面开始失控了；您一定清楚没有遗产委员会的同意是不可能出版《自由》的……我求您别再追究这件事情了；对大家都没好处。”

1　原文为法语。

于是我打消了出版《自由》的念头，但只是暂时的。

多年来，《自由》都时有动静。鲁比·科恩在《回到贝克特》一书中说法国人民国家剧院[1]的让·维拉尔曾经接受了《自由》，条件是将剧本压缩至一幕，遭到萨姆拒绝。

斯坦·贡塔尔斯基在《格罗夫之塞缪尔·贝克特指南》里也提到1952年午夜出版社宣布将出版《自由》，后来被萨姆收回。

格罗夫甚至一度拥有一本《自由》。1963年2月7日萨姆在写给我的助理朱迪丝·施密特的信中提到："请保存《自由》和《梅西埃与卡米耶》的原稿和图书。"

1969年获得诺贝尔奖的消息宣布后，萨姆感到出版旧作的压力，比如1934年由英格兰的查托与温达斯出版的短篇小说集《徒劳无益》。他写信给自己的英国出版商约翰·考尔德：

> 几天前，我收到（格罗夫编辑，理查德）西弗的信，说"他们等不及要出版《徒劳无益》了"。我回复说这非我所愿。然而这几天来，各方的压力越来越大，弄得我实在太累了，只得让步。因此你可以着手准备这本少年读物[2]的普及版了。《初恋》和《梅西埃与卡米耶》[3]我也让步了——但是《自由》不让步。[108]

1　原文为法语。

2　原文为法语。

3　原文为法语。

然而对于出版早期作品，萨姆总是习惯变卦。1964 年，我们正准备出版《徒劳无益》，进行到一半，突然接到下面这封信：

> 《徒劳无益》的校样我看到一半看不下去了，我实在受不了了。我有二十五年没有看这本书了，以为这旧玩意还可以拿出来再版，真是大错特错。我非常抱歉，但还是请你们停止出版。我将退还预付的版税，并请你们将开始准备出版产生的所有费用统统算在我的账上……请原谅。[109]

1970 年，萨姆又改变主意，允许我们出版《徒劳无益》了。如今《徒劳无益》被视为贝克特的主要作品之一，备受推崇，尤其是其中的《但丁和龙虾》。

《梅西埃与卡米耶》也是如此。1960 年萨姆在给我的助理的一封信中写道："兹去信告知我反对出版英文版的《梅西埃与卡米耶》[1]，以及任何其他的节选。"然而十五年后的 1975 年他允许我们出版了。

得克萨斯大学图书馆的贝克特档案馆中的《自由》原稿上有一行萨姆笔迹的字："写于戈多之前。1947 年。未发表，弃稿。"1969 年 3 月，萨姆在这部戏剧的影印本上写道："我做得到的话绝不出版任何版本。"1975 年，萨姆与最喜爱的戏剧

1　原文为法语。

导演艾伦·施耐德在一次信件往来中也说到了这部戏。1975年4月27日施耐德写信告诉萨姆："你有没有听说有个外外百老汇剧团说明年秋季要演出《自由》(英语的!)?"1975年5月4日萨姆回复道："我们必须不惜一切代价阻止演出《自由》。"

然而1986年萨姆允许《美学杂志》[1]出版《自由》的节选，1988年又授权在杜格尔·麦克米伦和玛莎·费森费尔德主编的《贝克特戏剧：作为实践剧作家和导演的作者：从〈等待戈多〉到〈克拉普的最后一盘录音带〉》一书中收录《自由》里的对话。所以说，事情并非完全不可能，我肯定萨姆最后同样会改变主意，允许我们出版《自由》的。

我等了一年，才向兰东和爱德华·贝克特旧话重提。二人仍旧强烈反对出版《自由》。然而我坚持认为应当将《自由》公之于世。于是1994年9月26日我在纽约戏剧工作室组织了一场舞台朗诵会。爱德华在《纽约时报》记者梅尔·古索所撰写的长文中说，这场朗诵会"不仅违法而且不道德"，说他的叔叔"一直反对将这部戏剧出版成书，翻译成其他语言，或者以任何形式演出。所有参与这个纽约活动的人，都是故意违背塞缪尔·贝克特所表达的遗嘱，都将面临法律诉讼"。[110]

《纽约时报》的文章出来后，纽约戏剧工作室便为举办朗诵会索要两万五千美元的保证金。我们不得不在最后一刻改换剧院。我让观众、演员、媒体跟我们走到新地点去。我想响应

1　原文为法语。

当年奥森·韦尔斯导演布利茨坦的《大厦将倾》时同样不得不在最后一刻改换剧院，于是他带领六百名观众从玛克辛·埃利奥特剧院走了二十一个街区到达威尼斯剧院。[1]朗诵会改在我住的大楼里的一个小场地——哑剧剧院举行，十三名演员向一百位受邀前来的观众朗读了《自由》。《纽约时报》报道了这次朗诵会，但是古索说他的摄影师被禁止拍照。这是我们的错。

由于我参与了舞台朗诵会，1994 年 10 月 13 日，爱德华·贝克特和热罗姆·兰东免去了我贝克特遗产委员会美国代理人的职务。这是 1986 年我被赶出格罗夫后萨姆给我的职务，也是我主要的收入来源。

1995 年 1 月事情出现转折。兰东发来两行字的传真，说要看《自由》的英语译文。译文是我委托在联合国担任法英翻译员的剧作家、诗人、小说家迈克尔·布罗德斯基翻译的。

第二天，兰东又发来一封传真："我坚持认为萨姆不希望出版《自由》。然而我看你是铁了心、决意要出版你的译文，我特此授予你在美国出版该译文的权利。"

---

1 《大厦将倾》是马克·布利茨坦创作、奥森·韦尔斯导演、约翰·豪斯曼监制的左派音乐剧，讲述工会抗争贪婪腐败的实业家，是联邦戏剧项目（大萧条时期，罗斯福政府提出的促进文化艺术发展的政策措施之一）资助的项目。该剧原定于 1937 年 6 月 16 日在玛克辛·埃利奥特剧院预演。演出在即，公共事业振兴署却以削减预算为由突然暂停所有联邦戏剧项目演出，关闭剧院，演员工会和乐师工会也禁止各自的成员出演该剧。无奈之下，三位创作人员带领演员和六百名到达剧院的观众等来到附近的威尼斯剧院。在空空的舞台上布利茨坦一人独自演奏钢琴，由他和几位在观众席上的演员共同演唱剧中角色。这场演出在纽约引起轩然大波，成为美国戏剧史上的著名事件。

于是我与合伙人、四墙八窗出版社的约翰·奥克斯和丹·西蒙一同出版了《自由》。梅尔·古索在1995年6月25日的《纽约时报》上对此书给予颇高的评价："贝克特的第一部戏剧的热烈奔放可能会让那些将他看作极简主义者的人感到惊讶。"他称这部作品是"贝克特全部作品的重要补充，研究贝克特的艺术和研究探索性戏剧的人都会对这部作品感兴趣。重拾弃稿，《自由》终于自由了"[111]。

在法国，兰东抢先于我们，自己出版了原版的法语版《自由》。费伯－费伯在英国也出了一个版本，不过他们另外找了一个翻译芭芭拉·赖特。

2007年夏天，一个朋友在网上发现2004年《自由》曾在伊朗上演。听到这件事情，我大为震惊和兴奋，因为这可能是这出戏在世界上任何地方唯一一次真正被搬上舞台。我找到一个联系人姓名，立即发了一封电子邮件。这个项目的联合导演兼翻译瓦希德·拉赫巴尼回复了我。瓦希德已经移居蒙特利尔，供职于加拿大国家戏剧学院。他说他很高兴收到我的邮件："收到您的电子邮件真是太有意思了。您可是贝克特的好朋友。我太幸运了！当年我们演出《自由》的时候您要是能来看该多好啊，这出戏对我和剧团都是一项巨大的挑战。就我所知，我们的表演是这部优秀作品的唯一一次专业演出。"他给了我他的剧团"纳克斯那"[1]的网站，上面有他们演出《自由》的剧照。瓦希德是一名才华横溢的电影和戏剧导演，除《自

1 原文为波斯语 Naqshineh。

由》外，他还在伊朗和巴黎排演了《等待戈多》，在伊朗排演了约内斯科的《犀牛》，在多伦多排演了品特的《归于尘土》。他说他很期待出版他翻译的现代伊朗语版的《自由》。

我想他说得对。我不知道还有其他什么人完整演出了这部剧。1998 年，法国和爱尔兰两国的文化部门在优雅的法国驻华盛顿大使馆，联合举办了一场生动的英语朗诵会。这场朗诵会由“戏剧”[1]剧院的罗伯特·麦克纳马拉编排，已经接近于完整的演出。此外还有另外两场朗诵会，一次是在国家艺术俱乐部，另一次是在经典戏剧剧团剧院，都在曼哈顿。

我多么希望有一天能够亲眼看到《自由》的完整演出。那该多有成就感。我可是毕生致力于将图书、电影、戏剧——艺术——带到世上，无论遇到什么阻碍。正如我一直对评论家、反对者和那些挡道的人说的，我会：战斗到底！[2]

1　原文为意大利语 Scena。

2　原文为西班牙语。

尾　注

所有注释均为编者注。

未加注释的巴尼·罗塞特的私人或商业信件引文来自哥伦比亚大学巴特勒图书馆珍本及手稿馆巴尼·罗塞特资料库1841—2011年（以下简称“罗塞特资料库”）和/或雪城大学图书馆特色馆藏研究中心格罗夫出版社档案馆（以下简称“格罗夫档案馆”）。

http://findingaids.cul.columbia.edu/ead/nnc-rb/ldpd_7953908/summary.

https://clio.columbia.edu/catalog/7953908.

http://library.syr.edu/digital/guides/g/grove_press.htm.

［1］ 罗塞特对坦西谋杀案做了广泛的历史研究，包括当时的报纸报道、法庭记录、监狱照片等，还研究了坦西家族的家谱。这些资料现存于罗塞特资料库。

［2］ 伯顿·霍姆斯，《雅典奥林匹克运动会》（纽约：格罗夫出版社，1984年）。

［3］ 大里园（生于1919年）后来成为美国芭蕾舞剧院的著名舞蹈家、百老汇演员。

［4］ 阿德勒和罗塞特在罗塞特求学和参军期间一直保持

通信。1983年格罗夫出版了阿德勒的短篇小说集《新鲜和变质的纪念品》，主要讲述其教育生涯。两人的通信和德格拉齐亚的采访现存于罗塞特资料库。

［5］ 该报告现存于罗塞特资料库的巴尼·罗塞特《信息自由法》档案中。

［6］ 现存于罗塞特资料库的巴尼·罗塞特《信息自由法》档案记录了联邦调查局对罗塞特早年的详尽调查。罗塞特的在校档案中有年刊、校报、成绩报告单，甚至还有格林鲍姆版的《鲁滨孙漂流记》。

［7］ 联邦调查局的问讯收录在罗塞特资料库的巴尼·罗塞特资料中。

［8］ 亨利·米勒，《北回归线》（纽约：格罗夫出版社，1961年），第12页。罗塞特的论文现存于罗塞特资料库。

［9］ 阿德勒的这段议论出自爱德华·德格拉齐亚对他的未公开采访。德格拉齐亚的采访和罗塞特与哈斯克尔·韦克斯勒的通信现存于罗塞特资料库。

［10］ 克朗奇（1899—1978）在小罗斯福和杜鲁门时代担任白宫管家，后来被艾森豪威尔任命为美属维尔京群岛政府秘书。

［11］《奇怪的胜利》由罗塞特监制，纪录片制片人利奥·赫维茨（1909—1991，作品有《家乡》《开垦平原的犁》等）导演，1948年夏天完成，是一部说教、大胆的左翼电影，将戏剧场景与新闻片段结合起来，把“二战”后美国的种族政治比作希特勒时代的德国。该片口碑不佳，票房惨淡，终结了罗塞特的电影梦：“《星报》的评论……是少数给予好评的一

个。反面则有一篇关于利奥的赞美文章，写他如何获得电影灵感，介绍他的职业生涯、私人生活等等。我慢慢走回酒店房间，无所事事、糟糕的评论、利奥的文章都让我觉得不舒服。回到房间里，我终于控制不住哭了起来。我哭啊哭，整件事情累积的压力达到顶点。我感到很孤独，很失败，想自杀。不过这就是我在《奇怪的胜利》这件事上的最高潮了。我的情绪逐渐稳定转好。我不哭了，擦干眼泪，踉踉跄跄地回剧场去。我知道这次连演彻底失败了。”这段文字摘自根据本书草稿编辑的有关《奇怪的胜利》的一章，现存于罗塞特资料库。

［12］ 引自贝恩《机运》的前言（1687 年）。

［13］ 引自贝里曼为马修 · G. 刘易斯的《修道士》所作的序言（纽约：格罗夫出版社，1952 年）。

［14］ 阿尔 · 西尔弗曼,《黄金时代：美国书业风云录》（纽约：圣马丁出版社，杜鲁门 · 塔利图书,2008 年），第 44 页。

［15］ 利奥 · 埃德尔斯坦,《后形而上学：盗版者》，2001 年。http://www.pataphysicsjournal.net/catalogue.html。

［16］ 罗塞特与贝克特的通信现存于罗塞特资料库和格罗夫档案馆。

［17］ 此章节改编自罗塞特的文章《开始到结束：出版和制作贝克特》，收录于 S. E. 贡塔尔斯基主编的《塞缪尔 · 贝克特指南》（威利与布莱克韦尔，2010 年），第 49 页。此章节引用的作品来源有：凯文 · 布朗洛,《好莱坞：先驱者》（纽约：哈珀 · 柯林斯，1979 年）；艾伦 · 施耐德,《登场》（纽约：维京出版社，1986 年）；阿莫斯 · 福格尔,《电影：颠覆的艺术》（纽约：兰登书屋，1974 年）。

［18］ 塞缪尔·贝克特，《等待戈多》（纽约：格罗夫出版社，1954 年）。

［19］ 塞缪尔·贝克特，《终局》（纽约：格罗夫出版社，1958 年）。

［20］ 塞缪尔·贝克特，《克拉普的最后一盘录音带及其他戏剧》（纽约：格罗夫出版社，2009 年），第 9 页。

［21］ 塞缪尔·贝克特，《短剧集》（纽约：格罗夫出版社，1984 年）。

［22］ 此段部分改编自罗塞特 2001 年的文章《论塞缪尔·贝克特的电影》，《铁皮屋》6(3)。

［23］ 凯文·布朗洛，《布朗洛（就基顿）采访贝克特》，《西方电影》22。

http://ireland.iol.ie/~galfilm/filmwest/22brown.htm.

［24］ 施耐德对制作该电影的回忆另见

http://www.apieceofmonologue.com/2010/06/alan-schneider-samuel-beckett-film.html.

［25］ 塞缪尔·贝克特，《短篇全集》（纽约：格罗夫出版社，1996 年），第 265 页。

［26］ S. E. 贡塔尔斯基，《采访迈克尔·麦克卢尔》，《当代小说评论：格罗夫出版社专刊》，1990 年秋季号，第 119 页。

［27］ 这并非易事。1940 年雅各布·布鲁塞尔因在纽约出版盗版的《北回归线》而以出版色情图书的罪名被判刑三年。

［28］ 此番通信和罗塞特的其他原始资料可参见 S. E. 贡塔尔斯基编《格罗夫出版社文摘（1951—2001）》（纽约：格罗夫出版社，2001 年）。

［29］ 初审时邮政部审判长查尔斯·阿布拉德曾致信巴尔赞和麦克利什，询问他们是否认为《查泰莱夫人的情人》色情。此事背景和有关所有格罗夫出版社诉讼案的权威法律观点，参见格罗夫律师查尔斯·伦巴的《淫秽的终结:〈查泰莱夫人的情人〉、〈北回归线〉、〈范妮·希尔：欢场女子回忆录〉案的审理》（纽约：哈珀与罗，1968年）。

［30］ 伦巴，第61页。

［31］ 同上，第63页。

［32］ 引自邮政部法律总顾问索尔·J.明德尔所作的法律论证。伦巴，第65页。

［33］ 同上，第51页，引自1957年的罗思诉美国案。

［34］ 同上，第64页。另见雷蒙德·T.卡弗里的文章《〈查泰莱夫人的情人〉：格罗夫出版社未删节本的出版》，《信使报》20.1（1985年）：第49—79页。

［35］ 同上，第69页。

［36］ 同上，第75页，摘自庭审笔录。另见卡弗里的文章。

［37］ 同上，第79页。

［38］ 同上，第96页，摘自庭审笔录。

［39］ 同上，第110—11页，摘自庭审笔录。

［40］ 同上，第114页。

［41］ 同上，第117页。

［42］ 同上，第118页。

［43］ 同上，第139页。

［44］ 此章大部分由罗塞特改编自他请埃德·霍尔特撰写的序言。序言内容主要来自2001年左右霍尔特对罗塞特进

行的深入采访以及罗塞特提供的资料和文档，原本是要与罗塞特挑选的、二人共同编辑的《常青评论》电影文章选集一起，由罗塞特的福克斯罗克图书公司出版。然而福克斯罗克最终未能出版该选集（近期由七故事出版社出版，书名为《从第三只眼睛看:〈常青评论〉电影文摘》）。

霍尔特写道:“天晓得巴尼是怎么从让我一次次修改那篇序言，变成那次合作终止以后，没有告诉我就把序言大部分都放到自传里去了。与巴尼共事不容易，他喜欢改变主意和想法，但是会毫不吝啬地给你时间和建议，我与他和阿斯特丽德共度了许多美好时光。我还愉快地记得我带着16毫米电影放映机去他家，一起看他在旧物堆里找到的老色情默片。自己写的东西这样被重新使用，其他人大概会火冒三丈，然而我却觉得这是一种特殊的荣幸，是对我与巴尼·罗塞特共事的那段紧张忙碌但对我的人生有重大影响的时期的别样纪念。”

[45] A. H. 韦勒,《国际电影项目展望》,《纽约时报》, 1963年9月8日，第X9版。

http://query.nytimes.com/gst/abstract.html ? res=9E0DE1DF143BE033A0575BC0A96F9C946291D6CF.

[46] https://www.youtube.com/watch ? v=6AzmhorISf4.

[47] 另见 http://idiommag.com/2012/04/amos-vogel-life-as-a-subversive-art/.

[48] B. 格里利,《常青影音杂志磁带试播，全是电视不准播的》,《综艺》杂志，1970年12月2日。

[49] 文森特·坎比,《戈达尔行了何等的大事》,《纽约时报》，1970年3月29日，第77页。

[50] 参见爱德华·德格拉齐亚和罗伯特·K. 纽曼的《禁映影片：电影、审查与第一修正案》(纽约：R. R. 鲍克，1982 年)。

[51] 厄尔·R. 哈奇森，《〈北回归线〉受审：审查制度个案史》(纽约：格罗夫出版社，1968 年)，第 93 页。

[52] 另见同上，第 57 页。

[53] 另见同上，第 59 页。

[54] 另见同上，第 59 页。

[55]《〈北回归线〉取得胜利》，《纽约时报》，1961 年 6 月 14 日，第 21 页。全文另见哈奇森，第 59 页。

[56] 哈奇森，第 60 页。

[57] 同上，第 63 页。

[58] 同上，第 63—64 页。

[59] 同上，第 196—197 页。

[60] 同上，第 65 页。

[61] 同上，第 65 页。

[62] 参见格罗夫档案馆和哈奇森，第 68 页。

[63] 哈奇森，第 82 页。

[64] 同上，第 80—82 页。

[65] 同上，第 82 页。

[66] 安东尼·刘易斯，《〈北回归线〉的最新麻烦：一连串的审查》，《纽约时报》，1962 年 1 月 21 日，第 210 页。

[67] 哈奇森，第 92 页。

[68] 霍克·诺里斯，《〈北回归线〉芝加哥案》，《常青评论》，第 6 卷，第 25 期，1962 年。

[69] 亨利·米勒，《北回归线》(纽约：格罗夫出版社，

1961 年）。

［70］ 威廉·洛克哈特和罗伯特·麦克卢尔，《文学、淫秽法和宪法》，《明尼苏达法律评论》第 38 页（1954 年 3 月刊）。

［71］ 除引用的这期《常青评论》外，另见保罗·莫洛伊，《他质疑〈北回归线〉的价值》，《芝加哥太阳时报》，1962 年 3 月 16 日，第 20 页。

［72］ 哈奇森，第 103 页。

［73］《美国判例汇编》第 378 卷第 184 页（始），雅各贝利斯诉俄亥俄州案（第 11 号）。1963 年 3 月 26 日辩论，1964 年 6 月 22 日判决，《俄亥俄州判例汇编》第 173 卷第 22 页（始），《东北地区判例汇编》第二期第 179 卷第 777 页（始），撤销。

［74］ 约翰·考尔德，《跨大西洋联系》，《当代小说评论：格罗夫出版社号》，1990 年秋季号，第 146—149 页。

［75］ 莫里斯·吉罗迪亚，《地球上的一天》（巴黎：差异出版社，1990 年）。这是吉罗迪亚自传的第二卷，未译成英文。此段应是罗塞特自己翻译的。自传第一卷《青蛙王子》由兰登书屋于 1988 年出版。

［76］ 雅克利娜·迪埃姆写给罗塞特的手绘彩色信件现存于罗塞特资料库。

［77］ 彼得·辛格尔顿－盖茨，《黑色日记：罗杰·凯斯门特的生平与时代记录暨日记集》（巴黎：奥林匹亚出版社，1959 年；纽约：格罗夫出版社，1959 年）。

［78］ 米拉·阿尔法萨（1878—1973）。

［79］ S. E. 贡塔尔斯基编，《［1959 年］巴尼·罗塞特采访詹贾科莫·费尔特里内利，WNET 电台》，第 3—4 页。

［80］ 安·查特斯编，《垮掉到灵魂：何为垮掉的一代？》（纽约：企鹅出版社，2001 年）。

［81］ 此段引文不知为何人翻译。皮瓦诺的意大利序言最早出现在 1960 年的费尔特里内利版本里。

［82］ 杰克·凯鲁亚克，《地下人》（纽约：格罗夫出版社，1959 年）。

［83］ 杰克·凯鲁亚克，《致意大利法官的书面说明》，《常青评论》，第 7 卷，第 31 期（纽约：格罗夫出版社，1963 年）。

［84］ 肯·乔丹，《巴尼·罗塞特：出版的艺术（二）》（肯·乔丹的采访），《巴黎评论》，第 145 期（1997 年冬季号）：第 171—215 页。

［85］ 约翰·查尔迪，《焚书者与美好的十六岁》，《星期六评论》，1959 年 6 月 27 日。

［86］《联邦法院判例汇编补遗》第 186 卷第 254 页（始）（1960 年判决）。大桌子诉卡尔·A. 施罗德案，伊利诺伊州芝加哥市美国邮政局长。第 59 C 1382 号。美国伊利诺伊州北区联邦地区法院。1960 年 6 月 30 日。

［87］ 威廉·巴勒斯，《裸体午餐：原稿本，詹姆斯·格劳尔霍尔茨和巴里·迈尔斯编》（纽约：格罗夫出版社，2001 年），第 249 页。

［88］ 托马斯·帕金森编，《“垮掉的一代”论集》（纽约：克罗韦尔，1961 年）。另见威廉·S. 巴勒斯和布里翁·吉森的《第三种思想》（纽约：西弗图书公司 / 维京出版社，1978 年）。

http://www.writing.upenn.edu/~afilreis/88v/burroughs-cutup.html.

[89] 该通信现存于锡拉丘兹大学的格罗夫资料库。另见特德·摩根,《文学逃犯：威廉·S. 巴勒斯传》,(纽约：霍尔特，1988 年)，第 328—329 页。

[90]《时代杂志》的评论的节选，参见摩根第 349—350 页。

[91] 刘易斯·尼科尔,《书里书外》,《纽约时报》，1960 年 5 月 15 日，书评第 8 页。

[92] http://www.nytimes.com/1964/04/25/evergreen-review-seized-in-nassau-as-beingobscene.html？ _r=0.

[93]《萨拉索塔先驱论坛报》，1970 年 4 月 20 日。

[94] http://www.washingtonpost.com/wp-dyn/content/article/2006/12/27/AR2006122700528.html.

[95] S. E. 贡塔尔斯基编,《在格罗夫工作：采访吉尔伯特·索伦蒂诺》,《当代小说评论：格罗夫出版社号》，1990 年秋季号，第 104 页。

[96] 罗宾·摩根,《星期六的孩子回忆录》(电子资源)(开放之路媒体,2014 年)。另见纸质版(W. W. 诺顿,2001 年)。

[97] http://smokesignalsmag.com/3/barney.html.

[98]《采访巴尼·罗塞特》,《小出版社》，第 3 卷,R. R. 鲍克，1986 年。

[99] http://www.nytimes.com/1985/03/05/arts/grove-sold-to-ann-getty-and-britishpublisher.html.

[100] 有关这一时期的更多情况，参见约翰·奥克斯的《格罗夫的最后岁月》,《当代小说评论：格罗夫出版社号》，1990 年秋季号，第 175 - 8 页。

[101] http://www.nytimes.com/1986/04/10/arts/an-ouster-at-grove-press-raises-writers-ire.html.

[102] 塞缪尔·贝克特,《静止的微动》(纽约：福克斯罗克，1998年)。

[103] 哈里·克赖斯勒,《艺术与治愈》，采访大江健三郎,1999年4月16日，加州大学伯克利分校，国际问题研究所。http://globetrotter.berkeley.edu/people/Oe/oe-con1.html.

[104] 克赖斯勒,《艺术与治愈》。

[105] http://www.nobelprize.org/nobel_prizes/literature/laureates/1994/oe-lecture.html.

[106] http://articles.latimes.com/1996-08-11/books/bk-33107_1_kenzaburo-oe.

[107] 有关《自由》争论的精彩当代评价，参见斯蒂芬·格拉夫著《你管这叫"自由"？塞缪尔·贝克特的第一部足本戏剧的出版、制作斗争》,《新英格兰戏剧杂志》，第25期，第71—92页。

[108] 安东尼·克罗宁,《塞缪尔·贝克特：最后的现代主义作家》(纽约：返始，1999年)，第547页。

[109] 这封信现存于巴特勒图书馆珍本及手稿馆和锡拉丘兹的巴尼·罗塞特/贝克特通信集。

[110] http://www.nytimes.com/1994/09/24/theater/a-reading-upsets-beckett-s-estate.html.

[111] http://www.nytimes.com/1995/06/25/books/waiting-for-eleutheria.html.

致 谢

这本自传的写作历时许多年，其间无数人为巴尼提供了各种帮助——扫描照片、打字、归档、收集资料、编辑——以及其他各项工作和反复修改，才最终形成定稿。但愿我能够记得所有帮助出版这本书的工作人员、实习生、自愿帮忙的人，可惜我力不能及。但我希望所有人知道我和巴尼对他们付出的时间、作出的贡献、对需要他们做的任何事情毫不推托的态度感激不尽。我向各位表示深深的感谢。

我还要向那些坚持不懈、不遗余力地推动这本书做下去的人表示感谢。这个项目自始至终持续时间长、工作强度大。现在我们大家都迎来了曙光。

特此鸣谢以下单位和个人：盖伊·鲍德温、塞缪尔·贝克特遗嘱执行人爱德华·贝克特、托尼·布莱、史蒂文·布劳尔、威廉·布赖恩特、吉姆·费斯特、朱尔斯·盖勒、乔伊·格拉斯、玛丽·卡普兰及J. M. 卡普兰基金会、凯茜·基尔南、埃莱娜·兰德里希纳、桑迪·米汉、理查德·米拉佐、卡罗琳·米尔恩、琼·米切尔基金会档案保管员劳拉·莫里斯、布拉德·莫罗、雪城大学特色馆藏研究中心露西·穆罗尼、米歇尔·迈尔斯、苏雷什·纳亚克、卡特里娜·奈曼、纽约州艺术基金会、卡拉·尼尔森、哥伦比亚大学珍本及手稿图书馆、C. S. 奥布赖恩、约翰·奥克斯、大江健三郎、洛伊丝·奥本海姆、伊格纳西奥·庞塞·德莱昂、尚塔尔·罗塞特、阿尔贡金图书公司伊丽莎白·沙拉特、玛加丽塔·沙利娜、拉米·沙米尔、弗兰克·肖尔代斯、纳特·索贝尔、罗伯特·N. 所罗门、杰里·托尔默、吉姆·韦德、拉姆西·伍德科克。

——阿斯特丽德·迈尔斯·罗塞特

2016年2月于纽约东汉普顿

附录一　生平要事年表

1922 年　5 月 28 日：巴尼·罗塞特出生于伊利诺伊州芝加哥的迈克尔·里斯医院

1925 年　2 月 12 日：琼·米切尔出生于芝加哥

1928 年　7 月 21 日：外祖父罗杰·坦西去世

1930 年　6 月 13 日：外祖母玛格丽特·弗兰纳里·坦西去世

1931 年　参加威斯康星州米诺阔的卡瓦加夏令营（1931—1933 年夏天）

1932 年　父亲收购大都会信托公司

1934 年　1 月 21 日：通过《信息自由法》获得有关巴尼·罗塞特的最早的情报报告；参加科罗拉多州埃斯蒂斯帕克的切利夏令营（1934—1936 年夏天）

1935 年　入读芝加哥弗朗西斯·W. 帕克学校；与父母到夏威夷旅游

1936 年　与哈斯克尔·韦克斯勒一同创办校报《社共主义者》，后改名《反一切报》

1937 年　7 月与父母同往欧洲，到了英国、法国、意大利、瑞士；12 月作为代表参加在瓦瑟学院举行的美国学生联合会大会

1938 年　第一次上学生时代最重要的老师——艾尔弗雷

德·阿德勒的课；根据联邦调查局的说法，3 月 11 日因超速被捕

1939 年　在私立学校田径锦标赛中赢得三个项目

1940 年　从弗朗西斯·W. 帕克学校毕业；与哈斯克尔·韦克斯勒一同担任高年级主席和橄榄球队副队长；入读斯沃斯莫尔学院

1941 年　在纽约的哥谭书店买了《北回归线》；写作论文《亨利·米勒对抗我们的生活方式》；在斯沃斯莫尔学院读完一学年后转学至芝加哥大学；一学期后离校；签署递交美国总统和国会的抗议书，抗议现有或拟议的对共产党或个人的共产主义活动的法律限制；弗朗西斯·W. 帕克学校班级同学会；根据联邦调查局的说法，8 月 2 日因超速被捕；转学至加州大学洛杉矶分校

1942 年　加入美国陆军；被招入伊利诺伊州的格兰特营，被分配到俄勒冈州科瓦利斯的阿代尔营，第 96 步兵师正在此训练。在第 383 步兵团 1 连待了八个月；南希·阿申赫斯特与哈斯克尔·韦克斯勒结婚

1943 年　从弗吉尼亚州的军官学校毕业，少尉军衔；通信兵部队摄影部门。被派往陆军摄影部门，在纽约州的阿斯托里亚的陆军电影学校接受培训。胜任摄影分队队长；大里辉的来信被陆军情报处截住；从弗吉尼亚州的纽波特纽斯启程，经过 43 天的航行，抵达印度孟买

1944 年　到达印度。被送往加德满都 30 英里外的甘杰拉巴拉

营，等待任务；被调往印度新德里的第164通信照相连；接到去中国昆明的命令；到达中国贵阳

1945年　因在夺取柳州机场中的表现而获得铜星勋章的推荐推荐遭否决；12月27日：经过21天的航行，经由苏伊士运河、地中海、大西洋，抵达纽约港

1946年　3月29日：从美国陆军退役，回到芝加哥；重拾与哈斯克尔·韦克斯勒和南希·阿申赫斯特的友谊；在酒吧遇到琼·米切尔；重返芝加哥大学；短暂加入共产党；到墨西哥去找琼·米切尔

1947年　移居纽约；在百老汇1600号成立“目标电影公司”开始制作《奇怪的胜利》；琼·米切尔从芝加哥艺术学院毕业，搬到布鲁克林与巴尼·罗塞特同居

1948年　琼·米切尔搬到巴黎，8月巴尼·罗塞特到巴黎与其相聚一个月；9月24日《奇怪的胜利》在纽约首映；与琼·米切尔前往布拉格，圣诞节时回到巴黎

1949年　与琼·米切尔驱车前往西班牙参观格尔尼卡；与琼·米切尔在巴黎的勒拉旺杜结婚；回到纽约，暂住切尔西旅馆，而后在西十一街租了一间小公寓

1950年　在美国联合国协会当志愿者，一边在联合国找工作与琼·米切尔搬到西九街57号

1951年　进入纽约社会研究新学院学习；与琼·米切尔分居；罗伯特·费尔普斯和约翰·鲍尔科姆以3000美元的价格将其在格罗夫出版社的股份卖给巴尼·罗塞特父子

1952年　获得社会研究新学院的文学学士学位；5月13日与

琼·米切尔离婚；在哥伦比亚大学的出版课程上结识唐纳德·艾伦；买下皮埃尔·夏洛为罗伯特·马瑟韦尔设计的纽约东汉普顿的家

1953 年　8 月：与汉内洛蕾（洛丽）·埃克特结婚；格罗夫出版社从第九大街搬迁至百老汇 795 号；在巴黎结识塞缪尔·贝克特和让·热内；开始与贝克特通信

1954 年　9 月 5 日父亲老巴尼特·L. 罗塞特去世

1955 年　儿子彼得·罗塞特出生

1956 年　《常青评论》创刊号出版；与汉内洛蕾（洛丽）·埃克特离婚

1959 年　琼·米切尔移居法国；拒绝托尔金的《霍比特人》在 WNET 电台就审查制度采访意大利出版商詹贾科莫·费尔特里内利

1961 年　到达布鲁克林后因出版《北回归线》而被捕；大陪审团拒绝起诉

1962 年　《北回归线》在芝加哥开庭审理

1963 年　代表费尔特里内利在凯鲁亚克的《地下人》淫秽案中出庭作证

1964 年　制作贝克特的《电影》；贝克特来到纽约拜访巴尼·罗塞特;《裸体午餐》开庭审理

1965 年　与克里斯蒂娜·阿尼尼结婚

1966 年　以 49500 美元的价格收购电影发行商“16 放映室”收购“世纪中叶图书俱乐部”

1967 年　女儿坦西·罗塞特出生；格罗夫出版社搬迁至东十一街 53 号；切·格瓦拉被枪毙后，巴尼·罗塞特

与弗雷德·乔丹前往玻利维亚

1968 年　格罗夫出版社办公室遭到轰炸

1969 年　儿子贝克特·罗塞特出生；在密歇根大学发表演讲《反审查制度诉讼案》；格罗夫出版社的财务状况达到顶峰，出版了 163 种图书；格罗夫买下布利克街与默瑟街拐角处的大楼

1970 年　格罗夫办公室被女权支持者占领；在格罗夫成立工会的努力失败；格罗夫出版社诉马里兰州审查署案，关于《我好奇之黄》

1971 年　《常青评论》停刊；美国最高法院维持马里兰州法院《我好奇之黄》淫秽的原判；与兰登书屋达成协议，发行格罗夫出版社、黑猫、常青精装本图书

1972 年　格罗夫精简至 24 名员工

1975 年　根据《信息自由法》向中情局提出申请，要求获得有关格罗夫出版社和 / 或巴尼·罗塞特的记录

1979 年　与克里斯蒂娜·阿尼尼离婚

理查德·埃夫登在巴黎为塞缪尔·贝克特和贝克特·罗塞特拍照；与丽莎·克鲁格、女儿坦西、儿子彼得一同到法国韦特伊看望琼·米切尔；母亲玛丽·坦西·罗塞特去世

1980 年　6 月 8 日亨利·米勒逝世；与伊丽莎白（丽莎）·克鲁格结婚

1982 年　女儿尚塔尔·罗塞特出生

1985 年　以两百万美元的价格将格罗夫出版社出售给乔治·韦登菲尔德和安·格蒂。格罗夫成为上市公司，

付款给股东

1986年 离开格罗夫出版社；在巴黎获得贝克特《自由》的打字原稿；向韦登菲尔德和格蒂提起七百万美元的诉讼，对方反诉；成立罗塞特股份有限公司

1987年 在汉普夏学院发表毕业典礼演讲；创办蓝月图书公司

1988年 获得美国笔会的出版人表彰

1989年 与牧师唐纳德·怀尔德蒙及其创立的美国家庭协会、沃尔登书店、凯马特零售公司展开审查制度的斗争；贝克特将《静止的微动》献给巴尼·罗塞特；出版《静止的微动》，贝克特拒绝继续与格罗夫/韦登菲尔德合作；12月22日贝克特逝世

1991年 与丽莎·克鲁格离婚

1992年 10月30日琼·米切尔去世

1993年 与贝克特遗产委员会的《自由》出版之争开始

1994年 被免去塞缪尔·贝克特美国戏剧代理人的职务；与阿斯特丽德·迈尔斯出席大江健三郎的诺贝尔奖颁奖典礼；成立福克斯罗克股份有限公司

1995年 福克斯罗克出版第一本图书——贝克特的《自由》

1998年 《常青评论》在互联网上出版重生；网站成立

1999年 获得法国政府颁发的艺术与文学司令勋章

2001年 格罗夫出版《格罗夫出版社文摘》

2002年 在纽约的亚诺什·加特画廊展出“二战”时期的中国照片

2007年 与阿斯特丽德·迈尔斯结婚

2012年 2月21日于纽约逝世，享年89岁

附录二　格罗夫出版社大事记

1954 年　爱尔兰剧作家、小说家、诗人、1969 年诺贝尔文学奖获得者塞缪尔·贝克特（1906—1989）剧本《等待戈多》

法国小说家、剧作家、诗人、社会活动家让·热内（1910—1986）剧本《女仆》和《高度监视》

1955 年　西班牙诗人、剧作家弗雷德里科·加西亚·洛尔卡（1898—1936）诗集《诗人在纽约》

1956 年　唐纳德·基恩主编《日本文学选集》

印度作家库什万特·辛格（1915—2014）小说《列车驶往巴基斯坦》

1957 年　《常青评论》创刊号（巴尼·罗塞特主编）

《常青评论》第 2 期“旧金山文坛”（唐纳德·艾伦主编）

1958 年　法国戏剧理论家、演员、诗人安托南·阿尔托（1896—1948）戏剧论文集《戏剧及其重影》

罗马尼亚及法国剧作家欧仁·尤内斯库（1909—1994）剧本《秃头歌女及其他》

美国作家杰克·凯鲁亚克（1922—1969）小说《地下人》

法国作家阿兰·罗伯－格里耶（1922—2008）小说《窥视者》

1959年 爱尔兰剧作家布伦丹·贝汉（1923—1964）剧本《人质》

美国诗人E. E. 卡明斯（1894—1962）诗集《一百首选诗》

英国作家D. H. 劳伦斯（1885—1930）小说《查泰莱夫人的情人》

墨西哥作家胡安·鲁尔福（1917—1986）中篇小说《佩德罗·巴拉莫》

《常青评论》第7期“墨西哥之眼”（奥克塔维奥·帕斯主编）

1960年 唐纳德·艾伦主编《美国新诗》

塞缪尔·贝克特剧本《克拉普的最后一盘录音带》

1961年 塞缪尔·贝克特剧本《开心的日子》

美国作家亨利·米勒（1891—1980）小说《北回归线》和《南回归线》

智利诗人、外交官、1971年诺贝尔文学奖获得者巴勃罗·聂鲁达（1904—1973）诗集《巴勃罗·聂鲁达诗选》

墨西哥诗人、散文家、外交官、1990年诺贝尔文学奖获得者奥克塔维奥·帕斯（1914—1998）散文集《孤独的迷宫》

英国剧作家、2005年诺贝尔文学奖获得者哈罗德·品特（1930—2008）剧本《生日晚会》和《房间》

美国驻华记者埃德加·斯诺（1905—1972）报告文学《西行漫记》

《常青评论》第21期“德国文坛”

1962年　英国剧作家约翰·阿登（1930—2012）剧本《马斯格雷夫中士的舞蹈》

阿根廷作家豪尔赫·路易斯·博尔赫斯（1899—1986）短篇小说集《虚构集》

美国作家威廉·S. 巴勒斯（1914—1997）小说《裸体午餐》

美国畅销书作家罗伯特·戈弗（1929—2015）小说《一百美元的误会》

墨西哥籍美国同性恋作家约翰·雷奇（1931—）小说《黑夜之城》

1963年　塞缪尔·贝克特诗集《英文及法文诗集》

德国诗人、剧作家贝托尔特·布莱希特（1898—1956）剧本《大胆妈妈和她的孩子们》

1964年　加拿大精神科医师埃里克·伯恩（1910—1970）著《人间游戏——人际关系心理学》

贝托尔特·布莱希特剧本《三毛钱歌剧》

德国剧作家罗尔夫·霍赫胡特（1931—）剧本《上帝的代理人》

美国作家小休伯特·塞尔比（1928—2004）小说《布鲁克林黑街》

1965年　法国黑人精神科医师、作家、革命家弗朗茨·法农（1925—1961）著《全世界受苦的人》

英国剧作家乔·奥顿（1933—1967）剧本《款待斯隆先生》

法国女作家安妮·德克洛（1907—1998）以笔名波利娜·雷亚热发表的色情小说《O娘的故事》

法国贵族、情色作家萨德侯爵（1740—1814）小说《朱斯蒂娜》

美国黑人牧师、民权运动领袖马尔科姆·X（1925—1965）著《马尔科姆·X自传》

1966年　贝托尔特·布莱希特剧本《四川好人》和《高加索灰阑记》

秘鲁作家、政治家、2010年诺贝尔文学奖获得者马里奥·巴尔加斯·略萨（1936—）小说《城市与狗》

1967年　豪尔赫·路易斯·博尔赫斯文集《自选集》

英国剧作家汤姆·斯托帕德（1937—）剧本《罗森克兰茨和吉尔德斯特恩已死》

1968年　阿根廷革命家、医生、作家、古巴革命核心人物切·格瓦拉（1928—1967）著《切·格瓦拉语录》

捷克剧作家、前总统瓦茨拉夫·哈韦尔（1936—2011）剧本《备忘录》

日本作家、1994年诺贝尔文学奖获得者大江健三郎（1935—）小说《个人的体验》

瑞典导演维尔戈特·舍曼（1924—2006）电影《我好奇之黄》（由格罗夫出版社发行）

《常青评论文摘》

1970年　塞缪尔·贝克特剧本《终局》

1977年　美国剧作家、编剧戴维·马梅特（1947—）剧本《美国野牛》

1981年　美国小说家约翰·肯尼迪·图尔（1937—1969）小说《笨蛋联盟》

1984年　美国女作家凯茜·阿克（1944—1997）小说《野蛮的高中生活》

说明：为便于读者理解，译者为该节增加了部分说明性文字。

附录三　1964—1984年格罗夫出版社的财务状况

	净收入	净支出	净利润
1964年	$1,009,172	$925,484	$83,688
1965年	$1,614,655	$1,306,318	$308,337
1966年	$2,318,653	$2,070,073	$248,580
1967年	$3,784,493	$3,465,620	$318,873
1968年	$7,162,232	$6,978,588	$183,644
1969年	$14,294,152	$14,073,679	$220,473
1970年	$10,576,845	$12,086,995	($1,510,150)
1971年	$4,201,129	$8,421,950	($4,220,821)
1972年	$4,835,036	$5,510,007	($674,971)
1973年	$3,221,525	$3,006,173	$215,352
1974年	$2,883,655	$2,545,940	$337,715
1975年	$3,171,412	$2,580,788	$590,624
1976年	$2,635,201	$2,379,199	$256,002
1977年	$2,293,704	$2,287,524	$6,180
1978年	$2,436,053	$2,835,779	($399,726)
1979年	$2,387,111	$2,104,052	$283,059
1980年	$2,274,392	$2,187,723	$86,669

1981 年	$3,113,350	$3,110,048	$3,302
1982 年	$3,021,786	$2,961,517	$60,269
1983 年	$3,304,601	$3,225,748	$78,853
1984 年	$2,798,227	$2,715,965	$82,262
总计	$83,337,384	$86,779,170	($3,441,786)

附录四　巴尼·罗塞特清单（作于罗塞特七十七岁生日）

1997年，巴尼·罗塞特的七十五岁生日刚过不久，其伴侣阿斯特丽德·迈尔斯写了一份清单，列出巴尼“极其喜欢”的一些事情。清单上罗列的事情五花八门，却也反映出了巴尼的个性：他喜欢台球、韩国女人、网球、朗姆酒和可乐、打屁股、维多利亚时期的色情文学、狗、《人的境遇》（马尔罗著）、摄影、泰国、炸鸡、三豆沙拉。他还喜欢重新布置家具、脱衣舞娘、凌晨三点泡酒吧、原始朴素的艺术以及塞缪尔·贝克特。他十分讨厌的事情就更多了，阿斯特丽德列举了其中一些：粗鲁、丰满女人、（时任纽约市长）鲁迪·朱利亚尼、辛辣食物、芝加哥。这份清单应当远不止这些，因为巴尼着实讨厌人类文明中的某些整体（八年级时他办了一份简报叫《反一切报》），尤其憎恨任何形式的压迫：使用手册、“禁止通行”标志、自动变速箱、烟尘、宗教右派、政客，以及几乎所有他业务上不得不打交道的人。罗塞特性格腼腆，易怒，勇敢，气势逼人，极度敏感，善于适应不利环境。他一生中多数时间都在与审查制度进行激烈较量，而性情温和一些的人都学会了忍受这一制度，久而久之便视而不见了。七十七岁的罗塞特有一群挚友，还有更大的一群死敌。他出版了十多位顶尖作家的作品，足以确保其在出版史上占据永久的一席之地。

迈克·托普

附录五　成书过程简介

已故的巴尼·罗塞特——这位挑战出版界的泰斗，为四字经战斗了无数次、伤痕累累的老兵——想到这本书的成书过程，想到参与本书的诸多编辑和出版人，必会会心一笑。

出版这本回忆录毫无疑问是很有必要的。研究战后至20世纪70年代美国文化的人都知道：是不屈不挠的罗塞特改变了美国人的生活。他颠覆了我们的思想，其影响恐怕在当代无人能及：解禁《查泰莱夫人的情人》，打开贝克特、热内、品特、大江健三郎、罗伯－格里耶、尤内斯库、斯托帕德的智力拼图，出版米勒的“回归线”系列，释放巴勒斯和雷奇的愤怒，引介阿莫斯·图图奥拉、奥克塔维奥·帕斯，创办传奇的《常青评论》、发行开创性的《我好奇之黄》，等等。在21世纪，人们对于“正常”性行为的认识发生巨大变化，很大程度上归功于罗塞特对此类观念乐此不疲、敢为人先的探索。更难能可贵的是，罗塞特没有大公司做后盾，只是区区一名独立出版商，堪称自威尼斯文艺复兴之父阿尔杜斯·马努蒂乌斯（斜体字的发明者）以来，最特立独行的独立出版商。

对于罗塞特，出版不是简单地做一本书然后推向市场。每本书都是一场战斗，他就是催促手下大开杀戒的海盗船长。事实上，罗塞特时期的格罗夫出版社克服的审查制度方面的障碍多到让人觉得越是这样那样的“禁书”，这家公司越有兴趣出版。

这位不安分的反传统者是何许人？他的动机何在？他是如何将这群改变世界的艺术家和思想家招致麾下的？出版界同行想知道，研究这个时期的学者也想知道。于是乎，在数十年前、被格蒂家族赶出格罗夫管理层后不久，巴尼开始着手写作这本回忆录。他收集有海量的信件、照片、影片、采访、笔记，足足装了至少两打的大的三孔活页夹，在早已苦不堪言的助理们和各位家人的帮助下，一同整理所有这些资料。然而，要把一个活生生的巴尼·罗塞特装进几页书里就像要把太阳塞进大众甲壳虫里一样。总是有情况出现，激烈的争吵经常发生。然后大多数成果被毁掉，余下的也七零八碎。远远看着觉得这件事很有意思，一旦置身其中便毫无乐趣可言。巴尼口述了成百上千页的书稿，再由他人誊清、编辑、重编、影印了有成千上万页。稿子写了丢，丢了写；至少十五名自由编辑和四位资深出版人（不算巴尼自己）奋战在这个项目中。

成书始终无法叫巴尼满意。此人就是如此：他的字典里没有“满意”这个词。他总是在招聘、解聘、又返聘；不停装修、筹资、搬家。写着“完成”字样的东西即是确定了的，还没确定的则须更改、质疑、修改、修改、再修改。

我在 20 世纪 80 年代开始与巴尼共事——我进入出版业的第一份工作就是他给的——在后格罗夫时代我们仍然保持联系。巴尼是我见过的最有意思的人之一：没错，他没有耐性、难以捉摸、有点可怕，但他也会哈哈大笑。这个人要么在沉思，要么在大笑，要么在发怒。我远远地看着这本自传慢慢变成了个烫手的山芋，与传主颇有些相似：作为一名编辑和出版人，我自然希望参与这个项目，然而作为巴尼的前雇员，而且还密切合作了贝克特的《自由》和《常青评论》选集，我想巴尼在世时，没有哪个出版人能与他合作他的回忆录。

当这本自传在巴尼遗产委员会的大力帮助之下呈现在OR图书公司面前时，已与原先的样子大相径庭，做了大量删减，只片面反映了这位出版人扣人心弦的性格。于是我们回到哥伦比亚大学的巴尼资料库，把删掉的东西又一一放回去。全书的语气无疑还是巴尼的。我们认为最终面世的图书虽不是巴尼的一幅完整画像，但仍向读者展示了巴尼真实的其人其事。

在此要感谢巴尼的夫人——阿斯特丽德·迈尔斯·罗塞特及巴尼的孩子彼得、坦西、贝克特、尚塔尔——感谢他们的信任。还要特别感谢C. S. 奥布赖恩，感谢他在研究和修复方面的卓越贡献，以及阿尔贡金图书公司的伊丽莎白·沙拉特，感谢她的耐心。

约翰·奥克斯，OR图书公司

译后记

格罗夫出版社这个名号，恐怕国内知道的人不多，在国内引进的英文进口图书当中很少见到其身影。今天的中国读者要购买英文原版的《查泰莱夫人的情人》《等待戈多》《北回归线》《嚎叫》《裸体午餐》等英语文学经典时有很多耳熟能详的出版社可以选择。

从1951年巴尼·罗塞特接手到1990年被拍卖，格罗夫作为独立出版社只存在了大约四十年，其中20世纪七八十年代还只是在勉强维持经营而已。其最高时的净收入也不过一千四百万美元，只能算是美国众多中小型独立出版社之一。然而，就是这样一家时间不长、规模不大的出版社在战后的美国出版史上无法被忽略。没有格罗夫，战后美国文学将会是另一番模样，许多作家的命运将会被改写。格罗夫的影响甚至超出图书出版业本身，触及美国战后的文化、法律、政治等多个方面。

格罗夫出版社诞生于《黄金时代：美国书业风云录》的作者阿尔·西尔弗曼所谓的美国图书出版业的黄金时代，或者用西尔弗曼借用美国文学评论家路易·梅南的话说是“图书为王、文学当道的世界”。这个时代“应该以那场惨绝人寰的第二次世界大战宣告结束后的1946年为开端，一直追溯到整个出版业全面呈现保守僵化态势之前的七十年代末八十年代初”（《黄金时代》前言）。

一方面是战后美国出版业欣欣向荣，文化产业生机勃勃，有一大群严肃读者和三四千家独立书店，另一方面则是战后的欧洲物质上百废待兴，精神上感觉理想破灭、彷徨无助，一批颇有前途的年轻作者投稿无门、不受赏识。于是美国的图书出版人像今日中国的文化产业热衷于寻找有投资价值的IP那样，纷纷远渡重洋，寻找有潜力、能够成为明日之星的作者和作品。

这也是图书出版业的家庭作坊式、合伙制时代，“分散、随意、个人色彩浓厚”，“一小帮志趣相投的人”凑在一起便是一家出版社。“他们各尽所长，却又艳羡彼此的自主权，对于作者、读者需要什么、读者的兴趣点在哪里都非常敏感。”这个时候的美国出版业奉行的是“编辑至上”，出版社的高层管理者还未“从出版的行家里手易位给只懂赚钱、不懂出版的门外汉”。（兰登书屋前编辑主任，《纽约书评》杂志创始人之一贾森·爱泼斯坦语，1953 年其创办的铁锚丛书首次采用大众平装书版式，引起美国出版史上的平装书革命。）

格罗夫出版社也不例外，其作风便深深地打上掌舵人巴尼·罗塞特的烙印。那么罗塞特是一个怎样的人，主要的性格特征是什么呢？罗塞特是一个独生子、富二代，同情共产主义，即将步入而立之年时还未找到人生的方向，误打误撞进入出版业，不料无心插柳柳成荫。他更多的是一个理想主义者，而非商人。全书正文开篇第一句话是：“反抗流淌在我的家族血统里。”罗塞特的回忆以爱尔兰曾祖父反抗英国统治开始，以反抗权威、接受进步思想、争取言论自由的精神贯穿始终。罗塞特毕生坚持的信念是：作家应当有写作其想写的任何东西的自由，读者有阅读任何东西的自由，出版商有出版任何东西的自由。由此才有格罗夫五次三番地挑战美国的审查制度。兰登书屋为《尤利西斯》能够在英语世界出版、企鹅出版社为《查泰莱夫人的情人》在英国出版，都曾主动引发官司、与检察官对簿公堂，成为文坛和出版史上的佳话。相比之下，格罗夫不止一次挑战审查制度（其中还有一次挑战的是电影审查），而且是以微弱的实力对抗强大的制度。

这本回忆录在罗塞特去世后才完成，而且出自多人之手，虽然编者曰“全书的语气无疑还是巴尼的”，但还是留有些许拼接的痕迹。

比如有时同一人物和事件会交代多次，比如鼓手“宝贝”多兹的故事，比如《常青评论》刊登威廉·道格拉斯法官文章的事情。

然而瑕不掩瑜，这些小瑕疵确实存在，但也许不完美更加体现了成书的不易。编者说“要把一个活生生的巴尼·罗塞特装进几页书里就像要把太阳塞进大众甲壳虫里一样”，难免挂一漏万。罗塞特如此，格罗夫出版社亦是如此。格罗夫固然以出版“禁书”而闻名，但是从《附录二：格罗夫出版社大事记》罗列的格罗夫出版的作家国籍、作品类型可以看出：格罗夫其实是一家很多元化、很有品位的出版社，绝不是只出版“淫秽”作品的非主流出版社。

成书不易，翻译也不易。翻译这本书的过程中最大的感受就是信息量太大，一直在查资料。本书有两种注释，一种是编者尾注，用中括号数字表示如［1］，另一种是译者脚注，用普通数字表示如1。加尾注的原因编者在《成书过程简介》中说明了，译者脚注旨在为读者提供一些相关背景信息和必要的说明。例如，第十三章最后提到一个被人尊称为“母亲”的印度古鲁，编者尾注说明了此人指米拉·阿尔法萨，译者觉得大部分中国读者可能不了解这个人，于是加了脚注。注释花费了很多的工夫和心思，旨在提高书的可读性和趣味性，但由于水平有限难免会有疏漏，还请读者们不吝指正。

本书的内容不只有罗塞特的出版事业和审查官司。风起云涌的爱尔兰解放运动、经济大萧条时期的芝加哥、“二战”的中国西南战场、战后各路艺术家云集的纽约、麦卡锡主义盛行的美国……众多主要历史事件和各色名人在罗塞特的回忆中轮番登场。在这里，贝克特不只是高高在上的荒诞派戏剧大师，更是忠心耿耿的朋友；抽象表现主义画家不是美术史上冷冰冰的名字，而是喜欢在酒吧里高谈阔论的活生生的人；一部默默无闻的书稿幸运地遇到伯乐才摇身成为畅销书或经典名著。希望此书不仅是文学、出版，甚至是法律相关读者会感兴趣，普通读者也能将其当作20世纪美国社会有趣、有益的科普读物，比干巴巴的历史书有意思。

虽然我们愿意相信没有罗塞特和格罗夫出版社，未删节版的《查泰莱夫人的情人》迟早也会出版、被读者认识和接受，只是过程会漫长一些，但是格罗夫的功劳不可磨灭。在当时无疑是先锋另类的贝克特、米勒、巴勒斯等，正是有了同样另类的罗塞特和格罗夫出版社才使他们的作品更早地走向市场成为可能，并为这些作品成为文学经典提供了条件。为此，我们有理由记住这位特立独行的出版人和这家小小的出版社，表达我们的敬意。阿尔·西尔弗曼对此却很有些不以为然，认为“罗塞特这个叛逆者弄脏了出版业的脸面”（《黄金时代》第三章），且看罗塞特如何为自己辩护。

最后，衷心感谢我非常敬重的翻译界前辈苏福忠老师，蒙他向东方出版社举荐我翻译此书。另外，如前所述，本书翻译不易，翻译过程中，厦门大学前外教 Mark Hilton 一如既往地给予我宝贵的时间和耐心的解答。在此对二位老师一并表示衷心感谢。

张晓意

巴尼·罗塞特肖像，阿斯特丽德·迈尔斯·罗塞特摄。